Wasserversorgung

Frank Hoffmann • Stefan Grube

Wasserversorgung

Gewinnung – Aufbereitung – Speicherung – Verteilung

15., überarbeitete und aktualisierte Auflage

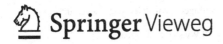

Frank Hoffmann
Fakultät Versorgungstechnik
Ostfalia Hochschule für angewandte
Wissenschaften
Wolfenbüttel, Deutschland

Stefan Grube
Fakultät Versorgungstechnik
Ostfalia Hochschule für angewandte
Wissenschaften
Wolfenbüttel, Deutschland

ISBN 978-3-658-37048-0   ISBN 978-3-658-37049-7 (eBook)
https://doi.org/10.1007/978-3-658-37049-7

Die Deutsche Nationalbibliothek verzeichnet diese Publikation in der Deutschen Nationalbibliografie; detaillierte bibliografische Daten sind im Internet über http://dnb.d-nb.de abrufbar.

Springer Vieweg
Planung: Dr. D. Fröhlich
Springer Vieweg ist ein Imprint der eingetragenen Gesellschaft Springer Fachmedien Wiesbaden GmbH und ist ein Teil von Springer Nature.
Die Anschrift der Gesellschaft ist: Abraham-Lincoln-Str. 46, 65189 Wiesbaden, Germany

Vorwort

„Wasser ist die Wonne aller Lebenden:
- dem Siechen ein Arzt,
- dem Gesunden ein guter Freund,
- der Ruhe ein Gespiele und
- der Arbeit ein Genosse. "
Inschrift am Maschinenhaus des Braunschweiger Wasserwerkes

Seit die Menschheit existiert, ist dem lebensnotwendigem Wasser stets und zu allen Zeiten eine große Wertschätzung entgegengebracht worden.

In der Europäischen Wasser-Charta des Europarates vom 06. Mai 1968 wird die Bedeutung des Wassers für den Menschen in besonderem Maße hervorgehoben. Darin heißt es unter anderem:

- Ohne Wasser gibt es kein Leben, Wasser ist ein kostbares, für den Menschen unentbehrliches Gut.
- Jeder Mensch hat die Pflicht, zum Wohle der Allgemeinheit Wasser sparsam und mit Sorgfalt zu verwenden.

Die unerlässliche Voraussetzung für unser Dasein, die Entwicklung von Städten und Gemeinden ist die Versorgung mit Trinkwasser in ausreichender Menge und hygienisch einwandfreier Qualität gemäß der Trinkwasserverordnung und der Anforderungen der DIN 2000.

Wollte man einen Überblick über die Entwicklung der Wasserversorgungstechnik geben, so müssten mehr als 7000 Jahre überlieferte Geschichte dargestellt werden. Denn so lange ist es her, dass Menschen erstmalig Maßnahmen zur Sicherung der Wasserversorgung ergriffen hat.

Die Wasserversorgung der heutigen Zeit hat ein sehr hohes Niveau in der Technik, der Hygiene und des Komforts erreicht. Ein umfangreiches Normen- und Regelwerk dient der technisch und hygienisch einwandfreien Versorgung mit Wasser.

Das vorliegende Buch enthält einen Überblick über alle Bereiche der Wasserversorgungstechnik, von der Gewinnung, Aufbereitung, Förderung, Speicherung, Verteilung bis hin zur rationellen Verwendung unter Berücksichtigung der allgemein anerkannten Regeln der Technik. Die kontinuierliche Fortentwicklung der Technik bringt eine Fülle von Erkenntnissen, die in das ständig aktualisierte Normen- und Regelwerk einfließen. Alle Kapitel wurden auf den neuesten Stand der gesetzlichen Grundlagen und Regelwerke gebracht. Der Bereich der Wasserspeicherung wurde auf der Grundlage der aktuellen Normung neu gefasst. Die Sanierung von Wasserspeichern wurde als eigenes Unterkapitel neu aufgenommen. Die chemischen Grundlagen wurden auf die neuesten Grenzwerte und Begriffe aktualisiert.

Der Ingenieurin/dem Ingenieur sowohl in Ausbildung als auch in beruflicher Praxis wird mit diesem Buch ein Hilfsmittel zur Erfüllung der umfangreichen wasserwirtschaftlichen Aufgaben an die Hand gegeben.

Wolfenbüttel, Deutschland   Stefan Grube
Sommer 2022   Frank Hoffmann

Inhaltsverzeichnis

Grundlagen einer Wasserversorgung

1

1.1 Begriffe der Wasserversorgung

Waren die wesentlichen Fachbegriffe bis 2019 in der DIN 4046 zusammengefasst, so sind die Begriffe nach deren Zurückziehung weitgehend in den jeweiligen, überwiegend europäischen, Normen selbst definiert.

Anlagen zur Wasserversorgung dienen der Deckung des Wasserbedarfs der Wohn- und Arbeitsstätten der menschlichen Gesellschaft. Sie bestehen aus der öffentlichen und der Eigenwasserversorgung. Werden mehrere Verbraucher über ein Rohrnetz versorgt, so spricht man von zentraler Wasserversorgung. Die zentrale Wasserversorgung kann als Gruppen- oder Verbundwasserversorgung erfolgen.

Das für den menschlichen Gebrauch und Genuss bestimmte Trinkwasser unterliegt strengen gesetzlichen Vorschriften. Für den Bau und Betrieb von Trinkwasserversorgungsanlagen sind hygienische Belange von großer Bedeutung.

Die Hauptanlagenteile einer Wasserversorgung bestehen aus der Wassergewinnung, der Wasseraufbereitung, den Förderanlagen, der Speicherung, dem Wassertransport und dem Wasserverteilungssystem. (Abb. 1.1)

Der Aufbau der Anlagenteile hängt unter anderem von den örtlichen Gegebenheiten, dem Wasservorkommen und seiner Beschaffenheit sowie dem Wasserverbrauchsverhalten ab. In günstigen Fällen können Hauptbestandteile ganz entfallen. Beispielsweise kann bei Grundwasser häufig auf eine Desinfektionsanlage verzichtet werden.

Folgende Hauptelemente können in einem Versorgungssystem installiert sein:

Wasserfassung: Quellfassung, Brunnen (vertikal oder horizontal), Entnahmebauwerke für Fluss-, See- oder Talsperrenwasser, Sickerleitung, Zisterne

© Der/die Autor(en), exklusiv lizenziert an Springer Fachmedien Wiesbaden GmbH, ein Teil von Springer Nature 2022
F. Hoffmann, S. Grube, *Wasserversorgung*,
https://doi.org/10.1007/978-3-658-37049-7_1

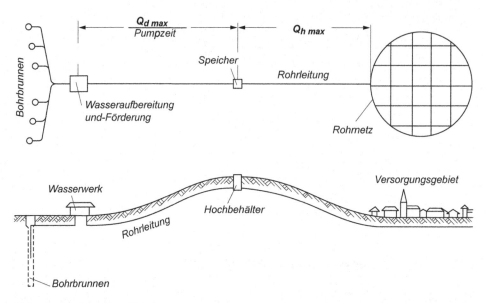

Abb. 1.1 Aufbau einer Wasserversorgung

Wasseraufbereitung: Begasung, Belüftung, Bioverfahren, Desinfektion, Enthärtung, Fällung, Flockung, Filtration, Ionenaustausch, Membranverfahren, Sedimentation, Siebung, Sorption

Wasserförderung: Druckerhöhungsanlagen (DEA), Pumpenaggregate und deren Antriebsmaschinen

Wasserspeicherung: Hochbehälter als Erdbehälter oder Wasserturm, Tiefbehälter

Transportleitungen: Rohwasserleitung, Fernleitung, Zubringerleitung

Rohrnetz: Zubringerleitung, Hauptleitung, Versorgungsleitung, Anschlussleitung, Armaturen

Hausinstallation: Verbrauchsleitungssysteme, alle Anlagenteile nach der Übergabestelle (in der Regel Hauptabsperreinrichtung HAE bzw. Wasserzähler)

Beim Bau von Wasserversorgungsanlagen ist zu berücksichtigen, dass die Anlagenteile einerseits eine unterschiedliche Lebensdauer haben und andererseits, einmal aufgebaut, nur mit großem Kostenaufwand noch erneuert und erweitert werden können.

Die Größe der Anlagen richtet sich nach der Wassermenge, die gefördert, aufbereitet und transportiert werden muss. Die Speicher gleichen im Allgemeinen die Verbrauchsschwankungen im Rohrnetz über 24 Stunden aus. Alle Teile der Wassergewinnung, Wasseraufbereitung und Wasserförderung werden daher nach dem größten Tagesverbrauch bemessen. Die Zubringerleitung vom Speicher zum Ortsnetz und das Ortsnetz selbst werden nach dem größten Stundenverbrauch bemessen.

Der Wasserbedarf, also das für die Planung benötigte Wasservolumen (siehe Kap. 2) ist für längere Zeiträume schwer abzuschätzen. In der Wasserversorgung werden folgende Zeitmaße verwendet:

$$1\,\text{Jahr} = 1\,a = 12\,\text{Monate} = 52\,\text{Wochen} = 365\,d\,(\text{Tage}) = 8760\,h\,(\text{Stunden})$$

$$1\,d = 24\,h; 1\,h = 60\,\text{min} = 3600\,s\,(\text{Sekunden})$$

Die durchschnittliche Lebensdauer der unterschiedlichen Anlagenkomponenten ist nach den AfA- Tabellen für die Energie- und Wasserwirtschaft anzusetzen. (siehe Tab. 1.1) Nach DVGW W 400-1 werden für leicht austauschbare bzw. schnell weiterentwickelbare Komponenten 10 bis 15 Jahre angesetzt. Leicht erweiterungsfähige Anlagen wie z. B. Druckerhöhungsanlagen werden mit Nutzungsdauern von 15 bis 25 Jahren veranschlagt und für Anlagenteile, die einer langfristigen Planung bedürfen, wie z. B. Rohrleitungen und Behälter auch mehr als 50 Jahre.

Längere Bedarfsschätzungen sind mit zu vielen Unsicherheiten verbunden. So fiel z. B. der spezifische Gesamtverbrauch in l/(E · d) zwischen 1990 und 1993 um 9 %. Nach einer Phase des kontinuierlichen Rückgangs (1993 bis 2009) folgte ein Jahrzehnt nahezu unveränderter Verbräuche, um in den letzten beiden Jahren wieder sprunghaft anzusteigen. (siehe Kap. 2)

In den Rohrleitungen kann es durch veränderte und zurückgehende Nutzung zu Stagnationszonen und damit verbundenen hygienischen sowie Korrosionsproblemen führen (siehe Kap. 4). In der Wasseraufbereitung kann eine dauerhafte Unterlastung Verbackungen bewirken (siehe Kap. 5).

Für die Bemessung ist die wirtschaftliche Nutzungsdauer und nicht die Lebensdauer einer Anlage ausschlaggebend.

Für die Kostenoptimierung ist die Wassermengendauerlinie wichtig (Abb. 1.2). Die Werte von Q_{dmax} und Q_{dmin} treten nur an wenigen Tagen im Jahr auf. Q_{dm} liegt bei diesem

Tab. 1.1 Durchschnittliche Nutzungsdauer von Wasserversorgungsanlagen nach AfA-Tabelle für die Energie- und Wasserwirtschaft

Art der Anlage	Nutzungsdauer (Jahre)
Bohrbrunnen	20 bis 40
Schachtbrunnen	50 bis 70
Pumpen (Kreisel- und Unterwasserpumpen niedrigere, Kolbenpumpen höhere Werte)	10 bis 20
Elektrische Anlagen, Notstromaggregate, Steuergeräte, Maschinenanlagen	15 bis 20
Wasseraufbereitungsanlagen je nach System	20 bis 30
Wasserbehälter, Hochbehälter	50
Hochbehälterausrüstung	25 bis 30
Verteilungsleitungen	40 bis 60
Wasserzähler	15 bis 20

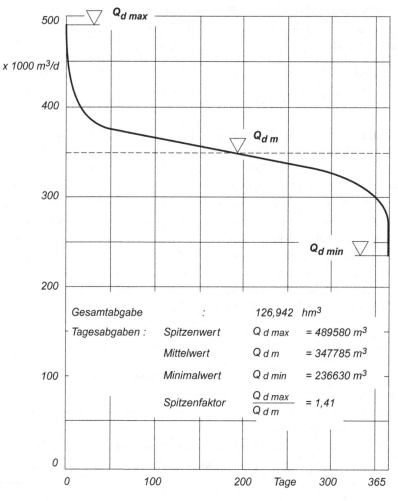

Abb. 1.2 Wassermengendauerlinie für die Reinwasserlieferung der Bodenseewasserversorgung [114]

Beispiel bei ca. 190 d/a. Auf diese Menge muss das System optimiert werden, wobei Q_{dmax} auch förderbar sein muss.

1.2   Anforderungen

1.2.1   Leitsätze für die zentrale Trinkwasserversorgung

1.2.1.1 Anforderungen an Trinkwasser nach DIN 2000
Trinkwasser ist unser wichtigstes und durch nichts zu ersetzendes Lebensmittel.

Trinkwasser muss frei von Krankheitserregern sein, darf keine gesundheitsschädlichen Stoffe enthalten und muss keimarm sein. Trinkwasser soll zum Genuss anregen, es soll daher klar, kühl und geruchlos sein und gut schmecken. Der Gehalt an gelösten Stoffen soll so gering wie möglich sein. Grenzwerte finden sich in der Trinkwasserverordnung (TrinkwV) [R17]. Trinkwasser und die mit ihm in Berührung kommenden Werkstoffe sollen so aufeinander abgestimmt sein, dass keine Korrosion entsteht. Es soll stets in genügender Menge und mit ausreichendem Druck verfügbar sein.

1.2.1.2 Planung, Bau und Betrieb von zentralen Trinkwasserversorgungsanlagen

Jedes Wasservorkommen hat seine spezifischen Eigenschaften.

Aus diesem Grund sind die Planung, der Bau und der Betrieb nur erfahrenen Fachleuten zu übertragen. Für Sonderfragen sind Sachverständige heranzuziehen.

Zunächst sind der Bedarf, die Bedarfsspitzen, die Bedarfsentwicklung und das in Aussicht genommene Vorkommen auf seine Quantitäts- und Qualitätseignungen hin zu überprüfen. Planung, Bau und Betrieb müssen nach den anerkannten Regeln der Technik erfolgen. Dies sind z. B. die DIN-Normen und das DVGW-Regelwerk. Ein Verstoß gegen diese Regeln bedeutet grobe Fahrlässigkeit und wird von Gerichten streng geahndet.

Die gesamten Wasserversorgungsanlagen von der Fassung über die Aufbereitung bis hin zum Endverbraucher sind so zu gestalten, dass das Wasser nicht nachteilig beeinträchtigt wird. Während für das Versorgungssystem einschließlich der Hausanschlussleitung in der Regel die Versorgungsunternehmen zuständig sind, ist für die Hausinstallation der Anschlussnehmer oder Betreiber zuständig. Bei der Installation sind die DIN EN 805 für Trinkwasserinstallationen außerhalb von Gebäuden, die DIN EN 806 Teil 1 bis 5 für Trinkwasserinstallationen innerhalb von Gebäuden und die DIN EN 1717 für Einrichtungen zum Schutz des Trinkwassers zu beachten. Die zusätzlichen Festlegungen für Deutschland finden sich in der DIN 1988 – Technische Regeln für die Trinkwasserinstallation – in den Teilen 100 bis 600. In alten Hausanschluss- und Installationsleitungen kommt es insbesondere bei längeren Stagnationsphasen zu gewissen Gesundheitsrisiken. Aktuelle Hinweise zu Themen der Trinkwasserhausinstallation finden sich in der vom DVGW unter dem Titel „twin" veröffentlichten Schriftenreihe.

Vor der Inbetriebnahme neuer oder reparierter Anlagenteile sind diese zu reinigen und zu desinfizieren.

Die Wasserversorgungsanlagen sind so zu betreiben, dass die Forderungen der Trinkwasserverordnung [R17] erfüllt werden.

1.2.1.3 Werkseigene Überwachung von zentralen Trinkwasserversorgungsanlagen

Die fehlerfreie Funktion der Anlagenteile ist regelmäßig zu überwachen. Die Vorschriften des Arbeits- und Gesundheitsschutzes sind zu beachten.

Zur Überwachung der gesamten Wasserversorgungsanlagen sind Wasserproben auf der Rohwasserseite und auf der Verbraucherseite zu entnehmen. Die Probenahme und die

Analysen erfolgen nach festgelegten Vorschriften. Umfang und Häufigkeit der Untersuchungen sind in der Anlage 4 der TrinkwV geregelt. Bei komplexen Aufbereitungssystemen ist ein eigenes Werkslabor und eine regelmäßige Eigenüberwachung unumgänglich.

Für die Trinkwasserversorgung aus Kleinanlagen und nicht ortsfesten Anlagen gilt die DIN 2001 Teil 1 bis 3. Deren Forderungen entsprechen im Wesentlichen den Grundsätzen der DIN 2000.

1.2.2 Trinkwasser

Im Zuge der Harmonisierung innerhalb der EU wurde am 03.11.1998 die Richtlinie des Rates der EU über die Qualität des Wassers für den menschlichen Gebrauch [R21] erlassen. Diese wurde 16.12.2020 grundsätzlich neu gefasst. Aufgrund dessen erließ der Bundestag als Ersatz für das Bundesseuchengesetz [R8] am 20. Juni 2000 das Infektionsschutzgesetz [R9]. Dieses wurde zuletzt am 28.05.2021 geändert. Im § 37 des Infektionsschutzgesetzes ist verankert:

> „Wasser für den menschlichen Gebrauch muss so beschaffen sein, dass durch seinen Genuss oder Gebrauch eine Schädigung der menschlichen Gesundheit, insbesondere durch Krankheitserreger, nicht zu besorgen ist."

Trinkwasser als unser wichtigstes Lebensmittel unterliegt außerdem dem Lebensmittel- und Futtermittelgesetzbuch [R11].

Aufgrund des Infektionsschutzgesetzes hat das Bundesministerium für Jugend, Familie und Gesundheit die Verordnung über Trinkwasser und Wasser für Lebensmittelbetriebe (Trinkwasserverordnung) am 10.03.2016 nach umfänglicher Überarbeitung in der neuesten Fassung erlassen [R17]. Nach Anlage 1 dieser VO dürfen Krankheitserreger nicht im Trinkwasser vorhanden sein. Dieses Erfordernis gilt als nicht erfüllt, wenn Trinkwasser Escherichia Coli Bakterien (E.-coli) enthält. E.-coli dient als Indikatorbakterium und gibt einen Hinweis auf fäkale Verunreinigungen. Auch Enterokokken dürfen nicht enthalten sein. Auf dem Wasserpfad können Krankheitserreger, z. B. für Typhus, Ruhr, Cholera, Hepatitis unter anderem übertragen werden [93, 103].

Die Anlage 2 der Trinkwasserverordnung enthält die chemischen Parameter, unterteilt in Stoffe, deren Konzentration sich im Verteilungsnetz und der Hausinstallation in der Regel nicht mehr erhöht und Stoffe, deren Konzentration in Verteilungsnetz und Hausinstallation ansteigen kann.

In Anlage 3 der Trinkwasserverordnung sind die Indikatorparameter festgelegt, die bei fortlaufender Überwachung ohne auffällige Veränderung bleiben müssen. Hier finden sich die coliformen Keime, die in der Trinkwasserverordnung von 2001 [R16] noch als Grenzwert in der Anlage 1 aufgeführt waren. Im Jahr 2011 wurde auch die Calcitlösekapazität aufgenommen.

Wasserinhaltsstoffe kann man aufgrund ihrer unterschiedlichen Wirkung in zwei Hauptgruppen unterteilen:

• Stoffe mit toxischer Wirkung
• Stoffe mit störender Wirkung

Stoffe mit toxischer Wirkung können lebensbedrohend sein. So können z. B. Schwermetalle in höherer Dosis aufgenommen, zum Tode führen. Bekannte Beispiele sind die „Itai-Itai-Krankheit", hervorgerufen durch Cadmiumaufnahme und die „Minamata-Krankheit", die durch hohe Quecksilberaufnahme verursacht wurde [34]. Polycyclische aromatische Kohlenwasserstoffe, Pestizide u. a. stehen im Verdacht, krebserregend (cancerogen) zu sein.

Die störenden Stoffe sind sensorische Kenngrößen, das heißt sie werden durch die Sinnesorgane Augen, Nase und Mund wahrgenommen. Eine geringe Trübung, entstanden durch feinen Sand, Lehm oder Tonteilchen, kann technisch mit Hilfe von Absetzbecken und Filtern entfernt werden. Die Temperatur darf 25 °C nicht übersteigen, um hygienische Probleme zu vermeiden. Zudem schmeckt das Wasser fade. Im Grundwasser schwankt die Temperatur bei einer Entnahmetiefe > 12 m nur wenig, die mittlere Jahrestemperatur beträgt in dieser Tiefe ca. 8–10 °C. In der Hausinstallation muss die Trinkwasserinstallation gut isoliert werden, um unzulässige Erwärmung des Kaltwassers und Abkühlung des Warmwassers zu vermeiden. Getrennte Rohrführungen für kalt- und warmgehende Leitungen sind hier hilfreich.

Fremdartiger Geschmack oder Geruch wird durch eine Reihe von Stoffen hervorgerufen. Die Geruchsschwellkonzentration (GSK) ist die Konzentration in mg/l, bei der der Geruch gerade noch wahrnehmbar ist. Sie liegt z. B. für Chlorphenol bei 0,001 mg/l und für Mineralöle bei 1 mg/l [44]. Chlorphenole können durch die Zugabe von freiem Chlor entstehen, das zur Entkeimung zudosiert wurde. Huminstoffe geben dem Wasser einen muffigen Geruch und führen zu moorigem Geschmack. Ein Teil dieser organischen Verbindungen kann durch eine Aktivkohle-Filtration entfernt werden. Auch Salze können einen unangenehmen Geschmack hervorrufen. Eisen- und Manganverbindungen ergeben einen tintenartigen Geschmack und färben das Wasser tief dunkel. Diese Stoffe rufen auch technische Störungen im Wasserversorgungssystem hervor, da sie zu Inkrustationen führen können. Sie müssen daher durch Belüftung und Filtration entfernt werden. Sind gleichzeitig Huminstoffe anwesend, wird die Entfernung dieser Verbindungen recht komplex.

Auch die Härte des Wassers, ausgedrückt als „Summe der Erdalkalien" in mol/m^3 (siehe Abschn. 4.2.3), beeinflusst den Geschmack. Wasser mit mittlerer und höherer Härte schmeckt besser als sehr weiches Talsperren- oder Regenwasser. Für die öffentliche Wasserversorgung wird eine zentrale Enthärtung ab 3,8 mmol/l empfohlen [38]. Im Gegensatz zu Nordamerika ist es bei uns bis heute nicht üblich, das gesamte Wasser einer Stadt zu enthärten.

In der Natur findet man leider kaum Wässer, die für eine Trinkwasserversorgung ohne Wasseraufbereitung verwendet werden können. Bei der Erschließung neuer Wasservorkommen sollte man aber bestrebt sein, möglichst keimfreies oder keimarmes und von toxischen Stoffen freies Wasser zu gewinnen. Für die technisch störenden Stoffe ist eine möglichst geringe Konzentration anzustreben.

Jedes Wasser ist ein „Individuum" für sich, es gibt kein allgemeingültiges Rezept für die Aufbereitung. In Kap. 5 werden zwar die grundlegenden Aufbereitungsverfahren für bestimmte Wasservorkommen beschrieben, vielfach sind aber langjährige Vorversuche unumgänglich. Nur so lassen sich Fehlinvestitionen vermeiden.

1.2.3   Wasser für gewerbliche und industrielle Zwecke

Die gewerbliche und industrielle Produktion setzt Wasser unterschiedlich ein. Wasser wird als Rohstoff (z. B. Brauereiwasser). als Transportstoff (z. B. hydraulische Förderung von Mineralstoffen) oder als Hilfsstoff zum Lösen, Waschen usw. verwendet.

An der Qualität des Wassers für wirtschaftliche Zwecke werden häufig andere Anforderungen gestellt, als an die öffentliche Wasserversorgung. Betriebswasser kann Trinkwassereigenschaften einschließen, muss dies aber zwangsläufig nicht. In der Industrie wird vielfach salzarmes und enthärtetes Betriebswasser benötigt. Unter Enthärtung wird die Entfernung der Härtebildner Calcium und Magnesium verstanden. Werden auch die Hydrogencarbonationen entfernt, spricht man von Entcarbonisierung.

Zum Waschen ist hartes Wasser wenig brauchbar, weil die Calcium- und Magnesiumsalze mit den Waschmitteln unlösliche Verbindungen eingehen. In den Textilien kommt es daher zu Ablagerungen, die die Stoffe verhärten. 1 °dH (deutsche Härte) entspricht 0,179 mmol/l Summe Erdalkalien. Für Wäschereien soll die Härte daher < 0,7 mmol/l liegen.

Besonders hohe Anforderungen werden an das Kesselspeisewasser und Kühlwasser von Kraftwerken und Großkesseln gestellt. Insbesondere die Hochleistungskessel der Kraftwerke müssen vor einer Verstopfung und vor Korrosion geschützt werden. Sie werden daher mit sehr reinem Wasser gespeist, das enthärtet, entsalzt und entgast ist, da freier Sauerstoff und Kohlensäure zu Korrosionen führen. Aber auch für die Befüllung von kleineren Wärmeerzeugungsanlagen werden immer höhere Anforderungen gestellt. Da die öffentliche Wasserversorgung diesen Spezialanforderungen nicht entsprechen kann, müssen viele Betriebe ihr Wasser selbst aufbereiten.

1.3   Grundsatzforderungen für die zukünftige gesicherte Wasserversorgung und Ausblick

Deutschland zählt aufgrund eines ausreichenden Wasserdargebots von 188 Mrd. m^3/a zu den wasserreichen Ländern der Erde (siehe Kap. 3). In einigen Industrie-, Schwellen- und insbesondere Entwicklungsländern ist die gesicherte Trinkwasserversorgung eine der großen Zukunftsaufgaben. Für viele Länder wird daher in naher Zukunft Wasser wichtiger als Öl sein. Schon heute verfügen bestimmte Bevölkerungsgruppen in einigen Ländern nicht einmal über die 2 bis 3 Liter einwandfreien Trinkwassers pro Person, die zur täglichen Versorgung mindestens nötig sind. Der Wasserverbrauch hat sich weltweit seit 1950 mehr als vervierfacht. Aber auch in Deutschland zeichnen sich, obwohl nur ein kleiner Teil des theoretischen Wasserdargebots genutzt wird, zunehmende Konflikte zwischen den Wassernutzern Industrie, Landwirtschaft und Bevölkerung um das nicht mehr überall uneingeschränkt verfügbare Wasser ab.

Nach Angaben von WHO und UNICEF [111] von 2017 leben ca. 844 Millionen Menschen weltweit ohne sauberes Trinkwasser und 2,3 Milliarden ohne sanitäre Anlagen. Im Jahr 2002 starben weltweit rund 1,8 Millionen Menschen an Durchfallerkrankungen wie Cholera, Ruhr und Typhus infolge von verschmutztem Trinkwasser, davon 90 % Kinder. In Trockengebieten werden nicht erneuerbare Grundwasservorkommen ausgebeutet. In absehbarer Zeit werden 40 Länder der Erde ohne ausreichende Wasserversorgung sein, und in Afrika haben weniger als 50 % der Bevölkerung Zugang zu Trinkwasser. Im Vergleich zu Deutschland, wo der Pro-Kopf-Verbrauch bei ca. 120 Liter am Tag liegt, müssen nach Schätzungen der UNICEF 1,2 Mrd. Menschen mit weniger als dem von der WHO festgelegten Existenzminimum von 20 Litern Wasser pro Tag auskommen. [36, 97]

Die Wasservorräte der Erde werden auf 1,4 Mrd. km^3 geschätzt. Diese sind aber sehr unterschiedlich verteilt, denn 96,5 % befinden sich als Salzwasser in den Ozeanen, ca. 1,76 % sind im Polar- und Gletschereis gebunden und nur 0,77 % stehen als Oberflächen- und Grundwasser und damit als Süßwasser zur Verfügung. Diese nutzbaren Wasservorkommen von weltweit etwa 10.800.000 Mrd. m^3 sind auf der Erde und auch in Deutschland sehr ungleichmäßig verteilt und müssen durch Fernversorgungssysteme (siehe Kap. 8) zwischen Wassermangel- und Wasserüberschussgebieten sowie zwischen Stadt und Land ausgeglichen werden [90].

Durch die Beeinträchtigung der Menschen werden die nutzbaren Wasservorkommen zunehmend gefährdet, und es gibt kaum noch natürliche Wasservorräte. Da Wasser als wichtigstes Lebensmittel durch nichts Anderes zu ersetzen ist, müssen alle Bürger durch umweltgerechtes Verhalten und Schonung der Trinkwasserressourcen ihren Beitrag zur Problemlösung leisten.

Die öffentlichen Wasserversorgungsunternehmen stellen daher unter anderem folgende Anforderungen an den Gewässerschutz:

- Strikte Anwendung des Vorsorge- und Verursacherprinzips
- Verminderung der Schadstoffbelastung aus Luft und Boden (Altlasten, diffuse Quellen etc.)
- Verminderung der wassergefährdenden Stoffe mit ökotoxikologischem Wirkpotenzial
- Entwicklung einer umweltverträglichen Landwirtschaft
- Sicherung weiträumiger Wasserschutzgebiete
- Priorität der Trinkwasserversorgung vor anderen Nutzungsansprüchen

Diese Forderungen wurden 2021 mit einem 10-Punkte Positionspapier der öffentlichen Wasserversorger [3] nochmals bekräftigt.

Durch gesetzliche Regelungen (siehe Kap. 9) und durch die Begrenzung höchstzulässiger Mengen bestimmter Stoffe (siehe Kap. 4) sowie deren Überwachung mit hoher Messgüte zählt das Trinkwasser in Deutschland zu den am besten kontrollierten Lebensmitteln. Die Spurenanalytik ist in der Lage, Konzentrationen von bis zu einem Nanogramm pro Liter zu messen. Dies bedeutet, dass zum Beispiel ein Stück Würfelzucker im Lechstausee mit 2,7 Mrd. Litern Inhalt nachweisbar ist.

Es ist daher unverständlich, dass viele Bürger nicht Wasser aus der öffentlichen Trinkwasserversorgung trinken, sondern das mehrfach teurere Mineralwasser in Flaschen kaufen. Aus hygienischer Sicht ist dies nicht erforderlich.

In Deutschland können wir mit Blick auf eine gesicherte Trinkwasserversorgung trotz erster Warnzeichen bezüglich Verfügbarkeit und Belastungen optimistisch in die Zukunft blicken. So kommt das Umweltbundesamt [101] in einer Auswertung zu dem Schluss, dass das von den Wasserversorgern gelieferte Trinkwasser in Deutschland von ausgezeichneter Qualität ist und Grenzwertüberschreitungen seltene Ausnahmen darstellen.

Wasserverbrauch 2

Der planende Ingenieur muss für die Bemessung der einzelnen Anlagenteile wissen, wie groß der gegenwärtige Wasserverbrauch ist und der zukünftige Wasserbedarf sein wird.

Wasser ist für folgende Zwecke bereitzustellen: Versorgung der Bevölkerung, der Kleingewerbebetriebe, der Gewerbe- und Industriebetriebe, der Landwirtschaft, für öffentliche Einrichtungen und Zwecke (z. B. Schulen, Krankenhäuser, Straßenreinigung, Brunnen) und den Feuerschutz. Die benötigte Wassermenge hängt ab von der Einwohnerzahl, dem einwohnerbezogenen bzw. spezifischen Verbrauch und der Art sowie Größe der Betriebe. Der Einzelverbrauch wiederum wird von klimatischen Verhältnissen, der Jahreszeit, dem Lebensstandard der Einwohner, vom Wasserpreis, von der technischen Ausstattung der Gebäude und weiteren Faktoren bestimmt.

Das Abschn. 2.2 enthält einige einwohnerbezogene bzw. spezifische Verbrauchswerte. Die Zahlenwerte sind häufig anzutreffende Mittelwerte oder deren Bandbreite zum Zeitpunkt der Drucklegung. Diese Daten müssen ständig angepasst werden, da sich durch wassersparende Einrichtungen und Recyclingmaßnahmen der Industrie die Zahlen verändern. Aktuelle Erkenntnisse für Wohngebäude enthält [61]. Je nach Bemessungsaufgabe müssen diese Werte noch mit Tages- und Stundenspitzenfaktoren multipliziert werden. Nach DVGW W 410 muss die jeweilige Bezugszeit t_B als Bemessungsgröße für die Anschlussleitungen, Zubringer-, Haupt- und Versorgungsleitungen, Pumpen- und Druckerhöhungsanlagen beachtet werden.

Wasserbedarf ist das benötigte Wasservolumen für einen bestimmten Planungszeitraum, z. B. der Haushaltswasserbedarf in m^3/d, m^3/h, l/s u. a. Die *nutzbare Wasserabgabe* ist die tatsächliche gemessene oder geschätzte Netzeinspeisung abzüglich Eigenverbrauch und Verluste. *Eigenverbrauch* ist der betriebsinterne Wasserverbrauch innerhalb einer Versorgungsanlage, wie Filterspülung, Behälterreinigung, Rohrnetzspülung u. a. *Wasserverluste* sind der Teil der ins Netz eingespeisten Wassermenge, dessen Verbleib einzeln nicht erfasst werden kann.

F. Hoffmann, S. Grube, *Wasserversorgung*, https://doi.org/10.1007/978-3-658-37049-7_2

2.1   Eigenverbrauch und Wasserverluste

Der Verbrauch an Filterspülwasser kann auf < 1 % der Fördermenge beschränkt werden, da für größere Wasserwerke Rückgewinnungsanlagen zu bauen sind.

Für die Rohrnetzspülungen liegen die Werte bei 1,0–1,5 % der Fördermenge. Bei vielen Endsträngen im System, großen Gebieten mit Stagnation und Neuanlagen können höhere Werte auftreten.

Die Verluste haben eine große wirtschaftliche und ökologische Bedeutung. Die jährlichen Gesamtverluste werden für Deutschland 2019 mit 248 Mio. m^3 angegeben, dies sind, bezogen auf die Wasserabgabe der öffentlichen Versorgung, ca. 5,2 %. [2]. Bei den Verlusten wird unterschieden zwischen echten Verlusten durch Rohrbrüche, undichte Verbindungen, Armaturen, Behälterverluste u. a. und den scheinbaren Verlusten, entstanden durch Messfehler und Schleichverluste in der Mengenmessung (DVGW W 392). Die echten Verluste stellen im europäischen Vergleich den geringsten Wert dar (Abb. 2.1).

Für Sanierungszwecke werden spezifische reale Wasserverluste in m^3 je km Rohrnetz und Stunde ermittelt. In DVGW W 392 finden sich Richtwerte und Bewertungsverfahren. Wurde früher nur der spezifische reale Wasserverlust q_{VR} betrachtet, so nutzt man heute die international gebräuchliche und aussagekräftigere Kennzahl *Infrastructure Leakage Index* (ILI) (siehe hierzu auch Abschn. 8.3.6). Der systematischen, auf vernetzten Daten beruhenden Lecksuche kommt große Bedeutung zu. Die wirtschaftlichen Vorteile rechtzeitiger Sanierung sind beachtlich.

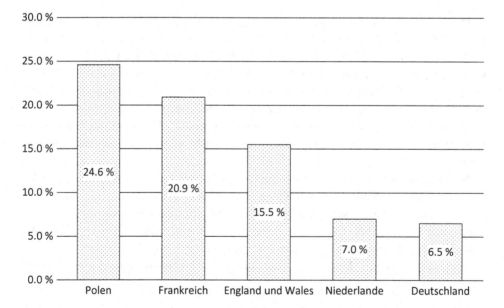

Abb. 2.1 Wasserverluste in Europa 2007 in % des Wasseraufkommens [86]

2.2 Verbrauchskennwerte

Nach Angaben des statistischen Bundesamtes für das Jahr 2016 [86] schwankt der einwohnerbezogene Wasserverbrauch in den einzelnen Bundesländern zwischen 120 und 166 l/(E · d). Für die Haushalte einschließlich Kleingewerbebetriebe liegen die Zahlen zwischen 90 und 140 l/(E · d) (Tab. 2.1). Hierbei ist in den letzten Jahren eine zunehmende Angleichung des Pro-Kopf-Verbrauches zwischen den einzelnen Bundesländern festzustellen.

Die Industrie bezieht nur einen geringen Teil über die öffentlichen Wasserversorgungsunternehmen (WVU). Die Wasserabgabe an Verbraucher gliedert sich in der Bundesrepublik Deutschland wie in den Tab. 2.2, 2.3, 2.4 und 2.5 gezeigt.

Weitere Anhaltswerte finden sich auch in der VDI- Richtlinie 3807, Blatt 3 „Wasserverbrauchskennwerte für Gebäude und Grundstücke".

Diese Aufstellungen machen deutlich, dass bei Neuplanungen und Erweiterungen genaue Analysen erforderlich sind. Die Zahlenwerte sind ggf. durch Befragungsergebnisse zu ergänzen.

Der auf den Einwohner bezogene Verbrauch kann regional in Deutschland stark von den Landesdurchschnitten (Tab. 2.1) abweichen. Beim Trend bezogen auf ganz Deutschland folgte auf einen kontinuierlichen Rückgang von 1990 bis 2007 eine Phase geringer Schwankungen bis zum Jahr 2018. In den letzten drei Jahren ist aber wieder ein deutlicher Anstieg zu verzeichnen (Abb. 2.3). Einen Vergleich der unterschiedlichen jährlichen Pro-Kopf-Verbräuche ausgewählter Staaten zeigt Abb. 2.2.

Tab. 2.1 Einwohnerbezogener Wasserverbrauch in einzelnen Bundesländern 2016 [86]

Bundesland	Einwohnerbezogener Wasserverbrauch in l/(E · d)	
	Haushalte und Kleingewerbebetriebe	Verbraucher gesamt
Baden-Württemberg	118,8	145,2
Bayern	130,5	162,8
Berlin	117,2	158,8
Brandenburg	111,4	129,9
Bremen	120,9	149,4
Hamburg	140,2	149,4
Hessen	126,7	143,4
Mecklenburg-Vorpommern	126,9	153,1
Niedersachsen	128,0	165,8
Nordrhein-Westfalen	133,1	166,4
Rheinland-Pfalz	119,3	149,0
Saarland	114,8	143,4
Sachsen	90,1	128,3
Sachsen-Anhalt	96,8	134,8
Schleswig-Holstein	129,5	170,3
Thüringen	92,2	120,6
Bundesrepublik gesamt	122,7	154,0

Tab. 2.2 Wasserabgabe an Verbraucher in der Bundesrepublik Deutschland [86]

Wasserabgabe in Tausend. m³ pro Jahr für 2016		
Wasserabgabe an Haushalte und Kleingewerbebetriebe	Wasserabgabe an die Industrie und sonstige Verbraucher	Insgesamt
3.675.508	946.426	4.594.289

Tab. 2.3 Aufteilung des Tagesverbrauchs für Haushalte [2]

Täglicher Verbrauch	%	$l/(E \cdot d)$
Körperpflege, Baden, Duschen	36	46,4
WC-Spülung	27	34,8
Wäsche	12	15,5
Geschirrspülen	6	7,8
Reinigung, Autopflege, Garten	6	7,8
Trinken und Kochen	4	5,2
Kleingewerbebetriebe	9	11,5
gesamt	100	129,0

Tab. 2.4 Verbrauchswerte für Haushalte [36][70]

Spezifischer Verbrauch	l/Vorgang
Wannenbad	115–180
Duschen	40–80
WC-Spülung	4–14
Geschirrspüler je nach Baujahr,	13–40
Geschirrspülen von Hand	25–40
Waschmaschine je nach Baujahr	50–130
Gartenbewässerung	5–10 l/m²
Wohngebäude je nach Lage und Baujahr	90–220 $l/(E \cdot d)$

Es bestehen deutliche Unterschiede zwischen maximaler, mittlerer und minimaler Förderung. Tab. 2.6 macht deutlich, dass mit zunehmender Größe des Versorgungsunter-
nehmens die Schwankungsbreite zwischen $Q_{h\,max}$ zu $Q_{h\,m}$ kleiner wird.

2.3   Schwankungen des Wasserverbrauchs

Die jährlichen Verbrauchsschwankungen sind z. T. klimatisch bedingt. In trockenen
Jahreszeiten werden häufig beachtliche Beregnungsmengen für die Gartenbewässerung
dem Netz entnommen. Dieser Effekt wird durch die Ferienzeit überlagert, Werksferien
großer Industriebetriebe haben einen erheblichen Einfluss auf den Wasserverbrauch. Die
Wochenzyklen der Stadtwerke Hannover liegen z. B. im Januar deutlich unter 160.000 m³/d
und im Mai/Juni darüber. Die Sommerferien führen zu einem deutlichen Abgaberückgang
(Abb. 2.4). Für gesicherte Planungen sind zur Berücksichtigung regionaler Gegebenheiten
immer eigene Erhebungen anzustellen. Zunehmend kommen durch die Häufung längerer

Tab. 2.5 Auswahl von Verbrauchswerten in Gewerbe, Industrie, öffentliche Einrichtungen, Dienstleistungsbereich [15][38][68][70]

Gewerbe und Industrie *	Mittelwerte in m³
Bäckerei je Beschäftigten und Arbeitstag (Ad)	0,150
Fleischer je Beschäftigten und Ad	0,250
Waschstraße für PKW mit Ober- und Unterwäsche	0,400–0,500
ohne Kreislaufführung	0,080
mit Kreislaufführung	15,000
Zuckerherstellung je Tonne Rüben	0,030
alte Betriebsform	100,000
moderne Betriebsform	44,000
Hüttenindustrie je Tonne Rohstahl	4,000
alte Betriebsform	3,000
moderne Betriebsform	0,300
Molkerei je 1000 l Milch	
Brauerei ohne Kühlung je 1000 l Bier	
Schlachthof je Großvieheinheit (GVE)	
(1 GVE (GVE = Pferd, Rind) = 2,5 Kleinvieheinheiten (KVE = Schaf, Schwein))	
* je nach Kreislaufführung können erhebliche Abweichungen auftreten	
Richtwerte für spez. Verbrauch bei 310 Ad und 14 h Betriebszeit	Liter pro s und ha
Betriebe mit geringem Verbrauch („trocken")	0,5–1,0
Betriebe mit mittlerem Verbrauch	2,5–5,0
Betriebe mit hohem Verbrauch („nass")	5,0–10,0
Landwirtschaft	Mittelwerte in m³ pro Tag
1 GVE	0,050
1 GVE mit Güllewirtschaft	0,100
1 Großvieheinheit (GVE = 500 kg Lebendgewicht), 1 Kleinvieheinheit = 0,2 GVE	
Umrechnung je nach Lebendgewicht Faktoren von 1,2 (Kühe) bis 0,004 (Geflügel) siehe W 410	
Öffentliche Einrichtungen, Dienstleistungsbereich	m³/d pro Person
Büro- und Verwaltungsgebäude	0,010–0,040
Schulen	0,010–0,030
Campingplätze	0,017
Altenheime	0,150
Krankenhäuser (min/max/Mittelwert)	0,120/0,830/0,340
Hotel (Erstklasse/Pension/Mittelwert)	1,400/0,100/0,290
Hallen- und Freibäder	0,140–0,210

Trockenzeiten, welche auch auf eine Region beschränkt sein können, größere Abweichungen von langjährigen Mittelwerten vor.

Die täglichen Verbrauchsschwankungen können beträchtlich sein und verteilen sich nicht gleichmäßig über den Tag (Abb. 2.5). Für die Ausbaugröße eines Wasserwerkes sind die Tagesabgabemengen im Planungszeitraum wichtig:

Tab. 2.6 Höchste stündliche Wasserabgabe in das Rohrnetz – nach Unternehmensgröße – 1988 [8]

Unternehmensgröße nach Aufkommen in 10^6 m³	Anzahl der WVU [1]	Durchschnittliche stündliche Wasserabgabe in das Netz in 10^3 m³	Höchste stündliche Wasserabgabe in das Netz in 10^3 m³	Höchste stündliche Wasserabgabe in das Netz je WVU (4) : (2) in m³	Verhältnis höchste/ durchschnittliche stündliche Wasserabgabe in das Netz (4) : (3)
(1)	(2)	(3)	(4)	(5)	(6)
über 20	42	275,22	511,11	12169	1,86
10 bis 20	38	61,88	125,97	3315	2,04
5 bis 10	92	71,34	150,54	1636	2,12
1,5 bis 5	411	119,67	273,78	666	2,29
0,5 bis 1,5	619	64,47	149,59	242	2,33
bis 0,5	235	8,82	22,62	96	2,57
1988	1437	601,41	1233,61	858	2,06

[1] Anzahl derjenigen WVU, von denen Angaben zur höchsten und stündlichen Wasserabgabe vorlagen

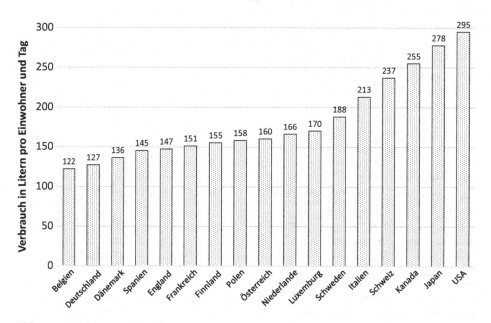

Abb. 2.2 Jährlicher Pro-Kopf-Verbrauch in unterschiedlichen Ländern 2018 [86]

Q_{dmax} = höchste Tagesabgabe in m³
Q_{dm} = durchschnittliche Tagesabgabe in m³
Q_{dmin} = niedrigste Tagesabgabe in m³

Der höchste Tagesverbrauch Q_{dmax} tritt im Allgemeinen von Ende Mai bis Ende Juli auf. Die warme Witterung erhöht den Haushaltsverbrauch. Mit beginnender Ferienzeit sinkt

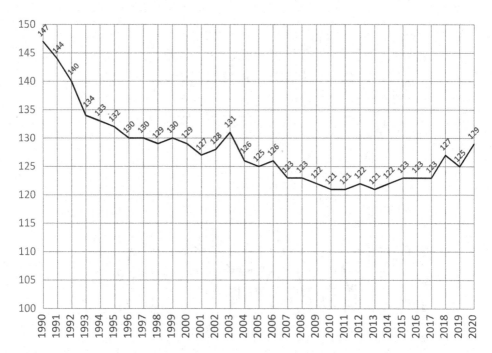

Abb. 2.3 Entwicklung des einwohnerbezogenen Verbrauchs in Deutschland [86]

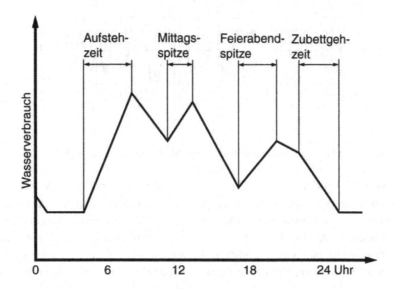

Abb. 2.4 Charakteristischer Verlauf des Tagesverbrauchs

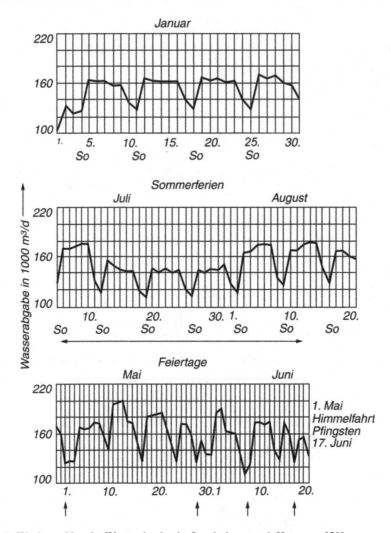

Abb. 2.5 Wochenzyklen der Wasserabgabe der Landeshauptstadt Hannover [59]

der Verbrauch. Er kann dann aber in Fremdenverkehrsorten einen Spitzenwert erreichen. Dies gilt auch für Wintersportorte mit ausgeprägtem Wochenendbetrieb. An Sonn- und Feiertagen liegt normalerweise der Bedarf bei nur 70 % der anderen Wochentage. Der Montag oder der Freitag ergeben i. d. R. den höchsten Verbrauchstag der Woche. An etwa 250 bis 300 Tagen im Jahr muss die mittlere Wassermenge Q_{dm} geliefert werden (Abb. 1.2).

Die stündlichen Verbrauchsschwankungen können durch besondere Ereignisse, z. B. Fußballfernsehübertragungen, sehr hohe Spitzen aufweisen. Während sich der Verbrauch in kleinen Gemeinden durch die gleichmäßigere Zusammensetzung der Bevölkerung und ähnliche Lebensgewohnheiten zu bestimmten Stunden des Tages häuft, leben in städtischen Siedlungsstrukturen Tag- und Nachtmenschen mit unterschiedlichsten

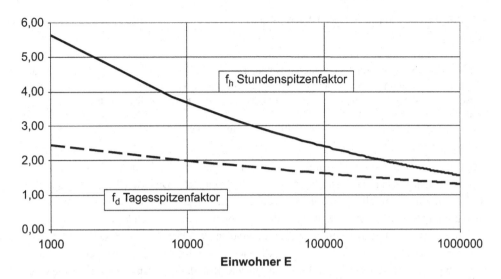

Abb. 2.6 Spitzenfaktoren f_h und f_d in Abhängigkeit von den Einwohnern je Versorgungsgebiet [aus DVGW W 410]

Lebensumständen nebeneinander. Der Verbrauch ist hier gleichmäßiger über den gesamten Tag verteilt. Für kleine Versorgungseinheiten bis 1000 Einwohner steigt daher die Wahrscheinlichkeit, dass Wasserentnahmeeinrichtungen gleichzeitig betätigt werden, erheblich an. Nach DVGW W 410 steigt der Spitzenbedarf hier von 0,688 l/s für einen Einwohner auf 8,091 l/s für 1000 Einwohner an. Diese Zahlen sind z. B. für die Bemessung von Druckerhöhungsanlagen (s. Kap. 6) wichtig.

In DVGW W 410 werden für Versorgungseinheiten über 1000 Einwohnern Spitzenfaktoren für die Tagesspitze f_d (Quotient aus maximalem und durchschnittlichem Tagesverbrauch) und Stundenspitze f_h (Quotient aus maximalem Stundenverbrauch bei Q_{dmax} zu durchschnittlichem Stundenverbrauch $Q_h = Q_d/86,4$; Q_h in l/s und Q_d in m³/d) in Abhängigkeit von der Einwohnerzahl eingeführt s. Abb. 2.6).

Spitzenfaktoren für die Berücksichtigung besonderer Verbrauchergruppen und Gebäudearten wie z. B. Schulen, Krankenhäuser, Hotels, Verwaltungsgebäude oder kleinere Gewerbegebiete sind ebenfalls in diesem Arbeitsblatt zu finden.

2.4 Löschwasserversorgung

Nach DVGW W 405 wird zwischen Grundschutz und Objektschutz unterschieden. Welche Maßnahmen für den Objektschutz, z. B. Hochhäuser, Hotels, gefährdete Betriebe u. a., festzulegen sind, ist mit der Feuerwehr zu klären. Die Löschwassermenge hat in kleinen Orten einen erheblichen Einfluss auf die Rohrbemessung. Nach DVGW W 400-1 erfolgt die Bemessung zusätzlich zum Spitzenstundensatz eines mittleren Verbrauchs-

Tab. 2.7 Feuerlöschmengen (nach DVGW W 405)

Siedlungsform	m³/h	l/s
Ländliche Ansiedlungen von 2 bis 10 Anwesen/Wochenendhausgebiete (ungeachtet der baulichen Nutzung und der Gefahr der Brandausbreitung)	48	13,3
Reine und allgemeine Wohngebiete (WR und WA), besondere Wohngebiete (WB), Mischgebiete (MI), Dorfgebiete (MD), Gewerbegebiete (GE), Kerngebiete (MK) mit höchstens einem Vollgeschoss,	96	26,6
Kerngebiete (MK) mit mehr als einem Vollgeschoss, Industriegebiete (GI)	192	53,3

tages. Bei der Bemessung darf an keiner Stelle im Netz der Druck von 0,15 MPa (1,5 bar) unterschritten werden, da sonst Unterdruck im Netz entsteht. Da eine Überbemessung der Rohrleitung im Normalbetrieb zur Stagnation führt, ist bei kleinen Versorgungseinheiten zu prüfen, ob nicht Löschwasserteiche oder -brunnen gebaut werden können.

Für den Normalfall und den Grundschutz sind in W 405 Richtwerte festgelegt. Diese Werte berücksichtigen die Bebauungsart, die Geschosszahl, die Geschossflächenzahl und die Gefahr der Brandausbreitung. Für eine mittlere Brandausbreitungsgefahr (Umfassung nicht feuerbeständig/feuerhemmend, harte Bedachung; Umfassung feuerbeständig/feuerhemmend, weiche Bedachung) werden in Tab. 2.7 aufgelistete Richtwerte genannt.

Der Löschwasserbedarf soll i. d. R. für zwei Stunden zur Verfügung stehen. Ein Löschbereich umfasst 300 m Umkreis um das Brandobjekt. Im Fall zweiseitiger Einspeisung können die obigen Werte halbiert werden. Für die Bemessung der Rohrleitung ist von der Löschwassermenge und Q_{hmax} eines mittleren Verbrauchstages (Q_{dm}) auszugehen. Für die Bemessung des Hochbehälters ist Löschwasser nur bei einem Gesamtverbrauch < 2000 m³/d zu berücksichtigen (DVGW W 300).

2.5   Rationelle Wasserverwendung

Die Entwicklung des einwohnerbezogenen Wasserverbrauchs der Haushalte und Kleingewerbebetriebe in der Bundesrepublik Deutschland weist seit einigen Jahren eine rückläufige Tendenz auf. Im Wesentlichen haben folgende Maßnahmen dazu geführt:

- Änderung des Verbrauchsverhaltens der Bevölkerung durch Aufklärung
- Installation wassersparender Armaturen und Einrichtungen
- Installation von Wohnungswasserzählern
- Substitution von Trinkwasser durch Regen-, Grau- und Betriebswasser

Modellversuche ergaben durch Umrüstungen in Haushalten durchschnittliche Einsparraten von 18 % [62]. Hinweise zum rationellen Einsatz von Trinkwasser in Wohngebäuden sowie öffentlichen und gewerblichen Einrichtungen können der VDI-Richtlinie 6024 „Wassereffizienz in Trinkwasser-Installationen", Mai 2021, entnommen werden. Die Einsparung kann beachtliche Mengen erreichen. Hierbei ist zu berücksichtigen, dass durch die Reduzierung des Warmwasserverbrauchs zusätzlich auch Energie eingespart wird. So liegen Amortisationszeiten für Sanierungen im Trinkwasserbereich häufig im Bereich zwischen 0,03 und 5 Jahren. Allerdings muss darauf hingewiesen werden, dass durch den großen Fixkostenanteil in der Wasserversorgung bei sinkenden Verbrauchswerten mit einer Zunahme des Wassertarifs gerechnet werden muss.

Auch bei der Landwirtschaft kann auf dem Beregnungssektor noch erheblich Wasser eingespart werden.

Zusätzliche Nichttrinkwassernetze für die öffentliche Versorgung sind aus hygienischen Gründen abzulehnen. Für einzelne Liegenschaften zeigt sich aber ein verstärkter Trend zur Nutzung von Regenwasser, vielfach unter Aufstellung von Wassermanagementkonzepten zur gleichzeitigen Rückhaltung von Starkregenereignissen. Bei der Nutzung von Regen- und Grauwasser müssen unter anderem zur Sicherung der Hygiene die Hinweise des DVGW Regelwerks sowie der DIN 1988 Teil 100 bis 600 bzw. der DIN EN 1717 beachtet werden.

2.6   Zukünftige Bedarfsentwicklung

Wasserversorgungsanlagen sind langlebige Güter. Aus diesem Grund ist die Erstellung von Wasserbedarfsprognosen mit großer Sorgfalt vorzunehmen. Für die Ermittlung des zukünftigen Wasserbedarfs eines Versorgungsgebietes ist eine umfassende Kenntnis der derzeitigen Situation, u. a. im Hinblick auf Art und Umfang der Ausstattung mit wasserverbrauchenden Einrichtungen sowie auf mögliche Entwicklungstendenzen, erforderlich. Ferner benötigt man Angaben zur Bevölkerungsentwicklung im betrachteten Gebiet. Bis in die 1980er-Jahre wurde ein mathematisch, statistischer Ansatz gewählt. Dadurch ergab sich eine steigende Tendenz durch den Einfluss von steigendem Bruttosozialprodukt und verfügbarem Einkommen. (siehe Abb. 2.7)

Heute nutzt man differenzierte Betrachtungen für die einzelnen Verwendungsbereiche des Wassers im Haushalt. Dabei werden Ausstattung, Benutzungshäufigkeit und Verbrauch pro Benutzung der sanitären Anlagen berücksichtigt. Daraus ergibt sich eine obere und eine untere Variante. (siehe Abb. 2.8)

Für die Modellrechnung im folgenden Beispiel ist das Rohrnetz auf Q_{hmax} am verbrauchreichsten Tag auszulegen.

Beispiel 2.1

Gesucht:
Für die exemplarische Wasserbedarfsermittlung einer Kleinstadt mit 18000 Einwohnern und einigen Sonderabnehmern: Q_{dm}, Q_{dmax}, Q_{hmax}
Gegeben:
Planjahr 2021
Zieljahr 2026

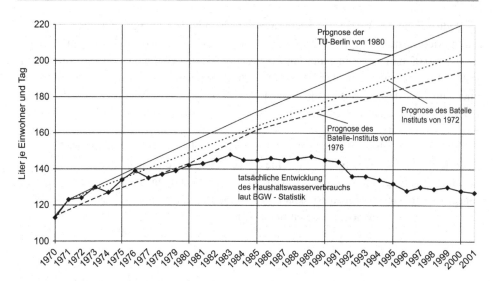

Abb. 2.7 Prognose und tatsächliche Entwicklung des Haushaltswasserverbrauchs in Litern pro Einwohner und Tag

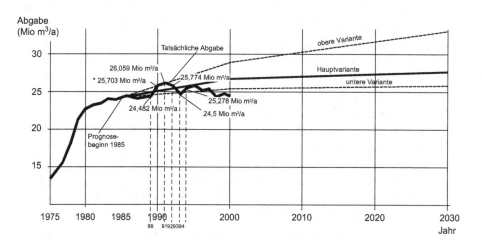

Abb. 2.8 Gesamtwasserabgabe des Aggerverbandes, Prognosewerte von 1985 und tatsächlicher Verbrauch

Bevölkerungsentwicklung Abnahme um 10 %, Abnahme bis 2026 um 1800 Einwohner
Haushaltswassermenge nach Tafel 2.1, sonstige Verbrauchswerte nach Tafel 2.4
Löschwasser nach Tafel 2.6 für Haushalte und Industrie 192 m³/h bzw. 53,3 l/s
Gewerbefläche mit 14 h Betrieb (trocken): 0,75 l/s ha · 14 h ergibt 37,8 m³/ha

Verbraucher	mittlerer Tagesverbrauch	
	m³/Einheit	m³/d
Haushalt (im Planjahr)	0,122	2196
18000 Einwohner	0,100	40
Landwirtschaft	0,150	ca. 4
400 Rinder mit ca. 500 kg und Güllewirtschaft = 400 GVE	1,400	350
Gewerbe und Industrie	0,004	400
Bäckerei mit 25 Angestellten	37,80	75,6
Luxushotel mit 250 Betten	0,010	5
Molkerei mit 100000 l/d	0,340	170
Gewerbefläche mit 2 ha Größe		
geringer Wasserverbrauch (s. Vorgaben)		
Allgemeiner Verbrauch		
500 Schüler		
Krankenhaus mit 500 Patienten		
	Summe Q_{dm} = 3250,6	
Wasserverbrauch WVU	1,5 %	
Eigenbedarf Versorgungsunternehmen	4 %	
Rohrnetz- und Filterspülung	Summe 5,5 % von Q_{dm} = 179	
Wasserverluste		
Gerundete Summe für den durchschnittlichen Tagesbedarf Q_{dm}	3429	

Mit Abb. 2.6

$Q_{dmax} = f_d * Q_{dm} = 1,9 * 3429 \text{ m}^3/\text{d} = 6515 \text{ m}^3/\text{d}$

$Q_{hmax} = (Q_d/86,4) * f_h = (3429/86,4) \text{ l/s} * 3,5 = 138,9 \text{ l/s}$

für die Löschwassermenge: Q_{hmax} bei Q_{dm}: 3429/86,4 = 39,7 l/s

Spitzenbedarf im Rohrnetz des Versorgungsgebietes:

Fall A: Q_{hmax} = 138,9 l/s

Fall B: Q_{hmax} bei Q_{dm} und Löschwasser = 39,7 + 53,3 = 93,0 l/s ◀

Die Bemessung der Rohrleitung vom Wasserwerk zum Hochbehälter hängt von der Pumpzeit ab. Für eine Pumpzeit von 24 h ist die Leitung auf 6515 m³/24 h = 272 m³/h bzw. 75,4 l/s auszulegen.

Bei der Wahl unterschiedlicher Pumpzeiten für Förderung, Aufbereitung und Füllung des Hochbehälters werden Zwischenspeicher (Rohwasser und aufbereitetes Wasser) erforderlich. Zur Wahl der Pumpzeit und deren Auswirkungen s. Kap. 6.

Wasservorkommen und Wassergewinnung

3

3.1 Niederschläge und Abflüsse

3.1.1 Wasserkreislauf

Nach DIN 4049 versteht man unter Wasserkreislauf die ständige Folge der Zustands- und Ortsänderung des Wassers mit den Hauptkomponenten Niederschlag, Abfluss, Verdunstung und atmosphärischer Wassertransport nach Abb. 3.1.

Das aus der Lufthülle ausgeschiedene Wasser unter anderem in Form von Regen, Schnee, Hagel, Tau, Reif wird als Niederschlag bezeichnet. Ein Teil der Niederschläge wird von den Pflanzenoberflächen aufgefangen und gespeichert und verdunstet teilweise direkt, ohne den Boden erreicht zu haben (Interzeptionsverdunstung). Ein Teil verdunstet von den freien Boden- und Wasserflächen, ein weiterer wird von den Pflanzen verdunstet (Transpiration). Die Gesamtheit der Verdunstung nennt man Evapotranspiration.

Ein Teil der Niederschläge fließt oberirdisch, ein Teil durch Infiltration in den Grundwasserkörper unterirdisch ab. Die Zusammenhänge zwischen Jahresniederschlag, Verdunstung und Abfluss zeigt Abb. 3.2

Jede Entnahme aus dem Grundwasser- oder Oberflächenwasservorkommen stört den natürlichen Wasserhaushalt. Das Wasser wird seit alters her von den Menschen als Ressource (Rohstoff) zu unterschiedlichen Zwecken genutzt. Soweit die Entnahme umweltverträglich erfolgt, müssen sich Wassergewinnung und Ökologie nicht ausschließen [24, 28].

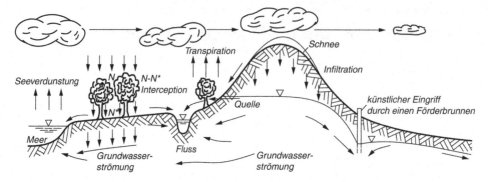

Abb. 3.1 Schematische Darstellung des Wasserkreislaufes [95]

Abb. 3.2 Wasserhaushalt
allgemein in Deutschland

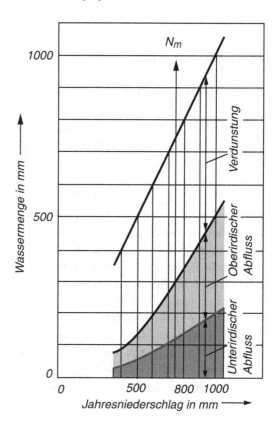

3.1.2 Wasserdargebot

In Deutschland beträgt die durchschnittliche Niederschlagshöhe 789 mm/a. Dies entspricht einem Niederschlagsvolumen von 282 Mrd. m³/a. Die Verdunstung beträgt
505 mm/a, so dass eine Abflussmenge von 284 mm/a bleibt. Etwa 80 % des Abflusses tritt
über das Grundwasser in die oberirdischen Gewässer ein. Für eine Gesamtfläche von

356799 km^2 ergibt sich ein Wasserdargebot 188 Mrd. m^3/a [2]. Vom vorhandenen Wasserdargebot werden zurzeit nur 25,3 Mrd. m^3/a genutzt. Auf den Bereich der nichtöffentli-
chen Wasserversorgung entfallen 20,1 Mrd. m^3/a. Den größten Anteil hieran haben Wär-
mekraftwerke. Sie entnehmen nahezu ausschließlich Oberflächenwasser und setzen dieses
überwiegend für Kühlzwecke ein. Die restlichen 5,2 Mrd. m^3/a werden für die öffentliche
Wasserversorgung eingesetzt. Dieses entspricht einem Anteil von lediglich 2,8 % des gesamten Wasserdargebots der Bundesrepublik Deutschland.

Deutschland liegt in der gemäßigten Klimazone, das Klima kann als humid bezeichnet
werden. Dem mittleren Jahresdurchschnitt von 789 mm/a stehen Werte von rund
2500 mm/a im Alpenvorland und weniger als 500 mm/a im nördlichen Rheintalgraben
gegenüber.

Niederschlagsreiche Gebiete sind die Mittelgebirge. Es gibt somit regionale, jahreszeit-
liche und vom langjährigen Mittelwert stark abweichende Werte. Zieht man für eine glo-
bale Betrachtung der Wasserversorgung das Trockenjahr 1959 heran, so standen auch in
diesem trockenen Jahr noch ca. 700 m^3 pro Kopf der Bevölkerung bei einem durchschnitt-
lichen Verbrauch von derzeit ca. 47 m^3 pro Jahr zur Verfügung. Es müssen aber auch die
Anforderungen der Kraftwerke, der Industrie und der Landwirtschaft berücksichtigt werden. In Niedrigwasserzeiten werden die Flüsse und Seen fast ausschließlich aus dem
Grundwasser gespeist. Global gesehen zählt das Bundesgebiet keineswegs zu den wasser-
armen Regionen. Regional sind aber durchaus Mangelgebiete vorhanden. Unter sinnvoller
Bewirtschaftung schließen sich daher Trinkwasserversorgung und die ökologischen Forderungen, den Naturwasserhaushalt zu erhalten nicht aus. In einem Strategiepapier veröf-
fentlichte die LAWA im März 2010 eine Bestandsaufnahme und Handlungsempfehlungen
[59] zu den Auswirkungen des Klimawandels auf die Wasserwirtschaft ein. Aufgrund aktueller Erkenntnisse veröffentlichten 2021 BDEW, DVGW und VKU (Verband kommuna-
ler Unternehmen) ein Positionspapier [3] mit zehn Maßnahmenvorschlägen zur Sicherung
der Wasserversorgung.

3.2 Grundwasser

Für eine sichere und nachhaltige Trinkwasserversorgung der Bevölkerung muss das
Grundwasser in den Einzugsgebieten so geschützt werden, dass Trinkwasser mit natürlichen Verfahren gewonnen werden kann. Eine besondere Bedeutung kommt der
Grundwasserqualität zu. Führende Berufvereinigungen des Wasserfachs aus Deutschland, Österreich und der Schweiz haben zu diesem Thema im Jahre 2004 ein Grund-
wassermemorandum verabschiedet, das Forderungen an einen nachhaltigen Grundwasserschutz enthält und Schwellenwerte für Handlungsbedarf definiert.

3.2.1 Begriffsbestimmungen und Grundlagen

Die das Grundwasser betreffenden Fachausdrücke sind in DIN 4049-1 bis -3 Hydrologie festgelegt.

Grundwasser ist unterirdisches Wasser, das die Hohlräume der Erdrinde, z. B. Poren, Klüfte, Höhlen, zusammenhängend ausfüllt. Seine Bewegung wird ausschließlich von der Schwerkraft und den durch die Bewegung selbst ausgelösten Reibungskräften bestimmt. Es gibt Grundwasserleiter, Grundwassergeringleiter und Grundwassernichtleiter.

Grundwassernichtleiter sind praktisch wasserundurchlässig. Die hydraulische Leitfähigkeit für Grundwasser wird durch den Durchlässigkeitsbeiwert oder k-Wert (m/s) ausgedrückt (siehe Abschn. 3.2.3.1). Als Transmissivität (m²/s) bezeichnet man die integrale Durchlässigkeit über die Grundwassermächtigkeit.

Bringt man in einen Grundwasserkörper Grundwassermessstellen, früher als Peilrohre (P1–P4) bezeichnet, nieder, so sind nach Abb. 3.3 folgende Begriffe wichtig:

Je nach Bohrtiefe können mehrere *Grundwasser-Stockwerke* erreicht werden. Die Höhe des Grundwasserstandes in der Grundwassermessstelle wird dadurch bestimmt, ob es sich um freies oder um gespanntes Grundwasser handelt.

Im *Grundwasserleiter* (1) mit den Messstellen P1 und P2 stellt sich der *Grundwasserspiegel* ein. Für das Stockwerk (2) ist am linken Bildrand die freie Oberfläche zu erkennen. Im weiteren Verlauf wird dieses Stockwerk von einer undurchlässigen Lehmschicht über-

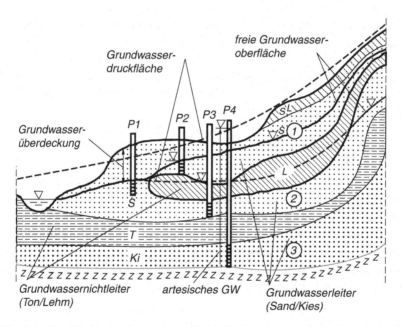

Abb. 3.3 Grundbegriffe für das Grundwasser. P1 bis P4 Grundwassermessstellen, 1 bis 3 Grundwasserstockwerke, S Sand, Ki Kies, L Lehm, T Ton

lagert, hierdurch entsteht gespanntes Grundwasser. In Messstelle P3 stellt sich daher eine *Grundwasserdruckflächenhöhe* ein. Für den Grundwasserleiter (3) mit der Messstelle P4 ergibt sich ein Sonderfall. Die Grundwasserdruckfläche liegt über der Geländeoberfläche. Sie ist der geometrische Ort der Endpunkte aller Standrohrspiegelhöhen der Grundwasseroberfläche. Es handelt sich um artesisch gespanntes Grundwasser.

Der Locker- oder Festgesteinskörper über der Grundwasseroberfläche wird als Grundwasserüberdeckung bezeichnet. Je nach Deckschichtaufbau wird der Grundwasserkörper gegen Oberflächeneinflüsse geschützt.

Wasserundurchlässige Schichten erhöhen zwar den Grundwasserschutz, die fehlende Infiltration ist für die Grundwasserneubildung aber nachteilig.

3.2.2 Erkundung von Grundwasservorkommen

In der öffentlichen Wasserversorgung betrug im Jahre 2016 die Gewinnung aus Oberflächenwasser 14 %, aus Uferfiltrat 8 %, und aus Grund- und Quellwasser 78 % (Abb. 3.4).

Grundwasser ist ein wichtiges Gut, das bewirtschaftet wird und das vor allem geschützt werden muss. In den einzelnen Ländern sind Grundwasserdienste eingerichtet, die das Grundwasser regelmäßig überwachen. Die grundsätzlichen Aufgaben der Grundwasserüberwachung sind:

- Dokumentation des aktuellen Zustandes und der Veränderung der quantitativen und qualitativen Grundwasserbeschaffenheit

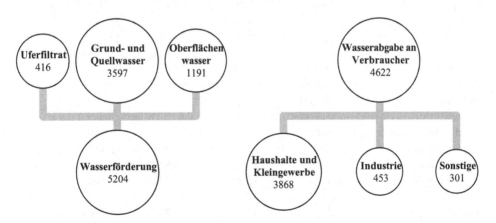

Abb. 3.4 Wasserförderung und Wasserabgabe in der Bundesrepublik Deutschland 2016 in Mio. m³ [2]

- Frühzeitiges Erkennen von Grundwassergefährdungen, um rechtzeitig Gegenmaßnahmen ergreifen zu können, und frühzeitiges Erkennen auch der Stoffe, die potenzielle Gefährdungen für das Grundwasser darstellen
- Langzeitige Kontrolle der Wirksamkeit von Sanierungs- bzw. Vorsorgemaßnahmen zum Grundwasserschutz

(DVGW W 121)

Die Wasserförderung ist nach Tab. 3.1 in den Ländern nach der herangezogenen Wasserressource sehr unterschiedlich verteilt.

Zur Beobachtung des Grundwassers ist ein Messstellennetz erforderlich. Dies dient zum Erkennen von Veränderungen durch flächenhafte Einträge oder die Wasserentnahme, akuter Gefährdungen und zur Effizienzkontrolle durchgeführter Maßnahmen. Weitere Hinweise siehe DVGW W 107 und W 108.

Das grundsätzliche Schema einer Grundwassergütemessstelle zeigt Abb. 3.5 [75].

Viele Faktoren beeinflussen das Grundwasser. Die wesentlichen Faktoren sind:

- Gebietsfaktoren: Bodenart, hydraulische und chemisch-physikalische Bodenkennwerte, Relief, Gewässerdichte u. a.
- Zeitfaktoren: biologische Merkmale im Grundwasser- und Bodenkörper, Niederschlag, Verdunstung, Grundwasserstand, Vegetation u. a.
- Anthropogene Faktoren: Grundwasserentnahme, Einleitung fremder Stoffe, Veränderung der Landschaft

Tab. 3.1 Regionale Verteilung der Wasserförderung 2016 nach Wasserarten [86]

Land	Grundwasser	Quellwasser	Uferfiltrat	Oberflächenwasser
Baden-Württemberg	52,6 %	18,2 %	0,9 %	28,4 %
Bayern	72,4 %	17,7 %	7,0 %	2,9 %
Berlin	42,9 %	-	57,1 %	-
Brandenburg	98,0 %	-	2,0 %	-
Bremen	100,0 %	-	-	-
Hamburg	100,0 %	-	-	-
Hessen	88,3 %	11,6 %	-	-
Mecklenburg-Vorpommern	84,1 %	-	3,0 %	12,9 %
Niedersachsen	85,7%	1,6 %	-	12,6 %
Nordrhein-Westfalen	70,7 %	2,0 %	10,6 %	16,7 %
Rheinland-Pfalz	71,6 %	12,9 %	11,7 %	3,8 %
Saarland	96,7 %	3,3 %	-	-
Sachsen	25,5 %	4,3 %	20,2 %	50,0 %
Sachsen-Anhalt	90,6 %	1,0 %	4,8 %	3,6 %
Schleswig-Holstein	99,9 %	-	-	0,1 %
Thüringen	43,6 %	12,7 %	-	43,7 %
Deutschland	**70,5 %**	**7,9 %**	**8,0 %**	**13,6 %**

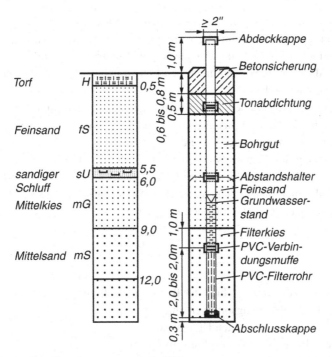

Abb. 3.5 Schema einer Grundwassermessstelle [75]

Die aus der Eiszeit stammenden Urstromtäler, die vielfach gute Grundwasserleiter sind, eignen sich gut für eine Trinkwassergewinnung.

Zur Beobachtung des Grundwassers werden Grundwassermessstellen eingerichtet. Neben der Grundwasserhöhe ist vielfach die Grundwasserbeschaffenheit von Interesse. Aus diesem Grund sollten die Beobachtungsrohre einen lichten Durchmesser > 51 mm (2") aufweisen. Für diese Durchmesser liegen leistungsfähige Unterwasserpumpen vor, die eine Probenahme ermöglichen, und mit denen es auch keine Probleme mit den Messwertaufnehmern gibt, die für eine kontinuierliche Registrierung der Grundwasserhöhe erforderlich sind.

Grundwassermessstellen müssen so beschaffen sein, dass sie folgende Aufgaben ermöglichen:

- Ermittlung von Standrohrspiegelhöhen
- Entnahme von Wasserproben für chemisch-physikalische und biologische Untersuchungen
- Durchführung von geophysikalischen Messungen
- Durchführung von Pflegemaßnahmen

Zur Erfassung der Messdaten werden Datenlogger eingesetzt. Mit tragbaren elektronischen Messgeräten, aber auch Licht- und Tiefenlot oder der älteren Brunnenpfeife, werden

Einzelmessungen vorgenommen. Im Einsatz moderner Technik sowie in der Optimierung der Untersuchungsprogramme sind die vorrangigen Potenziale zur Kostenbegrenzung zu sehen. Im Rahmen der Festlegung des jeweiligen Untersuchungsumfanges ist der Entwicklung und Absicherung von Summen- und Leitparametern (-arten) eine besondere Bedeutung beizumessen [58].

Der Abstand der Messstellen richtet sich nach dem Untergrund, dem Gefälle des Grundwassers, der Größe des Einzugsgebietes und dem Zweck der Messung. Allgemeine Regeln können hierfür nicht gegeben werden.

Die Bestimmung der Grundwasserhöhenlinien erfolgt mit Hilfe von hydrologischen Dreiecken (Abb. 3.6a). Die Dreiecke haben Seitenlängen zwischen 50 und 150 m. Die Dreiecksabstände untereinander liegen zwischen 200 und 800 m. Die Lage der Höhenlinie im Dreieck findet man durch die folgende Proportion:

$$\frac{H}{L} = \frac{h_x}{l_x} \quad l_x = \frac{L \cdot h_x}{H} \tag{3.1}$$

H = Grundwasser-Höhenunterschied der Beobachtungsbrunnen (s. Abb. 3.15a)
L = Abstand der Beobachtungsbrunnen untereinander
h_x = Höhendifferenz zur gesuchten Höhenlinie
l_x = gesuchter Abstand vom Beobachtungsbrunnen

Für das in Abb. 3.6b dargestellte Dreieck wird die Lage der Höhenlinie 103,00 gesucht. Sie liegt auf der Dreieckseite 1–3 in $l_x = (113{,}00 \cdot 0{,}94)/2{,}26 = 47{,}0$ m Entfernung und auf der Dreiecksseite 2–3 in $l_x = (120{,}0 \cdot 0{,}70)/2{,}02 = 41{,}60$ m Entfernung.

Die Strömungsrichtung des Grundwassers verläuft entsprechend der Falllinie senkrecht zur Grundwasserhöhenlinie.

Die Karten der Grundwasserhöhenlinien (Grundwassergleichen oder Isohypsen) sind eine wesentliche Grundlage für wasserwirtschaftliche Entscheidungen. Sie geben Auskunft über Grundwasserscheiden, Grundwassergefälle und Grundwasserfließrichtung.

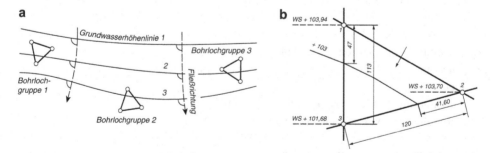

Abb. 3.6 (a) Hydrologische Dreiecke zur Bestimmung von Isohypsen (nach Thiem [zit. in 73]) (b) Bestimmung der Isohypsen durch ein hydrologisches Dreieck

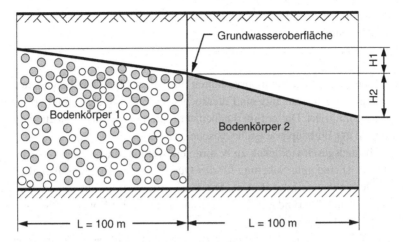

Abb. 3.7 Veränderung des Grundwasserspiegels bei gleicher Fließlänge L und unterschiedlicher hydraulischer Leitfähigkeit (k-Wert)

Nach Abb. 3.7 ergibt sich für die Neigung des Grundwasserspiegels im Grundwasserkörper 1 bzw. 2 für den gleichlangen Fließweg L im Körper 1 die Höhendifferenz H_1 und in Körper 2 die Höhendifferenz H_2. Die geringere Neigung H_1 bedeutet, dass die hydraulische Leitfähigkeit in diesem Grundwasserleiter günstiger ist. In diesem Fall fließt das Grundwasser durch größere Porenräume im Gebirge („Bodenkörper"), und das Grundwasserspiegelgefälle $I = H_1/L$ ist kleiner als im Grundwasserkörper 2.

Ähnlich den Höhenlinien im Gebirge zeigen engliegende Grundwassergleichen (starke Neigung des Grundwasserspiegels) einen schlechten Grundwasserleiter an. Die Auswertung der Messreihen kann nach unterschiedlichen Gesichtspunkten erfolgen.

Trendentwicklungen können mit einer einfachen linearen Regression berechnet werden. Zum Vergleich zweier Messstellen können Differenzganglinien oder Doppelsummenkurven herangezogen werden. Mit Hilfe von Dauerlinien lassen sich die Häufigkeiten für Über-und Unterschreitungswasserstände gut darstellen.

Geophysikalische Messverfahren werden zur Erkundung des Grundwasserleiters, zur Erfassung des hydrogeologischen Aufbaues der Bohrung (s. Abschn. 3.2.5.2), zur Bestimmung der Abstandsgeschwindigkeit, zur Altersbestimmung u. a. eingesetzt. Diese Verfahren können Aufschlussbohrungen nicht ersetzen, erlauben aber eine gezieltere Untersuchung und können daher die Zahl der Aufschlussbohrungen verringern.

Zur großflächigen Vorerkundung werden Seismik und geoelektrische Widerstandsmessungen eingesetzt.

Im Bohrloch werden physikalische und geometrische Größen sowie technische Zustände geprüft [24]. Eine Aufstellung von Messmethoden finden sich in DVGW W 110.

Die zur Anwendung kommenden Verfahren teilen sich auf in:

- elektrische und elektromagnetische Verfahren,
- kernphysikalische Verfahren,

- optische Verfahren,
- akustische Verfahren,
- sonstige Verfahren.

Diese Verfahren sind für die Spülbohrverfahren mit Dickspülung von besonderer Bedeutung, da sich an der Bohrwandung ein Filterkuchen ausbildet und ein Teil der Zusätze in die Seitenräume infiltriert. Dieser Filterkuchen verhindert einen Wasserzutritt und Wasseraustritt während der Einbauphase (siehe Abschn. 3.2.5.2).

Um die Abstandsgeschwindigkeit zu bestimmen, werden Markierungsversuche vorgenommen. Diese ist eine gute Näherung für den Quotienten aus Filtergeschwindigkeit und wirksamem Hohlraumanteil des Bodens. Die Markierung erfolgt mit Salzen (NaCl), Isotopen (Chrom-51, Jod-131) und Farbstoffen (Uranin). Es werden Konzentrations-Zeit-Kurven aufgetragen und ausgewertet [F3].

Für die Altersbestimmung, d. h. für die Verweilzeit im Grundwasserkörper, können Isotope verwendet werden, die über die Niederschläge in das Grundwasser gelangen. So kann z. B. durch die Messung von Tritium (^{3}H) festgestellt werden, ob ein Grundwasser vor 1963/1964 gebildet wurde, da durch die Kernwaffentests zu diesem Zeitpunkt große Mengen in die Atmosphäre gelangten. Für die Messung eignet sich auch ^{14}C. Dieses Kohlenstoffisotop wird durch kosmische Strahlung in der Atmosphäre gebildet und mit dem Niederschlag in den Grundwasserkörper eingetragen. Die Halbwertzeit beträgt ca. 5700 Jahre.

3.2.3 Ermittlung der Ergiebigkeit von Grundwasservorkommen

Die Grundwasserneubildung erfolgt hauptsächlich in den Monaten November bis März. Die Neubildungsrate hängt ganz wesentlich von der Bodenwasserbilanz ab. Diese wird unter anderem von der Bodenart, dem Bewuchs, dem Flurabstand des Grundwassers, dem Niederschlag und der Verdunstung bestimmt. Man unterscheidet die belüftete, ungesättigte Zone und die gesättigte Zone im Boden. In der oberen Durchleitzone wirken Sorption, Kapillarkräfte, Pflanzenwurzelsaugkraft u. a. auf die versickernden Niederschläge ein. Die Neubildungsrate kann mit Hilfe von Lysimetern, der Auswertung von Wasserwerksfördermengen, mit Hilfe von Rechenmodellen oder aber auch für längerfristige Prognosen aus der Wasserhaushaltsgleichung hergeleitet werden. Für längere Zeiträume gilt:

$$h_N = h_A + h_V \tag{3.2}$$

h_N = Niederschlag   in mm
h_A = Abfluss   in mm
h_V = Verdunstung   in mm

Der Niederschlag und die Verdunstung sind gebietsspezifische Werte. Werte für Niederschläge, Abflusshöhen und Grundwasserstände können zum Beispiel für Niedersachsen den Gewässerkundlichen Monatsberichten des Niedersächsischen Landesamtes für Wasserwirtschaft, Küsten- und Naturschutz (NLWKN; www.nlwkn.de) entnommen werden.

Der Abfluss gliedert sich in ober- und unterirdischen Abfluss h_{AO} und h_{AU}. Die Grundwasserneubildung erfolgt somit langjährig in der umgeformten Wasserhaushaltsgleichung zu:

$$h_{AU} = h_N - h_V - h_{AO} \qquad (3.3)$$

3.2.3.1 Der Durchlässigkeitsbeiwert k_f (Gebirgsdurchlässigkeit im Gelände) für Grundwasserbewegungen und k-Werte-Ermittlungen im Labor

Die Strömung des Grundwassers ist – solange sich das Wasser nicht in klüftigem Gestein bewegt und das Grundwasserspiegelgefälle nicht zu groß ist – ausschließlich laminar (s. Kap. 8). Für die Filtergeschwindigkeit gilt näherungsweise das Filtergesetz nach *Darcy*

$$v_f = k \cdot J \quad \text{bzw.} \quad v_f = k_f \cdot J \quad \text{im Gelände} \qquad (3.4)$$

Nach Abb. 3.8 kann der k-Wert bei homogenem Grundwasserleiter im Labor an ungestörten Bodenproben bestimmt werden. Anhaltswerte für verschiedene Böden sind in Tab. 3.2 aufgeführt.

Nach der Kontinuitätsgleichung ist

$$v_f = \frac{Q}{A}$$

bei der Grundwasserströmung nach *Darcy* $v_f = k \cdot J$.

Mit $J = h/l$ ist

$$v_f = k \cdot \frac{h}{l}$$

und damit

Abb. 3.8 Bestimmung des Durchlässigkeitsbeiwertes k_f im Labor

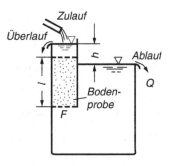

Tab. 3.2 Anhaltswerte für die Durchlässigkeit in m/s (k_f = Gebirgsdurchlässigkeit im Gelände) [70]

Bodenart	k_f-Wert in m/s
Kies (Flussschotter)	0,015 bis 0,0005
sandiger Kies (Urstromtäler)	0,001 bis 0,0009
kiesiger Sand (Urstromtäler)	0,002 bis 0,00003
mittlerer Sand (Heidesand)	0,0002 bis 0,00008
feiner Sand (Dünensand)	0,0002 bis 0,00004
schluffiger Ton	ca. 0,00000001

$$k = \frac{Q}{A} \cdot \frac{l}{h} \qquad \frac{m}{s} = \frac{\frac{m^3}{s}}{m^2} \cdot \frac{m}{m} \tag{3.5}$$

v_f = Filtergeschwindigkeit in m/s
J = Grundwasserspiegelgefälle in m/m
h = Druckhöhenunterschied innerhalb der Strecke l in m
l = Länge des zu durchströmenden Weges in m
Q = Durchfluss in der Zeiteinheit in m³/s
A = Gesamtquerschnitt in m²
k = Durchlässigkeit im Labor

Ist eine ungestörte Bodenprobe nicht möglich, so kann über eine Siebanalyse der k_f-Wert näherungsweise für $t = 10\,°C$ mit folgender Formel bestimmt werden (DVGW W 113)

$$k_f = C \cdot d_{10}^2 \tag{3.6}$$

d_{10} = Korndurchmesser in mm bei 10 % Siebdurchgang
C = Proportionalitätsfaktor

Der Proportionalitätsfaktor ist von dem Ungleichförmigkeitsfaktor U abhängig. Die Formel gilt für 0,06 mm $\leq d_{10}$ -Wert $\leq$ 0,6 mm und

$$U = \frac{d_{60}}{d_{10}} < 20$$

U	C
1,0–1,9	0,011
2,0–2,9	0,010
3,0–4,9	0,009
5,0–9,9	0,008
10,0–19,9	0,007
20	0,006

Für den Fall, dass die Gültigkeitsgrenzen unter- bzw. überschritten werden, kann der k_f-Wert überschläglich wie folgt berechnet werden:

$$k_f = 0,0036 \cdot d_{20}^{2,3}$$

d_{20} = Korndurchmesser in mm bei 20 % Siebdurchgang

In der Natur errechnet sich das Grundwassergefälle mit $J = h/L$.

Hierbei ist h der Höhenunterschied zweier Messpunkte und L der Abstand (Abb. 3.14). Beträgt z. B. der Höhenunterschied 0,80 m und die Entfernung 150,0 m, so beträgt $J = 0,80/150,0 = 0,005333$ oder 0,533 %, und da man das Gefälle häufig auf 1000 m bezieht, somit 5,3 $^o/_{oo}$.

Bei einem Grundwassergefälle von 1:1000 ergibt sich für Kies ein Fließweg von ca. 2365 m/a, wenn der nutzbare Porenraum mit 20 % angenommen wird, für schluffigen Sand von nur 2,52 m/a, wenn der nutzbare Porenraum ca. 12,5 % beträgt. Praktisch vorkommende Grundwasserfließgeschwindigkeiten können wesentlich kürzer sein, sie lagen z. B. im Keupersand im Raum Nürnberg bei 1,5 m/d, im Alluvium im Oberrhein bei 3–8 m/d und in der Münchener Schotterebene bei 10–20 m/d.

3.2.3.2 Ergiebigkeitsgleichung nach Dupuit-Thiem [9], [24]

In einem vollkommenen Brunnen, einem Brunnen also, der in ruhendem Grundwasser mit freiem Spiegel (Grundwassersee) mit homogenem Grundwasserleiter steht und dessen Filterrohr bis zur undurchlässigen Schicht reicht, lässt sich der entnehmbare Zufluss rechnerisch ermitteln (Abb. 3.9)

Mit der Kontinuitätsgleichung $Q = v \cdot A$ und Gl. (3.4) wird $v = k_f \cdot J$.

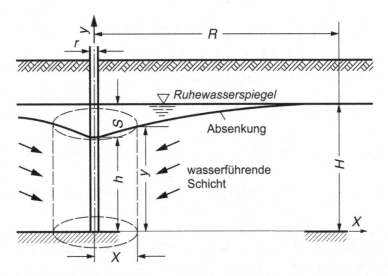

Abb. 3.9 Schnitt durch einen Vertikalbrunnen im Absenkungstrichter des Grundwassers

$$Q = k_f \cdot J \cdot A$$

An der beliebigen Stelle x, y des Absenktrichters ist J gleich der Tangente an den Trichter oder gleich dem Differenzialquotienten dy/dx; es wird

$$Q = k_f \cdot \frac{dy}{dx} \cdot A$$

Die durchströmte Fläche A an der Stelle x ist der Zylindermantel $A = 2x \cdot \pi \cdot y$.
   Eingesetzt ergibt sich

$$Q = k_f \cdot \frac{dy}{dx} \cdot 2x \cdot \pi \cdot y$$

Aufgelöst und in den aus Abb. 3.11 ersichtlichen Grenzen integriert erhält man aus

$$\int_h^H y \cdot dy = \frac{Q}{k_f \cdot 2\pi} \int_r^R \frac{dx}{x} \left[\frac{y^2}{2} \right]_h^H = \frac{Q}{k_f \cdot 2\pi} \left[\ln x \right]_r^R$$

$$\frac{H^2 - h^2}{2} = \frac{Q}{k_f \cdot 2\pi} \left(\ln R - \ln r \right) \tag{3.7}$$

die Ergiebigkeitsgleichung

$$Q = \left(H^2 - h^2 \right) \frac{\pi \cdot k_f}{\ln \frac{R}{r}} = \left(H + h \right)\left(H - h \right) \frac{\pi \cdot k_f}{\ln \frac{R}{r}} \tag{3.8}$$

Mit

$$H + h = H + \left(H - s \right) = 2H - s$$

$$H - h = s \quad \text{und}$$

$$R = 3000 s \sqrt{k_f}$$

wird

$$Q = \left(2H - s \right) s \frac{\pi \cdot k_f}{\ln \dfrac{3000 s \cdot \sqrt{k_f}}{r}} \tag{3.9}$$

Die Reichweite der Absenkung gibt *Sichardt* empirisch in Abhängigkeit vom Durchlässig-keitsbeiwert und von der Absenkung am Brunnen an, mit

$$R = 3000s\sqrt{k_f} \quad \text{in m; mit } s \text{ in m und } k_f \text{ in m/s} \tag{3.10}$$

H = Höhe des Ruhewasserspiegels über der Grundwassersohle oder Mächtigkeit der grundwasserfhrenden Schicht in m

h = Höhe des abgesenkten Grundwasserspiegels im Brunnen in m

R = Reichweite der Absenkung in m

s = Absenkung des Ruhewasserspiegels in m

k_f = Durchlässigkeitsbeiwert (Gebirgsdurchlässigkeit) in m/s

r = mittlerer Brunnenradius in m (Abb. 3.10)

Q = Grundwasserzufluss zum Brunnen m^3/s

Die Ergiebigkeitsgleichung wurde auf rein mathematischem Wege ohne Berücksichtigung der Möglichkeit des Wassereintritts in den Brunnen abgeleitet.

Lässt man in der Gl. (3.8) h zu Null werden, so wird

$$Q = H^2 \cdot \frac{\pi \cdot k_f}{\ln \dfrac{R}{r}}$$

zu einem Maximum. Das ist aber nicht möglich, weil bei $h = 0$ die Filterfläche oberhalb des Grundwasserspiegels liegt und damit der Brunnen kein Wasser mehr erhält. Die Ergiebigkeit eines Brunnens ist also nicht allein von der Absenkung abhängig, sondern auch davon, dass der Brunnen das zufließende Wasser fassen kann, d. h. vom Fassungsvermögen Q_F. Dieses ergibt sich aus der Kontinuitätsgleichung $Q = v \cdot A$ mit der Eintrittsfläche des Zylindermantels

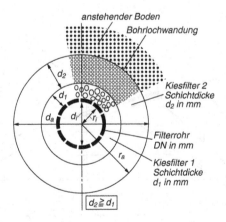

Abb. 3.10 Mittlerer Brunnenradius r für die Brunnenberechnung. $r_i = d_i/2 =$ ca. DN-Filterrohr/2, $r_a = r_i + d_1 + d_2 =$ Bohrlochdurchmesser/2, $d_i =$ ca. DN-Filterrohr, $d_a =$ Bohrlochdurchmesser,

$$r = \frac{r_i + r_a}{2} \quad \text{oder} \quad r = \frac{d_i + d_a}{4}$$

$$2\pi \cdot r \cdot h$$

und der Eintrittsgeschwindigkeit $v_f = k_f \cdot J$

Sichardt ermittelte das größtzulässige Gefälle (kritisches Grenzgefälle) auf empirischem Wege zu

$$J_{krit} = \frac{1}{15 \cdot \sqrt{k_f}}$$

Mit diesem Wert für J wird das Fassungsvermögen des Brunnens

$$Q_F = \underbrace{k_f \cdot J_{krit}}_{=v_f} \underbrace{2\pi r \cdot h}_{=A}$$

$$Q_F = \frac{2}{15}\pi \cdot r \cdot h\sqrt{k_f} \quad \text{in m}^3\text{/s; mit } r \text{ und } h \text{ in m und } k_f \text{ in m/s} \tag{3.11}$$

So ergibt sich für Beispiel 3.1 und mit dem Radius von 0,20 m ein maximales Fassungsvermögen von:

$$Q_F = \frac{2}{15}\pi \cdot 0,20 \cdot (8,20 - 1,05)\sqrt{0,0073} = 0,051\,m^3/s$$

Durch Auftragen der errechneten Wassermengen Q bzw. Q_F in ein Koordinatensystem mit der Abzisse Q bzw. Q_F und der Ordinate s (Absenkung) erhält man zwei Funktionen, in deren Schnittpunkt man die hydraulisch günstigste Brunnenbetriebsleistung bei optimaler Absenkung ablesen kann (Abb. 3.11).

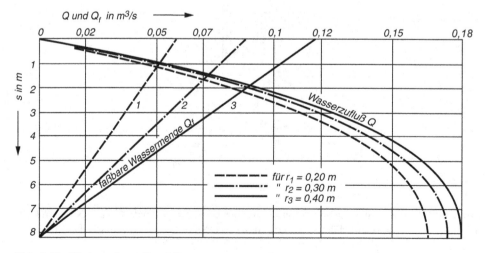

Abb. 3.11 Wasserandrang Q und Fassungsvermögen Q_F

Beispiel 3.1

Gegeben:

$H = 8{,}20$ m
$k_f = 0{,}0073$ m/s
Brunnendurchmesser $D = 0{,}40$ m, $0{,}60$ m und $0{,}80$ m (mittl. D nach Abb. 3.10)

Wie groß darf die Absenkung s_{opt} werden?
1.   Fassbarer Grundwasserzufluss:

$$Q_F = \frac{2}{15} \cdot \pi \cdot r \cdot h \cdot \sqrt{k_f} = 0.0357 \cdot r \cdot h$$

Für $s = 0$; ergibt sich $Q_F = 0{,}0357 \cdot$ r $\cdot$ H; und für $D = 0{,}40$ m lautet der Ansatz für die Gerade 1

$Q_F = 0{,}0357 \cdot 0{,}40/2 \cdot 8{,}2 = 0{,}0586$ m^3/s (Gerade 1)
für $D = 0{,}60$ m ergibt sich $Q_F = 0{,}0878$ m^3/s (Gerade 2)
für $D = 0{,}80$ m ergibt sich $Q_F = 0{,}1170$ m^3/s (Gerade 3) ◄

Tab. 3.3 zeigt den berechneten Wasserzufluss für verschiedene Brunnendurchmesser bei unterschiedlichen Absenkungen. In Abb. 3.11 sind die Ergebnisse grafisch aufgetragen. Für s_{opt} und die zugehörigen Q-Werte ergeben sich

$$s_1 = 1{,}05\,\text{m} \quad \text{mit}\, Q_1 = 5\,\text{l/s}$$
$$s_2 = 1{,}52\,\text{m} \quad \text{mit}\, Q_2 = 72\,\text{l/s}$$
$$s_3 = 1{,}93\,\text{m} \quad \text{mit}\, Q_3 = 90\,\text{l/s}$$

Aus der Darstellung wird deutlich, dass mit zunehmendem Radius das Fassungsvermögen Q_F wesentlich stärker ansteigt als die Ergiebigkeit.

Für die Ergiebigkeitsgleichung aus einem gespannten Grundwasserleiter ergeben sich folgende Beziehungen (Abb. 3.12)

Tab. 3.3 Q für unterschiedliche Absenkungen

s in m	Q in m^3/s		
	$D_1 = 0{,}40$ m	$D_2 = 0{,}60$ m	$D_3 = 0{,}80$ m
1,0	0,0494	0,0523	0,0546
2,0	0,0841	0,0887	0,0923
4,0	0,1332	0,1398	0,1449
6,0	0,1599	0,1675	0,1734
8,2	0,1653	0,1742	0,1800

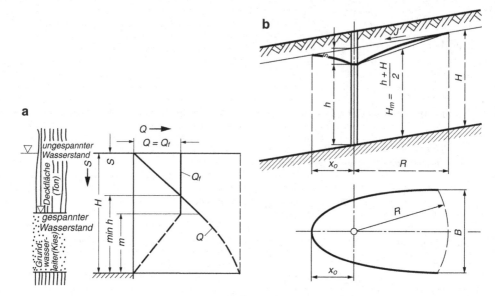

Abb. 3.12 (**a**) Wasserentnahme bei gespanntem (**b**) Bohrbrunnen mit Absenkungs-Wasser kurve in Stromrichtung

$$Q = (H - h) \frac{2\pi \cdot k_{\mathrm{f}} \cdot m}{\ln \dfrac{R}{r}} \tag{3.12}$$

Das Fassungsvermögen ergibt sich zu

$$Q_F = \frac{2}{15} \pi \cdot r \cdot m \sqrt{k_f} \quad \text{in m}^3/\text{s} \tag{3.13}$$

mit

H = Höhe des ungespannten Grundwasserstandes in m
m = Höhe des gespannten Grundwasserstandes = Mächtigkeit des Grundwasserleiters (Kiesschicht) in m (s. auch Abb. 3.12a)

Die obige Berechnung der Ergiebigkeit gilt nur für einen Grundwassersee. Bei einem Gefälle der Grundwasserspiegel bildet sich kein gleichmäßiger Absenkungtrichter aus, sondern es kommt parallel zur Strömungsrichtung zu einer Absenkung nach Abb. 3.12b. Unterhalb des Brunnens fließt ihm nur noch ein Teil des Wassers zu und zwar ab Scheitelung x_0. Die Wasserfläche mit Strömungsrichtung zum Brunnen ist durch das Maß der Scheitelung und die Entnahmebreite B begrenzt.

Das Maß der Scheitelung kann durch einen Pumpversuch bestimmt und gemessen werden. Für eine Überschlagsrechnung gelten folgende Beziehungen.

$$B = 2\pi \cdot x_0 \qquad (3.14)$$

mit

$$x_0 = \frac{Q}{2 \cdot \pi \cdot k_f \cdot H_m \cdot J}$$

Brunnen müssen so bemessen werden, dass eine hydraulisch effektive, funktionssichere und wirtschaftliche Wasserentnahme gegeben ist. Dazu sind entsprechende Variantenuntersuchungen erforderlich.

Als optimale Dauerbetriebsleistung eines Brunnens werden angegeben:

$$Q_{Betrieb} = 0,75 \cdot Q_{max} \left(\text{nach DVGW W 118} \right)$$

$$Q_{Betrieb} = 0,5 \cdot Q_{max} \text{ nach } Tholen[89]$$

3.2.4 Pumpversuch

Die Berechnung von Brunnen (s. Abschn. 3.2.3.2) erfolgt aufgrund vieler Annahmen und Hypothesen, die unter natürlichen Bedingungen nicht vorliegen. Die so berechnete Brunnenleistung ist daher mit Unsicherheiten behaftet. Die praktisch mögliche Brunnenleistung muss durch einen Pumpversuch nach DVGW W 111 bestätigt werden.

Pumpversuche können für folgende Untersuchungsziele sinnvoll sein:

- *Brunnentest:* als Leistungscharakteristik des Brunnens.
- *Grundwasserleitertest:* als Ermittlungstest für die wasserleitenden sowie wasserspeichernden Eigenschaften des Grundwasserleiters. Dies ist vom Umfang her der umfassendste Test.
- *Zwischenpumpversuch:* als Test für den endgültigen Brunnenausbau und seiner erforderlichen Tiefe.
- *Pumpversuch zur Brunnenentwicklung:* um den Brunnen technisch sandfrei zu bekommen und seine hydraulischen Eigenschaften zu verbessern.
- *Betriebstest:* zur Ermittlung der Zuflussverteilung, Hydrochemie und Mikrobiologie.
- *Langpumpversuch:* zur Beurteilung der ökologischen Auswirkungen und für Hinweise zur Dauerergiebigkeit.

Ein Pumpversuch muss sorgfältig vorgeplant und durchgeführt werden.

Der Durchmesser des Brunnens wird durch die Förderleistung der U-Pumpe bestimmt. Die Schichtenfolge ist nach DIN 4023 aufzutragen. Beim Ausbau des Brunnens ist DVGW W 123 zu beachten.

In Vorerhebungen müssen z. B. geologische und bodenkundliche Unterlagen, hydrologische Daten, vorhandene GW-Messstellen und Ableitungsrechte des geförderten Wassers geklärt werden. Je nach Art des Versuches müssen terminliche Vorkehrungen, ein Versuchsplan sowie Messprogramme erstellt werden. Eine Checkliste ist beispielhaft im Anhang B des Arbeitsblattes DVGW W 111 aufgeführt

3.2.4.1 Durchführung und Auswertung des Brunnentests

Damit die endgültige Leistungsfähigkeit eines Brunnens überprüft werden kann, wird nach der Herstellung der technischen Sandfreiheit der Pumpversuch als Leistungstest durchgeführt.

Wesentliche Parameter sind:

- Brunnenspeicherung
- Verteilung der Zuflüsse (Bohrlochgeophysik s. Abschn. 3.2.2)
- *Q-s* Kurve (Abb. 3.13)
- Hydrochemie

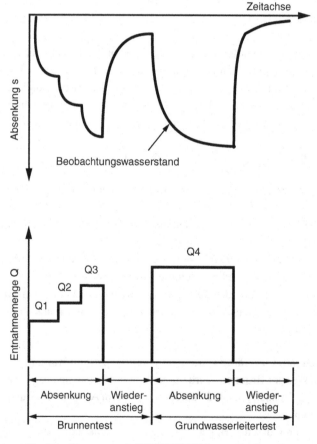

Abb. 3.13   Schema für einen Pumpversuch (DVGW W 111)

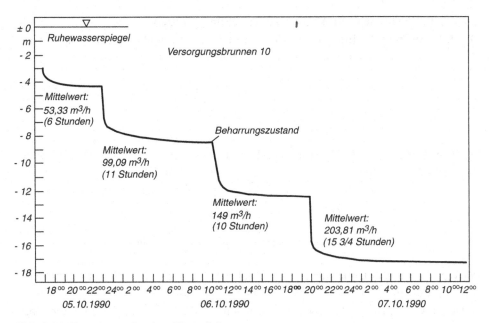

Abb. 3.14 Brunnentest für einen Versuchsbrunnen

- Temperatur
- Leitfähigkeit
- Mikrobiologie

In Abb. 3.14 ist das Q-s-Diagramm (Leistungskurve) für einen gebauten Versorgungsbrunnen dargestellt. Der Brunnen ist ca. 75 m tief, hat einen Filterrohrdurchmesser von 400 mm und ist auf einer Länge von 15 m verfiltert (Beispiel 3).

Der Test wird in 3 bis 5 Pumpstufen gefahren und entsprechend DVGW W 111 Anhang C protokolliert. Die Dauer einer Pumpstufe liegt zwischen 4 bis 24 Stunden (Abb. 3.14). In kurzen Abständen werden die Brunnenwasserstände eingemessen, dies kann mit dem Lichtlot oder elektronisch geschehen. In der Anfangsphase einer Pumpstufe wird in Minutenintervallen, nach einer Stunde ca. alle 10 Minuten und nach 5 Stunden im Stundenintervall gemessen. Maßgebend ist die Absenkung s am Ende jeder Pumpstufe.

Für Lockersediment werden Pumpzeiten von 200 Stunden empfohlen. Es soll der Beharrungszustand erreicht werden. Als erste Pumpstufe werden ca. 1/3 der geforderten Maximalleistung empfohlen [9]. Die zweite Pumpstufe wird mit 2/3 und die Endstufe mit geplanter Maximalleistung durchgeführt. Anschließend erfolgt die Wiederanstiegsphase (Abb. 3.13), die mindestens 2/3 der vorangegangenen Pumpenstufenzeit betragen soll. Am Ende jeder Pumpstufe soll eine Wasserprobe entnommen und physikalisch-chemisch untersucht werden.

3.2.4.2 k_f-Wertbestimmung durch einen Pumpversuch

Durch Umstellung der Ergiebigkeitsgleichung und unter Einführung der Grenzen nach Abb. 3.13 erhält die Gleichung die Form:

$$Q = \left(h_2^2 - h_1^2\right) \frac{\pi \cdot k_f}{\ln \dfrac{l_2}{l_1}} \tag{3.15}$$

Da außer k_f alle anderen Größen bekannt bzw. messbar sind, erhält man für den Durchlässigkeitsbeiwert:

$$k_f = \frac{Q \cdot \ln \dfrac{l_2}{l_1}}{\pi \left(h_2^2 - h_1^2\right)} = \frac{Q \cdot \ln \dfrac{l_2}{l_1}}{\pi \left(h_2 + h_1\right)\left(h_2 - h_1\right)} \frac{m}{s} = \frac{m^3/s}{m^2} \tag{3.16}$$

Für verschiedene Fördermengen mit den zugehörigen Absenkungen können die k_f-Werte gemittelt werden.

Durch Auswerten der Werte vieler Beobachtungsrohre kann man eine Übersicht über die Wasserdurchlässigkeit des untersuchten Geländes erhalten.

Beispiel 3.2

Gegeben: (Abb. 3.15a):

Versuchsbrunnen	OK	69,26 m üNN	
		(Brunnen 1)	
Grundwassersohle	Höhenlage	36,17 m üNN	
		(horizontal)	
Beobachtungsbrunnen:	OK Brunnen 1:	69,26 m üNN	l = 0,15 m
			(Versuchsbrunnen)
	OK Brunnen 2:	69,28 m üNN	l = 5,00 m
	OK Brunnen 3:	69,22 m üNN	l = 15,00 m
	OK Brunnen 4:	69,32 m üNN	l = 30,00 m

Bei einer Entnahmemenge Q = 31 l/s wurden in den Brunnen folgende Absenkungen unter OK Brunnen gemessen:

Beobachtungsbrunnen	B1: 13,41 m	B2: 12,63 m	B3: 12,35 m	B4: 12,32 m

Gesucht:

k_f Wert als Mittel aus wenigstens drei Rechnungsgängen mit verschiedenen Werten für l.

Beobachtungsbrunnen	B1	B2	B3	B4
Entfernung l in m	0,15	5,00	15,00	30,00
OK Beobachtungsbrunnen in m üNN	69,26	69,28	69,22	69,32
- Wasserspiegel u. OK Brunnen in m	– 13,41	– 12,63	– 12,35	– 12,32
abgesenkter Wasserspiegel in m üNN	55,85	56,65	56,87	57,00
- Grundwassersohle in m üNN	– 36,17	– 36,17	– 36,17	– 36,17

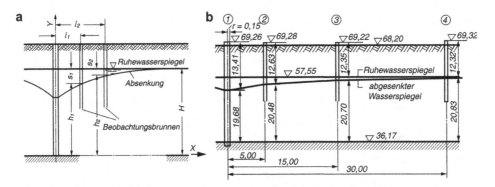

Abb. 3.15 (**a**) Schnitt durch die Beobachtungsbrunnen (**b**) Messanordnung zur Bestimmung des k_f-Wertes

Höhe Wasserstand h in m	19,68	20,48	20,70	20,83

Die Berechnung erfolgt nach Abb. 3.15b:

$$\text{Brunnen 1 und 2: } k_{f1.2} = \frac{0,031 \cdot \ln \dfrac{5,00}{0,15}}{\pi \left(20,48^2 - 19,68^2\right)} = 0,001077\, m/s$$

$$\text{Brunnen 2 und 3: } k_{f1.3} = \frac{0,031 \cdot \ln \dfrac{15,00}{5,00}}{\pi \left(20,70^2 - 20,48^2\right)} = 0,001197\, m/s$$

$$\text{Brunnen 3 und 4: } k_{f1.4} = \frac{0,031 \cdot \ln \dfrac{30,00}{15,00}}{\pi \left(20,83^2 - 20,70^2\right)} = 0,001267\, m/s$$

Zur Mittelwertbildung $\Sigma\, 0,003541\, m/s$

$$\text{Mittelwert } k_{fm} = \frac{0,003541}{3} = 0,00118\, m/s \quad \blacktriangleleft$$

3.2.5 Brunnenbau und Brunnenausrüstung

3.2.5.1 Brunnenarten

Grundwasser kann durch vertikale Bohr-, Ramm-, Schacht- oder Spülbrunnen und durch horizontale Sickerleitungen, -stollen oder Horizontalfilterbrunnen gewonnen werden. Die horizontalen Verfahren werden bei geringer Mächtigkeit der wasserführenden Schicht bevorzugt.

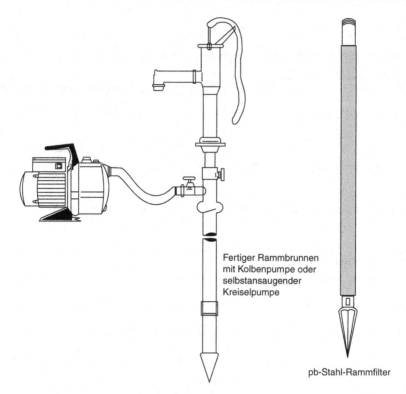

Fertiger Rammbrunnen
mit Kolbenpumpe oder
selbstansaugender
Kreiselpumpe

pb-Stahl-Rammfilter

Abb. 3.16 pb-Rammbrunnen DN 35 – DN 50 [F12]

Abgeteufte Schachtbrunnen aus Schachtringen nach DIN 4034-2 finden für eine zentrale Versorgung kaum noch eine Anwendung. Von größerer Bedeutung ist der Schachtbrunnen mit geschlossener Sohle und dichter Wandung, der als Sammelschacht für einzelne
Wasserfassungen dient. Die Baugrundsätze entsprechen der Bauweise des Sammelschach-
tes bei Horizontalfilterbrunnen (s. Abschn. 3.2.5.10).

Die einfachste Art ist der Rammbrunnen aus Stahlrohren (Abb. 3.16). Er wird in den
Boden eingerammt oder besser eingespült und ist für die Entnahme kleiner Wassermengen
geeignet.

Bohrbrunnen werden mit unterschiedlichen Bohrverfahren hergestellt. Die Bauweise
mit verrohrter Bohrung mit nahtlosen Bohrrohren nach DIN 4918 wurde durch die Spülbohrverfahren verdrängt. Die wesentlichen Schritte beim Erstellen einer Bohrung mit
nahtlosen Bohrrohren sind:

• Baugrube mit Widerlager für Pressen
• Abteufen der Bohrrohre in mehreren Rohrfahrten
• Einbau von Sumpf-, Filter- und Aufsatzrohren
• Kiesfilterschüttung bei gleichzeitigem Bohrrohrziehen
• Ausbildung des Brunnenkopfes und Brunnenschachtes

Dieses sehr aufwendige Verfahren findet nur noch in Sonderfällen Anwendung.

3.2.5.2 Bohrungen bei der Wassererschließung mit Vertikalfilterbrunnen

Durch die Bohrung soll ein rundes senkrechtes Bohrloch für den Brunnenausbau entstehen. Es ist ein Unterschied, ob im Fest- oder Lockergestein gebohrt wird. Die Bohrgutförderung kann kontinuierlich, wie sie z. B. mit Hilfe eines Spülmediums (Wasser, Spülung, Luft) erreicht wird, und diskontinuierlich, z. B. mit Schappen, Greifer oder Büchsen erfolgen

Nach DVGW W 115 wird zwischen drehendem Bohren, schlagendem Bohren und drehschlagendem Bohren unterschieden. Für die Grundwassererschließung werden überwiegend Drehbohrverfahren angewendet.

Beim Verfahren mit direkter Spülstromrichtung (Druckspülbohren, Rotary-Bohren, „reguläres" Spülen, „Rechtsspülen") wird die Spülung mit Druck durch das Gestänge zur Bohrlochsohle gepumpt. Die Spülung lädt sich dort mit dem Bohrgut auf und steigt mit diesem zusammen im Ringraum zwischen Bohrlochwand bzw. Verrohrung und Gestänge auf (Abb. 3.17)

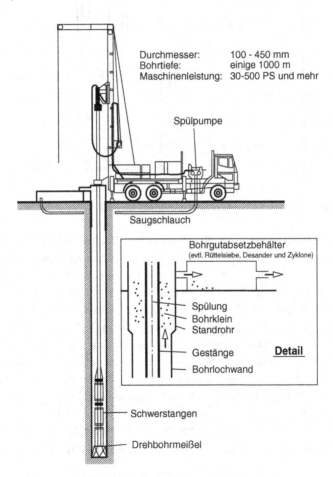

Abb. 3.17 Bohrverfahren mit direkter Spülstromrichtung [38]

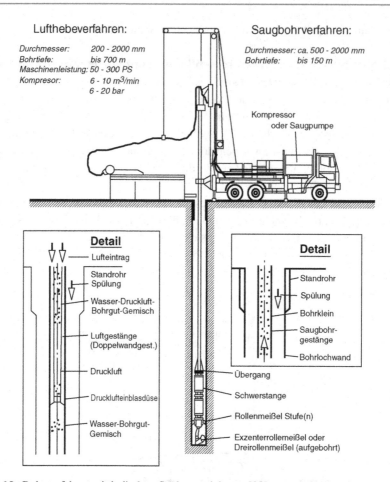

Abb. 3.18 Bohrverfahren mit indirekter Spülstromrichtung [38]

Beim Verfahren mit indirekter Spülstromrichtung (Saugbohren/Lufthebebohren, um-gekehrtes Spülen, „Umkehrspülung", „Linksspülung", „inverses" Spülen) fließt die Spü-lung im Ringraum zwischen Bohrlochwand und Gestänge nach unten und steigt nach Aufladung mit Bohrgut ungeachtet des Bohrdurchmessers mit hoher Geschwindigkeit im Gestänge auf (Abb. 3.18). Die heute gebräuchlichste Methode ist das Luftheben. Dabei wird die Druckdifferenz zwischen dem Ringraum und dem Gestängeinneren durch Zufuhr von Druckluft in das Gestängeinnere erzeugt (sogenanntes Mammutpumpverfahren). Durch die Luftbewegung und durch die Druckdifferenz zwischen Ringraum und leichterer Wassersäule (Luft- Wasser- Gemisch) im Hohlgestänge erfolgt der Spülkreislauf. Verfah-ren mit indirekter Spülstromrichtung finden insbesondere dort Verwendung, wo der Bohr-durchmesser im Verhältnis zum Gestängedurchmesser so groß ist, dass Ringraumge-schwindigkeiten – wie sie beim direkten Spülbohren erforderlich sind – mit wirtschaftlich vertretbaren Mitteln nicht mehr erreicht werden. Um das unverrohrte Bohrloch standfest zu machen, den Bohrguttransport zu verbessern, zu kühlen und zu schmieren, werden dem Spülwasser Bentonite oder andere Kolloide und/oder hochmolekulare Polymere zugegeben. Bentonit ist eine spezielle Tonform, die Polymere bestehen aus CMC (Carboxy Methyl Cellulose) [F12]. Diese Zusätze bilden einen Filterkuchen an der Bohrwandung aus, der einen Wasserzu- und -austritt während der Bauphase verhindert. Bei der Entsandung wird der Filterkuchen wieder entfernt.

Im Lockergestein haben sich das direkte und das indirekte Spülbohrverfahren durchgesetzt. Diese Bohrverfahren arbeiten ohne Verrohrung des Bohrloches.

In Lockergesteinen und schwach verfestigten Gesteinen kann auch für flache Bohrungen das Trockendrehbohren (Drehbohrverfahren ohne Spülmedium) angewendet werden. Das Bohrwerkzeug ist meist zur gleichzeitigen Aufnahme des gelösten Bohrgutes eingerichtet.

Schlagendes Bohren (Trockenbohren), hier wird zum Lösen von Bohrgut oder zur Gewinnung von Bohrkernen Energie verwendet, die durch besondere Schlagvorrichtungen entweder in der Bohranlage oder unmittelbar oberhalb des Bohrwerkzeuges erzeugt wird (Abb. 3.19). Zu den Schlagbohrverfahren zählen Gestängefreifallbohren, Seilfreifallbohren, Rammkernbohren und Schlauchkernbohren. Das Hammerbohren (Abb. 3.20) mit druckluftbetriebenen Bohrhämmern eignet sich nur für Festgesteine. Vereinzelt in Anwendung befinden sich bereits Verfahren für Lockergesteine mit Doppelhammer, mit gleitender Verrohrung und Excentermeißel.

Drehschlagbohren ist eine Kombination aus Drehbohren und Schlagbohren. Der Lösevorgang am Gestein wird hauptsächlich durch die Schlagenergie und erst in zweiter Linie durch das spanabhebende Drehen des Bohrwerkzeuges bewirkt. Damit werden ein weitgehend geradliniger Bohrlochverlauf und ein gleichmäßiger Verschleiß am Bohrwerkzeug erreicht.

3.2.5.3 Filterrohre für Vertikalfilterbrunnen

Das Filterrohr hat die Aufgabe, den Wassereintritt aus dem Untergrund in den Brunnen zu ermöglichen. Weiterhin stützt das Filterrohr und im oberen Bereich das nicht gelochte Aufsatzrohr das Erdreich gegen die Brunnenfassung ab. Für den Filtereintrittswiderstand ist der freie Durchlass mit seinen hydraulischen Eigenschaften von großer Bedeutung. Unter freiem Durchlass versteht man die Summe der Filtereintrittsöffnungen im Verhältnis zur Vollmantelfläche.

Eine gleichmäßige Verteilung der Öffnungen über die Mantelfläche ist besonders wichtig. Die Öffnungen können aus Stabilitätsgründen nicht beliebig groß gewählt werden. Sie müssen auf den sie umgebenden Boden abgestimmt sein, da die Wasserbewegung zum Brunnen hin durch die Porenflächengröße bestimmt wird. Während früher ausschließlich die Betrachtung der freien Eintrittsfläche mit der freien Porenfläche einer realen Kiesschüttung verglichen wurde, werden nunmehr im Wesentlichen Durchlässigkeiten betrachtet. So lässt sich die Gesamtporosität (n) nach *Beims* und *Luckner* näherungsweise wie folgt bestimmen:

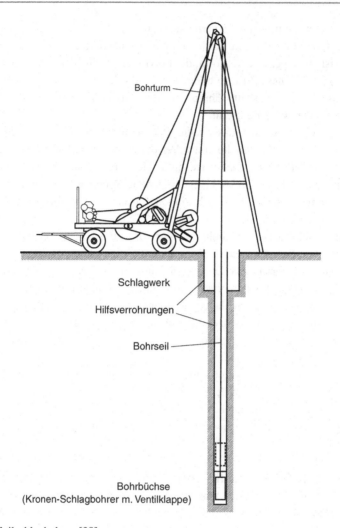

Abb. 3.19 Seilschlagbohren [38]

$$n = 0,18 - 0,03 \cdot \log k_f \cdot \left(1 + \frac{1}{U^{2/3}}\right)$$

U   Ungleichförmigkeitsfaktor $U = \dfrac{d_{60}}{d_{10}}$ mit

$d_{10\ bzw.\ 60}$ Korndurchmesser, der im Schnittpunkt der Kornsummenkurve bei 10 % bzw. 60 % Siebdurchgang liegt

Die durchflusswirksame Porosität (n_f) kann dann nach DVGW W 113 aus der in Abb. 3.21 dargestellten Relation zwischen k_f-Wert und n abgeschätzt werden.

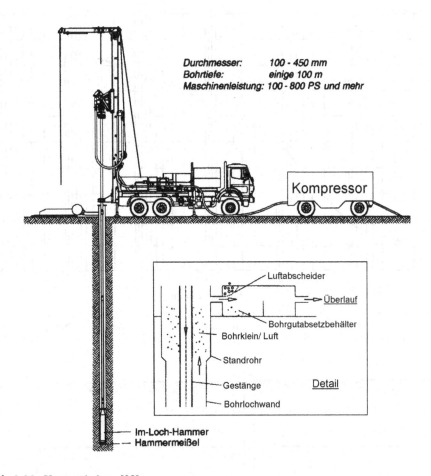

Abb. 3.20 Hammerbohren [38]

Der Wasserzutritt erfolgt nach den Untersuchungen von *Nahrgang,* zitiert in [73], nicht gleichmäßig über die Filterstrecke (Abb. 3.22). So ist beim vollkommenen Brunnen unterhalb des abgesenkten Wasserspiegels eine starke Geschwindigkeitszunahme zu erkennen.

Um an dieser Stelle eine Sandführung oder eine durch Turbulenz hervorgerufene Verkrustung zu vermeiden, sind der Filterdurchmesser, die Filteröffnungen und der Kiesfilter sorgfältig aufeinander abzustimmen. Für die Filterdimensionierung geht man von einer mittleren Eintrittsgeschwindigkeit des zu fördernden Wassers von 3 cm/s aus.

Weiterhin ist bei der Filterrohrstrecke zu beachten, dass diese nach Abb. 3.23 häufig nicht über die gesamte Höhe H des Grundwasserleiters geführt wird. Hierdurch entstehen andere Fließzustände als nach Abb. 3.22, und die Ergiebigkeitsgleichung nach Abschn. 3.2.3.2 trifft nicht mehr zu. In der Berechnung wird der Ringraum zwischen Bohrwandung und Filterrohr (Abb. 3.10) mit einbezogen. Der Brunnenwasserstand und die freie Grundwasseroberfläche an der Bohrwandung sind daher nicht identisch. Die Dif-

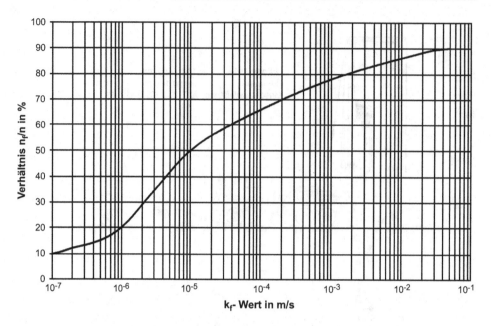

Abb. 3.21 Relation zwischen Gesamt- und durchflusswirksamer Porosität in Abhängigkeit vom k_f-Wert (DVGW W 113)

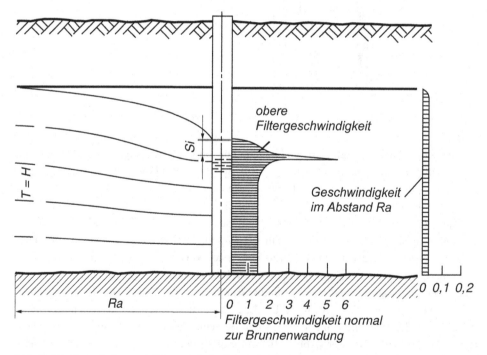

Abb. 3.22 Stromlinien und Filtergeschwindigkeit beim vollkommenen Brunnen (*Nahrgang zit.* in [73])

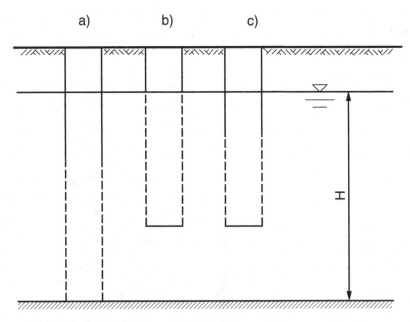

Abb. 3.23 Abweichende Bauformen von einem vollkommenen Brunnen. (**a**) vollkommener Brunnen, teilausgebaut (**b**) unvollkommener Brunnen (**c**) unvollkommener Brunnen, teilausgebaut

ferenzgröße wird als Sickerstrecke S_i bezeichnet, die im Filterkies entsteht, und es kommen noch die Verluste in den Schlitzen des Filterrohres hinzu. Dieser gesamte Filtereintrittswiderstand wird für praktische Zwecke und bei sorgfältiger Filterkies- und Filtermaterialauswahl als unbedeutend angesehen [24].

Die maximal zulässige Durchflussmenge pro Meter PVC-Brunnenfilter bei einer Zulaufgeschwindigkeit von 3 cm/s zeigt Abb. 3.24 [F12].

Damit möglichst wenig Sand in den Brunnen gelangt, wurden früher die Filterrohre mit Gewebe umgeben. Da aber auch das feinste Gewebe einen Sandeintritt nicht verhindern kann, wird heute fast ausschließlich ein kornabgestufter Sand-Kiesfilter eingebaut.

3.2.5.4 Kiesfilter für Vertikalfilterbrunnen

Die Anzahl der Kiesschichten und deren Dicke richtet sich nach der wasserführenden Bodenschicht. Aus dem Bohrgut der wasserführenden Schicht wird eine Siebkurve angefertigt. Die Ermittlung, Darstellung und Auswertung der Korngrößenverteilung ist in DIN 4924 und DVGW W 113 geregelt.

Der erforderliche Schüttkorndurchmesser D_S für den Filterbereich eines Brunnens wird wie folgt bestimmt:

$$D_S = d_g \cdot F_g$$

d_g: maßgebender Korndurchmesser des Bodens in mm
F_g: Filterfaktor

Abb. 3.24 Durchfluss bei
unterschiedlichen
Schlitzweiten, ermittelt für
Filterrohre aus PVC-U nach
DIN 4925-1 bis 3 und einer
Eintrittsgeschwindigkeit von
3 cm/s [F12]

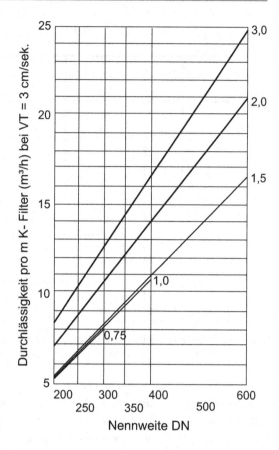

Der maßgebende Korndurchmesser kann entweder aus der Kornsummenkurve (Wendepunktmethode) oder aus der Kornverteilungskurve bestimmt werden. Grundlage der Wendepunktmethode ist die Annahme, dass bei einer S-förmigen Siebkurve im Wendepunkt die größte Steigung auftritt. Bei der Bestimmung aus der Kornverteilungskurve ergibt sich der gesuchte Wert aus dem Mittelwert des Maximums und des nächstgrößeren Korndurchmessers. In beiden Verfahren findet man so den Bereich der am häufigsten vorkommenden und somit maßgebenden Korndurchmesser.

In DVGW W 113 werden für den Filterfaktor bei instationären Fließvorgängen (d. h. normaler Brunnenbetrieb) empfohlen:

$$F_g = 5 + U \qquad \text{für } 1 < U < 5$$
$$F_g = 10 \qquad \text{für } U \geq 5$$

Die Schüttkorngruppe wird nach DIN 4924 (siehe Tab. 3.4) gewählt. Der ermittelte Schüttkorndurchmesser muss innerhalb der zu wählenden Schüttkorngruppe liegen.

Tab. 3.4 Korngruppen nach DIN 4924

	Korngruppe		Korngruppe
Filtersand	0,4–0,8	Filterkies	2,0 bis 3,15
	0,71–1,25		3,15 bis 5,6
	1,0–1,6		5,6 bis 8,0
	1,0–2,0		8,0 bis 16,0
	1,6–2,5		

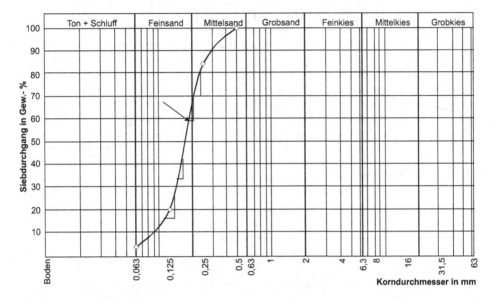

Abb. 3.25 Kornsummenkurve

In der Wassergewinnung werden im Allgemeinen nur Filtersande/-kiese der Körnungen ≥ 0,71 bis ≤ 16 mm eingesetzt. Die Korngruppe 0,4 bis 0,8 mm wird zur Abdeckung von nicht ausbauwürdigen Schluffschichten oder Abdichtungen als Gegenfilter verwendet. Korndurchmesser > 16 mm weisen keine günstigeren Durchflusseigenschaften auf als Körnungen geringeren Durchmessers.

Beispiel 3.3

Gegeben:

Sieblinie: Kornsummenkurve nach Abb. 3.25 bzw. Kornverteilung nach Abb. 3.26
Gesucht:
Erforderlicher Filterkies
Aus der Sieblinie ergeben sich:

$$d_{10} = 0,091 \ mm \quad d_{60} = 0,19 \ mm$$

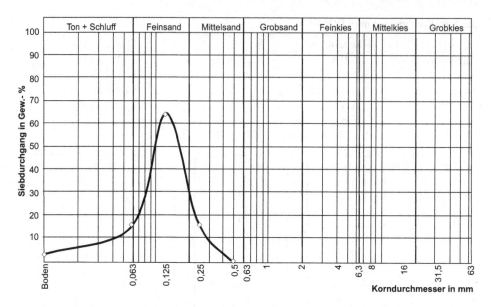

Abb. 3.26 Kornverteilungskurve

Damit berechnet sich U zu

$$U = \frac{d_{60}}{d_{10}} = \frac{0,19\ mm}{0,091\ mm} = 2,1$$

d_g kann grafisch aus der Kornsummenkurve bestimmt werden, oder aus der Kornverteilungskurve mit dem am häufigsten vorkommenden Durchmesser 0,125 mm und dem nächstgrößeren Durchmesser 0,25 mm zu

$$d_g = \frac{(0,125+0,25)\ mm}{2} = 0,1875\ mm$$

Des Weiteren ergibt sich der Filterfaktor F_g mit $1 < U < 5$ zu

$$F_g = 5 + U = 5 + 2,1 = 7,1$$

Damit ergibt sich der erforderliche Schüttkorndurchmesser zu

$$D_S = d_g \cdot F_g = 0,1875\ mm \cdot 7,1 = 1,33\ mm$$

Als Schüttgut wird somit ein Filtersand der Korngruppe 1–2 mm nach DIN 4924 gewählt (Tab. 3.4). ◄

3.2.5.5 Baustoffe der Filterrohre.

Während früher Filterrohre auch aus Steinzeug-, Kunstharz-, Pressholz- und Asbest-Ze-ment-Rohren hergestellt wurden, werden heute fast ausschließlich Stahlfilterrohre und Kunststofffilter aus PVC hergestellt.

Die aus weichmacherfreiem Polyvinylchlorid (PVC-U bzw. PVC hart) hergestellten Bohrbrunnenrohre mit Querschlitzung und Gewindeverbindungen sind in DIN 4925-1 bis -3 genormt. Die Normung reicht von DN 35 bis DN 400. Es werden aber auch Rohre bis DN 600 geliefert [F12]. PVC-U ist bei 20 °C beständig gegen alle Arten von Grund-wässern. Die Qualitätsanforderungen sind in DIN 8061 geregelt. Für besondere Einsatz-fälle und Wässer sind auch Filterrohre aus PE-HD erhältlich. Sie sind bei geeigneter Di-mensionierung einsetzbar für Teufen von bis zu 60 m.

Unter den Stahlfilterrohren haben sich die Rohre mit Schlitzbrückenlochung nach DIN 4900-1 durchgesetzt. Es werden Nennweiten von DN 100 bis DN 1000 geliefert. Die Ver-bindung erfolgt über Gewinde von Filterrohren oder zugfeste Steckmuffenverbindungen.

Einen Überblick über das Lieferprogramm gibt Tab. 3.5.

Abb. 3.27 zeigt ein Rohr mit Schlitzbrückenlochung und ein Detail der Schlitzbrücken-lochung. Zum Schutz gegen Korrosion werden Stahlfilterrohre mit Kunststoffen überzo-gen, so z. B. die Hagusta-Rohre mit einer elektrophoretischen Gummierung und die Nold-Filterrohre mit Rilsan (Polyamid 11). Es werden auch Filterrohre aus rost- und säu-rebeständigen Stählen hergestellt.

Chrom-Nickel-Stähle sind besonders geeignet und durch die Zugabe von Molybdän wird die Korrosionsbeständigkeit noch erhöht. Aber auch die sogenannten Edelstähle kön-nen bei nicht sachgerechter Anwendung korrodieren (s. Abschn. 8.3). Für Spezialwässer ist daher eine vollständige Analyse und eine Anfrage bei den Rohrherstellern unum-gänglich.

Kunststoff- und Stahlfilterrohre werden auch als Kiesbelagfilter hergestellt. Der Kiesbelag wird mit einem korrosionsbeständigen Bindemittel punktförmig und gleichmä-ßig auf das Filterrohr aufgebracht. Eine Verringerung der Durchlässigkeit gegenüber nor-mal geschütteten Kiesfiltern ist nicht zu erwarten. Die Belagstärke beträgt ca. 20 mm. In Abb. 3.28 ist der Schnitt durch einen Kiesbelagfilter dargestellt.

Günstige hydraulische Eigenschaften des Gesamtsystems Brunnen sind notwendig, um eine hohe Ergiebigkeit des Brunnens zu erreichen, einer beschleunigten Brunnenalterung vorzubeugen und eine möglichst intensive Brunnenentwicklung bzw. -regenerierung zu-zulassen. Filterrohre sollen deshalb eine große Durchlässigkeit aufweisen. Dabei besteht eine Abhängigkeit unter anderem von der Geometrie und Größe der Eintrittsöffnungen sowie der wirksamen Gesamtfläche der Filterrohre. Die Filtereintrittsöffnungen sind auf den anstehenden Untergrund und die Filterkies-/Filtersandkörnung abzustimmen (DVGW W 123).

3.2.5.6 Filtereinbau bei Vertikalfilterbrunnen

Nachdem die Bohrung fertiggestellt ist, kann der Filterausbau nach einem genauen Brun-nenausbauplan erfolgen.

Tab. 3.5 Auswahl von Brunnenfilterrohren aus PVC-U und aus Stahl mit HAGULIT-Beschichtung nach Pumpenboese [F12]

Nennweite DN	Außendurchmesser über Muffe mm		Wandstärke mm		Rohrgewicht kg/m		Tragfähigkeit kN	
	PVC-U	Stahl, beschichtet	PVC-U	Stahl, beschichtet	PVC-U	Stahl, beschichtet	PVC-U	Stahl, beschichtet
100	121	140	5,0	3,0	2,5	13	6,5	66
125	149	165	6,5	3,0	4,0	17	10,0	66
150	176	210	7,5	3,0	5,5	25	13,0	122
200	241	261	10,0	4,0	10,0	35	26,5	180
250	297	298	12,5	4,0	15,6	38	36,5	180
300	350	355	14,5	4,0	21,2	48	50,0	225
350	425	408	17,5	4,0	31,0	57	65,0	260
400	475	458	19,5	4,0	38,9	72	65,0	290

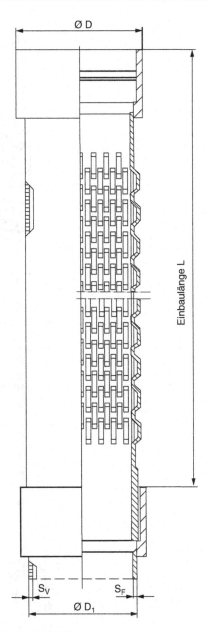

Abb. 3.27 Schlitzbrückenfilterrohr [F12]

Die wesentlichen Einbauteile sind in Abb. 3.29 dargestellt.

Den unteren Abschluss bildet das 1,0–2,0 m lange Sumpfrohr, das beim vollkommenen Brunnen bis in den undurchlässigen Boden reicht. In dem für die Wassergewinnung geeigneten Bereich wird das Filterrohr eingebaut und oberhalb des abgesenkten Grundwas-

Abb. 3.28 Schnitt durch
einen Kiesbelagfilter [F12]

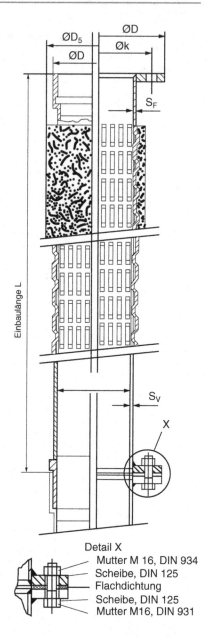

Detail X
Mutter M 16, DIN 934
Scheibe, DIN 125
Flachdichtung
Scheibe, DIN 125
Mutter M16, DIN 931

serspiegels als geschlossenes Aufsatzrohr weitergeführt. Kann die Unterwasserpumpe nicht im Aufsatzrohr untergebracht werden, so ist ein > 2 m langes Blindrohr in die Filterstrecke einzubauen. Die Kiesfilterfüllung zwischen Bohrlochwandung und Filterrohr kann über Führungsrohre, die gleichzeitig mit der Kiesfüllung gezogen werden müssen, über Schüttrohre mit Gewebekörben oder mit Kiesbelagfiltern erfolgen. Die Gewebekörbe werden am Filterrohr befestigt, mit Gewebekorbbügeln zentrisch gehalten und mit dem berechneten Schüttkorn gefüllt. Der Einbau erfolgt abschnittsweise.

Abb. 3.29 Hauptelemente
beim Brunnenausbau

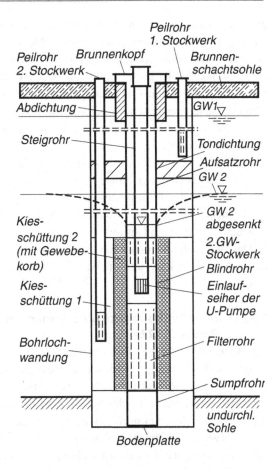

Nachdem die Bohrsohle erreicht ist, wird der verbleibende Ringraum bei zweifacher Filterkiesabstufung mit dem Filterkies der Schüttung 2 verfüllt. Bei großen Tiefen sind Schüttrohre erforderlich. Soweit erforderlich, insbesondere beim Durchteufen von mehreren Grundwasserhorizonten, werden Tonsperren aus Quellton eingebaut.

Die Lage der Tonsperre kann durch die Bohrlochmessung der Gamma-Strahlung (s. Abschn. 3.2.2) überprüft werden.

Der Einbau der Filterrohre mit oder ohne Gewebekorb oder Kiesbelag erfolgt nach drei Einbauverfahren:

- hängender Filtereinbau
- stehender Filtereinbau
- verlorener Filtereinbau

Hängender Filtereinbau hier werden die Filterrohre abschnittsweise vormontiert und am Seil hängend eingebaut. Das erste zusammengesetzte Einbaustück (Filterboden, Sumpfrohr sowie erste Filterrohre) wird am oberen Ende durch eine Klemmschelle oder durch ein Einbaustück gefasst und in den Brunnen abgelassen. Das obere Rohrstück wird dann auf dem Brunnenrand abgesetzt. Dies geschieht mit einem „Klemmholz" oder einer Abfangplatte. Die weiteren Rohrlängen werden zusammengefügt und in das Seil des Bohrgerüstes eingefädelt, das im Bohrloch abgehängte Filterstück wird mit dem neuen Stück verbunden, die Klemmverbindung gelöst und das neu eingefügte Rohrstück am Seil frei hängend weiter abgelassen. Dieser Vorgang wiederholt sich, bis die Bohrsohle erreicht ist. Diese Einbaumethode wird durch die Zugfestigkeit des Rohrmaterials und der Rohrverbindungen begrenzt.

Stehender Filtereinbau, dabei werden die Filterrohre auf den Filterboden aufgesetzt. Dieser wird am Gestänge abschnittsweise in das Bohrloch abgesenkt. Die Rohre werden somit nicht auf Zug beansprucht [73].

Verlorener Filtereinbau bedeutet, die Rohre werden zunächst am Seil hängend eingebaut und dann über ein Gewindeeinbaustück am Gestänge in den Brunnen abgesenkt.

Das Bohrloch mit seinen Einbauten wird durch den Brunnenkopf abgeschlossen, der in einen Schacht integriert ist. Für die Messung des Wasserspiegels werden Peilrohre eingebaut.

3.2.5.7 Abschlussbauwerke für Brunnen der Wassergewinnung (DVGW W 122)

Der Brunnenkopf soll den Bohrbrunnen wasserdicht abschließen, damit keine Verunreinigungen in die Bohrung eindringen können. Da am Brunnenkopf auch das Steig- bzw. Druckrohr der U-Pumpe angeflanscht wird, das Aufsatzrohr und das Filterrohr aber nicht auf Druck beansprucht werden sollen, wird der Brunnenkopf mit der Schachtsohle fest verbunden. Im oberen gestörten Bodenbereich kann ein Sperrrohr nützlich sein, das für das Saugbohrverfahren ohnehin erforderlich ist. Hierdurch wird ein Einsickern von verschmutzten Oberflächenwässern verhindert. In diesen Fällen wird der Brunnenkopf entweder über das Sperrrohr gestülpt und der Zwischenraum vergossen oder mit einer Gummidichtung versehen. Ähnlich wird verfahren, wenn gegen das vollwandige Brunnenrohr abgedichtet wird. Der Brunnenschacht kann aus Mauerwerk, Beton-, Stahl-, Kunststofffertigteilen oder Ortbeton erstellt werden (Abb. 3.30). Zur besseren Wartung und bei leistungsstarken Brunnen sind Brunnenhäuser mit oberirdischem Zugang angebracht. Zur Vermeidung von Kondenswasser und um Unter- oder Überdrücke zu vermeiden, erhalten Brunnenschächte eine Be- und Entlüftung.

Nach Möglichkeit sollten immer zwei Öffnungen in der Decke des Schachtes angeordnet werden, eine Öffnung zentrisch über der Brunnenachse, um den Ein- und Ausbau der U-Pumpe zu erleichtern, und eine Einstiegsöffnung, die nicht durch Armaturen, Rohre u. a. behindert ist. Der Schachtdeckel soll 30–40 cm über dem Gelände liegen und in der Regel hochwasserfrei sein. Das Gelände wird zu diesem Zweck angeböscht und befestigt. Ist eine Überflutung nicht auszuschließen, sind überflutungssichere Schächte erforderlich. Diese sind wasserdicht und mit guter Isolierung einzubauen. Die Rohr- und Kabeldurchführungen müssen elastisch ausgebildet werden.

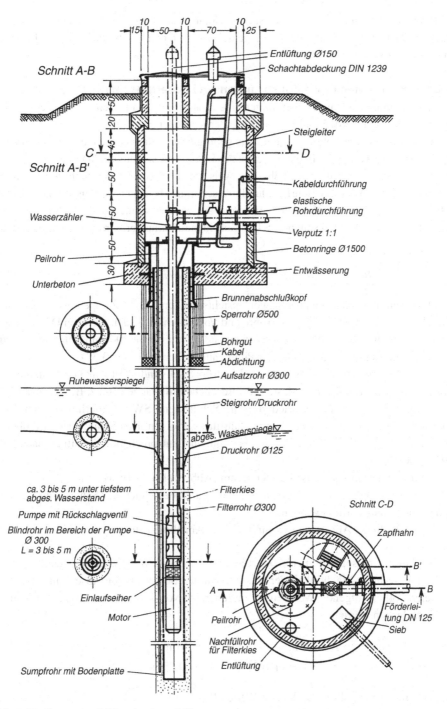

Abb. 3.30 Brunnen mit Vorschacht und Unterwasserpumpe

Bei besonders empfindlichen Messgeräten kann es sinnvoll sein, den Messschacht vom Brunnenschacht zu trennen und diesen gezielt zu entfeuchten oder das gesamte Bauwerk mit einem Luftentfeuchter zu versehen.

3.2.5.8 Bemessung eines Bohrbrunnens in Lockergestein [9], [24]

Zur Bestimmung der Hauptabmessungen eines Bohrbrunnens müssen zunächst einige Annahmen getroffen werden und bestimmte Daten vorliegen.

Aus der Aufschlussbohrung müssen die geologische Schichtenfolge und die dazugehörigen Sieblinien vorliegen. In der Regel ist der k_f- Wert nicht gleichmäßig über die gesamte Bohrtiefe verteilt. Dieser kann näherungsweise nach *Hazen* an der Sieblinie bestimmt werden. Bei der Wahl des Bohrlochdurchmessers muss beachtet werden, dass das Filterrohr und der geschüttete Kiesfilter gut eingebaut werden können und eine gute Entsandungsfähigkeit vorhanden sein muss. Der Bohrlochdurchmesser wird daher häufig mit der Formel festgelegt:

$$Bohrlochdurchmesser = Filterrohrdurchmesser \cdot 2\,bis\,2,5$$

Das Filterrohr bestimmt man nach zwei Gesichtspunkten. Die U-Pumpe muss problemlos eingebaut werden können. Da Filterrohre und Vollrohre i. d. R. den gleichen Durchmesser haben, sollte die Mindestlichtweite = Pumpendurchmesser + 100 mm betragen. Häufig liegen auch Baugrößendiagramme der Pumpenhersteller vor (Abb. 3.33).

Für die Filterrohrbemessung soll eine Einströmgeschwindigkeit von 3 cm/s nicht überschritten werden. Die dazu mindestens erforderliche Filterlänge kann z. B. über Abb. 3.24 bestimmt werden. Da hierfür wiederum die Schlitzweite SW erforderlich ist, muss zunächst die Dimensionierung des Kies-Schüttfilters erfolgen. Das Schüttkorn wird über U oder mit Hilfe der Kennkornlinie festgelegt und eine entsprechende Schüttung nach DIN 4924 gewählt.

Mit diesen Daten kann das Q-s-Diagramm (Abb. 3.11) erstellt werden.

Die Absenkung s wird in unterschiedlichen Stufen berechnet, der Schnittpunkt Q_F und Q darf nicht überschritten werden.

Für die Wahl der Absenkung s kann folgende Annahme getroffen werden:

- Die Absenkung sollte immer < $H/2$, für Dauerbetrieb < $H/3$ gewählt werden.
- Da mit geringer Mächtigkeit der wasserverfüllten Schicht H die Absenkung stark ansteigt, sollten folgende Werte im k-Wertebereich von $1 \cdot 10^{-4}$ bis $1 \cdot 10^{-2}$ m/s nicht überschritten werden:

$$H = 5\,\text{m} \qquad\qquad H = 20\,\text{m}$$
$$s = (0,1\,\text{bis}\,0,2)H \quad s = (0,05\,\text{bis}\,0,2)H$$

Die höheren Werte gelten für kleine k-Werte [38].

Beispiel 3.4

a) *Vorbemerkungen*

- Aufgrund der Bedarfsanalyse werden nach Kap. 2 die erforderlichen Wassermengen ermittelt.
- Abgestimmt auf den Bedarf Q_{dmax} und Q_d und unter Beachtung der Betriebszeiten des Wasserwerkes, den Vorgaben des Wasserrechts und bestimmt durch die hydrologischen Gegebenheiten wird die Anzahl der Brunnen und deren Betriebszeit gewählt. Aus wirtschaftlichen Gründen sollten die Brunnen mit mindestens 100 m³/h angestrebt werden. Für die Gesamtförderhöhe H_A müssen zunächst entsprechend Abschn. 6.1.1 und 6.1.3 die geodätische Förderhöhe und die Gesamtverluste ermittelt werden. Wird ohne Zwischenpumpwerk im Wasserwerk gearbeitet, müssen auch die Verluste im Wasseraufbereitungssystem berücksichtigt werden (Abb. 5.31 System a).
- Zunächst müssen die Absenkung s_{opt} geschätzt, Steigleitung und Rohwasserleitung vorbemessen und damit H_A berechnet werden.
- Zum Schluss müssen die gewählten Werte entsprechend Abb. 3.11 überprüft und durch einen Brunnentest (s. Abschn. 3.2.4.1) belegt werden.

b) *Vorgaben*

- maximale Brunnenleistung = 150 m³/h und Gesamtförderhöhe H_A = 63 m
- Systemskizze der Aufschlussbohrung gemäß Abb. 3.31
- Sieblinie gemäß Abb. 3.32

Abb. 3.31 Systemzeichnung zum Brunnenbeispiel

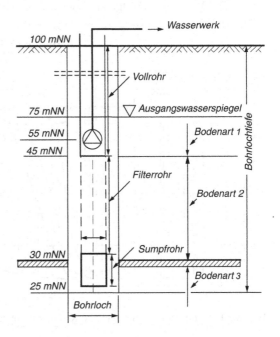

- Aufgrund der Siebanalyse 2 aus Bereich 2 ergibt sich für den Bereich 45 mNN bis 30 mNN ein günstiger *k*-Bereich. Hier soll das Filterrohr eingebaut werden. Es wird mit den Formeln aus Abschn. 3.2.3.2 gerechnet, obwohl nach Abb. 3.31 ein vollkommener Brunnen nicht vorliegt.

c) *Rechenschritte*

(1) *ErforderlicheBrunnentiefe*

Bodenbereich 1 (Feinsand)	100–45 m NN	55,0 m
Bodenbereich 2 (Fein-/Mittelsand)	45–30 m NN	15,0 m
Bodenbereich 3 (Sand/Ton/Geröll)	30–25 m NN	5,0 m
Bohrlochtiefe		75,0 m

(2) *Auswertung der Sieblinien* (Abb. 3.32:)

Der maßgebliche Korndurchmesser und daraus resultierend der erforderliche Schüttkorndurchmesser wird entsprechend Beispiel 3 ermittelt. Es ergibt sich eine Kiesschüttung der Korngruppe 2,0 bis 3,15 mm.

Der *k*-Wert wird nach *Hazen* (Gl. (3.6)) ermittelt:

$$k = 0,0116 \cdot d_{10}^2 = 0,0116 \cdot 0,16^2 = 0,000297 \ m/s$$

Aufgrund der obigen Ausführung wird eine maximale Absenkung vorgewählt von:

$$s = 0,15 \cdot H = 0,15 \cdot 45 = 6,75 \ m$$

(3) *Erforderliche Filterdurchmesser bzw. Vollwandrohre*

Die Bemessung erfolgt nach zwei Gesichtspunkten:

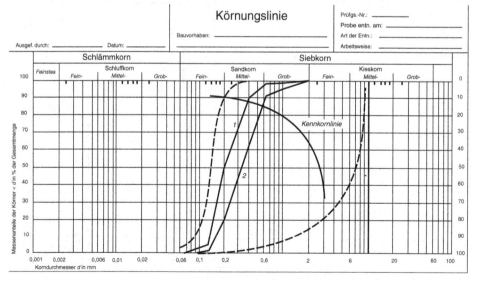

Abb. 3.32 Sieblinien zum Beispiel und Kennkornlinie nach *Bieske* zitiert in [73]

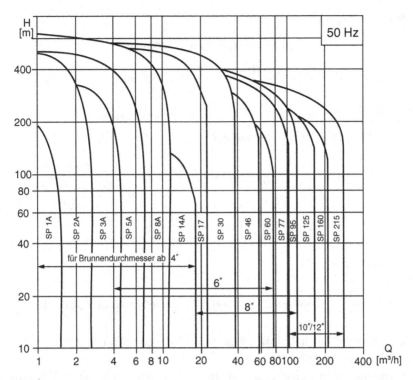

Abb. 3.33 Beispiel für ein Baugrößendiagramm von U-Pumpen [F8]

- die U-Pumpe muss ohne Probleme einbaubar und betriebsfähig sein, d. h. ausreichender Abstand zwischen U-Pumpe und Filterrohr,
- in den Schlitzen bzw. Schlitzbrückenöffnungen soll laminares Strömen mit $v \leq 3$ cm/s erfolgen.
  Dies kann durch zwei Kontrollen sichergestellt werden:
- a) Anwendung von Diagramm in Abb. 3.24
- b) Die maximal erforderliche Absenkung s liegt oberhalb des Schnittpunktes von Q und Q_F in Abb. 3.11
  Nach Abb. 3.33 empfiehlt die Pumpenfirma einen Mindestdurchmesser von $10'' = 254$ mm als Innendurchmesser für Voll- und Filterrohr.
  Für den gewählten Filterkies ergibt sich eine zulässige Schlitzweite von 1,0 mm. Wählt man mit Abb. 3.26 und SW 1,0 mm ein Filterrohr von DN 400 aus, so können pro m Filterrohr ca. 10,5 m³/h gefördert werden. Nach Abb. 3.31 ist eine Filterlänge L_F von 15 m möglich.
  Theoretische Brunnenleistung aufgrund Abb. 3.31

$$15\,\text{m} \cdot 10{,}5\,\text{m}^3/\text{h pro m} = 163{,}5\,\text{m}^3/\text{h} > Q_{max} = 150\,\text{m}^3/\text{h}$$

(4)*Bohrlochdurchmesser:*

$$D_{\text{B}} = 2,5 \cdot D_{\text{F}} = 2,5 \cdot 400\,\text{mm} = 1000\,\text{mm}$$

$$r = \frac{d_i + d_a}{4} = \frac{400\,\text{mm} + 1000\,\text{mm}}{4} = 350\,\text{mm}$$

geschätzt: $s_{\text{opt}} = 6{,}75$ m; $h = H - s = 45{,}0$ m $- 6{,}75$ m $= 38{,}25$ m
Mit Gl. (3.9) und (3.11) Wasserzufluss:

$$Q = (2H - s) \cdot s \frac{\pi \cdot k_f}{\ln \dfrac{3000 \cdot s \cdot \sqrt{k_f}}{r}} = (2 \cdot 45 - 6{,}75) \cdot 6{,}75 \frac{\pi \cdot 0{,}000297}{\ln \dfrac{3000 \cdot 6{,}75 \cdot \sqrt{0{,}000297}}{0{,}350}}$$

$$= 0{,}07593\,\text{m}^3/\text{s oder ca. } 273\,\text{m}^3/\text{h}$$

Fassungsvermögen:

$$Q_F = \frac{2}{15} \cdot \pi \cdot 0{,}350 \cdot 38{,}25 \cdot \sqrt{0{,}000297} = 0{,}0966\,\text{m}^3/\text{s oder } 348\,\text{m}^3/\text{h} \quad \blacktriangleleft$$

Da bei der vorgewählten Absenkung von $s = 6{,}75$ m Q_F größer als Q ist, erübrigt sich eine Auftragung gemäß Abb. 3.11.

Die Berechnung nach den oben angeführten Gleichungen stellt ein Näherungsverfahren dar. In der Praxis erfolgt eine Überprüfung der Berechnungsansätze mittels eines Pumpversuchs.

Der Bau von Bohrbrunnen setzt neben theoretischen Rechnungsansätzen auch ein hohes Maß an praktischer Erfahrung voraus.

3.2.5.9 Horizontale Grundwasserfassungsanlagen

In Wasservorkommen von geringer Mächtigkeit wird die Fassung mit Vertikalbrunnen unwirtschaftlich. Bei flachliegendem Grundwasserleiter kann dann eine Sickerrohrleitung auf der Grundwassersohle verlegt werden. Sie besteht aus Steinzeug, Beton, Faserzement, Stahl (mit Schutzüberzug) usw., wird in einer offenen Baugrube auf der undurchlässigen Grundwassersohle verlegt und mit einer abgestuften Kiespackung umgeben. Die durch den Aushub zerstörte Grundwasserdeckfläche muss durch eine Ton- oder Lehmschicht für Oberflächenwasser wieder undurchlässig gemacht werden (Abb. 3.34).

Der Durchmesser einer Sickerrohrleitung soll $\geq$ 300 mm sein. Kontroll- und Reinigungsschächte sind in Anlehnung an die Baugrundsätze der Kanalisation > 50 m vorzusehen. Zur Erschließung größerer Wasservorkommen werden bekriechbare Sickerstollen angelegt. Sickerrohre erhalten in der oberen Hälfte eine Lochung, durch die das Wasser eintreten kann. Bei Stollen können die Seitenwände aus durchlässigem Einkornbeton hergestellt werden.

Die erforderliche Länge einer Sickerrohrleitung kann aus der Ergiebigkeitsgleichung für waagerechte Grundwasserfassungen abgeleitet werden.

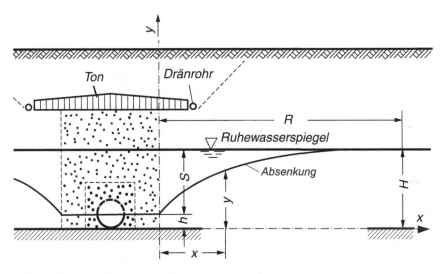

Abb. 3.34 Horizontale Grundwasserfassung

$$Q = v \cdot A = k_f \cdot J \cdot A = k_f \cdot \frac{dy}{dx} y \cdot l$$

$$\int y \cdot dy = \frac{Q}{k_f \cdot l} \int dx \frac{y^2}{2} = \frac{Q}{k_f \cdot l} x + C$$

Für $y = h$ ist $x = 0$, und damit

$$\frac{h^2}{2} = \frac{Q}{k_f \cdot l} \cdot 0 + C \text{ und somit ist } C = \frac{h^2}{2}$$

für $y = H$ ist $x = R$, und damit

$$\frac{H^2}{2} = \frac{Q}{k_f \cdot l} R + \frac{h^2}{2}$$

Hieraus wird die Ergiebigkeitsgleichung und für einseitigen Zufluss

$$Q = \left(H^2 - h^2 \right) \cdot \frac{k_f \cdot l}{2R} = \left(H + h \right)\left(H - h \right) \frac{k_f \cdot l}{2R}$$

mit

$$R = 1500 \cdot \sqrt{k_f} \cdot s$$

und

$$s = (H - h)$$

folgt:

$$Q = (H + h) \frac{\sqrt{k_f} \cdot l}{3000} \quad \frac{m^3}{s}$$

(3.17)

Beispiel 3.5

Gegeben:
$H = 6{,}30$ m, Filterrohrdurchmesser 0,60 m, somit $h = 0{,}30$ m,
$L = 100$ m, $k_f = 0{,}0141$ m/s

$$Q = (H + h) \frac{\sqrt{k_f} \cdot l}{3000} = 6{,}60 \frac{\sqrt{0{,}0141} \cdot 100}{3000} = 0{,}0261 \; \frac{m^3}{s} \; bzw. \; 26{,}1 \; \frac{l}{s}$$

Gesamtzufluss von beiden Seiten: $2 \cdot 26{,}1$ l/s $= 52{,}2$ l/s ◄

3.2.5.10 Horizontalfilterbrunnen

Ein Beispiel für einen Horizontalbrunnen zeigt Abb. 3.35. In den Sammelbrunnen mit wasserdichter Sohle werden 1 bis 2 m über der Sohle auf dem Umfang verteilt Löcher ausgespart, die während des Absenkens behelfsmäßig verschlossen sind. Durch die Löcher werden Filterrohre, etwa DN 400, sternförmig durch hydraulische Pressen vorgetrieben.

Beim *Ranney*-Verfahren (Abb. 3.36a) werden die Stöße stumpfgeschweißt. Durch die etwas größere Lochung der scharfen Rohrspitze können Sand und Feinkies eindringen. Im Inneren des Fassungsrohrs wird ein Stahlrohr von 50 mm Weite mit vorgeschoben, das zum Abtransport von Sand/Kies dient. Sand und Feinkies lässt man zur Erleichterung des Vortriebs durch die Rohrspitze und das Entsandungsrohr in den Sammelschacht eintreten, aus dem sie durch eine Pumpe laufend entfernt werden. Es entsteht auf diese Weise eine Art natürlicher Kiesfilter, weil die feineren Sandteile aus der Umgebung des Filterrohrs ausgewaschen werden. Die Rohre sind im Brunnen durch Schieber abgeschlossen, damit der Wasserablauf geregelt werden kann.

Statt mit Filterrohren kann auch mit vollwandigen Rohren und verlorenem Bohrkopf gebohrt werden. Zum Ausspülen der feinen Sandkörner in der Umgebung des Bohrrohrs durch den Bohrkopf wird das Bohrrohr durch eine hydraulische Presse einige Zentimeter hin und her verschoben. Die ausgepumpte Feinsandmenge wird gemessen, sie kann das 6- bis 7-fache des Inhalts des Bohrrohrs betragen. Ist die gewünschte oder mögliche Länge der Bohrung erreicht, so wird das aus Einzelstücken zusammenschraubbare Filterrohr schrittweise in das Bohrrohr eingeschoben und dieses dann zurückgezogen (Abb. 3.36b) (*Fehlmann*-Verfahren).

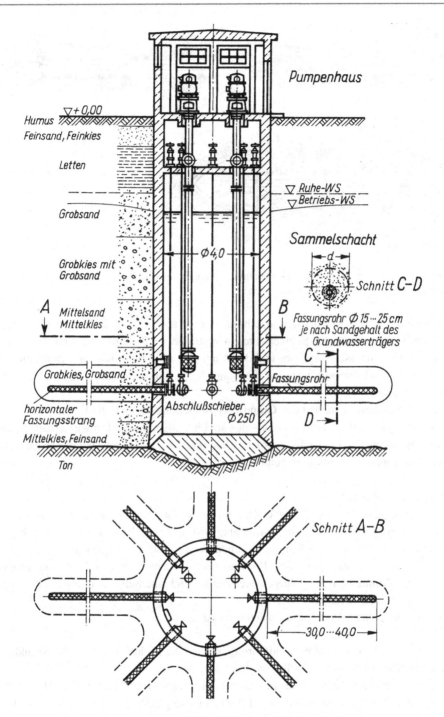

Abb. 3.35 Horizontalbrunnen von der Reuther Tiefbau GmbH, Mannheim

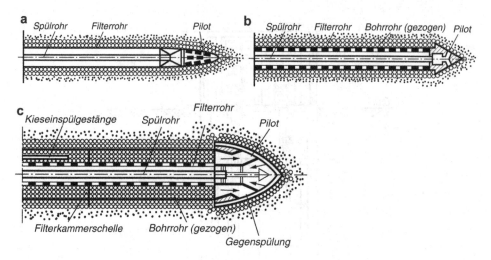

Abb. 3.36 Vortriebsverfahren für Horizontalfilterbrunnen nach [11]. (**a**) *Ranney*-Verfahren, (**b**) *Fehlmann*-Verfahren, (**c**) *Preussag*-Verfahren

Der *Preussag*-Horizontal-Kiesmantelbrunnen kann auch in Feinsanden gebaut werden. In einem nach besonderem Spülverfahren vorgetriebenen Bohrrohr wird ein Filter mit kleinerem Durchmesser eingebaut und der Ringraum zwischen Filter und Bohrrohr mit einem Kiesmantel verspült, während die Bohrrohre schrittweise zurückgezogen werden (Abb. 3.36c) [46].

Je nach der Beschaffenheit des Grundwasserträgers lassen sich die Fassungsrohre 30 bis 90 m [50] vortreiben. Horizontalbrunnen sind im Allgemeinen dort wirtschaftlich, wo größere Wassermengen gefördert werden sollen und die Tiefenlage des Grundwasserleiters nicht zu hohe Schachtkosten bedingt.

3.2.5.11 Entsandung

Die ordnungsgemäße Herstellung endet mit einem Brunnentest und der Entsandung (Brunnenentwicklung). Durch die Entsandung wird der eingebaute Kiesfilter, die Bohrlochwandung und das unmittelbar angrenzende Gestein (Bodenkörper) gereinigt.

Durch eine Sandführung mit dem Rohwasser kann die empfindliche U-Pumpe zerstört werden, der Brunnen mit Sand aufgelandet werden und eine Selbstdichtung (Kolmation) im Untergrund und Kiesfilter erfolgen.

Das Entwickeln hat drei grundsätzliche Aufgaben:

- Verhinderung einer späteren Sandführung, so dass die Richtwerte für den Restsandgehalt im Brunnenwasser nicht überschritten werden.
- Vergrößerung des Porenraumes des Grundwasserleiters im Nahbereich des Brunnens durch Entfernen der Feinanteile; der Effekt ist umso größer, je höher der Ungleichförmigkeitsfaktor des Grundwasserleiters ist.
- Entfernung der beim Bohrvorgang eingetragenen Stoffe aus dem Grundwasserleiter.

Die Grundprinzipien der Entsandung sind Austrag (Erzeugung einer ausreichenden Schleppkraft, Bewegung des Korngerüstes zur Zerstörung der Kornbrücken) und Kontrolle (Überwachung des Entsandungsfortschritts, Abbruch am jeweiligen Abschnitt bei Erreichen eines vorgegebenen Sandgehaltes, teufengerechte Erfassung der entfernten Mengen). Für die Entsandung kommen folgende Verfahren in der Praxis zur Anwendung:
Abschnittslose Verfahren:

• Kolben
• Intermittierendes Abpumpen (Schocken)

Abschnittsweise Verfahren:

• Intensiventsanden mittels gepackerter Unterwassermotorpumpe
• Intensiventsanden mittels Entsandungsseiher
• Wasserhochdruck (Druckwellen-/Impulsverfahren DVGW W 130)
• Kolben bei gleichzeitigem Abpumpen

Für eine ausreichende Überlappung der Entsandungsabschnitte ist zu sorgen.

Der Erfolg des Entsandens muss überprüft werden. Nach DVGW W 119 werden die Restsandgehalte nach Tab. 3.6 empfohlen. Die Richtwerte gelten sowohl beim Abnahmepumpversuch als auch im späteren Betrieb.

Die Entsandungskosten können > 15 % der Gesamtbausumme des Brunnens betragen. Das Entsanden ist für Bohrbrunnen ohne Verrohrung zur Ablösung des Filterkuchens aus der Dickspülung besonders wichtig. Damit eine gute Tiefenwirkung erreicht wird, darf die Filterschicht nicht zu dick gewählt werden.

3.2.6 Betrieb von Brunnenanlagen

3.2.6.1 Einzelbrunnen und Brunnenreihen

Die Leistung eines Bohrbrunnens ist nicht beliebig groß, da der Wasserzufluss Q des Filterrohres nicht gleichmäßig verteilt und auf eine maximal wirksame Filterlänge begrenzt ist [73].

Im Rheinkies kann zwar eine Einzelbrunnenleistung von 600 m³/h erreicht werden, die Verteilung auf mehrere Einzelbrunnen bringt aber eine größere Versorgungssicherheit.

Tab. 3.6 Restsandgehalte nach DVGW W 119

Restsandgehalt g/m³	Anforderung an den Brunnen
< 0,01	hoch
< 0,1	mittel
< 0,3	niedrig

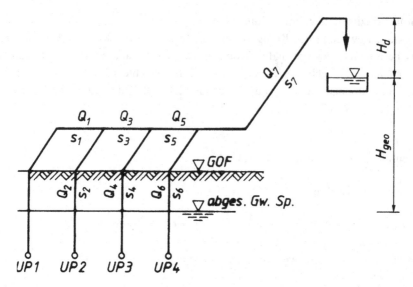

Abb. 3.37 Systemskizze für vier Unterwasserpumpen, die in eine gemeinsame Leitung fördern. UP Unterwassermotorpumpe, Q Durchfluss, s Rohrleitungsstrecke, H_d Druckhöhe zum Betrieb der Wasseraufbereitungsanlage und Verluste im Leitungssystem, H_{geo} geodätische Förderhöhe, H_A $H_d + H_{geo}$ = Anlagenförderhöhe (s. Abschn. 6.1)

Normalerweise werden Brunnenfilter zwischen DN 200 und 400 mm ausgewählt, die im norddeutschen Flachland je nach Filterlänge und Bodenart eine Leistung von 80–250 m³/h haben.

Die mit einer oder mehreren U-Pumpen ausgestatteten Brunnen werden einzeln bewirtschaftet. Die früher üblichen Brunnenreihen mit Heberleitung werden kaum noch gebaut. Bei zu dichten Brunnenabständen beeinflussen sich die Absenkungen, dies kann zu einer erheblichen Leistungsminderung der Gesamtanlage führen. Die Brunnen sollten daher so weit voneinander entfernt sein, dass sich die Absenkungskurven nicht beeinflussen. Wenn mehrere Unterwasserkreiselpumpen in eine gemeinsame Rohrleitung fördern, so beträgt die zu fördernde Wassermenge nicht $n \cdot Q$, sondern ist kleiner als die Summe der Einzelleistungen (s. Abschn. 6.1.3). Für die Berechnung liegen EDV-Programme oder grafische Lösungen vor.

In erster Näherung kann auch auf die am weitesten entfernte Pumpe UP1 ausgelegt werden, wenn an den entsprechenden Stellen die Zuflüsse von UP2 bis UP4 hinzugerechnet werden (Abb. 3.37).

3.2.7   Brunnengase, Brunnenalterung und Regeneration von Brunnen

CO_2, CH_4 und H_2S sind *Brunnengase*, die auch in Pumpenräume und Brunnenschächte eindringen können. Sie sind explosionsfähig oder wirken als Stickgas. Die Räume müssen daher belüftet werden. Die Unfallverhütungsvorschriften der Berufsgenossenschaft der Gas-, Fernwärme- und Wasserwirtschaft (BGFW) sind zu beachten.

Unter dem Begriff *Brunnenalterung* fasst man alle Ursachen zusammen, die im Laufe der Zeit zu einer Minderung der Leistung führen. Als Ursachen sind in DVGW W 130 aufgeführt:

- Versandung (Ablagerung von Ton-, Schluff- und Sandpartikeln)
- Verockerung (Ablagerung von schwer löslichen Eisen- und Manganverbindungen)
- Versinterung (Ablagerung von Calcium- und Magnesiumcarbonaten)
- Verschleimung (Wachstum von Mikroorganismen und Pilzen im brunnennahen Bereich)
- Aluminiumausfällung
- Korrosion

Verockerung, Versandung und Korrosion sind die häufigsten Ursachen für die Brunnenalterung. In der Regel tragen mehrere Ursachen zur Leistungsverringerung eines Brunnens bei.

Der optimale Zeitpunkt für die Durchführung von Regenerationsmaßnahmen ist abhängig vom Verlauf der Brunnenalterungsprozesse. Je zeitiger die Regeneration durchgeführt wird, desto größer ist der Erfolg und desto niedriger sind die Kosten. Erste Hinweise auf Brunnenalterung erhält man durch

- regelmäßige vergleichende Betrachtung von Leistungscharakteristiken eines Brunnens (Ruhewasserspiegel, Betriebswasserspiegel, Volumenstrom, Einschaltzeit der Pumpe, Pumpdauer, Betriebssituation benachbarter Brunnen, Vorflutsituation),
- regelmäßige Wasserspiegelmessungen im Brunnen und Peilrohr bei Pumpbetrieb sowie deren Differenzbestimmung,
- Wasser- und Belagsuntersuchungen,
- optische Untersuchungen.

Bei einem Leistungsrückgang von 10 bis 20 % ist bereits ein fortgeschrittenes Stadium der Brunnenalterung erreicht. Die baldmöglichste Durchführung einer Regeneration ist daher in diesen Fällen dringend notwendig. Wird nämlich der Zeitpunkt verpasst und überschritten, kann auch trotz höheren technischen Aufwandes nur ein geringer oder auch gar kein Regenerierungserfolg das Resultat sein.

Zur Behebung dieser Schäden werden mechanische, hydromechanische und chemische Verfahren eingesetzt. Für Einzelheiten wird auf DVGW W 130 verwiesen.

3.3   Oberflächenwasser

Das echte Grundwasser (Grundwasser = 62 % + Quellwasser = 8,0 %) macht nach Abb. 3.4 den größten Anteil der Wasserförderung in Deutschland aus, trotzdem werden jährlich noch 1547 Mio. m^3 (= 30 %) Oberflächenwasser gefördert.

In den Ländern Nordrhein-Westfalen, Sachsen und Thüringen beträgt der Oberflächen-wasseranteil > 50 % (Tab. 3.1).

In Europa werden in Schweden, Großbritannien und Spanien mehr als 70 % der Trink-wasserversorgung aus Oberflächenwässern gefördert.

Die Gefahr einer plötzlichen Verunreinigung, insbesondere für Flusswasser, ist höher einzuschätzen als beim Quell- und Grundwasser. Die Haupteinflussfaktoren sind die Einleitung von unzureichend gereinigtem Abwasser und Regenwasser, die Abschwemmungen von Landflächen und der Eintrag über die Luft. Obwohl die Güte der Oberflächenge-wässer in den letzten Jahren erheblich verbessert wurde, verbleiben in den Gewässern schwer oder kaum eliminierbare Restbelastungen. Für einige Stoffe versagen vielfach die bewährten Aufbereitungsverfahren. Eine direkte Wassernutzung für die Trinkwasserge-winnung ohne aufwendige Aufbereitung ist daher heute kaum noch möglich. Vielfach wählen die Benutzer von Fließgewässern den indirekten Weg der Nutzung über Uferfiltrat und die künstliche Grundwasseranreicherung (s. Abschn. 3.3.4).

3.3.1 Flusswasser

Flusswasser muss zunächst kritisch auf seine grundsätzliche Eignung hin überprüft werden. Es sollte zur Trinkwassergewinnung nur eingesetzt werden, wenn andere Wasserarten nicht zur Verfügung stehen.

Im Hinblick auf die Aufbereitung ist darauf zu achten, dass je nach Wasserführung unterschiedliche Wasserqualitäten zu erwarten sind, da z. B. bei Hochwasser die Sedi-mente aufgewirbelt werden können und bei Niedrigwasser die Verdünnung abnimmt. Handelt es sich um einen schiffbaren Wasserlauf, so können Unfälle mit gefährlichen Stoffen die gesamte Entnahme verhindern. Dies gilt auch, wenn Industriebetriebe als direkte Anlieger vorhanden sind. Ein Flusswasserwerk sollte daher möglichst durch eine weitere Rohwassergewinnung abgesichert werden. Durch Verbundsysteme können die verschiedenen Wasserressourcen mit ihren jeweiligen Vor- und Nachteilen ausgeglichen werden [23].

Anstatt einer direkten Aufbereitung des Flusswassers sollte immer eine Vorbereitung durch Uferfiltration (siehe Abschn. 3.3.4) in Betracht gezogen werden.

Das Entnahmebauwerk ist so zu planen, dass zu allen Zeiten das Rohwasser mit größter Reinheit gefasst werden kann. Für die Zurückhaltung von Schwimmstoffen sind Grob- und Feinrechen vorzusehen. Die Entnahmestelle (Abb. 3.38) besteht aus einer Kammer aus Mauerwerk, Beton oder Stahlspundbohlen, die in die Böschung eingefügt wird. Die Entnahmestelle ist so zu wählen, dass die Bildung von Kolken oder Ablagerungen mög-lichst gering sind und auch bei Niedrigwasser eine Entnahme möglich ist. Die stromauf-wärtsgelegene, schräg zur Stromrichtung stehende Seitenwand hält treibende Gegen-stände, wie Holz und Eis ab (Variante a).

Das Pumpwerk muss hochwasserfrei liegen und wird daher vielfach nicht mit dem Ent-nahmebauwerk kombiniert.

Ein gutes Beispiel für eine große Flusswasseraufbereitung ist das Wasserwerk Lan-genau des Zweckverbandes Landeswasserversorgung [115] in Baden-Württemberg, in

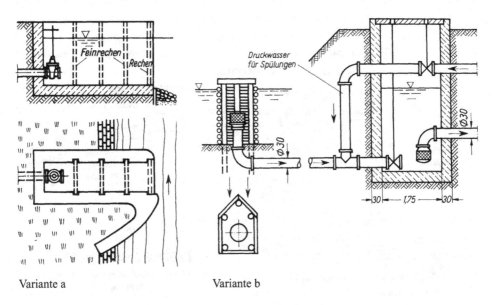

Variante a   Variante b

Abb. 3.38 Entnahmestelle für Flusswasser. Variante a, Variante b

dem bis zu 2300 Liter Donauwasser pro Sekunde zu Trinkwasser aufbereitet werden können.

3.3.2 Seewasser und Talsperrenwasser

Seewasser und Talsperrenwasser nehmen eine führende Position in der Oberflächenwassernutzung ein. Die Gewinnung von Trinkwasser aus Talsperren hat durch die Wiedervereinigung an Bedeutung gewonnen. In den Bundesländern Sachsen, Sachsen-Anhalt und Thüringen spielt die Trinkwassergewinnung aus Talsperren eine nicht unerhebliche Rolle.

In Staugewässern und Seen spielen Eutrophierungserscheinungen eine ganz erhebliche Rolle. Dem Gesamtphosphorgehalt kommt hier eine große Bedeutung zu [37, 24]. Durch Immission aus der Luft, durch Einleitungen und Erosionsprozesse werden feindispergierte mineralische Stoffe und Nährstoffe eingetragen.

Dieser Eintrag kann zu erheblichen Aufbereitungsschwierigkeiten führen. Die mineralischen Stoffe sedimentieren kaum und sind auch durch Flockungs- und Filtrationsmaßnahmen schwer zu entfernen. Die durch die Nährstoffe geförderte Massenentwicklung von Phytoplankton und Zooplankton führt zu vorzeitiger Filterverstopfung und zu Planktondurchbrüchen. Die durch Algen gelösten organischen Substanzen stören die Flockung und Filtration, können Geruchs- und Geschmacksstoffe freisetzen sowie die Biofilmbildung erhöhen.

Die Gewinnung von Trinkwasser aus stehenden Gewässern erfordert ein großes Maß an limnologischen Grundkenntnissen. Es kommt zu einer temperaturbedingten Schichtung

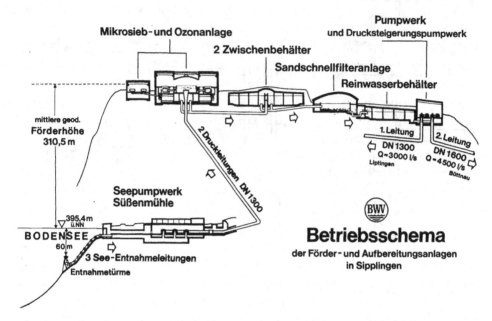

Abb. 3.39 Rohwasserentnahme und Seewasseraufbereitung aus dem Bodensee [24]

unterschiedlicher Dichte im Wasserkörper. In den Sommermonaten kommt es zu einer Schichtung in das Epilimnion (Warmwasserschicht), das Metalimnion und das darunter liegende Hypolimnion (Kaltwasserschicht). Es bilden sich aber auch windbedingte Austausch-Strömungen und durch einlaufende Hochwässer Kurzschlussströmungen aus. Über die Jahreszeit wechseln Zirkulationsphasen mit Stagnationsphasen ab, mit erheblichem Einfluss auf die chemisch-biologischen Vorgänge, die aber auch vom Nährstoffangebot abhängen. Für die Trinkwassergewinnung eignen sich besonders Seen und Talsperren mit geringem Nährstoffeintrag (Phosphate, Nitrate), da hier die Gefahr einer Algenmassenentwicklung nicht so groß ist. Man bevorzugt daher oligotrophe bis mesotrophe Seen und Talsperren oder versucht, diesen Zustand z. B. durch den Bau von Abwasserringleitungen, durch Errichtung von Vorsperren bei Talsperren, durch Nährstoffentfernung aus dem Zufluss (Wahnbachtalsperre), durch Hanggräben und Wildbachverbau sowie durch Prägung der Waldnutzung (DVGW W 105) herbeizuführen.

Während in tiefen Seen (z. B. dem Bodensee) (Abb. 3.39) die Rohwasserentnahme in ca. 60 m Tiefe erfolgt und damit das Rohwasser nur aus einer bestimmten Tiefe und Schichtung stammt, verfügen die Trinkwassertalsperren über variable Entnahmehöhen.

Durch die oben beschriebenen Prozesse kann es hier zur Anreicherung z. B. von Eisen- und Manganionen in bestimmten Schichtungen kommen. Die Werte können bis zu ≈ 10 mg/l ansteigen (*Groth* und *Bernhardt* [27]). Für eine Entnahme sind diese Schichten daher nicht geeignet. Um die jeweils günstige Wasserqualität fassen zu können, werden gesonderte Entnahmetürme gebaut, die in unterschiedlichen Höhen Entnahmeöffnungen haben. Diese Entnahmetürme können auch mit der Hochwasserentlastung kombiniert werden.

Talsperren haben immer eine Mehrfachfunktion, d. h. sie sind für den Hochwasserschutz, die Niedrigwasseraufhöhung und die Trinkwasserbereitstellung zu bewirtschaften.

Werden Talsperren und Seen für eine Trinkwassergewinnung genutzt, so müssen Trinkwasserschutzgebiete ausgewiesen werden. Die Schutzziele sind in DVGW W 102 und W 104 geregelt.

3.3.3 Regen-, Dünen- und Zisternenwasser

An der Küste wird die Versorgung mit Grundwasser schwierig, weil die oft tief unter den Meeresspiegel reichenden Dünensande vom angrenzenden salzigen Meerwasser durchsetzt sind.

Die Nutzung von Dünen- und Zisternenwasser für Trinkwasserzwecke spielt in Deutschland nur noch eine untergeordnete Rolle, da fast alle Bewohner an die öffentliche Wasserversorgung angeschlossen sind. Die früher üblichen venezianischen oder amerikanischen Zisternen sind durch neue Anlagen der Regenwassernutzung zu Brauchwasserzwecken überholt.

Für die Regenwassernutzungsanlagen sind die Empfehlungen des DVGW [22] und DIN 1989 zu beachten.

3.3.4 Uferfiltriertes Wasser und künstliche Grundwasseranreicherung

Zur zusätzlichen Gewinnung von Wassermengen über den natürlichen Grundwasserstrom hinaus eignen sich Uferfiltrat und die künstliche Grundwasseranreicherung. Das grundsätzliche Prinzip beider Systeme ist in Abb. 3.40 dargestellt, Abb. 3.41 zeigt die praktische Anwendung im Rheinwasserwerk Wiesbaden. Hierbei wird durch den Betrieb von Brunnen in einer Entfernung zwischen 50–100 m von der Ufernähe über die Gewässersohle

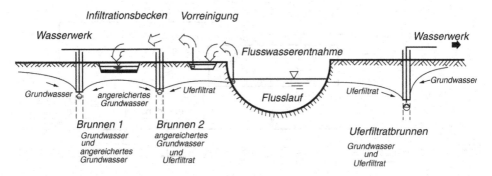

Abb. 3.40 Grundschema für eine Grundwasseranreicherung und Uferfiltrat

uferfiltriertes Wasser mit natürlichem Grundwasser zu den Brunnen geleitet. Durch die Bodenpassage erfährt das Flusswasser eine Qualitätsverbesserung.

Am Niederrhein werden jährlich bis zu 9,6 Mio. m^3 je km Uferlänge gewonnen. Durch die Rheinverschmutzung ist die Aufbereitungstechnologie immer komplexer geworden.

Ein zweiter Weg das Flusswasser als Rohwasser zu nutzen, ist die direkte Teil-Aufbereitung des Oberflächenwassers und anschließende Einleitung in den Grundwasserleiter über geeignete Anreicherungsanlagen zur künstlichen Grundwasseranreicherung. Hierdurch umgeht man die Gefahr einer Flusssohlenverdichtung, erreicht durch das Mischen mit natürlichem Grundwasser eine Temperaturverbesserung und kann die Qualität des Versickerungswassers gezielt steuern.

Durch einen intermittierenden Betrieb kann ein Algenwachstum in den Anreicherungsbecken vermieden werden. Die komplexen Aufbereitungsschritte für das Wasserwerk in Wiesbaden zeigt Abb. 3.41. Nach der Flussentnahme folgen Grobrechen, Sandfang und Belüftungskaskade und von hieraus die Einleitung in drei Infiltrationsbecken und drei Sedimentationsbecken. Das nicht direkt infiltrierte Wasser wird den Sedimentationsbecken wieder entnommen, durch Flockung, Sandfiltration und Aktivkohlefiltration gereinigt und über Infiltrationsbrunnen in den Boden infiltriert. Das direkt über Becken und über die Infiltrationsbrunnen eingeleitete Wasser wird von Entnahmebrunnen aus dem Untergrund entnommen, einer weiteren physikalisch/chemischen Reinigung unterzogen und nach einer Chlorung und Zwischenspeicherung in die Versorgungszonen eingespeist [26].

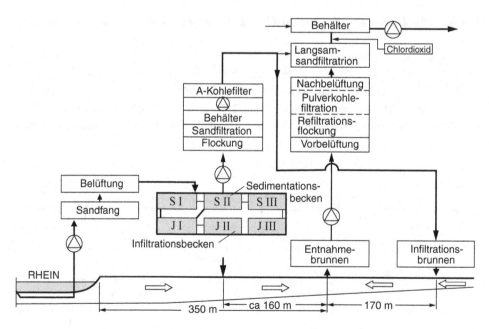

Abb. 3.41 Aufbereitungsschritte im Rheinwasserwerk Wiesbaden [27]

Tab. 3.7 Vergleich der verschiedenen Anreicherungssysteme

Art der Anreicherung	Anforderungen an die Güte des Rohwassers bzw. den Grad der Aufbereitung	mittlere Anreicherungsleistung in m^3/m^2 und Tag	Flächenbedarf einschließlich 30 % Zuschlag für Böschungen, Wege, Zuleitungskanäle in m^2 pro m^3/d
Beregnung	nicht besonders groß	0,2 bis 1,0	1,30 bis 6,50
Flächenhafte Überflutung	mittlere Anforderungen, je nach Mächtigkeit des Rieselkörpers	0,2 bis 1,0	1,30 bis 6,50
Versickerungsgräben, Becken, Teiche	mittlere Anforderungen, je nach Mächtigkeit des Rieselkörpers	1,0 bis 4,0 in Sonderfällen von 0,15 bis 12,0	0,30 bis 1,30
horizontale Versickerungsleitungen	Trinkwassergüte	durch Versuche zu ermitteln	unbedeutend
eingedeckte Sickerkanäle	Trinkwassergüte	durch Versuche zu ermitteln	0,43 bis 2,60
Versickerungsbrunnen, Schluckbrunnen	Trinkwassergüte	durch überschlägige Berechnung oder Versuche zu ermitteln	unbedeutend
Sickerschlitzgräben	Trinkwassergüte	durch Versuche zu ermitteln	unbedeutend

Einen Überblick über die gebräuchlichen Anreicherungsarten, deren Anforderung an die Rohwasserqualität, den Flächenbedarf und die Anreicherungsleistung gibt Tab. 3.7. Vertiefte Hinweise zu Planung, Bau und Betrieb von Anlagen zur künstlichen Grundwasseranreicherung sind dem DVGW Arbeitsblatt W 126 zu entnehmen.

3.4 Quellwasser

Quellwasser ist zutage tretendes Grundwasser. Man unterscheidet *echtes* Quellwasser, das dem Grundwasser in der Qualität gleichzusetzen ist, und *oberflächennahes* Quellwasser, das nicht immer als Trinkwasser geeignet ist.

Nach der Art des Austritts von Grundwasser unterscheidet man im Wesentlichen folgende Quellarten:

- *Schichtquelle* (Abb. 3.42a): Die Grundwassersohle eines Grundwasserleiters tritt an die freie Oberfläche.
- *Überlaufquelle* (Abb. 3.42b): Durch Einschnürung des Grundwasserleiters wird das Grundwasser aufgestaut und tritt dadurch zutage.

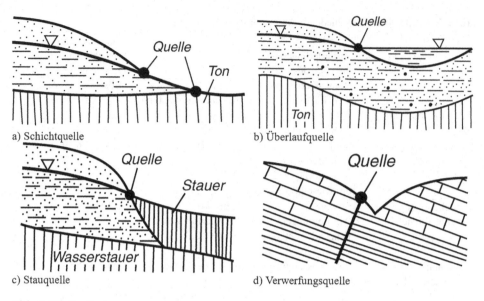

a) Schichtquelle

b) Überlaufquelle

c) Stauquelle

d) Verwerfungsquelle

Abb. 3.42 Quellarten

- *Stauquelle* (Abb. 3.42c): Das Grundwasser liegt unterhalb einer undurchlässigen Deckschicht unter Spannung. Wird die Deckschicht unterbrochen oder durchstoßen, so tritt es artesisch an die Oberfläche. Oder das Grundwasser trifft auf eine undurchlässige Schicht (Stauer) und tritt dort an die Oberfläche.
- *Verwerfungsquelle* (Abb. 3.42d): Gespanntes Grundwasser tritt in der Zone einer Verwerfung aus, in der durch tektonische Kräfte die sonst undurchlässige Deckschicht gestört wurde.
- *Sekundärquelle*: Oberflächenwasser versickert als Bach- oder Flusswasser und tritt weiter unterhalb wieder aus. Für Wasserversorgungszwecke scheidet dieses Wasser im Allgemeinen aus.

In absteigenden Quellen stammt das Wasser aus topografisch höher liegenden Lagen des Einzugsgebietes. Demgegenüber fassen aufsteigende Quellen Wasser aus artesisch gespannten Vorkommen.

Quellwasser für eine zentrale Wasserversorgung muss hinsichtlich Wassermenge und Beschaffenheit genau untersucht werden.

Zum Messen der *Wassermenge* wird der Quellaustritt vorsichtig freigelegt und in den Ablaufgraben eine Messeinrichtung eingebaut. Sie kann aus einem einfachen Überfallrohr, einem Thomsonwehr oder einem offenen Venturimesser bestehen. Bei kleinen Schüttmengen misst man mit Stoppuhr und Gefäß. Quellschüttungsmessungen müssen über einen langen Zeitraum, mindestens über mehrere Jahre durchgeführt werden und zwar wöchentlich einmal am gleichen Wochentag und zur gleichen Stunde.

Zur Untersuchung der *Beschaffenheit* des Wassers gehört vor allem die Beurteilung der Lage der Quelle und des Einzugsgebietes. Steigt die Quellschüttung nach starken Regen-

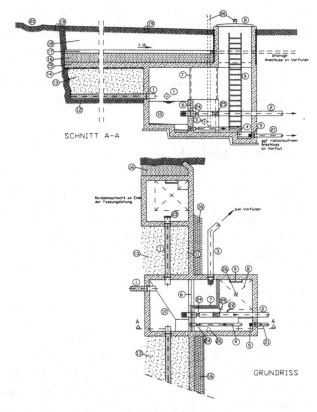

Abb. 3.43 Quellfassung für absteigende Quellen (DVGW W 127). 1- Sickerleitung/Fassungslei-tungen, 2- Entnahmeleitung, 3- Überlauf, 4- Grundablass, 5- Sieb, 6- z. B. Messerwehr zur Quell-schüttungsmessung, 7- Mögliche bauliche Trennung, 8- Wasserdichte Schachtabdeckung, 9- Ein-stiegsleiter, 10- Quellschacht, 11- Staumauer, 12- Grundwassersohlschicht, 13- Kiesschüttung, 14- Folienabdeckung, 15- Wasserundurchlässige Betondecke, 16- Abdichtung mit Ton-Schluff-Gem., 17- Sickerschacht mit Drainage, 18- Verfüllung mit anstehendem Material, 19- Markierungs-stein bzw. -Pfosten, 20- Entwässerungsgraben, 21- Schachtentwässerung, 22- Probenahmehahn, 23- X-Stück, 24- Absperrarmatur, 25- Pass- u. Ausbaustück, 26- Be- und Entlüftung

fällen an und trübt sich dabei das Wasser, so ist die Filterkraft der Bodenschichten der Quelle nicht ausreichend.

Wird die Quelle gefasst (Abb. 3.43), so sollen die natürlichen Verhältnisse möglichst nicht geändert werden. Die einzelnen Wasseradern müssen durch Aufgraben vorsichtig freigelegt werden. Sprengungen dürfen nicht vorgenommen werden. Die Baustoffe sind nach der chemischen Beschaffenheit des Wassers zu wählen. Die Fassungsanlage soll ≥ 3,0 m Überdeckung haben und im Bereich der durch die Arbeiten gestörten Zone durch Ton- oder Lehmüberdeckungen gegen das Eindringen von Oberflächenwasser gesichert werden. Als Sickerleitung verwendet man korrosionsfeste gelochte oder geschlitzte Rohre mit DN $\geq$ 150 mm, sie sind senkrecht zur Austrittsrichtung des Quellwassers zu verlegen.

Zum Schutz gegen Wurzelverwachsungen müssen die Sickerleitungen von Bäumen $\geq$ 10 m Abstand haben.

Weitere Hinweise zu Planung, Bau, Betrieb, Sanierung und Rückbau von Quellwassergewinnungsanlagen sind dem DVGW Arbeitsblatt W 127 zu entnehmen.

3.5   Trinkwasser-Schutzgebiete

Um die Qualität des Rohwassers zu sichern und zu verbessern, ist die Ausweisung von Trinkwasserschutzgebieten eine wichtige Aufgabe der Wasserwirtschaft. Je nach Rohwasserarten sind unterschiedliche Schutzstrategien erforderlich. Das Schutzgebiet soll das gesamte Einzugsgebiet der Trinkwassergewinnungsanlagen umfassen.

Die Schutzgebiete werden in drei Hauptzonen eingeteilt:

- Fassungsbereich (Zone I)
- Engere Schutzzone (Zone II)
- Weitere Schutzzone (Zone III)

Obwohl die Ausweisung von Schutzgebieten als wichtiges umweltpolitisches Ziel erkannt ist, sind noch nicht alle Rohwasservorkommen ausreichend geschützt. Grundsätze und Empfehlungen für Maßnahmen einer gewässerschützenden Landbewirtschaftung sind dem Arbeitsblatt W 104 zu entnehmen. Es gilt für die flächendeckende und standortspezifische Umsetzung solcher Landbewirtschaftung mit dem Ziel, die Schutzgüter Boden und Gewässer nachhaltig zu sichern und einen guten Zustand der Gewässer gemäß EG-Wasserrahmenrichtlinie zu erreichen.

Es liegen Richtlinien für Schutzgebiete vor für:

- Schutzgebiete für Grundwasser (DVGW W 101)
- Schutzgebiete für Talsperren (DVGW W 102)
- weitere Empfehlungen für Nutzungen (DVGW W 105)

Für *Talsperren* sind folgende Hinweise zu beachten:

- *Zone I:* Zur Zone I einer Talsperre zählen die Talsperre selbst, das Vorbecken sowie der Uferbereich und die angrenzenden Flächen. Die bisherige Standardbreite von 100 m bei Stauziel wurde durch eine variable Bestimmung der notwendigen Breiten anhand vulnerabilitätsbezogener Kriterien zur Identifizierung der besonders gewässersensiblen Bereiche ersetzt.
- In diesem Bereich sind nur Einrichtungen und Handlungen zulässig, die dem Betrieb und der Unterhaltung der Talsperre und ihrer technischen Einrichtungen dienen und dabei den notwendigen Gewässerschutz berücksichtigen. Maßnahmen zur Pflege der

Landfläche, insbesondere des Waldes, sind nur zulässig, wenn sie dem Schutz des Stausees dienen. Trinkwassertalsperren eignen sich daher nicht für Wassersport- und Badebetrieb.

- *Zone II:* Die Zone II soll die Zuflüsse zur Talsperre vor Verunreinigung und Beeinträchtigung schützen. Die gebotenen Nutzungseinschränkungen für diesen Bereich sind dem DVGW Arbeitsblatt W 102 zu entnehmen.
- *Zone III:* Die Zone III umfasst das restliche Einzugsgebiet, das vornehmlich forst-wirtschaftlich genutzt werden sollte. Die Anforderungen in Schutzzone III stellen den Grundschutz für das gesamte Wasserschutzgebiet dar.

Für *Grundwasser* sind folgende Hinweise zu beachten:

Es werden für den Grundwasserschutz nach dem hydrogeologischen Aufbau Standorte mit günstiger, mittlerer und ungünstiger Untergrundbeschaffenheit unterschieden. Gefahren für das Grundwasser gehen von folgenden Kontaminationen aus:

- kurzzeitige punktförmige oder linienförmige Kontamination, z. B. Unfälle
- kontinuierliche punkt- oder linienförmige Kontamination, z. B. undichte Leitungen, Straßen, undichte Deponien
- sich wiederholende flächenhafte Einträge, z. B. Düngung, Biozideintrag, Klärschlamm, Kompost
- kontinuierliche flächenhafte Kontamination, z. B. Stadtflächen

Der Schadstoffeintrag, die Transportvorgänge im Boden- und Wasserkörper, die vielfältigen Faktoren für eine Eliminierung, die Umwandlung und Löslichkeit im Wasser u. a. sind sehr schwer zu erfassen. Ein Gefährdungspotenzial, das durch eine Schutzgebietsfestlegung kaum zu beheben ist, sind die Luftverunreinigungen. Durch die Schutzgebietsfestlegung darf nicht nur der Entnahmebereich geschützt werden, sondern der gesamte im Inneren der unterirdischen Grundwasserscheide liegende Bereich (Abb. 3.44). In Karstgebieten führt dies zu einer erheblichen Größe des Schutzgebietes. Moderne rechnergestützte Modellierungsverfahren liefern heute exakte Prognosen zum Transport von Schadstoffen im Bodenkörper und ermöglichen so passgenauere Schutzgebietsausweisungen.

Je nach Weglänge, die etwaige Verunreinigungen im Grundwasser bis zur Fassungsanlage zurückgelegt haben, unterscheidet man zwischen:

- *Fassungsbereich* (Zone I). Dies ist die unmittelbare Umgebung der Fassungsanlage. Sie ist i. d. R. eingezäunt, im Besitz des Versorgungsunternehmens, es herrscht Betretungsverbot, nur Grasdecke ohne Nutzung u. a.
- *Engere Schutzzone* (Zone II). Sie schließt sich an den Fassungsbereich an. Sie muss vor Verunreinigungen geschützt werden, die durch das Reinigungsvermögen des Untergrundes bis zur Fassungsanlage nicht zu beseitigen sind. Sie entspricht ca. der 50-Tagefließlinie (Eliminierung bakterieller Verunreinigungen).
- *Weitere Schutzzone* (Zone III). Sie geht von Zone II bis zur Einzugsgebietsgrenze. Eine Aufteilung in Zone III A bis ≈ 2 km, Zone III B ab ≈ 2 km ist üblich. Zone III soll den

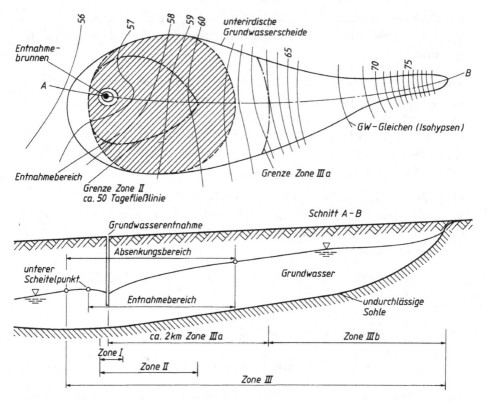

Abb. 3.44 Aufbau der Schutzzonen in einem Trinkwasserschutzgebiet

Schutz vor nicht oder schwer abbaubaren Verunreinigungen gewährleisten. Der Schutz wird durch Verbote und Genehmigungspflichten geregelt.

Die Verordnung über Schutzbestimmungen in Wasserschutzgebieten legt z. B. bei den folgenden Nutzungen Verbote und Genehmigungspflichten fest [R24]:

- Umbruch von Grünland
- Grünlanderneuerung
- Rotations- und Dauerbrachen
- Umbruch von Dauerbrachen
- Kahlschlag von Forstflächen
- Stickstoffaufbringung maximal 170 kg/(ha · a)
- Gülle-, Jauche- und Geflügelkotaufbringung
- Grünabfall- und Bioabfallkompostaufbringung
- Klärschlamm- und Klärschlammkompostaufbringung
- Reststoffe aus Verarbeitung nicht landwirtschaftlicher Erzeugnisse
- Lagerung von flüssigem Wirtschaftsdünger
- Bodenschatzgewinnung

Chemische, physikalische und biologische Beschaffenheit des Wassers

4.1 Grundlagen

Wasser bewegt sich im Kreislauf auf der Erde (Abb. 3.1). Es kommt als H_2O in reiner Form in der Natur praktisch nicht vor, da es während des Kreislaufes mit Stoffen reagiert. So nimmt z. B. der Regen Stäube, Kohlenstoffdioxid, Sauerstoff, Stickstoff sowie eine ganze Reihe anderer Stoffe auf. Eine weitere Veränderung erfährt dann der Niederschlag bei der Passage durch den Bodenkörper, da hier weitere Substanzen aufgrund biologischer, chemischer und physikalischer Vorgänge im Wasser gelöst werden. Durch die Tätigkeit der Mikroorganismen im Boden entsteht z. B. CO_2, dieses geht im Wasser in Lösung und das Wasser wird „aggressiv". Wasser liegt in geringen Teilen in dissoziierter Form vor:

$$H_2O \Leftrightarrow H^+ + OH^- \tag{4.1}$$

$$H_2O + H^+ \Leftrightarrow H_3O^+ \tag{4.2}$$

$$H_2O + H_2O \Leftrightarrow OH^- + H_3O^+ \tag{4.3}$$

Aufgrund seines inneren Aufbaus hat das Wassermolekül einen Dipolcharakter mit einem positiven und einem negativen Pol. Hierdurch werden Elektrolyte (positive Ionen [Kationen] und negative Ionen [Anionen]) an das Wassermolekül angelagert. Diesen Vorgang nennt man Hydratation.

Für die Planung von wassertechnischen Anlagen ist es wichtig zu wissen, in welcher Konzentration ein Stoff in der wässrigen Lösung vorliegt. Neben den Ionen werden im Wasser auch polare und unpolare Moleküle eingelagert, insbesondere in zwischenmolekularen Hohlräumen. Wichtige unpolare Moleküle in der Wasserchemie sind das Sauerstoffmolekül, das Stickstoffmolekül und Kohlenstoffdioxidmolekül.

4.1.1 Konzentrationsangaben in der Wasserchemie

Ausgehend von den Basiseinheiten des Internationalen Einheitensystems (SI-Einheitensystem) wird in der Wasserversorgung häufig die Massenkonzentration und weniger die Stoffmengenkonzentration angegeben. Beide Konzentrationsangaben sind aber gleichberechtigt anzusehen. Unter Massenkonzentration $\beta(A)$ versteht man den Quotienten:

$$\beta(A) = \frac{Masse}{Volumen}\, in\, \frac{kg}{m^3} \tag{4.4}$$

Für die Massenkonzentration werden für kleine Konzentrationen als Einheiten g/l, mg/l, µg/l, ng/l, und pg/l verwendet (Tab. 4.1). Für die Stoffmenge ist die Basiseinheit Mol (mol) vorgegeben.

Als Stoffmengenkonzentration $c(A)$ ergibt sich somit:

$$c(A) = \frac{Stoffmenge}{Volumen}\, in\, \frac{mol}{m^3} \tag{4.5}$$

In der Wasserchemie verwendete Einheiten sind mol/l oder mmol/l = mol/m³.

Ein Mol einer Substanz enthält $6{,}022 \times 10^{23}$ Atome oder Moleküle. Diese als Avogadro-Zahl bekannte Teilchenzahl ist für einige chemische Betrachtungen wichtig, insbesondere, wenn die Ladungszahl eine Rolle spielt. So enthält z. B. 1 Mol Cl^- $6{,}022 \times 10^{23}$ negative Ladungen, 1 Mol Ca^{2+} aber die doppelte Anzahl also $1{,}2044 \times 10^{24}$ positive Ladungen. Aus diesem Grund arbeitet man in diesen Fällen mit einer Äquivalentkonzentration, die die Wertigkeit berücksichtigt.

Die molare Masse ist der Quotient:

$$M = \frac{Stoffmasse}{Stoffmenge}\, in\, \frac{kg}{mol}\, oder\, \frac{g}{mol} \tag{4.6}$$

Als Bezugsgröße gilt die Masse des häufigen Kohlenstoffisotops ^{12}C. Die $6 \cdot 10^{23}$ C-Atome haben die Masse 12 g. Mit Hilfe der relativen Atommasse (früher: Atomgewicht) und der relativen Molekülmasse (früher: Molekulargewicht) lässt sich die molare Masse eines

Tab. 4.1 Festgelegte Vorsätze nach SI-Einheitensystem

E	Exa-	10^{18}	d	Dezi-	10^{-1}
P	Peta-	10^{15}	c	Zenti-	10^{-2}
T	Tera-	10^{12}	m	Milli-	10^{-3}
G	Giga-	10^{9}	µ	Mikro-	10^{-6}
M	Mega-	10^{6}	n	Nano-	10^{-9}
k	Kilo-	10^{3}	p	Pico-	10^{-12}
h	Hekto-	10^{2}	f	Femto-	10^{-15}
da	Deka-	10^{1}	a	Atto-	10^{-18}

Stoffes als Masse von einem Mol angeben in der Einheit g/mol. Als Zahlenwert sind Atommasse, relative Atommasse und molare Masse in g/mol gleich. So beträgt die molare Masse für Wasser (H_2O):

Beispiel 4.1

Gesucht:

   molare Masse von Wasser H_2O

relative Atommasse in g/mol H = 1,008	2 · 1,008 =	2,016
relative Atommasse in g/mol O = 15,999		15,999
Summe in g/mol H_2O		18,015

Die molare Masse einiger wichtiger Verbindungen und Ionen in der Wassertechnologie ist in der Tab. 4.2 zusammengestellt.

Für die Umrechnung von Massen- auf Stoffmengenkonzentrationen und umgekehrt ergibt sich:

$$\frac{mmol}{l} = \frac{Massenkonzentration}{molare\ Masse}\ in\ \frac{mg/l}{g/mol} \tag{4.7}$$

$$\frac{mg}{l} = molare\ Masse\ in\ g/mol \cdot Stoffmengenkonzentration\ in\ mmol/l \tag{4.8}$$

Beispiel 4.2

Gesucht:

   Stoffmengenkonzentration von 57,4 mg/l Chlorid?

   57,4 mg/l Chlorid (Cl^-) ergibt in mmol/l:

Tab. 4.2 Molare Masse einiger wichtiger wasserchemischer Verbindungen

Verbindung/Ion	molare Masse (M) in g/mol	Verbindung/Ion	molare Masse (M) in g/mol
Al^{3+}	27,0	H_2O	18,0
Ca^{2+}	40,1	OH^-	17,0
CaO	56,1	HCO_3^-	61,0
$Ca(OH)_2$	74,1	Mn^{2+}	55,0
$CaCO_3$	100,1	Mg^{2+}	24,0
$Ca(HCO_3)_2$	162,1	Na^+	23,0
Cl^-	35,5	NaCl	59,0
CO_2	44,0	NO_3^-	62,0
Fe^{2+}	56,0	SO_4^{2-}	96,0
H^+	1,0		

$$\frac{57,4 \ mg}{l} \ \frac{mmol}{35,5 \ mg} = 1,617 \ \frac{mmol}{l}$$ ◀

Beispiel 4.3

Gesucht:

Massenkonzentration von 0,807 mmol/l Nitrat

0,807 mmol/l Nitrat (NO_3^-) ergibt in mg/l:

$$\frac{0,807 \ mmol \times 62 \ mg}{l \ mmol} = 50,0 \ \frac{mg}{l}$$ ◀

Um die Massen- und Stoffkonzentration in der Formelsprache zu unterscheiden, sind folgende Abkürzungen üblich:

- Für die *Massenkonzentration* werden *griechische* Buchstaben verwendet: β(A). A steht für die Teilchensorte. So bedeutet z. B. β(Ca) Massenkonzentration an Calcium in mg/l.
- Für die *Stoffmengenkonzentration* werden *lateinische* Buchstaben genutzt: c(A). So bedeutet c(Ca) Calciumstoffmengenkonzentration in mmol/l.

4.2   Wasserinhaltsstoffe

Trinkwasser unterliegt als Lebensmittel strengen gesetzlichen Regelungen (siehe Abschn. 1.2.2 und Kap. 9). Nach der Trinkwasserverordnung [R17] dürfen Wasserinhaltsstoffe bestimmte Werte nicht überschreiten. Weiterhin sind in der ersten EG-Trinkwasserrichtlinie von 1989 [R2] zulässige Höchstkonzentrationen und Richtzahlen genannt. Eine Neufassung der EG-Trinkwasserrichtlinie [R21] wurde am 16.12.2020 vom Europäischen Parlament und dem Rat der Europäischen Union beschlossen. Wesentliche Änderungen der Neufassung der EG-Trinkwasserrichtlinie betreffen beispielsweise die Parameter Blei, Endokrine Disruptoren wie beispielsweise per- und polyfluorierte Alkylverbindungen (PFAS) und Pflanzenschutzmittel-Metabolite. PFAS werden zum Beispiel in der Textilindustrie zur Herstellung atmungsaktiver Kleidung verwendet. Allerdings sind für einige Parameter lange Übergangsfristen von bis zu 15 Jahren vorgesehen. Eine Übersicht zu den Grenzwerten gibt Tab. 4.3, 4.4 und 4.5. Auch die Weltgesundheitsorganisation WHO hat Empfehlungen für das Trinkwasser [111] entwickelt.

Tab. 4.3 Wasserinhaltsstoffe und Grenzwerte (Auswahl)

Bezeichnung	TrinkwV Fassung 2020 [R17]	EG-Trinkwasserrichtlinie 1998 [R2] in Verbindung mit Änderung von 2015 [R20]	TrinkwV Fassung 2001 [R16]	EG-Trinkwasserrichtlinie 2020 [R21]
Mikrobiologische Parameter und Werte, allgemeine Anforderungen (Angaben in Anzahl pro 100 ml)				
Escherichia coli	0	0 (als Parameterwert)	0	0
Enterokokken	0	0 (als Parameterwert)	0	0
Coliforme Bakterien	siehe Indikatorparameter		0	0
Mikrobiologische Parameter und Werte, Anforderungen an Trinkwasser, das zur Abgabe in verschlossenen Behältnissen bestimmt ist				
Escherichia coli	0/250 ml	0/250 ml (als Parameterwert)	0/250 ml	0/250 ml (als Parameterwert)
Enterokokken	0/250 ml	0/250 ml (als Parameterwert)	0/250 ml	0/250 ml (als Parameterwert)
Pseudomonas aeruginosa	0/250 ml	0/250 ml (als Parameterwert)	0/250 ml	Keine Anforderung
Koloniezahl bei 22 °C	siehe Indikatorparameter	100/ml (als Parameterwert)	100/ml	Ohne abnormale Veränderung
Koloniezahl bei 36 °C		20/ml (als Parameterwert)	20/ml	Keine Anforderung
Coliforme Bakterien		0/250 ml (als Parameterwert)	0/250 ml	0/250 ml (als Parameterwert)
Chemische Parameter und Grenzwerte (Angaben in mg/l)				
1,2 Dichlorethan	0,003	0,003	0,003	0,003
Acrylamid	0,0001	0,0001	0,0001	0,0001
Antimon	0,005	0,005	0,005	0,01
Arsen	0,01	0,01	0,01	0,01
Benzo-(a)-pyren	0,00001	0,00001	0,00001	0,00001
Benzol	0,001	0,001	0,001	0,001
Blei	0,01	0,01 Übergangswerte: 0,025 bis 25.12.2013	0,01 Übergangswerte: 0,025 bis 30.11.2013	Bis 11.01.2036: 0,01 Ab 12.01.2036: 0,005
Bor	1	1	1	1,5

(Fortsetzung)

Tab. 4.3   (Fortsetzung)

Bezeichnung	TrinkwV Fassung 2020 [R17]	EG-Trinkwasserrichtlinie 1998 [R2] in Verbindung mit Änderung von 2015 [R20]	TrinkwV Fassung 2001 [R16]	EG-Trinkwasserrichtlinie 2020 [R21]
Bromat	0,01	0,01	0,01	0,01
Cadmium	0,003	0,005	0,005	0,005
Chrom	0,05	0,05	0,05	Bis 11.01.2036: 0,05 Ab 12.01.2036: 0,025
Cyanid	0,05	0,05	0,05	0,05
Epichlorhydrin	0,0001	0,0001	0,0001	0,0001
Fluorid	1,5	1,5	1,5	1,5
Kupfer	2,0	2,0	2,0	2,0

4.2.1 Kalk-Kohlensäure-Gleichgewicht

Die Pioniere der Wasserchemie *Heyer* und *Tillmans* haben schon 1963 die Wirkung der im Wasser enthaltenen Kohlensäure auf das Wasserverteilungssystem erkannt [40].

Abb. 4.1 zeigt anschaulich den Zusammenhang zwischen gebundener Kohlensäure (HCO_3^- und CO_3^{2-}) und gasförmig gelöstem Kohlenstoffdioxid (CO_2).

Für jedes Wasser gibt es eine berechenbare zugehörige CO^{2-} Konzentration, der im Wasser eingestellt werden muss. Analysenwerte (1 und 2), die oberhalb der Gleichgewichtskurve liegen, führen zum Kalkangriff, Werte unterhalb zur Kalkausfällung.

4.2.2 pH-Werte, Calcitsättigung, Pufferungskapazität

Der pH-Wert ist der negative dekadische Logarithmus des Zahlenwertes der in mol/l angegebenen Wasserstoffionenaktivität. Da der pH-Wert von der Temperatur abhängt, muss die Messtemperatur gemäß DIN EN ISO 10523 angegeben werden.

Die DIN 38404-10 legt für die Calcitsättigung eines Wassers folgende pH-Werte fest:

- Sättigungs-pH-Wert der Oberbegriff für alle pH-Werte, bei welchen Calcitsättigung vorliegt (pH-Wert der Calciumcarbonatsättigung: pH)
- Sättigungs-pH-Wert der Calciumcarbonatsättigung, das heißt nach Einstellung der Calcitsättigung mit Calcit (pH_C)
- Sättigungs-pH-Wert nach Austausch von Kohlenstoffdioxid (pH_A) (z. B. durch Belüftung), Calciumgehalt und Säurekapazität ($k_{s4,3}$) verändern sich nicht

Tab. 4.4 Wasserinhaltsstoffe

Bezeichnung	TrinkwV Fassung 2020 [R17]	EG-Trinkwasserrichtlinie 1998 [R2] in Verbindung mit Änderung von 2015 [R20]	TrinkwV Fassung 2001 [R16]	EG-Trinkwasserrichtlinie 2020 [R21]
Chemische Parameter und Grenzwerte (Fortsetzung)				
Nickel	0,02	0,02	0,02	0,02
Nitrat	50	50	50	50
Nitrit	0,5	0,5	0,5	0,5
PAK	0,0001	0,0001	0,0001	0,0001
Pflanzenschutzmittel und Biozidprodukte (je Einzelstoff)	0,0001	0,0001	0,0001	0,0001
Pflanzenschutzmittel und Biozidprodukte (Summe Einzelstoffe)	0,0005	0,0005	0,0005	0,0005
PFAS gesamt	Keine Anforderung			0,0005
Quecksilber	0,001	0,001	0,001	0,001
Selen	0,01	0,01	0,01	0,02
Tetra- und Trichlorethen (als Summe)	0,01	0,01	0,01	0,01
Trihalogenmethane	Ausgang Wasserwerk: 0,01 Verteilungsnetz: 0,05	0,1	Ausgang Wasserwerk: 0,01 Verteilungsnetz: 0,05	0,1 Mitgliedstaaten sollen niedrigeren Parameterwert anstreben
Uran	0,01	Keine Anforderungen		0,03
Vinylchlorid	0,0005	0,0005	0,0005	0,0005

(Fortsetzung)

Tab. 4.4 (Fortsetzung)

Bezeichnung		TrinkwV Fassung 2020 [R17]	EG-Trinkwasserrichtlinie 1998 [R2] in Verbindung mit Änderung von 2015 [R20]	TrinkwV Fassung 2001 [R16]	EG-Trinkwasserrichtlinie 2020 [R21]
Indikatorparameter und Grenzwerte bzw. Anforderungen					
Aluminium	mg/l	0,2	0,2	0,2	0,2
Ammonium	mg/l	0,5	0,5	0,5	0,5
Chlorid	mg/l	250	250	250	250
Clostridium Perfringens	Anzahl im 100 ml	0	0	0	0
Coliforme Bakterien	Anzahl im 100 ml	0	siehe mikrobiologische Parameter		0
Eisen	mg/l	0,2	0,2	0,2	0,2
Färbung	m^{-1}	0,5	annehmbar, ohne auffallende Veränderung	0,5	annehmbar, ohne anormale Veränderung
Geruch	TON	bei 23 °C: 3	bei 12 °C und 25 °C annehmbar, ohne auffallende Veränderung	bei 12 °C: 2 bei 25 °C: 3	annehmbar, ohne anormale Veränderung
Geschmack		Für den Verbraucher annehmbar, ohne anormale Veränderung	annehmbar, ohne auffallende Veränderung		annehmbar, ohne anormale Veränderung

Tab. 4.5 Wasserinhaltsstoffe

Bezeichnung		TrinkwV Fassung 2020 [R17]	EG-Trinkwasserrichtlinie 1998 [R2] in Verbindung mit Änderung von 2015 [R20]	TrinkwV Fassung 2001 [R16]	EG-Trinkwasserrichtlinie 2020 [R21]
Indikatorparameter und Grenzwerte bzw. Anforderungen (Fortsetzung)					
Koloniezahl bei 22 °C		ohne anormale Veränderungen 100/ml an der Zapfstelle, 20/ml unmittelbar im Abschluss der Aufbereitung nach Desinfektion (Wasserwerksausgang)	ohne anormale Veränderungen	ohne anormale Veränderungen 100/ml an der Zapfstelle, 20/ml unmittelbar im Abschluss der Aufbereitung nach Desinfektion (Wasserwerksausgang)	ohne anormale Veränderung
Koloniezahl bei 36 °C		ohne anormale Veränderungen 100/ml an der Zapfstelle, 20/ml für Trinkwasser in verschlossenen Behältnissen	Keine Anforderungen	ohne anormale Veränderungen 100/ml an der Zapfstelle	Keine Anforderungen
Leitfähigkeit	µS/cm	2790 bei 25 °C	2500 bei 20 °C		
Mangan	mg/l	0,05	0,05	0,05	
Natrium	mg/l	200	200	200	
TOC		ohne anormale Veränderung	ohne auffallende Veränderung	ohne auffallende Veränderung	ohne anormale Veränderung
Oxidierbarkeit	mg/l O_2	5	5	5	5
Sulfat	mg/l	250	250	240	250
Trübung	NTU	1,0	annehmbar, ohne auffallende Veränderung	1,0	annehmbar, ohne anormale Veränderung

(Fortsetzung)

Tab. 4.5 (Fortsetzung)

Bezeichnung		TrinkwV Fassung 2020 [R17]	EG-Trinkwasserrichtlinie 1998 [R2] in Verbindung mit Änderung von 2015 [R20]	TrinkwV Fassung 2001 [R16]	EG-Trinkwasserrichtlinie 2020 [R21]
pH-Wert		≥ 6,5 und ≤ 9,5			
Anmerkungen pH-Wert		Wasserwerksausgang 5 mg/l Calcitlösekapazität, bei Mischung im Verteilnetz 10 mg/l Calcitlösekapazität	kein Grenzwert, Schwankungen erlaubt, Wasser sollte nicht korrosiv sein	Wasserwerksausgang 5 mg/l Calcitlösekapazität, bei Mischung im Verteilnetz 10 mg/l Calcitlösekapazität	Wasser sollte nicht aggressiv sein
Parameterwerte für Radon-222, Tritium und Richtdosis					
Radon-222	Bq/l	100	Keine Anforderung		Keine Anforderung
Tritium	Bq/l	100	100	100	
Richtdosis	mSv/a	0,1	0,1	0,1	

Für pH_C und pH_A sind Rechenverfahren in DIN 38404-10 angegeben. Mit der Hilfsgröße Sättigungsindex S_I kann die Calcitlösungs- bzw. abscheidekapazität D_C eines Wassers beschrieben werden. Der Sättigungsindex ist der Logarithmus des Quotienten aus dem Produkt der Calcium- und der Carbonationenaktivitäten und dem Löslichkeitsprodukt von Calcit unter den herrschenden thermodynamischen Gegebenheiten. Die Calcitlösungs- bzw. abscheidekapazität D_C ist definiert als die Stoffmenge Calcit (Calciumcarbonat), die ein Wasser lösen kann.

$$S_I = \left(\frac{a\left(Ca^{2+}\right) \cdot a\left(CO_3^{2-}\right)}{K_C} \right) \qquad (4.9)$$

a =   Aktivität von Calzium- bzw. Carbonationen, K_C = Gleichgewichtskonstante für Calcit

$S_I < 0$:   Das Wasser ist calcitlösend

$S_I = 0$:   Das Wasser ist im Zustand der Calcitsättigung

$S_I > 0$:   Das Wasser ist calcitabscheidend

Bezogen auf die Bewertungstemperatur t_b (Aussagetemperatur des Verfahrens, in der Regel die Temperatur bei Probenahme) besteht im Zustand der Calcitsättigung folgender Zusammenhang:

$$pH = pH_A = pH_C \; und \, S_I = 0 \; sowie \, D_C = 0 \qquad (4.10)$$

Die Zusammenhänge sind in Abb. 4.2 zusammengestellt. Für die Bestimmung ist eine Schwankungsbreite von 0,05 pH-Einheiten zulässig.

Ein calcitlösendes Wasser erhöht signifikant das Risiko der Korrosion metallischer Werkstoffe. Calcitabscheidendes Wasser führt wiederum zur Kalkausfällung in Rohrleitungen und Apparaten. Der Zustand der Calcitsättigung ist deshalb besonders wichtig bei Trinkwasser einzuhalten. Aus diesem Grund fordert die Trinkwasserverordnung [R17] für den Wasserwerksausgang eine berechnete Calcitlösekapazität von höchstens 5 mg/l. pH-Werte $\geq 7{,}7$ gilt diese Forderung als erfüllt, da dann die Calcitlösekapazität immer unterhalb von 5 mg/l liegt. Im Fall der Mischung von Wässern aus mehreren Wasserwerken darf die Calcitlösekapazität hinter der Stelle der Vermischung im Verteilungsnetz den Wert von 10 mg/l nicht überschreiten.

Gemäß Trinkwasserverordnung [R17] ist die Calcitlösekapazität nach dem rechnerischen Verfahren in DIN 38404-10 durchzuführen. Eine Ermittlung der Calcitlösekapazit durch einen Löseversuchs z. B. mittels Marmorversuchs wie früher üblich, ist nicht mehr zulässig.

Unter Pufferungskapazität versteht man die auf das Wasservolumen bezogene Menge von Säure- oder Baseäquivalent, die erforderlich ist, um einen pH-Wert von pH 4,3 bzw. pH 8,2 zu erreichen. Die Angabe erfolgt in mmol/l oder mol/m³. Zur Bestimmung der

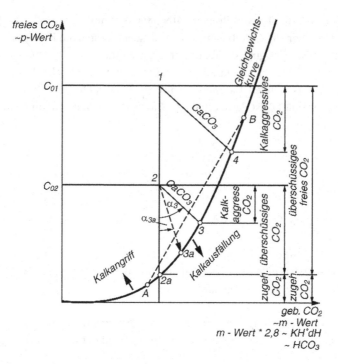

Abb. 4.1 Gleichgewichtskurve nach Tillmanns (verändert nach [Spindler in 26])

Säurekapazität wird Salzsäure der Konzentration 0,1 mol/l titriert, nachdem die Probe mit wenigen Tropfen Cooper-Indikator versetzt wurde. Der Farbumschlag von stahlblau nach sonnengelb tritt beim Erreichen des pH-Werts von 4,3 ein. Häufig wird auch als Indikator Methylorange genutzt, das den gleichen Umschlag bei einem pH-Wert von 4,3 hat. Diese Bestimmung der Säurekapazität wird deshalb abgeleitet vom Indikator Methylorange auch als m-Wert bezeichnet.

Zur Bestimmung der gesamten freien Kohlensäure wird bis zu einem pH-Wert von 8,2 titriert. Hierzu wird der Indikator Phenophthalein (Farbumschlag von farblos nach rosa) genutzt. Bei einem pH-Wert von 8,2 liegt die vorher freie Kohlensäure vollständig als Hydrogencarbonat HCO_3^- vor. Der Wert der Bestimmung der gesamten freien Kohlensäure wird deshalb – abgeleitet vom Indikator Phenophthalein – als p-Wert bezeichnet. Der negative p-Wert gibt somit den Gehalt an freier Kohlensäure in mmol/l an.

Liegt der Wert des Wassers über pH 8,2 bzw. pH 4,3, wird die Pufferungskapazität z. B. als Säurekapazität bis pH 4,3 = $K_{S4,3}$ bezeichnet.

Liegt der pH-Wert unter pH 8,2 bzw. pH 4,3, so spricht man von der Basekapazität, z. B. Basekapazität bis pH 8,2 = $K_{B8,2}$.

Wird der pH-Wert von Wasser nur durch Kohlensäure und deren Anionen gepuffert, so gelten folgende Definitionen für den m- und p-Wert:

$$m = c\left(HCO_3^-\right) + 2c\left(CO_3^{2-}\right) + c\left(OH^-\right) - c\left(H^+\right) \qquad (4.11)$$

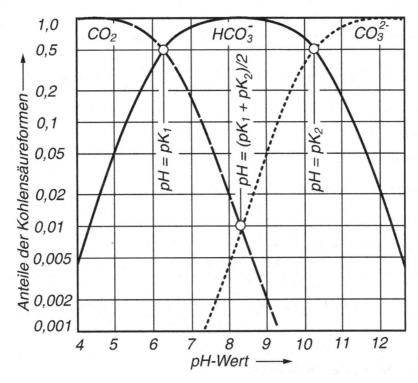

Abb. 4.2 Anteile der „Kohlensäureformen" CO_2, HCO_3^- und CO_3^{2-} in Abhängigkeit vom pH-Wert

$$p = c\left(CO_2\right) + c\left(CO_3^{2-}\right) + c\left(OH^-\right) - c\left(H^+\right) \tag{4.12}$$

Näherungsweise gelten für Wasser und pH-Werte von pH 4,3 bis pH 8,2 folgende vereinfachte Beziehungen [23]:

$$K_{S4,3} \approx HCO_3^- \approx m \, \text{in mol/m}^3 = \text{mmol/l} \tag{4.13}$$

$$K_{B8,2} \approx CO_2 \approx -p \, \text{in mol/m}^3 = \text{mmol/l} \tag{4.14}$$

Damit kann man über den K_S-Wert näherungsweise die Konzentration an Hydrogencarbonaten und den K_B-Wert die freie Kohlensäure (Kohlenstoffdioxid) bestimmen.

Beispiel 4.4

Gesucht:

Massenkonzentration des Hydrogencarbonats

Gegeben:

Als Analysenwerte liegen vor:

Säurekapazität bis pH4,3: $K_{S4,3}$ = 1,960 mmol/l

Hydrogencarbonationenkonzentration c(HCO_3^-) = 1,960 mmol/l

$$\beta\left(HCO_3^-\right) = K_{S4,3} \cdot M = 1,960 \frac{mmol}{l} \cdot 61 \frac{mg}{mmol} = 119,6 mg/l \quad \blacktriangleleft$$

Beispiel 4.5

Gesucht:

Massenkonzentration des Kohlenstoffdioxids

Gegeben:

Als Analysenwerte liegen vor:
$K_{B8,2}$ = 1,370 mmol/l $\approx$ c(CO_2) = 1,370 mmol/l

$$\beta\left(CO_2\right) = K_{B8,2} \cdot M = 1,370 \frac{mmol}{l} \cdot 44 \frac{mg}{mmol} = 60,3 mg/l \quad \blacktriangleleft$$

4.2.3 Die „Härte" des Wassers

Der Begriff „Härte" ist kein Fachausdruck. Er wird aber z. B. noch im Wasch- und Reinigungsmittelgesetz [R5] und sehr häufig in der Fachliteratur verwendet. Heute wird die „Härte" als Summe der Erdalkalien angegeben. Sie bezieht sich meist nur auf Calcium und Magnesium, da die Barium- und Strontiumsalze in der Trinkwasseranalytik keine Rolle spielen. Calcium und Magnesium verbinden sich mit der Kohlensäure zu Hydrogen-carbonat (HCO_3^--Ionen) und Carbonat (CO_3^{2-}-Ionen). Tab. 4.6 zeigt Härtebereiche des Trinkwassers nach Wasch- und Reinigungsmittelgesetz.

Für die Be- und Umrechnung von alten Bezeichnungen sind folgende Angaben hilfreich:

$$1 \text{Grad deutscher Härte} \left(°dH\right) = 10 \, mg/l \, CaO \text{ bzw. } 7,19 \, mg/l \, MgO$$

$$1°dH\left(GH\right) = 0,179 \, mmol/l \, \text{Summe Erdalkalien}$$

Tab. 4.6 Härtetabelle für Trinkwasser (nach [R5])

Härtebereich	c($CaCO_3$) mmol/l
Weich	< 1,5
Mittel	1,5 bis 2,5
Hart	> 2,5

$$1,0\,mmol/l\,Summe\,Erdalkalien = 5,61°dH\,(GH)$$

Die alte Angabe als Stoffmenge in Äquivalent (Einheit val) in mval/l ergibt:

$$1°dH = 0,357\,mval/l\,bzw.\,1,0\,mval/l = 2,8°dH.$$

$$1,0\,mg/l\,Ca = 0,025\,mmol/l = 0,14°dH$$

$$1,0\,mg/l\,Mg = 0,041\,mmol/l = 0,23°dH$$

4.2.4 Chemische und physikalische Parameter (Auswahl)

Die nachfolgenden Parameter spielen bei der Aufbereitung und im Rohrnetz eine wesentliche Rolle.

Ammonium/Ammoniak (NH_4^+/NH_3) ist in der Regel ein Alarmzeichen, wenn es nicht geologisch bedingt im Wasser anzutreffen ist. Diese Verbindungen deuten auf eine Abwasser-, Gülle- oder Dünger-Verunreinigung hin. Der Anteil an Ammonium/Ammoniak ist pH-Wert- und temperaturabhängig. Je Gramm Stickstoff werden bei der Oxidation 4,6 g Sauerstoff benötigt.

Im Zuge der Nitrifikation wird über *Nitrit* (NO_2^-) *Nitrat* (NO_3^-) gebildet. Beide Parameter sind aufgrund der Gefahr für Kleinkinder Blausucht (Zyanose) zu bekommen und wegen des Verdachts der Entstehung kanzerogener Verbindungen begrenzt. Die Summe aus Nitratkonzentration in mg/l geteilt durch 50 und Nitritkonzentration in mg/l geteilt durch 3 darf nicht höher als 1 mg/l sein. Am Ausgang des Wasserwerks darf der Wert von 0,1 mg/l Nitrit nicht überschritten werden. [R17]. In vielen Wasserwerken ist im Rohwasser ein steigender Nitratgehalt festzustellen. Mit Hilfe der Denitrifikation kann Nitrat in elementaren Stickstoff (N_2) umgewandelt werden.

$$1\,mmol/m^3\,NH_4 = 0,018\,mg/l$$

$$1\,mol/m^3\,NO_3 = 62\,mg/l$$

Arsen befindet sich vielfach geogen im Rohwasser. Seit dem 01.01.1996 [R15] gilt ein Grenzwert von 0,01 mg/l.

Calcium (Ca^{2+}) und *Magnesium* (Mg^{2+}) sind die wesentlichen Härtebildner des Wassers. Sie sind praktisch in allen Wässern vorhanden.

$$1\,mol/m^3\,Ca = 40\,mg/l$$

$$1\,mol/m^3\,Mg = 24,3\,mg/l$$

Chlor (Cl_2) und Chlorverbindungen werden zur Desinfektion dem Wasser in der Aufbereitung zugegeben (siehe Kap. 5).

Chloride(Cl^-) kommen in natürlichen Wässern insbesondere als Kochsalz (NaCl) vor. Die Geschmacksgrenze für NaCl liegt bei etwa 400 mg/l.

Eisen (Fe) kommt in Abhängigkeit vom pH-Wert und der Elektronenaktivität in Ionenform (Fe_2^+ und Fe_3^+) oder fester Phase $Fe(OH)_3$, $Fe(OH)_2$ oder $FeCO_3$ vor. In sauerstofffreien Wässern liegt es häufig als Eisen(II)-Ion vor. Unter Sauerstoffzufuhr bilden sich dann rostfarbene Flocken im Wasser. In Anwesenheit von Huminstoffen wiederum bilden sich schwer entfernbare komplexe Verbindungen. Die Eisenentfernung zählt zu den Hauptaufgaben der Aufbereitung (siehe Abschn. 5.2.4).

Mangan ($Mn(OH)_4$ oder MnO_2) tritt häufig gemeinsam mit Eisen auf. Durch Oxidation entstehen aus Mangan(II)-Ionen tiefschwarz-tintige Manganflocken. Mangan und Eisen sind nicht toxisch, können aber im Rohrnetz zu Inkrustation und Verkeimung führen.

Organische Stoffe im Wasser werden als Summenparameter angegeben. Der DOC (Dissolved organic carbon) gibt den gelösten organischen Kohlenstoff in g/m^3 an, während der TOC (Total organic carbon) den gesamten organischen Kohlenstoff angibt. Der TOC ist für die Beurteilung der Einsetzbarkeit von Kupfer in Trinkwasserinstallationen entscheidend.

Die *Oxidierbarkeit* in mg O_2/l wird aus dem Kaliumpermanganatverbrauch ($KMnO_4$) berechnet. Sie ist wie der TOC ein Maß für die organische Belastung eines Wassers. Für Trinkwasseranalysen wird nur einer der beiden Parameter bestimmt und angegeben.

$$1\,mg/l\,KMnO_4\,ergibt\,0,25\,mg/l\,O_2$$

Sulfat (SO_4^{2-}) verleiht dem Wasser einen bitteren Geschmack und kann bei hohen Konzentrationen zu Darmstörungen führen. Sulfathaltige Wässer greifen Beton- und Stahlteile an.

Phosphat (PO_4^{3-}) wird häufig zur Verbesserung der Korrosionsbekämpfung und zur Verhinderung von Kalkabscheidungen eingesetzt (Inhibitor).

Organische Verbindungen (z. B. Pflanzenschutzmittel und Biozidprodukte) haben nach der aktuellen TrinkwV einen Grenzwert von 0,0001 mg/l für jeden Einzelstoff und von 0,0005 mg/l für die Summe der Einzelstoffe. Jährlich werden in Deutschland ca. 40.000 t Pflanzenschutzmittel verkauft und es sind ca. 250 zugelassene Wirkstoffe im Handel [13]. Diese Wirkstoffe werden zunehmend im Rohwasser gefunden, eine Entfernung ist sehr aufwändig.

PAK (polyzyklisch aromatische Kohlenwasserstoffe, sie entstehen unter anderem bei Verbrennungsvorgängen) und *CKW* (organische Chlorverbindungen, sie werden in der Industrie zur Reinigung und Entfettung eingesetzt) finden sich zunehmend im Rohwasser. Sie sind zu einem Großteil krebsverdächtig (kanzerogen) und haben daher sehr geringe Grenzwerte.

Huminstoffe bilden häufig mit Eisen Komplexverbindungen, die sehr schwer zu entfernen sind.

Der Parameter *AOX* wird als Summenparameter für adsorbierbare organische Halogenverbindungen angesehen, die mit Aktivkohle entfernt werden können.

Schwermetalle können sich über die biologische Kette anreichern (siehe Abschn. 1.2.2). Es müssen daher sehr geringe Grenzwerte bzw. Richtwerte festgelegt werden. Das vom Versorgungsunternehmen gelieferte Wasser kommt vielfach erst in der Hausinstallation mit den Metallen Blei, Kupfer und Nickel in Verbindung. In Abhängigkeit vom pH-Wert kann es innerhalb weniger Stunden Stagnationszeit zur Überschreitung der zulässigen Werte kommen. Besonders die Verwendung von solchem Stagnationswasser zur Herstellung von Säuglingsnahrung ist gefährlich. Grundlage für die Einhaltung der Grenzwerte für Blei, Kupfer und Nickel sind jeweils für die durchschnittliche wöchentliche Trinkwasseraufnahme durch Verbraucher repräsentative Proben. Bei pH-Werten des Trinkwassers von größer oder gleich 7,8 kann auf eine Untersuchung für den Parameter Kupfer im Rahmen der Überwachung nach § 19 TrinkwV in der Regel verzichtet werden.

Unter den physikalischen Parametern spielt die *Leitfähigkeit* eine wesentliche Rolle, sie ist ein Maßstab für den Salzgehalt.

Nach dem Reaktorunfall von Tschernobyl in der ehemaligen Sowjetunion und Fukushima in Japan hat die Frage nach der Radioaktivität weiter an Bedeutung gewonnen. In der EU-Trinkwasserrichtlinie und daraus übernommen schon in der TrinkwV von 2001 ist der Grenzwert für Tritium auf 100 Bq/l und die Gesamtrichtdosis auf 0,10 mSv/a festgelegt. In der aktuellen TrinkwV von 2020 [R17] ist zusätzlich ein Grenzwert für Radon-222 von 100 Bq/l aufgenommen worden.

Die Trinkwassertemperatur ist ebenfalls ein physikalischer Parameter. Gemäß aktueller Version der Trinkwasserverordnung [99] ist kein Wert für die Trinkwassertemperatur vorgegeben. In der Version der Trinkwasserverordnung von 1990, die bis 2001 gültig war, gab es einen Grenzwert für die Trinkwassertemperatur von 25 °C. Seit 2001 wurde die Messung der Temperatur deshalb eher als mitzumessender Parameter beispielsweise für die exakte Bestimmung anderer physikalischer Parameter angesehen. Jedoch erlangt die Trinkwassertemperatur durch neue Erkenntnisse zur Vermehrung von Legionellen auch im kalten Trinkwasser zunehmend erneute Bedeutung [29]. Aus diesem Grund ist die möglichst kühle Bereitstellung des Trinkwassers am Hausanschluss für die Trinkwasserversorger eine wiederkehrende Herausforderung, besonders in den Sommermonaten. Die Vorgabe der Regelwerke (z. B. DIN 1988-200, VDI 6023 [107]), Kaltwassertemperaturen im Gebäude von maximal 25 °C nicht zu überschreiten, ist ansonsten vom Gebäudebetreiber nicht oder nur mit hohem technischem Aufwand umsetzbar.

4.2.5 Mikrobiologische Parameter

Oberflächenwässer, aber auch Grundwässer können pathogene Mikroorganismen enthalten, die typische auf dem Wasserpfad übertragbare Krankheiten hervorrufen können. Die mikrobiologische Wasseruntersuchung nimmt daher eine zentrale Stelle im Verordnungswerk ein. In der neuen Trinkwasserverordnung § 5 Abs. 1 [R17] ist festgelegt:

„Im Trinkwasser dürfen Krankheitserreger im Sinne des § 2 Nr.1 Infektionsschutz-gesetz, die durch Wasser übertragen werden können, nicht, in Konzentrationen enthalten sein, die eine Schädigung der menschlichen Gesundheit besorgen lassen."

Escherichia Coli (= E.coli) dient als typischer Indikatorvertreter der normalen Darm-bakterien von Menschen und Tieren. Coliforme Bakterien sind eine Bakteriengruppe, zu der auch die Gattung Escherichia gehört, die nicht nur fäkalen Ursprungs sein müssen. Enterokokken sind resistenter gegen chemische Desinfektion als Coli-Bakterien. Es sind 25 verschiedene Arten von Enterokokken bekannt. Davon sind einige notwendiger Be-standteil der Darmflora, andere finden Anwendung zum Beispiel bei der Käseherstellung. Wiederum andere Arten gelten als Krankheitserreger und können bei immungeschwächten Personen Infektionen auslösen. Die Untersuchungsarten für die mikrobiologischen Para-meter sind in der Anlage 5 der Trinkwasserverordnung festgelegt.

In erwärmtem Trinkwasser, etwa zwischen 30 °C und 45 °C, kann es zur verstärkten Vermehrung der stabförmigen Legionellenbakterien kommen (Legionärskrankheit). Einzelheiten sind DVGW W 551 zu entnehmen.

4.2.6 Untersuchungsumfang und Hinweise zur Probenahme bei Wasseranalysen

Die Wasseruntersuchung erstreckt sich primär zunächst auf das abzugebende Trinkwasser.

In § 14 der Trinkwasserverordnung in Verbindung mit Anlage 4 ist der Umfang und die Häufigkeit der Untersuchungen nach der Abgabemenge gestaffelt festgelegt. Nach den Landeswassergesetzen (siehe Kap. 9) kann die Untersuchung auch auf das Rohwasser aus-gedehnt werden. In Niedersachsen sind die öffentlichen Wasserversorgungsunternehmen nach dem Niedersächsischen Wassergesetz von 2010 [R14] verpflichtet, die Beschaffen-heit des zur Trinkwasserversorgung gewonnenen Rohwassers durch eine von der Wasser-behörde zugelassene Stelle untersuchen zu lassen.

Neben dieser Verpflichtung ist eine Rohwasseranalyse auch zur Steuerung und zur Überprüfung der Wirksamkeit der Aufbereitungsanlage angebracht. Im DVGW Arbeits-blatt W 254 sind die Grundsätze für Rohwasseruntersuchungen zusammengefasst. Eine Rohwasseranalyse umfasst eine Vielzahl von zu analysierenden Parametern (physikalisch-chemisch, chemisch, biologisch, mikrobiologisch und radioaktiven Kenngrößen). Eine Auswahl von Basisparametern und deren Analysemethode ist in Tab. 4.7 dargestellt. Die Probenahme und Analyse dürfen nur durch Fachpersonal erfolgen. Die Auswahl der Probenahmestellen, das Probenvolumen, die Probenahmegefäße, die Vorortanalysen unter anderem erfordern für die heutige Spurenanalytik einen Wasserchemiker und einen Mikro-biologen. Weitere Hinweise zur Probenahme von Rohwasser und Trinkwasser finden sich in den Deutschen Einheitsverfahren zur Wasser-, Abwasser- und Schlamm-Untersuchung DEV [16] bzw. in DIN ISO 5667-5.

Tab. 4.7 Basisparameter für Rohwasseruntersuchungen nach DVGW W 254 (Auswahl) und zugehörige Analyseverfahren

Untersuchung von		Verfahren nach Norm bzw. [16]
Trübung	NTU	EN ISO 7027-1 C21
Geruch		DEV B1/2
Färbung, Spektraler Absorptionskoeffizient bei 436 nm	m^{-1}	DIN EN ISO 7887 C1
Temperatur	°C	DIN 38404-4 C4
Elektrische Leitfähigkeit (bei 25 °C)	mS/m	DIN EN 27888 C8
pH-Wert		DIN EN ISO 10523 C5
Säurekapazität $k_{S4,3}$	mmol/l	DIN 38409 H7
Härte	mmol/l	DIN 38409 H6
Calcium (Ca)	mg/l	DIN EN ISO 11885 E22
Magnesium (Mg)	mg/l	DIN EN ISO 11885 E22
Natrium (Na)	mg/l	DIN EN ISO 11885 E22
Kalium (K)	mg/l	DIN EN ISO 11885 E22
Ammonium (NH_4)	mg/l	DIN 38406 E5
Eisen (Fe)	mg/l	DIN EN ISO 11885 E22
Mangan (Mn)	mg/l	DIN EN ISO 11885 E22
Chlorid (Cl)	mg/l	DIN EN ISO 10304-1 D20
Nitrat (NO_3)	mg/l	DIN EN ISO 10304-1 D20
Nitrit (NO_2)	mg/l	DIN EN 26777 D10
Sulfat (SO_4)	mg/l	DIN EN ISO 10304-1 D20
Gelöster organischer Kohlenstoff (DOC) und Gesamtkohlenstoff (TOC)	mg/l	DIN EN 1484 H3
Spektraler Absorptionskoeffizient bei 254 nm	m^{-1}	DIN 38404-3 C3
Koloniezahl bei 22 °C	pro ml	DIN EN ISO 6222 K5
Coliforme Bakterien	pro 100 ml	DIN EN ISO 9308-1 K 6-1 und DIN EN ISO 9308-2 K 12
Escherichia coli	pro 100 ml	

4.3 Grundlagen der Kohlenstoffdioxid-, Eisen- und Manganentfernung

4.3.1 Allgemeine Grundlagen

Das Lösungsvermögen eines Stoffes hängt von der Löslichkeit und der vorhandenen Stoffkonzentration im jeweiligen Lösungsmedium (Luft oder Wasser) und der Temperatur ab.

Beim Gasaustausch spricht man entweder von Entgasung (Desorption), wenn die Gase aus der wässrigen Lösung (z. B. gelöstes CO_2) in die gasförmige Luftphase übergeht oder von Begasung (Absorption), wenn Gase in der wässrigen Lösung absorbiert werden (z. B. Luftsauerstoffeintrag in das Wasser).

Die grundlegende Formel für den Gasaustausch wird durch das Gesetz von Henry-Dalton gegeben.

$$c(A) = K_H \cdot p(A) \tag{4.15}$$

c(A)   Konzentration des Gases (A) in Wasser in mol/m^3
K_H Henry-Konstante
p(A)   Partialdruck des Gases (A) in der Gasphase in bar

Häufig wird auch mit dem Absorptionskoeffizienten α gearbeitet, einer von der Temperatur und dem Gasdruck abhängigen Konstanten. Das modifizierte Gesetz lautet dann:

$$C_w = \alpha \cdot C_g$$

C_w Sättigungskonzentration des gelösten Gases im Wasser bei 1 bar = 0,1 MPa
      Atmosphärendruck ($\approx$ Normaldruck auf Meereshöhe)
C_g Konzentration des gleichen Gases in der umgebenden Gasphase

Die Löslichkeit wird durch den jeweiligen maximal möglichen Sättigungswert begrenzt, der vom Druck, dem Absorptionskoeffizienten und der Temperatur abhängt. Unter Normalbedingungen beträgt die CO_2-Konzentration in der Luft 0,6 mg/l. Das im Wasser befindliche CO_2 muss mit der Luft in Kontakt gebracht werden. Die Reaktionskinetik entspricht einer Reaktion 1. Ordnung. Für die Reaktionsgeschwindigkeit gilt die nachfolgende mathematische Beziehung:

$$\frac{dC}{dt} = k \cdot (C_t - C_e) \,\text{oder}\, \frac{dC}{C_t - C_e} = dt \cdot k \tag{4.16}$$

Durch Integration ergibt sich

$$C_t = C_0 \cdot e^{-k \cdot t} \tag{4.17}$$

Ausgehend von der Konzentration C_0 stellt sich nach der Zeit t die Konzentration C_t ein. Das Minuszeichen steht für die Abnahme, und der Wert k ist die Geschwindigkeitskonstante des Stoffaustrages. Aus Abb. 4.3 wird deutlich, dass mit zunehmender Zeit nur eine Grenzkonzentration erreicht werden kann. Mit wirtschaftlich vertretbaren Mitteln kann daher eine Reduktion bis 2,5 mg/l CO_2 erreicht werden. Der theoretische Wert liegt bei ca. 0,5 mg/l.

Nach den gleichen Grundsätzen wie der Gasaustrag (Abb. 4.3) vollzieht sich auch der Sauerstoffeintrag. Es ergibt sich eine Sättigungskonzentration C_s, die vom Druck und der Temperatur abhängig ist.

Die mathematische Funktion für Abb. 4.4 lautet:

$$C_t = C_s - (C_s - C_0) \cdot e^{-k \cdot t} \tag{4.18}$$

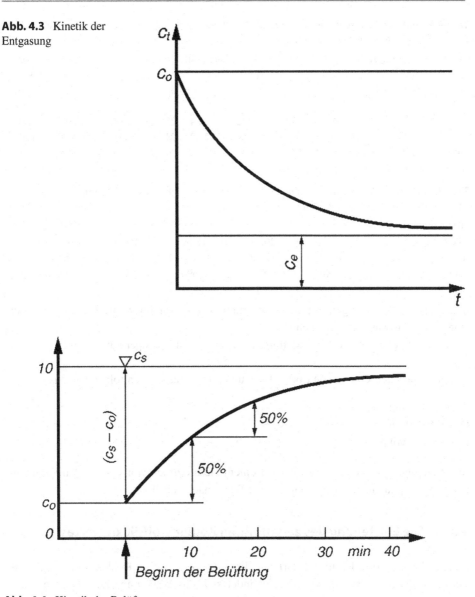

Abb. 4.3 Kinetik der Entgasung

Abb. 4.4 Kinetik der Belüftung

Für die Lösungsgeschwindigkeit sind die Phasengrenzfläche und der hier vorhandene Konzentrationsgradient wichtig. Die CO_2-Entfernung erfolgt durch Diffusion der CO_2-Moleküle an der Grenzfläche Gas/Wasser. Da die Diffusionsgeschwindigkeit von CO_2 im Wasser sehr gering ist, müssen möglichst dünne Wasserfilme (große spezifische Oberfläche) mit möglichst viel Luft in Berührung gebracht werden, z. B. durch Verdüsung oder spezielle Desorptionskolonnen (siehe Kap. 5). Da der Sättigungswert C_w sowohl in der Begasung wie in der Entgasung erst nach einer bestimmten Zeit erreicht wird (Abb. 4.3

Tab. 4.8 Sättigungskonzentration C_w in g/m^3 = mg/l gelöster Gase in Wasser bei unterschiedlichen Drücken und Temperaturen [38], [39]

	Luftsauerstoff mg/l				reiner Sauerstoff mg/l				Chlor mg/l	Ozon mg/l
bar	1	2	4	6	1	2	4	6	1	1
t in °C										
0	14,64	29,28	58,56	87,84	69,82	139,64	279,28	418,92	14600	1360
10	11,24	22,50	45,00	67,50	53,66	107,32	214,64	321,96	9700	1100
20	9,08	18,16	36,32	54,48	43,31	86,62	173,24	259,86	7000	7700

Tab. 4.9 Löslichkeit der Luftbestandteile in g/m^3 in Abhängigkeit von der Temperatur, berechnet nach Angaben von *Zitzmann* in [26]

Temperatur in °C	0	5	10	15	20
N_2	22,88	20,75	18,09	16,37	15,10
O_2	14,46	12,68	11,24	10,10	9,18
CO_2	1,00	0,83	0,69	0,59	0,51

und 4.4), ist im jeweiligen Einzelfall zu prüfen, ob die Endkonzentration mit technisch sinnvollem Aufwand zu erreichen ist.

Die Löslichkeit in g/m^3 bei bestimmten Drücken und Temperaturen zeigen Tab. 4.8 und 4.9.

Die Zusammensetzung von Luft besteht unter anderem aus den folgenden Gasen:

$N_2 \approx 78,08$ Volumen-%
$O_2 \approx 20,95$ Volumen-%
$CO_2 \approx 0,04$ Volumen-%

In Abhängigkeit von der Temperatur bei einem Gesamtdruck von 1 bar (0,1 mPa; natürlicher Atmosphärendruck) ergeben sich die Werte nach Tab. 4.9.

4.3.2 Die Einstellung des zugehörigen Kohlenstoffdioxidwertes

Entsprechend Abb. 4.1 und 4.2 darf nur die zugehörige freie „Kohlensäure" (CO_2) im Wasser verbleiben. Bei diesem Wert befindet sich das Wasser in erster Näherung bei Δ-pH-Wert bzw. Sättigungsindex $S_I = 0$, d. h. das Wasser weist den pHc-Wert auf; dem pH-Wert bei Calcitsättigung. Die Einstellung dieses Wertes kann durch mechanische oder chemische Entsäuerung erfolgen (siehe Abschn. 5.2.6).

Für die Grundlagen der Entsäuerungstechnologie sind folgende Hinweise wichtig:

Mechanische Entsäuerung
Während des Ausgasens von CO_2 bleiben Ca^{2+} und HCO_3^- bis zu einem pH-Wert von ca. 7,8 unverändert. Die mechanische Entsäuerung sollte maximal bis zu diesem pH-Wert erfolgen, weil sonst Ausfällungen möglich sind.

Im Bereich pH 5,0 bis pH 8,0 wird der pH-Wert überschlägig wie folgt berechnet [94]:

$$pH = pK_1 + log\beta\left(HCO_3^-\right) - log\beta\left(CO_2\right) - 0,04\sqrt{I_S} \qquad (4.19)$$

Da bei der mechanischen Entsäuerung ein pH-Wert von 7,8 nicht überschritten werden soll, errechnet sich die maximal anzustrebende CO_2-Grenze nach der Umstellung der Formel wie folgt:

$$log\beta\left(CO_2\right) = pK_1 - 7,8 + log\beta\left(HCO_3^-\right) - 0,04\sqrt{I_S} \qquad (4.20)$$

Hierbei ist die Ionenstärke I_S in mmol/l und die Massenkonzentration $\beta(HCO_3^-)$ in mg/l einzusetzen.

Die Werte pK_1 in Abhängigkeit von der Temperatur betragen für 5 °C = 6,72, für 10 °C = 6,67 und für 15 °C = 6,63.

Beispiel 4.6

Gesucht:

Theoretisch maximal erreichbarer CO_2-Wert bei einer mechanischen Entsäuerung?

Gegeben:

Folgende Analysenwerte liegen vor:
t = 10 °C
HCO_3^- = 30 mg/l
Ionenstärke I_S = 5 mmol/l
CO_2 = 40 mg/l

$$log\beta\left(CO_2\right) = pK_1 - 7,8 + log\beta\left(HCO_3^-\right) - 0,04\sqrt{I_S}$$

$$log\beta\left(CO_2\right) = 6,67 - 7,8 + log\,30 - 0,04\sqrt{5} = 0,26; \text{ somit } \beta(CO_2)_{zu\,entfernen} = 1,82 \text{ mg/l}$$

Der erforderliche Wirkungsgrad η beträgt in %:

$$\frac{\beta\left(CO_2\right) + \beta\left(HCO_3\right) - \beta\left(CO_2\right)_{zu\,entfernen}}{\beta\left(CO_2\right) + \beta\left(HCO_3\right)} \cdot 100 = \frac{40 - 1,82}{40} \cdot 100 \approx 95,5\,\% \qquad \blacktriangleleft$$

Ein Wirkungsgrad von 95,5 % der mechanischen Entsäuerung wird nur von Hochleistungsreaktoren erreicht. Bei der mechanischen Entsäuerung bleibt der m-Wert konstant, während der pH-Wert und der p-Wert ansteigen und die anorganische Kohlenstoffsumme fällt, da CO_2 an die Luft abgegeben wird. Mechanische Verfahren werden häufig mit chemischen Verfahren kombiniert.

Gemäß DVGW W 214-3 erfolgt eine Berechnung der physikalischen Entsäuerung zur Bewertung der Verwendbarkeit von Gasaustauschapparaten über die Bestimmung der Basekapazität im Zu- ($K_{B8,2;A}$) und Ablauf ($K_{B8,2;B}$) des Gasaustauschapparates sowie der Basekapazität des Wassers im Gleichgewicht mit Luft ($K_{B8,2;L}$). Hieraus wird ebenfalls der Wirkungsgrad η in % des Gasaustauschapparates (Gl. 4.21) bestimmt.

$$\eta = \frac{K_{B8,2;A} - K_{B8,2;B}}{K_{B8,2;A} - K_{B8,2;L}} \cdot 100 \qquad (4.21)$$

Die Berechnung von $K_{B8,2;B}$ und des pH-Werts im Ablauf des Gasaustauschapparates sind nach DIN 38404-10 (siehe auch Abschn. 4.2.2) mittels Rechenprogramm zu bestimmen. Alternativ sind in DVGW W 214-3 Tabellen für eine näherungsweise Berechnung enthalten. Dort finden sich ebenfalls ausführliche Berechnungsbeispiele für dieses Berechnungsverfahren. Weitere Grundlagen, die Bestimmung des Aufbereitungsziels, ein Rechenschema zur Konsistenzprüfung der wesentlichen Parameter sowie Hinweise zur Bestimmung der Parameter sind in DVGW W 214-1 nachlesbar.

Chemische Entsäuerung

Bei der chemischen Entsäuerung wird ein Teil der freien „Kohlensäure" chemisch gebunden. Hierdurch können HCO_3^- und/oder Ca^{2+}-Ionen gebildet werden.

Da die HCO_3^--Ionen die Karbonathärte beeinflussen, kommt es zur Erhöhung der Karbonathärte und durch die Ca^{2+}-Ionen zur Erhöhung der Gesamthärte.

Die Entsäuerung mit Basen erfolgt mit Kalkmilch ($Ca(OH)_2$) oder Kalkwasser und Natronlauge (NaOH) nach folgenden Formeln [84]:

$$Ca(OH)_2 + 2CO_2 \Leftrightarrow Ca^{2+} + 2HCO_3^- \qquad (4.22)$$

$$NaOH + CO_2 \Leftrightarrow Na^+ + HCO_3^- \qquad (4.23)$$

Durch die Zugabe von Kalkhydrat oder Natronlauge steigen der m-, p- und pH-Wert an.

Die Entsäuerung durch Filtration über basisches Filtermaterial erfolgt über Marmor oder halbgebrannte Dolomite nach den folgenden Formeln:

$$CaCO_3 + CO_2 + H_2O = Ca^{2+} + 2HCO_3^- \qquad (4.24)$$

$$CaCO_3 \cdot MgO + 3CO_2 + 2H_2O = Ca^{2+} + Mg^{2+} + 4HCO_3^- \qquad (4.25)$$

Der p- und pH-Wert steigen an. In beiden Fällen tritt eine Aufhärtung des Wassers ein.

In Tab. 4.10 sind die Aufhärtung und der Materialverbrauch bei der chemischen Entsäuerung zusammengestellt [4], [5].

Tab. 4.10 Härteerhöhung bei der Abbindung von CO_2 [4], [5]

Material	Härteerhöhung in °dH je mg abgebundenes CO_2, bezogen auf		theoretischer Materialverbrauch
	HCO_3^-	Ca^{2+}	in g/g CO_2
Kalkhydrat	0,064	0,064	0,84
Natronlauge	0,064	0	0,91
Marmor	0,128	0,128	2,28
halbgebrannter Dolomit	0,100	0,064	1,06

Da sich bei der Verwendung von Natronlauge nur der HCO_3^--Wert ändert, spricht man hier von einer scheinbaren Härteerhöhung.

In Abb. 4.1 ist die Entsäuerungsreaktion schematisch dargestellt.

Auf der y-Achse ist das freie CO_2 aufgetragen (somit der ungefähre p-Wert) und auf der x-Achse das gebundene CO_2 (somit der ungefähre m-Wert), der HCO_3-Wert oder die Carbonathärte.

Befindet sich ein Wasser mit seinem CO_2-Ausgangswert oberhalb der Gleichgewichtskurve (Punkt 1 und 2), muss die überschüssige „Kohlensäure" physikalisch oder chemisch entfernt werden. Bei der mechanischen Entsäuerung verändert sich die Härte nicht. Daher muss durch CO_2-Ausgasung versucht werden, die Gleichgewichtskurve zu erreichen (Punkt 2a). Gelingt dies nicht (Punkt 2), muss chemisch nachentsäuert werden.

Während der chemischen Entsäuerung tritt eine Veränderung der Härte ein, die eine Veränderung der Ionenstärke bewirkt. Je nach Aufhärtung verschiebt sich der Gleichgewichtspunkt um den Winkel α im Gegenuhrzeigersinn. Mit Ausnahme der Marmorfilterung (Punkt 3 und 4), wo näherungsweise mit der Formel für das Calcitgleichgewicht gerechnet werden kann, ist die Materialberechnung sehr komplex; sie wird unter Vorhandensein von Eisen- und Manganverbindungen sehr erschwert. Da aufwändige Iterationen erforderlich sind, werden hierzu EDV-Programme verwendet. Wird ein im Gleichgewicht befindliches Wasser A mit einem Gleichgewichtswasser B vermischt, so befindet sich das Mischwasser in der Regel nicht mehr auf der Gleichgewichtskurve (Abb. 4.1). In diesen Fällen müssen die Wässer durch eine Mischeinrichtung in das Gleichgewicht gebracht werden.

Für Wässer mit gleicher Pufferungskapazität entstehen kaum Probleme [27].

Durch die Mischung von Wässern mit unterschiedlichen Härtegraden können erhebliche Differenzen auftreten [47]. Diese Wässer müssen entweder zentral gemischt und erneut behandelt werden, oder es muss eine Zonentrennung erfolgen. Wenn Trinkwasser verschiedener Herkunft zur Versorgung herangezogen werden oder die Beschaffenheit eines zur Versorgung genutzten Trinkwassers starken Schwankungen unterliegt, ist DVGW W 216 heranzuziehen.

4.3.3   Grundlagen der Eisen- und Manganentfernung

Sowohl Eisen (Fe) als auch Mangan (Mn) liegen im Wasser häufig in gelöster reduzierter Form vor. Nach der Trinkwasserverordnung [R17] (siehe Tab. 4.1) dürfen maximal 0,2 mg/l an Eisen und 0,05 mg/l an Mangan in aufbereitetem Trinkwasser verbleiben. Nach DVGW W 223-1 werden für Eisen Werte von $\leq$ 0,02 mg/l und für Mangan von $\leq$ 0,01 mg/l empfohlen. Die Einhaltung der niedrigeren Werte hilft, Ablagerungen im Verteilnetz und eingefärbte Wäsche zu vermeiden.

Auch Oberflächengewässer können erhöhte Eisen- und Mangananteile aufweisen (siehe Abschn. 3.3.2).

Die gelösten reduzierten Formen müssen oxidiert werden. Bei der Oxidation gibt ein Atom Elektronen ab, gleichzeitig muss aber eine Reduktion mit Elektronenaufnahme eines anderen Atoms stattfinden. Die Gesamtreaktion wird als Redoxreaktion bezeichnet. Die verschiedenen wässerigen Lösungen stehen in aquatischen Systemen in einem Hydrolyse-(Säuren-Basen) und Redox-Gleichgewicht. Mit dem U_H-pH-Diagramm (Abb. 4.5) lassen sich sehr gut qualitativ die Zusammenhänge erläutern. Abb. 4.5 zeigt deutlich, dass der pH-Wert einen erheblichen Einfluss auf die Kinetik der Oxidation hat und darauf, ob die oxidierte Phase oder die reduzierte Phase der gelösten Stoffe stabil ist.

Für die Oxidation sind neben Sauerstoff noch Ozon, Kaliumpermanganat und Wasserstoffperoxid zugelassen. Die Oxidation des zweiwertigen Eisens zum dreiwertigen und des zweiwertigen Mangans zum vierwertigen, d. h. in die stabilen abscheidefähigen Formen, wird durch andere Oxidationsvorgänge überlagert. Der reine Sauerstoffbedarf für die vollständige Oxidation beträgt: 0,14 mg O_2/mg Fe^{2+} und 0,28 mg O_2/mg Mn^{2+}.

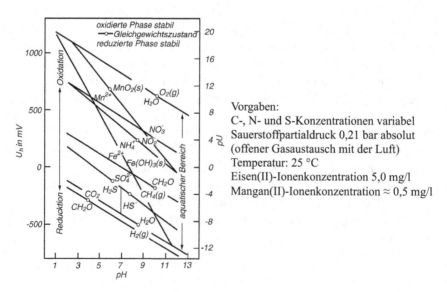

Vorgaben:
C-, N- und S-Konzentrationen variabel
Sauerstoffpartialdruck 0,21 bar absolut
(offener Gasaustausch mit der Luft)
Temperatur: 25 °C
Eisen(II)-Ionenkonzentration 5,0 mg/l
Mangan(II)-Ionenkonzentration $\approx$ 0,5 mg/l

Abb. 4.5 U_H-pH-Diagramm für Aquatische Systeme [27]

Bei einen pH-Wert von 7 laufen folgende Prozesse ab:

$U_H > -400$ mV	Oxidation von organischem C zu CO_2
$U_H > -150$ mV	Sulfidoxidation zu Sulfat
$U_H > 0$ mV	Methanoxidation
$U_H > 150$ mV	Fe(II/III)-Oxidation möglich
$U_H > 500$ mV	NH_4-, NO_2-, NO_3-Oxidation
$U_H > 650$ mV	Mn(II/IV)-Oxidation möglich

Für die Eisen- und Manganoxidation sind folgende Hinweise nötig, da die nächst-höhere Oxidationsstufe erreicht wird, wenn die tieferen Stufen aufoxidiert sind:

- Die Manganoxidation kann erst erfolgen, wenn die Fe(II)-, NH_4- und NO_2-Oxidation abgeschlossen ist.
- Die Eisenoxidation kann nur durch Schwefelwasserstoff und reduzierte organische Verbindungen gehemmt werden.

Diese Grundaussagen werden durch die biologischen Vorgänge im natürlichen Gewässer überlagert. Die Mikroorganismen können mit Hilfe von Enzymen in das Elektronenübertragungssystem eingreifen. Die biologische Aktivität eines Gewässers hängt von seinen Inhaltsstoffen ab. Vom nährstoffarmen bis hin zum nährstoffreichen Gewässer gibt es Zwischenstufen:

- oligotroph (nährstoffarm)
- mesotroph
- eutroph
- polytroph (nährstoffreich)

Daneben spielen noch die „Braunwässer" (dystroph) eine Rolle, denn sie enthalten Huminstoffe.

Nach *Groth* [in 27] sind die drei Hauptgewässergruppen A, B und C möglich, die durch folgende Parameter beschrieben werden:

- Redoxpotenzial U_H in mV
- pH-Wert
- O_2-Sättigung
- DOC in mg/l
- Fe(II) in mg/l
- Mn(II) in mg/l

Mit Hilfe der Grundparameter können Verfahrensschritte zur Eisen- und Manganentfernung entwickelt werden (siehe Kap. 5).

Die Reaktionskinetik für die direkte Eisenoxidation lässt sich nach *Just* [in 45] durch folgende Formel beschreiben:

$$-\frac{\left[dFe_2^+\right]}{dt} = K \cdot \frac{\left[Fe_2^+\right] \cdot \left[O_2\right]}{\left[H^+\right]^2} \tag{4.26}$$

Die Wasserstoffionenkonzentration geht somit als Reaktion 2. Ordnung ein, d. h. die Anhebung des pH-Wertes um eine Einheit bringt eine 100-fache Geschwindigkeitssteigerung. Ähnliches gilt auch für die Manganoxidation. Dies zeigt deutlich die starke Abhängigkeit der Reaktionen vom pH-Wert.

Die katalytische Oxidation ist von großer Bedeutung, insbesondere für die Manganoxidation. Durch die unvollständige Oxidation erhält der Filterkörper Halbleitereigenschaften.

Vielfach wird angenommen, dass durch molekular gelösten Sauerstoff eine Verbesserung der Manganoxidation zu erreichen ist. Für U_H-Werte ≥ 700 mV und Dosierung von Kaliumpermanganat ($KMnO_4$) lautet die Reaktionsgleichung:

$$3Mn^{2+} + 2MnO_4^- + 2H_2O \rightarrow 5MnO_2 + 4H^+ \tag{4.27}$$

Das Mangandioxid kann abgefiltert werden. $KMnO_4$ wird überstöchiometrisch zugegeben.

Besondere Bedeutung hat auch die biologische Eisen- und Manganentfernung. Im Wasser enthaltene Mikroorganismen können bei der Enteisenung und Entmanganung unterstützend eingesetzt werden. Durch einen gezielten Einsatz können wesentlich höhere Filtergeschwindigkeiten erreicht werden [14] [35]. Für den gezielten Einsatz von Mikroorganismen ist jedoch viel Erfahrung erforderlich. Die Mikroorganismen können Eisen und Mangan in ihren Stoffwechsel oxidieren oder an der Zelloberfläche adsorbieren (z. B. Gallionella, Pseudomonas manganoxidans, Chlamydobakterien).

Die umfangreichen chemischen und mikrobiologischen Grundlagen der Enteisenung und Entmanganung sind im DVGW Arbeitsblatt W 223-1 aufgeführt. Für komplexe Wässer sind Aufbereitungsversuche im halbtechnischen Maßstab unabdingbar. Für Planung und Bemessung der Anlagen siehe Abschn. 5.2.4.

4.4   Korrosion

In der Wasserversorgung sowohl im öffentlichen Bereich als auch in den Hausinstallationen werden die unterschiedlichsten Werkstoffe eingesetzt. Vor allem beim Einsatz von metallischen Werkstoffen kann es zu Korrosionserscheinungen kommen. Unter Korrosion im Bereich von Wasserversorgungssystemen versteht man die Reaktion der eingesetzten Werkstoffe sowohl mit ihrer äußeren Umgebung als auch mit dem transportierten Medium und die damit erkennbare Änderung dieser Werkstoffe.

Als Folgen von Korrosion können festgestellt werden:

- Zerstörung von Rohrmaterialien, Filterrohren, Maschinenteilen usw.
- Inkrustation von Rohrrinnenwandungen
- Abschwemmung von Korrosionsprodukten (z. B. „Rostwasser")

Weiterhin wird unterschieden zwischen Innenkorrosion (z. B. in den Wasserleitungen), Außenkorrosion (z. B. Korrosionsvorgänge, bei welchen Grundwasser und Boden auf die Rohrleitung wirken) sowie passiven Schutzmaßnahmen durch Bildung von künstlichen Schutzschichten (z. B. Auskleidung mit Zementmörtel) und aktiven Schutzmaßnahmen durch Einstellung einer Wasserqualität, in deren Folge sich durch die Korrosionsvorgänge selbst eine Schutzschicht an der Rohrwandung ausbildet. Hierfür wurde früher der Begriff „Kalk-Rostschutzschicht" verwendet.

Bei Metallen bedeutet dies, dass in einem anodischen Teilvorgang Elektronen abgegeben werden, wenn die Metalle oxidiert werden und dann in einem energieärmeren Zustand übergehen. Hier entsteht ein Metallion (Me^+) nach der folgenden Gleichung:

$$Me \Rightarrow Me^+ + e^-$$ (4.28)

Eisen reagiert somit primär nach der folgenden Gleichung:

$$Fe \Rightarrow Fe^{2+} + 2e^-$$ (4.29)

Mit den in Wasser gelösten Ionen können Sekundärreaktionen auftreten:

$$Ca^{++} + HCO_3^- + OH^- \Rightarrow CaCO_3 \downarrow + H_2O$$ (4.30)

$$Fe^{++} - e^- \Rightarrow Fe^{+++} \left(\text{weitergehende Oxidation}\right)$$ (4.31)

$$Fe^{+++} + 3H_2O \Rightarrow Fe(OH)_3 \downarrow + 3H^+ \left(\text{keine Schutzschichtbildung}\right)$$ (4.32)

Die Reaktion nach Gl. (4.30) führt unter Umständen zu einer dichten, schützenden Schicht von Calciumcarbonat. Dagegen ergibt sich nach Gl. (4.32) bei Abwesenheit von Hydrogencarbonat lockeres, nicht haftendes Eisenhydroxid (Rost). Welche dieser beiden und der zahlreichen anderen möglichen Reaktionen ablaufen hängt von dem pH-Wert, der Temperatur, den Ionenkonzentrationen und der Konzentration an gelöstem Sauerstoff ab [38].

Die Oxidation ist immer mit einem Reduktionsvorgang verbunden. Die bei der Redoxreaktion frei werden Elektronen wandern zur kathodischen Stelle, wo folgende Hauptreduktionsvorgänge ablaufen:

$$O_2 + 2H_2O + 4e^- \Rightarrow 4OH^- \left(\text{Sauerstoffkorrosion}\right)$$ (4.33)

$$O_2 + 4H^+ + 4e^- \Rightarrow 2H_2O \left(\text{Sauerstoffkorrosion}\right)$$ (4.34)

$$2H^+ + 2e^- \Rightarrow H_2 \left(\text{Wasserstoffkorrosion}\right)$$ (4.35)

Neben dem Elektronenaustausch findet auch eine Säure-Base-Reaktion statt. Dieser Protonentransfer führt zum gleichzeitigen Verbrauch von H^+ sowie zur Bildung von OH^-.

Folgende Faustregel ist in Bezug auf die Bedeutung des pH-Wertes anwendbar:

- Die Korrosion nimmt mit steigendem pH-Wert ab, sofern sich nicht bei sehr hohen pH-Werten Hydroxylanionen bilden (Zinkat, Aluminat, Ferrat).
- Der pH- Bereich 7,8 bis 8,5 ist aus korrosionstechnischer Sicht besonders günstig.

Hinsichtlich weiterer Wirkungen zwischen Wasser, Werkstoffen, Kunststoffen und An-strichen wird auf [38] und im speziellen auf die Empfehlungen des Umweltbundesamtes für metallische Werkstoffe [100] sowie für Kunststoffe und organische Materialien [99] verwiesen.

Der aktive Korrosionsschutz für Rohrleitungen wird in Kap. 8 behandelt.

Die Zusammenhänge der Korrosionschemie sind sehr komplex und erfordern eine enge Zusammenarbeit zwischen Wasserchemikern, Hygienikern und Ingenieuren der Wasser-versorgungstechnologie. Diese Probleme können nur im Team gelöst werden.

Aufbereitungsverfahren in der Trinkwasserversorgung

5

5.1 Grundlagen der Wasseraufbereitung

Je nach Gewinnungsanlage ist das Rohwasser mehr oder weniger stark belastet mit Inhaltsstoffen, die nach der Trinkwasserverordnung (TrinkwV) [R17] nicht im Trinkwasser vorhanden sein dürfen und für die Grenz- oder Richtwerte festgelegt sind (s. Kap. 4).

Es kann aber auch erforderlich sein, diese Grenzwerte aus technischen Gründen unter die Werte der TrinkwV abzusenken. So empfiehlt z. B. *Wricke* [in 70] einen Mangan-Wert von weniger bzw. gleich 0,01 mg/l (TrinkwV-Wert = 0,05 mg/l), um Manganablagerungen im Verteilnetz zu begrenzen.

Ziel der Aufbereitungstechnologie ist es daher, aus dem Rohwasser gutes Trinkwasser herzustellen und gleichzeitig ein optimales Versorgungssystem zu betreiben.

Die Aufbereitungstechnik kann vereinfacht in zwei Hauptgruppen eingeteilt werden:

- Rohwasseraufbereitung von Oberflächengewässer
- Rohwasseraufbereitung von Grundwasser

Um aus diesen Hauptgruppen Trinkwasser herzustellen, werden eine ganze Reihe von Verfahrenstechniken eingesetzt. Diese Trinkwasseraufbereitungsverfahren werden in drei Gruppen eingeteilt:

- physikalische Verfahren
- chemische Verfahren
- biologische Verfahren

Die Hauptverfahren sind in Tab. 5.1 zusammengestellt.

Tab. 5.1 Hauptverfahren der Trinkwasseraufbereitung

Physikalisch	Chemisch	Biologisch
Sedimentation (z. B. Absetzbecken)	**Oxidation/Reduktion** (z. B. $KMnO_4$-Zugabe zur Entmanganung)	**Entmanganung** (z. B. Einsatz oxidierender spezieller Manganbakterien)
Siebung/Rechen (z. B. Siebtrommel)	**Flockung** (z. B. Entfernung feindisperser Partikel)	**Denitrifikation** (z. B. Nitratentfernung)
Filtration (z. B. Mehrschichtfilter)	**Fällung** (z. B. zur Schwermetall-elimination)	
Membranverfahren (z. B. Umkehrosmose zur Nitratentfernung)	**Enteisenung/Entmanganung** (z. B. durch O_2-Zugabe)	
Gasaustausch (z. B. Verdüsung f. CO_2-Reduktion)	**Entsäuerung** (z. B. Marmorfiltration)	
	Ionenaustauscher (z. B. zur Enthärtung)	

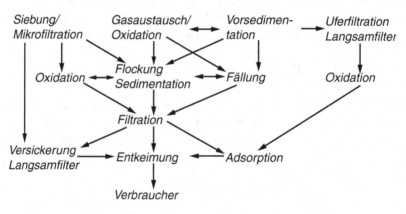

Abb. 5.1 Verfahrenskombinationen zur Oberflächenwasser-Aufbereitung [84]

Um das Aufbereitungsziel zu erreichen, müssen häufig Verfahrenskombinationen eingesetzt werden. Abb. 5.1 zeigt übliche Verfahrenskombinationen für Oberflächenwässer.

Für die Aufbereitungsverfahren und deren Kombinationsmöglichkeiten können keine generellen Regeln aufgestellt werden. Es gibt aber in Abhängigkeit vom Gewässertyp gewisse Standardverfahren, die auch noch von der Durchsatzmenge des Wasserwerks beeinflusst werden. *Groth* in [27] hat drei Gewässertypen definiert und hierfür übliche Aufbereitungsverfahren aufgeführt. Es handelt sich um die in Tab. 5.2 mit einer Kurzcharakteristik beschriebenen Gewässertypen.

Hier können nur die Hauptaufgaben und die Standardverfahren der Aufbereitung beschrieben werden. Hierzu zählen insbesondere folgende Aufbereitungsschritte:

Tab. 5.2 Gewässertypen nach Groth in [27]

Typ	Kurzbeschreibung
A 1	Oberflächengewässer oligo- bis mesotroph
A 2	Grundwässer in Sandgebieten
	Oberflächenwässer dystroph
	Grundwasser aus Heide- und Dünengebieten
B 1	Oberflächengewässer eutroph
B 2	Grundwasser reduziert
C 1	Oberflächengewässer polytroph
C 2	Grundwasser stark reduziert

- Eisen- und Manganentfernung durch Filtration
- Fällung und Flockungsverfahren für Oberflächenwässer
- Einstellung des nach der TrinkwV geforderten pH-Wertes (Entsäuerung)

5.2 Hauptverfahren der Wasseraufbereitungstechnologie

5.2.1 Siebverfahren und Absetzbecken

Durch Grob- und Feinrechen werden zunächst die Schwimmstoffe entfernt, Grobrechen mit Stababständen von 30 bis 100 mm und Feinrechen mit 2 bis 10 mm.

Die Siebe, als Trommel- oder Bandsieb ausgebildet, haben Maschenweiten von 10 bis 100 μm. Bei den Mikrosieben beträgt die Maschenweite 0,02 bis 10 μm.

In den Absetzbecken sollen die im Wasser befindlichen Schwebstoffe sedimentieren. Für die Bemessung gelten die Bemessungsregeln, wie sie in der Abwassertechnik bekannt sind. Die Becken werden als Rund- und Längsbecken gebaut. Die Absetzfläche kann durch Parallelplattenabscheider vervielfacht werden. In manchen Fällen kann auch eine Flotation Vorteile gegenüber einer Schwerkraftsedimentation bringen. Hierbei werden mit Hilfe von Luftblasen die Feststoffpartikel an die Oberfläche transportiert und das Flotat abgeskimmt. Für weitere Einzelheiten wird auf [27, 38, 65] verwiesen.

5.2.2 Filtration

5.2.2.1 Grundlagen

Nach DVGW W 213-1 versteht man unter Filtration die Verminderung der Partikelkonzentration beim Durchströmen eines Filtermediums. Auch die Membranverfahren werden gemäß DVGW W 213-1 der Filtration zugerechnet. In diesem Buch wird die Membranfiltration in Abschn. 5.2.8 näher beschrieben.

Die klassischen Filtrationsverfahren sind in der Wasseraufbereitung Langsam- und Schnellfiltration. Das Filtermedium ist ein durchlässiges Porensystem, das aus geschüttetem festem Filtermaterial (z. B. Filtersand, abriebfeste Filterkohle aus Anthrazit nach DIN EN 12909) besteht. Die Konzentrationsänderung der Wasserinhaltsstoffe kann durch chemische, physikalische und biologische Wirkmechanismen an der Oberfläche des Filtermaterials erfolgen. Häufig wirken mehrere Mechanismen zusammen. Wichtig ist, dass die Wasserinhaltsstoffe mit der Oberfläche auch Kontakt bekommen. Sind die abzu- trennenden Wasserinhaltsstoffe gegenüber dem Porensystem zu groß, so entsteht in der oberen Filterschicht eine unerwünschte Siebwirkung. Es sind dann Verfahren nach Abschn. 5.2.1 vorzuschalten. Wird eine chemische Wirkung des Filtermaterials angestrebt (z. B. chemische Entfernung von CO_2), so darf die Oberfläche nicht durch Beläge blo- ckiert werden. In anderen Fällen kann der Belag aber auch eine katalytische Wirkung haben, wie z. B. bei der Manganentfernung (siehe Abschn. 4.3.3). Durch den Filtervor- gang und die damit verbundene Konzentrationsänderung der Wasserinhaltsstoffe wird Filtermaterial entweder beladen oder verbraucht. Hierdurch ändert sich die Filterwirksam- keit im Laufe der Zeit.

In der Suspensionsfiltration wird sich im Idealfall der Filter von oben nach unten mit Feststoffen beladen. Dies ist aber kaum zu erreichen, da sich im oberen Teil durch die Be- ladung das Porenvolumen verringert und die effektive Filtergeschwindigkeit und der Filterwiderstand zunehmen. Hierdurch werden die bereits angelagerten Teilchen einem stärkeren Strömungsdruck ausgesetzt und in tiefere Schichten verlagert. Nach einer be- stimmten Zeit treten die Stoffe im unteren Teil des Filtermediums aus, und die gewünschte Ablaufqualität wird nicht mehr erreicht. Die Druckverluste steigen infolge der Beladung an. Sie können ein weiterer begrenzender Faktor sein, wenn die technisch vorgesehene Druckhöhe eine weitere Filtration nicht mehr erlaubt. In ungünstigen Fällen kann im Filter ein Unterdruck entstehen. Dieser Unterdruck führt zur Ausgasung, die den Filterquer- schnitt durch Gasblasenbildung weiter einengen, die effektive Filtergeschwindigkeit er- höhen und somit die Filtratgüte verschlechtern.

Die Druckentwicklung in einem offenen Schnellfilter zeigt beispielhaft Abb. 5.2 [27]. Durch die Überstauhöhe entsteht die unter 45° verlaufende hydrostatische Drucklinie, so- lange der Filter unten nicht geöffnet ist. Beim noch nicht beladenen Filter (0 h) stellt sich im Filterbetrieb ein Filterverlust durch den Eigenfilterwiderstand in Form der Drucklinie A-C ein. Mit fortschreitender Filterzeit wird im oberen Filterdrittel die zunehmende Be- legung durch eine verstärkte Krümmung der Drucklinie deutlich, während im noch nicht belegten Teil unterhalb der gestrichelten Linie G-F-E-D die Linien parallel zu A-C ver- laufen. Bereits nach 9 Stunden beginnt im oberen Teil die Unterdruckbildung. Durch hö- heren Überstau, durch Druckfiltration oder durch Mehrschichtfilter wird dieser Zustand später erreicht. Für den technischen Betrieb ist es wesentlich, die Filtrationsperiode mög- lichst lang zu gestalten. Ein Idealzustand ist dann erreicht, wenn der maximal vorgesehene Druckverlust und die zulässige Filtratgüte zum gleichen Zeitpunkt erreicht werden.

In Abb. 5.3 [*Heymann* in 27] sind diese Zusammenhänge dargestellt. Ist die zulässige Filterwirksamkeit überschritten, muss das Filtermedium von der Beladung befreit, insgesamt verworfen oder ergänzt werden. Die Wiederherstellung des offenen Poren-

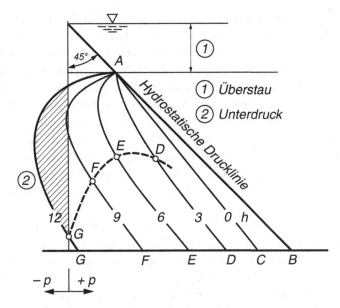

Abb. 5.2 Filterwiderstandsdiagramm [verändert nach 27]

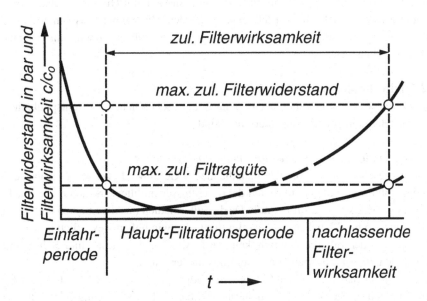

Abb. 5.3 Zusammenhang zwischen Filtrationsdauer t, Filterwirksamkeit und Filterwiderstand [verändert nach 27]

systems erfolgt durch Filterspülung. Hierbei müssen die ein- und angelagerten Stoffe aus dem Filtermedium befreit werden. Neben den festen Stoffen werden auch gasförmige Stoffe, Verbackungen und Verklebungen des Filtermaterials beseitigt. Während Filter-

sande und -kiese nach DIN EN 12904 kaum einen Abrieb haben, kann bei der Marmorfilterung oder über dolomitisches Filtermaterial nach DIN EN 1017 (halbgebrannter Dolomit) bzw. DIN EN 16003 (natürlicher Dolomit) durch die chemische Reaktion ein
Unterkorn entstehen, das auch ausgespült werden muss. Als Spülmedien dienen Wasser
oder Luft oder beide gemeinsam. Häufig findet bei Ein-Schicht-Filtern die „Dreiphasenspülung" (s. Abschn. 5.2.2.3) Anwendung. Wichtig für den Spülvorgang ist eine Filterbettausdehnung, damit sich die Einzelkörner gegeneinander bewegen können.

Bei der Filterspülung ist eine Fluidisierung (Schwebezustand) des Filterbettes zu erreichen. Es sollte eine 25 %ige Filterbettausdehnung angestrebt werden [69]. Auf eine
Luft-Wasser-Spülphase kann verzichtet werden, wenn bei der anschließenden Wasser-
Spülphase mit mehr als dem 1 1/2fachen der hinreichenden Spülgeschwindigkeit gearbeitet wird.

Können diese Wasservolumenströme nicht erreicht werden, so kann eine Luft-Wasser-
Spülung weiterhin hilfreich sein. Ist z. B. nur ein 40 %iger Wasserstrom gegenüber der
Fluidisierung möglich, müssen 50 m/h an Luft zugegeben werden und bei 30 % steigt die
erforderliche Luftmenge auf 100 m/h an.

In der Mehrschichtfiltration wird wegen der Filtermaterialvermischung auf eine
Kombinationsspülung verzichtet. Während der Durchlaufspülung werden ca. 3 bis 5 % an
Spülwasser verbraucht. Bei Filtern mit Überstauraum kann mit Hilfe der Aufstauspülung
der Spülwasserverbrauch auf ca. 1,5 % gesenkt werden. Hierbei wird das Schlammwasser
der einzelnen Spülphasen im Überstauraum gesammelt und über Schlammklappen an den
Stirnwänden abgezogen.

5.2.2.2 Filterbauarten

Filter für die Wasserversorgung werden nach unterschiedlichen Gesichtspunkten eingeteilt. Die Hauptunterscheidungsmerkmale sind:

Filtergeschwindigkeit – Filtermedium/-material – Stoffphase
Unter Filtergeschwindigkeit versteht man die ideelle Geschwindigkeit $v = Q/A$ aus dem zu
filternden Volumenstrom Q in m^3/h und der durchflossenen, filterwirksamen Oberfläche A
des Filters in m^2, also $v = m^3/m^2h = m/h$. Da die Filtermedien im Allgemeinen einen Poren-
anteil n von 0,25 bis 0,5 haben, ist die effektive Geschwindigkeit wesentlich höher.

Hinsichtlich der Filtergeschwindigkeit wird zwischen Langsam- und Schnellfiltern
unterschieden, wobei die Übergänge allerdings fließend sind.

Langsamfilter haben bei einer Filtergeschwindigkeit von $v_f = 0,05$ bis $0,3$ m/h einen
hohen Raumbedarf. Sie sind i. d. R. nicht rückspülbar, und die Reinigung erfolgt durch ein
Abschälen der oberen Filterschicht. Sie wirken als Oberflächenfilter und haben hierdurch
eine gewisse biologische und bakteriologische Wirkung. Abgeschältes Filtermaterial kann
in Wascheinrichtungen gereinigt und später wieder eingebracht werden. Dazu wird das zu
reinigende Material entweder zu einer Sandwaschanlage gebracht, gesäubert und anschließend wieder eingebracht oder es wird eine Sandwäsche im Filter durch eine auf
Schienen fahrbare Sandreinigungseinrichtung vorgenommen. Langsamfilter kommen in

Deutschland heutzutage aufgrund der hohen Betriebskosten nicht mehr oder nur noch in Ausnahmefällen und wenn, dann als Voraufbereitungsstufe zum Einsatz.

Schnellfilter werden mit Filtergeschwindigkeiten v_f bis zu 30 m/h betrieben. Sie werden in offene und geschlossene Filter eingeteilt und können durch Rückspülung gereinigt werden. Filtergeschwindigkeiten über 15 m/h sind nur in Druckfiltern zu realisieren. Sie haben eine Raumwirkung und werden als Ein- und Mehrschichtfilter ausgebildet.

Offene Schnellfilter arbeiten drucklos und werden mit Hilfe des Überstaus im freien Gefälle durchflossen. Sie werden häufig als Betonbecken hergestellt und i. d. R. mit Filtergeschwindigkeiten < 7 m/h betrieben.

Geschlossene Schnellfilter werden unter Druck mit Filtergeschwindigkeiten von üblicherweise 10 bis 20 m/h betrieben. Sie werden hauptsächlich aus Stahlzylindern gebaut. Da die Stahlzylinder oftmals im Werk vorgefertigt werden, ist beim Straßentransport auf die Durchfahrtshöhe zu achten. Der Durchmesser *d* beträgt im Allgemeinen weniger als 5000 mm, was einer Filterfläche von weniger als 20 m² entspricht. Druckfilter werden als ein- und zweistufige Filter meist in stehender, selten in liegender Bauweise erstellt.

Was den Aufbau des Filtermediums betrifft, unterscheidet man zwischen *Ein- und Mehrschichtfilter*. Beim Einschichtfilter wird möglichst eine „Einkornmischung" angestrebt. Nach DIN EN 12904 wird eine steile Sieblinie mit einem Ungleichförmigkeitsgrad *U* < 1,5 gefordert. Beispielhafte Korngruppen und dazu passende zulässige Anteile an Über- und Unterkorn zeigt Tab. 5.3.

Tab. 5.3 Korngruppen und Massenanteile für Über- und Unterkorn nach DIN EN 12904

Korngruppe (Korngröße in mm)		Zulässiger Massenanteil in %[a]	
		Unterkorn	Überkorn
Quarzsand	0,4 bis 0,8 0,5 bis 1,0 0,6 bis 1,18 0,63 bis 1,0 0,71 bis 1,25	5	5
	0,85 bis 1,7 1,0 bis 1,6 1,0 bis 2,0 1,18 bis 2,8 1,6 bis 2,5	10	10
Quarzkies	2,0 bis 3, 15 2,36 bis 4,75 3,15 bis 5,6		
	5,5 bis 8,0 6,7 bis, 13,2 8,0 bis 12,5 12,5 bis 16,0 13,2 bis 26,0	15	15

[a]Generell beträgt der maximal zulässige Gehalt an Unter- und Überkorn 5 % Massenanteil bei Einsatz des Produkts als Filterschicht in Mehrschichtfiltern, 10 % Massenanteil bei Einsatz als Filterschicht in Einschichtfiltern und 15 % Massenanteil bei Einsatz als Tragschicht

Um eine stärkere Raumwirkung und damit eine bessere Filterlaufzeit zu erreichen (Abb. 5.4), wird die Kornmassenschüttung aus mehreren Filtermaterialien aufgebaut.

Bei der Abwärtsfiltration wird zuerst eine gröbere Filterschicht von geringerer Dichte durchströmt, während das darunter liegende, feinere Material eine höhere Dichte hat (Abb. 5.5). Hierdurch wird erreicht, dass beim Rückspülen der Filter eine Trennung der Schichten erhalten bleibt. Die hinreichende Spülgeschwindigkeit entspricht der Spülgeschwindigkeit, bei der alle Einzelpartikel gegeneinander beweglich sind. Sie wird im Wesentlichen von der Dichte und dem Korndurchmesser des Filtermaterials bestimmt. Für die einzelnen Filtermaterialien sind die hinreichenden Spülgeschwindigkeiten entweder vom Hersteller anzugeben oder experimentell zu ermitteln. Anhaltswerte für die hinreichende Spülgeschwindigkeit können Tab. 5.4 entnommen werden. Stoffkennwerte von verschiedensten gekörnten Filtermaterialien können dem DVGW Arbeitsblatt W 213-2 entnommen werden.

Die Auswahl des am besten geeigneten Filtermaterials bzw. der günstigsten Kombination für Mehrschichtfilter ist auf Grundlage von Aufbereitungsversuchen vorzunehmen. Material und Korngröße müssen mit der vorhergehenden Behandlung des Wassers abgestimmt werden. So müssen zum Beispiel bei der Flockenfiltration die Beschaffenheit der Flocken und des Materials oder die Filtermaterialkombination im Mehrschichtfilter angepasst werden.

In der Oberflächenwasserfiltration wird häufig mit einem Dreischicht-Filter gearbeitet. Die obere Schicht besteht dann aus Bimskies oder Aktivkohle (Abb. 5.15). Aktivkohle nach DIN EN 12903 wird auch zur Spurenstoffentfernung eingesetzt (s. Abschn. 5.2.8).

Neben den im Wesentlichen physikalisch wirksamen Quarzsanden und -kiesen, Bimskies, Anthrazit und der Aktivkohle werden auch chemisch wirksame Filtermaterialien wie Marmor und halbgebrannte Dolomite eingesetzt. Sie werden hauptsächlich zur chemischen Entsäuerung verwendet. Sie können aber auch im begrenzten Umfang Feststoffe entfernen, so z. B. Eisen und Mangan, wenn bestimmte Konzentrationen im Rohwasser nicht überschritten werden.

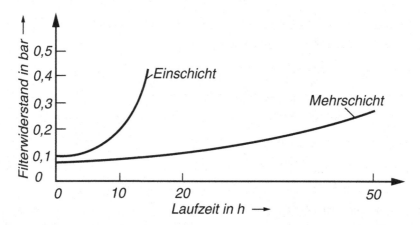

Abb. 5.4 Beispiel für Filterwiderstand und Laufzeit von Ein- und Mehrschichtfiltern

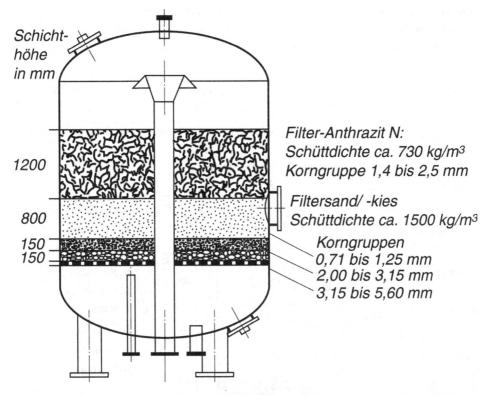

Schicht-
höhe
in mm

1200

800

150
150

Filter-Anthrazit N:
Schüttdichte ca. 730 kg/m³
Korngruppe 1,4 bis 2,5 mm

Filtersand/ -kies
Schüttdichte ca. 1500 kg/m³

Korngruppen
0,71 bis 1,25 mm
2,00 bis 3,15 mm
3,15 bis 5,60 mm

Abb. 5.5 Beispiel für den Aufbau eines Mehrschichtfilters [F15]

Tab. 5.4 Anhaltswerte für hinreichende Spülgeschwindigkeiten

Filtermaterial	Körnung mm	hinreichende Spülgeschwindigkeit m/h
Filtersand	0,63 bis 1,0	50 bis 55
Filtersand	0,71 bis 1,25	60 bis 65
Anthrazit	0,8 bis 1,6	40 bis 50
Anthrazit	1,6 bis 2,5	60 bis 80
Bims	0,8 bis 1,6	30 bis 35
Bims	1,5 bis 2,5	45 bis 50

Bezüglich der Stoffphase wird zwischen Nass- und Trockenfiltration unterschieden. Der Begriff Trockenfiltration ist etwas missverständlich, denn auch hier wird Wasser aufbereitet. Bei der Trockenfiltration durchströmen Luft und Wasser das Filterbett gemeinsam, denn der Wasserspiegel wird unter dem Filterboden gehalten. Hierdurch werden Oxidationsvorgänge und biologische Prozesse gefördert. Die Trockenfiltration wird z. B. bei der Ammoniumoxidation eingesetzt. In Abb. 5.6 ist die Systematik für Filter aus gekörntem Material zusammengestellt.

Abb. 5.6 Systematik der Filterkonstruktionen

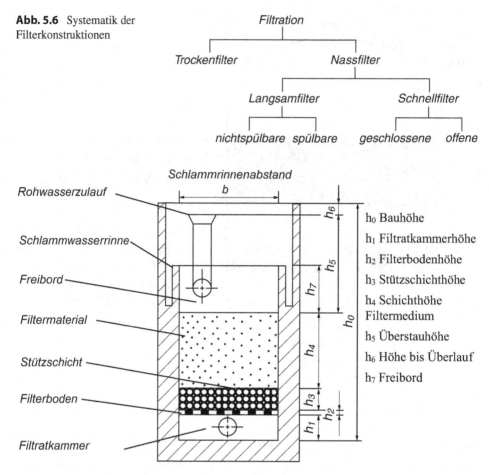

Abb. 5.7 Bauhöhe h_0 und deren Aufgliederung h_1 bis h_7 für einen offenen Schnellfilter mit zwei Rinnen nach DIN 19605

5.2.2.3 Filterbestandteile und Filterbetrieb

Hauptelement ist das Filterbecken, bei offenen Schnellfiltern im Wesentlichen ein Betonbecken (Abb. 5.7); bei geschlossenen Schnellfiltern ein Stahlzylinder als Filterbehälter.

Neben der Rohwasserzuleitung und der Filtratableitung muss eine Entleerungsleitung vorhanden sein. Für das Spülsystem sind Spülwasser- und Luftzuleitungen sowie ein Schlammwasserableitungssystem erforderlich. An geschlossenen Filtern ist eine Be- und Entlüftungsleitung vorzusehen. Der Filterboden und die darüber befindliche Stützschicht (Verteilschicht) sorgen für einen gleichmäßigen Filtratablauf, und sie verteilen Spülwasser und -luft gleichmäßig.

Empfohlen werden nach DIN 19605 bei Filterböden mit Düsen für eine gute Spülwirkung 60 Filterdüsen pro m^2. Filterdüsen (Abb. 5.8) dienen zur Ableitung des Filtrats aus dem Filtermedium bzw. der Zufuhr und gleichmäßigen Verteilung der Spülmedien.

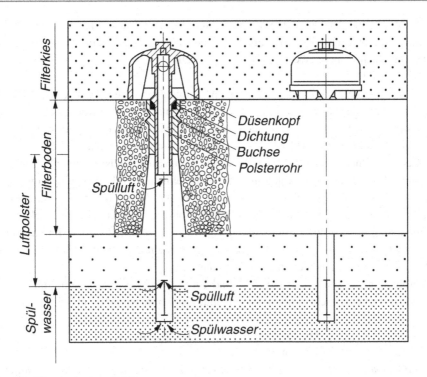

Abb. 5.8   Filterbodendüse [F17]

Die Schlammwasserrinnen können seitlich oder in der Mitte angeordnet werden. Der Abstand *b* der Rinnenaußenkante beträgt bei zwei seitlichen Rinnen im Allgemeinen 3000 mm, und er soll nur bei einer seitlichen Rinne < 3000 mm von der gegenüberliegenden Filtertrennwand entfernt sein. Für eine Rinne in der Mitte beträgt der Abstand bis zur Filtertrennwand 1500 mm. Die Filterlänge beträgt im Normalfall < 20,0 m, kann aber gemäß DIN 19605 zwischen 2 und 30 m betragen. Es wird empfohlen die Baurichtmaße zu beachten [110].

Offene Schnellfilter werden häufig als Doppelfilter ausgeführt (Abb. 5.18). Die Verfügbarkeit der Filteranlage ist durch Defekte, Revisionen und Spülungen eingeschränkt. Bei chemischen Filtern sind Über- und Unterschreitungsgrenzen zu beachten, d. h. der Filter muss für den täglichen Mindest- ($Q_{d\,min}$) und den täglichen Maximaldurchfluss ($Q_{d\,max}$) bemessen werden. Je höher die Filteranzahl, desto größer wird zwar die Betriebssicherheit, desto höher steigen aber auch die Investitions- sowie die Betriebskosten.

Unter Berücksichtigung dieser Gesichtspunkte sollte die Gesamtfilterfläche auf drei oder mehr Filter aufgeteilt werden. Die Spüleinrichtungen werden in doppelter Ausführung für nur eine Filtereinheit ausgelegt, da nicht alle Filter gleichzeitig gespült werden. Da sich das Filtermaterial bei der Rückspülung ausdehnt ist eine bestimmte Freibordhöhe (h_7) einzuhalten. Zum Erhalt einer gute Spülwirkung sollte die Ausdehnung des Filterbetts möglichst oberhalb von 25 %. Der Abstand *h7* zwischen der Oberfläche des

Filtermaterials und der Oberkante der Schlammrinne ist so zu wählen, dass kein Filtermaterial ausgespült wird. Zu große Freibordhöhen stören den Schlammwasserabzug.

Die einzelnen Höhenmaße für offene und geschlossene Schnellfilter sind in Tab. 5.5 zusammengestellt.

Nach Abb. 5.5 erhält ein geschlossener Filter mindestens drei Mannlöcher. Hierdurch wird eine Kontrolle möglich und Filtermaterial kann nachgefüllt werden. In chemischen Filtern mit ständigem Materialverbrauch kann mit Strahlpumpen eingespült werden. Zum Filterbetrieb sind eine Vielzahl von Mess- und Regelinstrumenten erforderlich.

Für einen offenen Schnellfilter sind die wesentlichen Steuerungsinstrumente in Abb. 5.9 dargestellt. Um die Zu- und Ablaufmenge bei zunehmender Filterbelegung konstant zu halten, wird der Zulauf durch einen Überlauf oder der Ablauf durch eine schwimmergesteuerte Drosselklappe geregelt. Ein belüfteter Rohrbogen verhindert ein Trockenfallen der Filteranlage. Nach einer Filterlaufzeit von 10 bis 150 h, jedoch mindestens einmal wöchentlich, müssen die Filter rückgespült werden. Nach DVGW W 213-3 gliedert sich der Spülvorgang für Einschichtfilter in drei Phasen.

In Abhängigkeit von der Filtergröße sind folgende Werte für die kombinierte Luft/Wasserspülung bei Einschichtfiltern (sogenannte Dreiphasenspülung) üblich:

Luftspülung   1 bis ca. 3 Minuten mit Luftgeschwindigkeiten bei ca. 60 m³/ m² · h = m/h

Luft/Wasserspülung   5 bis ca. 10 Minuten mit Luftgeschwindigkeiten bei weiterhin ca. 60 m/h sowie Wassergeschwindigkeiten von ca. 8 bis 15 m/h

Tab. 5.5 Höhenmaße für Schnellfilter nach DIN 19605, ergänzt um weitere Maßangaben

Bezeichnung	offene Filter mit Aufstauspülung in mm	geschlossene Filter in mm
Gesamthöhe Höhe Filtratkammer	Im Allgemeinen < 5400 ≥ 600	Im Allgemeinen < 5400 ≥ 600, wenn bekriechbar für Reinigung, Wartung etc. < 600, wenn nur einsehbar und für Reinigung zugänglich
Höhe Filterboden	< 600, wenn einsehbar und für Reinigungszwecke zugänglich	Bemessung unter Berücksichtigung von Statik und Spüldruck, im Allgemeinen < 600
Höhe Stützschicht	≤ 400	≤ 400
Höhe Filtermaterial	800 bis 2000	800 bis 2500
Überstau (Höhe bzw. Druck)	400 bis 2000	je nach Wahl Betriebsdruck, im Allgemeinen < 60 kPa (0,6 bar)
Überlaufschutz (Höhe bzw. Art)	200	Sicherheitsventil gegen Überdruck Bemessung nach Filterbettausdehnung, darf die Funktion der Entlüftung nicht beeinträchtigen
Freibord	Filterbettausdehnung, im Allgemeinen < 750	Filterbettausdehnung, im Allgemeinen < 750

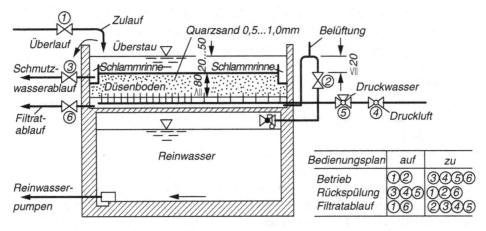

Abb. 5.9 Systemskizze für einen offenen Schnellfilter

Wasserspülung   Bei der Wasserspülung als Klarspülung wird mit Geschwindig-keiten zwischen 10 bis 25 m/h bis zum klaren Wasserablauf ge-spült. Bei biologisch arbeitenden Filtern darf nicht klarge-spült werden.

Hinzu kommen noch das Absenken des Wasserspiegels bis knapp über das Filter-medium und das Einfiltrieren mit ca. 10 Minuten. Der Spülwasserbehälter ist für die er-forderliche Wassermenge zu bemessen. Er kann auch als Vorlagebehälter für die Rein-wasserpumpen dienen, er wird dann häufig auf einen mittleren Stundenverbrauch ausgelegt. Gechlortes Wasser darf in biologischen Filtern nicht verwendet werden.

Bei der Wasserspülung muss die Spülgeschwindigkeit mindestens so hoch eingestellt werden, dass die Fluidisierung des Filterbettes erreicht wird. Eine kombinierte Luft/Wasserspülung ist für Mehrschichtfilter mit Überlaufrinne oder -trichter nicht zu empfeh-len, da sich hierdurch die unterschiedlichen Materialien zu stark vermischen und durch die Bettausdehnung die typischen Freibordhöhen bei diesen Filtern nicht ausreichen.

Für die Spülung von Mehrschichtfiltern mit Überlaufrinne oder -trichter gilt nach DVGW W 213-3:

- 1. Schritt: Absenken des Wasserspiegels bis knapp oberhalb des Filtermaterials
- 2. Schritt: ca. 1 bis 3 Minuten Luftspülung bei ca. 60 m/h
- 3. Schritt: ca. 1 bis 2 Minuten Verweilzeit zum Entweichen der Luft
- 4. Schritt: ca. 3 bis 5 Minuten Wasserspülung mit Wassergeschwindigkeiten je nach Korngröße und Filtermaterial von 30 bis 70 m/h
- 6. Schritt: Einfiltern des Filters

Lediglich Mehrschichtfilter mit hohem Freibord (ca. 2 m) als Aufstaufilter können auch kombiniert mit Luft und Wasser gespült werden. Folgende Abfolge bei der Spülung hat sich als sinnvoll erwiesen:

- 1. Schritt: Absenken des Wasserspiegels bis knapp oberhalb des Filtermaterials
- 2. Schritt: ca. 1 bis 3 Minuten Luftspülung bei ca. 60 m/h
- 3. Schritt: ca. 1 bis 2 Minuten Verweilzeit zum Entweichen der Luft
- 4. Schritt: ca. 3 bis 5 Minuten kombinierte Luft- und Wasserspülung mit Luftgeschwindigkeiten von ca. 60 m/h und Wassergeschwindigkeiten von ca. 10 m/h
- 5. Schritt: ca. 3 bis 5 Minuten Wasserspülung mit 30 bis 70 m/h je nach Korngröße und Filtermaterial (siehe Angaben in DVGW W 213-3); auf den vollständigen Austrag der Luft ist zu achten
- 6. Schritt: Einfiltern des Filters

Das anfallende Filterspülwasser (ca. 1 bis 3 % des Rohwasservolumens) muss als Abwasser behandelt werden. Für die Feststoffabtrennung, Behandlung und Deponierung wird auf DVGW W 221-1 bis 4 verwiesen.

In Abb. 5.10 ist der Schnitt des Schlammwasserabsetzbeckens des Wasserwerkes Wehnsen dargestellt.

In Tab. 5.6 sind die Hauptmerkmale für die Wasserfiltration zusammengestellt.

Die kontinuierliche Überwachung von Aufbereitungsanlagen mit dem Ziel der Partikelentfernung bzw. des erzeugten Trinkwassers erfolgt mit Hilfe der Parameter Trübung (Streulichtmessung) und Partikelkonzentration sowie -größenverteilung. Weitere Hinweise zu Messverfahren und Bewertung der gewonnenen Ergebnisse finden sich in DVGW W 213-6.

5.2.3 Flockung und Fällung

5.2.3.1 Allgemeine Grundlagen

In Oberflächengewässern liegen feinstverteilte Feststoffe (z. B. Planktonorganismen) und gelöste Stoffe vor, die bei natürlicher Sedimentation zu sehr langen Aufenthaltszeiten in den Absetzbecken führen bzw. erst gefällt werden müssen. Die Grenze zwischen gelösten und kolloidalen Wasserinhaltsstoffen liegt bei etwa 0,45 μm. In den meisten Fällen ist die Oberfläche der festen Stoffe negativ geladen. Dies führt zu einer stabilen Dispersion, da sich die Partikel gegenseitig abstoßen.

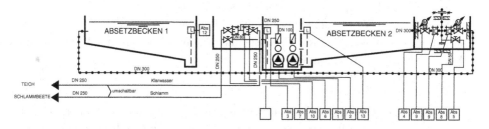

Abb. 5.10 Schnitt durch das Schlammwasserabsetzbecken im Wasserwerk Wehnsen

Tab. 5.6 Bau- und Betriebsmerkmale für Filter der Wasserversorgung nach DIN 19605 in Verbindung mit DVGW W 213-3 (Schnellfilter) bzw. W 213-4 (Langsamfilter)

	Langsamfilter	offene Schnellfilter	geschlossene Schnellfilter
mittlere Filtergeschwindigkeit in m/h	0,05 bis 0,3	4 bis 7	10 bis 20 (max. 30)
maximaler Filterwiderstand in bar	0,15	0,3	0,6
Filteroberfläche in m²	bis 10.000	bis 100	bis 20
übliche Filterschichthöhe in mm	800 bis1300	800 bis 2000	800 bis 2500
Filterform	Erd- und Betonbecken	Betonbecken Breite bis 6,0 m	Stahlzylinder Durchmesser von 2,5 bis 5,0 m
Filtermaterialdurchmesser in mm	Sand < 0,5	nicht üblich	nicht üblich
Quarzsand (DIN EN 12904) in mm	nicht üblich	0,63 bis 1,0 0,71 bis 1,25 1,0 bis 1,6	0,63 bis 1,0 0,71 bis 1,25 1,0 bis 1,6
Dolomit (DIN EN 1017) in mm	nicht üblich	0,5 bis 2,5	0,5 bis 2,5
Anthrazit in mm	nicht üblich	1,6 bis 2,5	1,6 bis 2,5
Filterlaufzeit in d	20 bis 100	0,5 bis 10	0,5 bis 10
Spülwassergeschwindigkeit *) in m/h		8 bis 70	8 bis 70
Spülluftgeschwindigkeit *) in m/h		bis ca. 60	bis ca. 60

*) abhängig von der Körnung, der Schüttdichte und der Kombination Luft/Wasser (s. o.)

Ein wichtiger Schritt ist daher die *Entstabilisierung* durch die Zugabe von *Flockungsmitteln* in Form von Aluminium- und Eisen-III-Salzen. Hierbei werden positiv geladene Hydroxokomplexe an der Feststoffoberfläche adsorbiert.

Durch eine Fällung werden mehrere gelöste Komponenten zu sedimentierfähigen Feststoffen umgebildet. Es bilden sich in beiden Fällen zunächst Mikroflocken, dann sedimentierfähige Makroflocken. Jedes Flockungsmittel hat einen optimalen *pH*-Bereich und eine optimale Zugabemenge, die durch systematische Rührbecherversuche ermittelt werden können. Für das häufig verwendete Aluminiumsulfat (DIN EN 878) liegt der *pH*-Wert zwischen 5,5 und 7,0. Die Zugabemenge schwankt nach der Rohwasserqualität zwischen 10 und 50 g/m³.

Durch die Zugabe von Flockungshilfsmitteln, z. T. synthetische langkettige Polymere (DVGW W 219), die die Flocculation (Großflockenbildung) bewirken, entstehen Vernetzungseffekte, die zu einer weiteren Verbesserung der Flockeneigenschaften führen.

Neben der Abtrennung von Feinstpartikeln und Kolloiden kommt es zur Ausfällung und Mitfällung von gelösten Wasserinhaltsstoffen. Den klassischen Aufbau einer Flockungsanlage zeigt Abb. 5.11 [48].

Im Mischbecken mit hoher Turbulenz werden die Chemikalien zugegeben. Es folgt das eigentliche Flockungsbecken mit geringer Bewegungsenergie zur Bildung der Makroflocken, die im nachgeschalteten Absetzbecken abgetrennt werden.

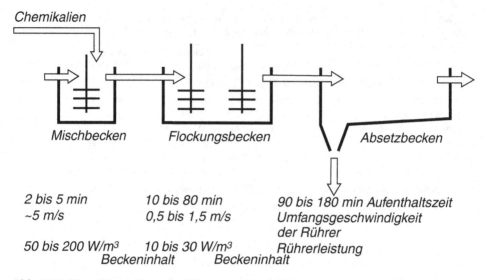

Chemikalien

Mischbecken   Flockungsbecken   Absetzbecken

2 bis 5 min	10 bis 80 min	90 bis 180 min Aufenthaltszeit
~5 m/s	0,5 bis 1,5 m/s	Umfangsgeschwindigkeit der Rührer
50 bis 200 W/m³ Beckeninhalt	10 bis 30 W/m³ Beckeninhalt	Rührerleistung

Abb. 5.11 Klassischer Aufbau einer Flockungsanlage [48]

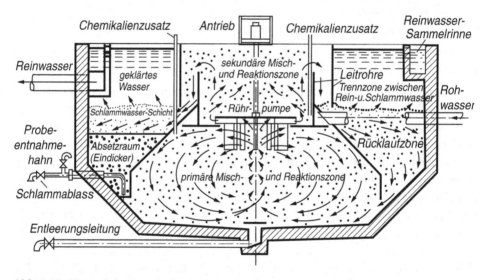

Abb. 5.12 Kompaktflockung in einem *Lurgi*-Accelator [F10]

Für den Bau von Flockungsanlagen können keine allgemeingültigen Regeln angegeben werden. Kritischer Punkt ist die Überleitung vom Flockungs- in das Absetzbecken, da die Flocken gegen Scherkräfte sehr empfindlich sind. Die Entwicklung geht daher zu Anlagen, in denen diese Stufen in einem Reaktor zusammengefasst sind. Je nach Anlagenbauer bestehen unterschiedliche Bauformen. Typische Flockungsanlagen sind der Flocker, der Flockulator, der Pulsator, der Accelator u. a. (Abb. 5.12). In diesen Verfahren wird mit Schlammrückführung bzw. schwebendem Flockenfilter gearbeitet und hierdurch die Flockenbildung und deren Rückhalt optimiert.

Die Abtrennung der gebildeten Flocken kann auch durch Flotation, Parallelplatten-abscheider (Lamellenabscheider) und durch direkte Filtration (Flockungs-Filtration) erfolgen. Im Einsatz sind auch Kombinationen als Hochleistungsflocker.

In Abb. 5.13 ist eine Flockungsanlage in Kombination mit einem Lamellenseparator dargestellt. Mit dieser Anlage wird beispielsweise Talsperrenwasser teilaufgehärtet, der *m*-Wert durch Kohlensäure erhöht und die Einstellung des Calcit-Gleichgewichts erreicht.

Nach *Bernhardt* [7] ergeben sich folgende Hinweise:

- Flockungsmitteldosierung:
  - Das Flockungsmittel muss im Rohwasserstrom in weniger als 1 s verteilt werden.
  - Ein wichtiger Wert ist der Energieeintragswert (*G*-Wert), eine Messzahl für die in das Wasservolumen eingebrachte Energie.
  - Diese Forderung ist nicht notwendig, wenn nach dem Prinzip der Sweep-Koagulation (Einschluss von Partikeln in die sich bildenden Flocken) bei pH 7 bis 7,5 geflockt wird.
- Bildung von Makroflocken aus Mikroflocken und Aggregation:
  - Es ist ein Mindestgeschwindigkeitsgradient von 30 s^{-1} erforderlich.
  - Die höchsten Eliminierungswerte (> 80 %) werden im *G*-Wert-Bereich von 30 bis 50 s^{-1} und durch Aufenthaltszeiten von 15 bis 30 Minuten erreicht.
  - Die *G* · *t*-Werte (Multiplikation von G-Wert mit der Aufenthaltszeit t) müssen zwischen 30.000 und 70.000 liegen.
  - Diese Werte müssen für alle Wasserdurchsätze (Q_{min}, Q_m, Q_{max}) eingehalten werden.
  - Die stark schwankenden Temperaturen der Oberflächengewässer sind beim Flockungsprozess zu berücksichtigen.

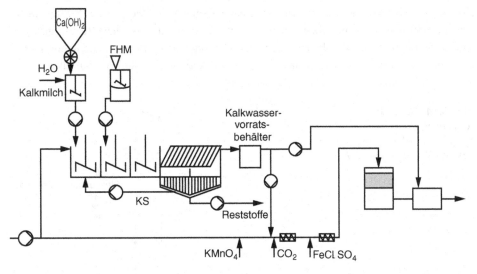

Abb. 5.13 Wasseraufbereitung von Talsperrenwasser mit Flockulator und Lamellenseparator System Passavant [49]

5.2.3.2 Aufbereitung von Rohwasser aus Talsperren und Seen [7, 74]

Hauptziele der Aufbereitung von Wässern aus Talsperren und Seen sind:

- Entfernung von Partikeln, insbesondere Planktonorganismen
- Entfernung von Krankheitserregern
- Entfernung von gelöstem Mangan
- weitestgehende Entfernung von organischen Substanzen
- Minimierung des Restgehaltes von Flockungsmitteln

Die weitestgehende Entfernung der organischen Substanzen ist erforderlich, um die Wiederverkeimung zu begrenzen und um eine Trihalogenmethanbildung (THM) zu minimieren.

Das grundsätzliche Aufbereitungsschema für Talsperren- und Seewasser zeigt Abb. 5.14 aus DVGW W 217 in der Ausgabe von 1987. Je höher der Eutrophiegrad des Rohwassers ist, desto aufwendiger wird die Aufbereitungstechnik. Bei stärkerer Eutrophierung entsteht mehr Plankton, und hierdurch gebildete gelöste Stoffwechselprodukte und das Plankton selbst erschweren die Aufbereitung.

Vielfach werden daher Siebmaschinen zur Abtrennung der Algen vor der Flockungsstufe eingesetzt. Ob eine sogenannte Vorozonung eingesetzt werden soll, ist strittig. Wenn zweiwertiges Mangan vorhanden ist, wird nicht nur Manganoxidhydroxid gebildet, sondern auch Permanganat, das durch die anschließende Flockung nicht entfernt werden kann.

Als Flockungsmittel werden in der Trinkwasseraufbereitung Salze des dreiwertigen Eisen- und Aluminiumions eingesetzt, z. B. Aluminiumsulfat oder Eisen(III)-Chlorid. An diese Zusatzstoffe sind bestimmte Reinheitsanforderungen zu stellen, und sie müssen nach der Trinkwasserverordnung § 11 zugelassen sein. Die zugelassenen Stoffe finden sich in einer vom Umweltbundesamt geführten und im elektronischen Bundesanzeiger sowie im Internet veröffentlichten Liste. An Flockungshilfsmitteln sollten nur nichtionische oder anionische Polyacrylamide und keine kationischen auf Acrylamidbasis ein-

Abb. 5.14 Beispiel Aufbereitungsschema für Talsperren- und Seewasser (DVGW W 217-1 von 1987)

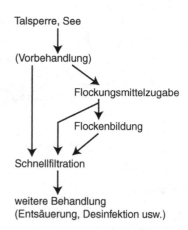

gesetzt werden. Nach DVGW W 219 wird eine maximale Restpolymerkonzentration im Filtrat von 10 µg/l empfohlen.

Für den Bau von Flockungsanlagen sind folgende Hinweise wichtig:

- Entstabilisierungsbecken, Aufenthaltszeit ca. 2 s
- Aggregation (Flockungsbecken), Aufenthaltszeit bei Eisensalzen 5 bis 10 Minuten, bei Aluminiumsalzen 15 bis 20 Minuten
- Beachtung der oben aufgezeigten Energieeinträge
- Transportstrecke zwischen Aggregationsbecken und Filterzulauf kurz und turbulenzfrei (d. h. große Rohrleitungen, keine 90° Abwinklung, keine Überfälle usw.)
- Zweischicht-Filter, noch besser Dreischicht-Filter, einsetzen (Abb. 5.15)

5.2.3.3 Aufbereitung von Rohwasser aus Flussläufen

Bei der Aufbereitung von Rohwasser aus Flussläufen ist zunächst zu prüfen, ob eine Nutzung überhaupt sinnvoll ist. Eine direkte Flusswassernutzung ist in Deutschland selten.

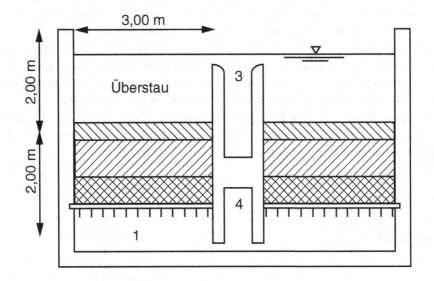

1 Filterboden
2 Filtermaterialien
3 Rohrwassereinlauf und Schlammwasserablaufrinne
4 Filtratablauf

▧ Aktivkohle   3-5   mm, 0,3 m
▨ Hydroanthrazit 1,5-2,5 mm,1,2 m
▩ Quarzsand   0,7-1,2 mm, 0,5 m

Abb. 5.15 Schnitt durch einen Dreischicht-Filter der Wahnbachtalsperre [7]

Flusswasser wird aber als Uferfiltrat und zur Grundwasseranreicherung (siehe auch DVGW W 126) genutzt. Da bei Hochwasser sehr hohe Schwebstoffgehalte auftreten können, ist eine Flockung unumgänglich. Der Flockung ist eine Vorozonung vorgeschaltet, um hierdurch u. a. Mikroflocken zu bilden. Aufgrund der höheren Schlammmenge ist ein gesondertes Sedimentationsbecken erforderlich. Das Verfahrensschema für Flusswasser zeigt Abb. 5.16.

Flusswasserwerke sind besonders gefährdet durch plötzliche Umweltschäden, z. B. durch Schiffsunfälle, Einleitung von toxischen Chemikalien. Sie sollten daher durch andere Rohwassergewinnungsanlagen abgesichert werden.

5.2.4 Entfernung von Eisen und Mangan durch Filtration

Seit Beginn der zentralen Trinkwasserversorgung aus Grundwässern zählt die Entfernung von Eisen und Mangan zu den häufigsten Aufgaben der Wasseraufbereitung. Unter Enteisenung versteht man die Entfernung von gelöstem Eisen, das im Wasser in zweiwertiger Form als Fe(II) vorliegt, durch Oxidation zu schwer löslichen Eisen(III)-Verbindungen und deren Abtrennung durch Filtration oder Sedimentation. Die Entfernung von gelösten Mangan durch Oxidation zu schwer löslichen Mangan(IV)-Verbindungen und deren Abtrennung heißt Entmanganung. Die zulässigen Grenzwerte sind in Abschn. 4.3.3 beschrieben. Ein wichtiger Schritt zur Aufoxidation und der damit verbundenen Bildung filtrierbarer Flocken ist die Begasung vor der Filterstufe. Der gelöste Sauerstoff wird meist über eine Druckbelüftung (z. B. mittels Oxidator oder Luftmischer) oder über offene Belüftungsanlagen in das Wasser eingetragen, wenn z. B. hohe überschüssige CO_2-Werte vorliegen. Vielfach wird heute auch technisch reiner Sauerstoff zur Oxidation eingesetzt. Der Oxidationsprozess wird durch die Störstoffe Ammonium, Methan und Huminstoffe beeinflusst.

Abb. 5.16 Beispiel für ein Verfahrensschema einer Flusswasseraufbereitung (DVGW W 217-1 von 1987)

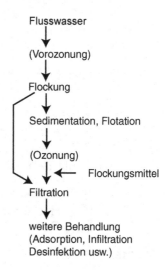

Flusswasser

(Vorozonung)

Flockung

Sedimentation, Flotation

(Ozonung)

Flockungsmittel

Filtration

weitere Behandlung (Adsorption, Infiltration Desinfektion usw.)

Anschließend werden die gebildeten Eisenflocken über mechanisch/chemische oder über biologisch arbeitende Filter abgetrennt. Es werden Filtersande in Einschichtfiltern oder Mehrschichtfiltern eingesetzt.

Um die Bioprozesse zu fördern, muss bei der Filterspülung beachtet werden (Tab. 5.7):

- kein gechlortes Rückspülwasser;
- keine zu hohe und zu lange Filterspülung, da dies die Biofilter zerstören würde.

Tab. 5.7 Verfahren zur oberirdischen Enteisenung und Entmanganung nach DVGW W 223

Filtrationsverfahren	Filtermaterial	Charakteristik	Wirkungsmechanismen
Eisen(II)-Filtration über inertes Filtermaterial	inertes Material, eingearbeitet (Eisenbakterien, Eisen(III)-Oxid-hydrat- Ablagerungen)	Oxidation des Eisens(II) erfolgt erst innerhalb des Filterbettes	Adsorption des Eisens(II) an der eingearbeiteten Filtermaterialoberfläche, Oxidation zu Eisen(III)-Oxidhydrat, Rückhaltung des Eisen(III)-Oxidhydrates im Porenraum des Filtermaterials (Kontaktfiltration)
Eisen(III)-Filtration	inertes Material, Einarbeitung nicht erforderlich	Oxidation des Eisens(II) ist vor Eintritt in das Filterbett abgeschlossen durch pH-Wert-Erhöhung infolge Dosierung basischer Stoffe (Momentanreaktion), sehr lange Aufenthaltszeiten zwischen einer intensiven mechanischen Entsäuerung und Belüftung und der Filtration (Zeitreaktion)	Flockenbildung in Vorstufen oder im Überstauraum des Filters, Abtrennung der Flocken durch Sedimentation, Adsorption u. a. im Porenraum des Filtermaterials (Flockenfiltration)
Eisen(II)-Eisen(III)-Filtration	inertes Material, eingearbeitet (Eisenbakterien, Eisen(III)-Oxid-hydrat- Ablagerungen)	Oxidation des Eisens(II) ist teilweise vor Eintritt in das Filterbett abgeschlossen	Kombination der Kontaktfiltration mit einer Flockenfiltration
Mangan(II)-Filtration über inertes Filtermaterial	inertes Material, eingearbeitet (Manganbakterian, Manganoxidhydrat- Ablagerungen)	Oxidation des Mangans(II) erfolgt erst innerhalb des Filterbettes	Adsorption des Mangans(II) an der eingearbeiteten Filtermaterialoberfläche, Oxidation zu Manganoxidhydrat, Rückhaltung des Manganoxidhydrates im Porenraum des Filtermaterials (Kontaktfiltration)

(Fortsetzung)

Tab. 5.7 (Fortsetzung)

Filtrationsverfahren	Filtermaterial	Charakteristik	Wirkungsmechanismen
Mangan(IV)-Filration	inertes Material, Einarbeitung nicht erforderlich	Oxidation des Mangans(II) ist vor Eintritt in das Filterbett abgeschlossen infolge Zugabe starker Oxidationsmittel (schnelle Reaktion)	Flockenbildung in Vorstufen oder im Überstauraum des Filters, Abtrennung der Flocken durch Sedimentation, Adsorption u. a. im Porenraum des Filtermaterials (Flockenfiltration)
Eisen(II)- bzw. Mangan(II)-Filration über basisches Filtermaterial	basisches Material (Calciumcarbonat, halbgebrannter Dolomit); Einarbeitung für Entmanganung erforderlich	Oxidation des Eisens(II) und/oder Mangans(II) erfolgt erst innerhalb des Filterbettes	Adsorption des Eisens(II) bzw. Mangans(II) an der eingearbeiteten Filtermaterialoberfläche, Oxidation zu Eisen(III)-Oxidhydrat bzw. Manganoxidhydrat, Rückhaltung des Eisen(III)-Oxidhydrates bzw. Manganoxidhydrates im Porenraum des Filtermaterials; Begünstigung der Adsorption und Oxidation durch hohen pH-Wert; Kopplung mit einer meist nur teilweisen Entsäuerung

Die Verfahrensauswahl der oberirdischen und unterirdischen Enteisenung und Entmanganung wird durch folgende Einflussfaktoren bestimmt:

- Beschaffenheit des Rohwassers
- Aufbereitungsziele und Aufbereitungsaufgaben
- Aufbereitungskapazität und deren Schwankungsbreite
- Geochemische und geohydrologische Beschaffenheit des Grundwasserleiters
- Standortbedingungen
- Bedienungsaufwand und Betriebssicherheit
- Investitions- und Betriebskosten

Die gängigen, sowie vorzugsweise anzuwendenden Verfahren der oberirdischen Enteisenung sind in Tab. 5.8 zusammengefasst.

Die Entfernung von Mangan ist weit komplexer als die Filtration von Eisen, wenngleich beide häufig gemeinsam vorkommen. Nur in besonderen Fällen und bei sehr kleinen Eisen- und Manganmengen ist eine Entfernung in einer gemeinsamen Filterstufe möglich.

In der Entmanganung spielen biologische und chemisch-katalytische Prozesse eine weitaus größere Rolle als in der Enteisenung.

Tab. 5.8 Verfahren zur oberirdischen Enteisenung (DVGW W 223-1)

Eisenkonzentration ≤ 10 g/m^3

Rohwasser				
pH-Wert	Säurekapazität mol/m^3	Kapazität Aufbereitung	Vorzugsverfahren	Hinweise und mögliche Alternativen
$\geq 6{,}8$	$> 0{,}5$	beliebig	Eisen(II)-Filtration über inertes Filtermaterial	- bei erforderlicher Entgasung: offene Belüftung - i. d. R. nachgeschaltete chemische Entsäuerung
$< 6{,}8$	$> 2{,}0$	beliebig	Eisen(II)-Filtration über inertes Filtermaterial	- pH-Wert Anhebung durch offene Belüftung vor der Filtration (Ziel: pH $\geq 6{,}8$); auch darunter, wenn im Filterablauf pH $\geq 5{,}5$ - i. d. R. nachgeschaltete Entsäuerung
$< 6{,}8$	$1{,}0 < k_S \leq 2{,}0$	groß	Eisen(II)-Filtration über inertes Filtermaterial	- pH-Wert Anhebung durch offene Belüftung vor der Filtration (Ziel: pH $\geq 6{,}8$); in Einzelfällen pH $\geq 5{,}5$ bezogen auf Filterablauf - i. d. R. nachgeschaltete Entsäuerung
		klein bis mittel	Eisen(II)-Filtration über halbgebranntem Dolomit	- i. d. R. nachgeschaltete Entsäuerung - größere Durchsatzschwankungen problematisch
$< 6{,}8$	$\leq 1{,}0$	groß	Eisen(II)-Filtration über inertes Filtermaterial	- pH-Wert Anhebung durch offene Belüftung vor der Filtration (Ziel: pH $\geq 6{,}8$); in Einzelfällen pH $\geq 5{,}5$ bezogen auf Filterablauf; nachgeschaltete chemische Entsäuerung - Alternative: Eisen(II)- Filtration über Calciumcarbonat
		klein bis mittel	Eisen(II)-Filtration über Calciumcarbonat	- ggf. nachgeschaltete Entsäuerung

Eisenkonzentration > 10 g/m^3

Rohwasser				
pH-Wert	Säurekapazität mol/m^3	Kapazität Aufbereitung	Vorzugsverfahren	Hinweise und mögliche Alternativen
$< 6{,}8$	$\leq 2{,}0$	klein bis mittel	Eisen(II)-Filtration über halbgebranntem Dolomit	- Alternative: Eisen(II)-Filtration über inertes Filtermaterial, wenn pH $\geq 6{,}8$ durch offene Belüftung vor der Filtration und $k_{S4,3} > 1{,}0$ mol/m^3; nachgeschaltete chemische Entsäuerung

(Fortsetzung)

Tab. 5.8 Verfahren zur oberirdischen Enteisenung (W221-1) (Fortsetzung)

pH-Wert	Säurekapazität mol/m³	Kapazität Aufbereitung	Vorzugsverfahren	Hinweise und mögliche Alternativen
Eisenkonzentration > 10 g/m³				
Rohwasser				
≥ 6,8	> 2,0	beliebig	Eisen(II)-Filtration über inertes Filtermaterial	- zweistufig (unterschiedliche Körnung) oder Mehrschicht-filter - nachgeschaltete Entsäuerung
< 6,8	≤ 1,0	groß	Fällung, Flockung und Sedimentation mit Chemikalienzugabe und nachgeschalteter Eisen(III)-Filtration	- Alternative 1: Eisen(II)-Filtration in Mehrschicht oder Zwei-Stufen-Filtern (unterschiedliche Körnung) mit pH-Wert Anhebung durch offene Belüftung vor der Filtration (Ziel: pH-Wert ≥ 6,8); auch darunter wenn im Filterablauf pH ≥ 5,5; nachgeschaltete chemische Entsäuerung - Alternative 2: Trockenfiltration i. d. R. mit nachgeschalteter zweiter Filterstufe und chemischer Entsäuerung

Folgende Hinweise sind für die Manganentfernung hilfreich:

- Die katalytische Oxidation zweiwertiger Manganionen durch Luftsauerstoff bei *pH*-Werten < 8 erfordert sehr viel Zeit.
- Da nach Abb. 4.5 die unlöslichen Manganverbindungen, ausgedrückt durch das Redoxpotenzial in mV am höchsten liegt, müssen neben Eisen alle anderen organischen Verbindungen, z. B. Sulfide und Ammonium, vor der Entmanganung entfernt werden.
- Die biologische Manganoxidation ist schwer in Gang zu setzen. Man muss die Filter mit eingearbeitetem Material aus bestehenden Anlagen animpfen. Trotzdem kann der Prozess mehrere Monate dauern.
- Die Braunsteinbildung (katalytische Wirkung) kann durch die zeitweilige Zugabe von Kaliumpermanganat gefördert werden. Weitere Hinweise dazu sind dem Arbeitsblatt DVGW W 227 zu entnehmen.
- Manganfilter „wachsen", dies muss bei der Festlegung der Freibordhöhe für den Rückspülvorgang berücksichtigt werden.
- Manganfilter dürfen nicht durch zu hohe Rückspülgeschwindigkeiten und gechlortes Rückspülwasser „totgespült" werden.

Die unterschiedlichen Verfahren zur Entmanganung sind unter folgenden Bedingungen vorzugsweise einzusetzen:

- Mangan(II)-Filtration:
  - Mangankonzentration $\leq$ 2,0 g/m³ Mn, in Einzelfällen auch höher
    pH $\geq$ 6,8 $\rightarrow$ Mangan(II)-Filtration über inertes Filtermaterial
    pH < 6,8 $\rightarrow$ Mangan(II)-Filtration über basisches Filtermaterial
    Bei größeren Durchsatzschwankungen ist halbgebrannter Dolomit nicht einsetzbar.
  - Eisen(II)-Konzentrationen $\leq$ 0,20 g/m³
    $\rightarrow$ alleinige Mangan(II)-Filtration
  - 0,20 g/m³ < Eisen(II)-Konzentration $\leq$ 3,0 g/m³
    $\rightarrow$ einstufige Eisen(II)-Mangan(II)- Filtration
  - Bei niedrigen Mangankonzentrationen ist aber auch eine Aufbereitung von Wässern mit Eisen(II)-Konzentrationen über 3,0 g/m³ Fe einstufig möglich.
- Mangan(IV)-Filtration:
  - Mangankonzentration < 2,0 g/m³ Mn
  - stark schwankende Mangankonzentration
  - schwer eliminierbare Manganverbindungen
- Entmanganung durch Fällung, Flockung und Sedimentation:
  - Dieses Verfahren wird in der Regel gezielt nur für die Enteisenung eingesetzt, wobei anteilig auch eine Manganeliminierung stattfinden kann.
- Entmanganung durch Trockenfiltration:
  - Dieses Verfahren wird in der Regel gezielt nur für die Enteisenung eingesetzt, wobei anteilig auch eine Manganeliminierung stattfindet. Eine vollständige Entmanganung ist erreichbar, wenn die Trockenfiltration als einstufige Eisen(II)-Mangan(II)-Filtration dimensioniert und betrieben wird.

Für die Auslegung von Enteisenungs- und Entmanganungsfiltern sind folgende Parameter entscheidend:

- Filterschichthöhe
- die Korngruppe des Filtermaterials bzw. die wirksame Korngröße
- die Filtergeschwindigkeit.

Je nach Filterbauweise bewegt sich die Filterschichthöhe von 1,0 bis 3,0 m. Für geeignete Filterschichthöhen und Korngruppen wird die zugehörige Filtergeschwindigkeit als maximal vertretbare Geschwindigkeit im Hinblick auf die Filtratbeschaffenheit und die Entwicklung des Filterwiderstandes ermittelt. Dazu werden bei großen Anlagen und/oder problematischen Rohwässern halbtechnische Filterversuche eingesetzt. Kleine Anlagen mit unproblematischer Rohwasserbeschaffenheit können anhand von Bemessungshilfen (siehe DVGW W 223-2) dimensioniert werden. Diese Bemessungshilfen können auch zur Planung von Filterversuchen angewendet werden.

Beispiel 5.1

Gesucht:

Für einen Durchsatz von 800 m³/h eine offene Schnellfilteranlage zur Fe(II)-Filtration

Gegeben:

Wasseranalyse:	$pH = 7,4$
	$k_{S4,3} = 2,0$ mol/m³
	$Fe_{(O)} = 6$ mg/l, davon 5,5 mg/l Fe^{2+}
	$t = 10\ °C$
Filterbetthöhe:	2,50 m
Filtersand:	1,0 bis 2,0 (DIN EN 12904, s. Tab. 5.3)

Berechnung:

v_E aus Diagramm = 6,3 m/h (Abb. 5.17)

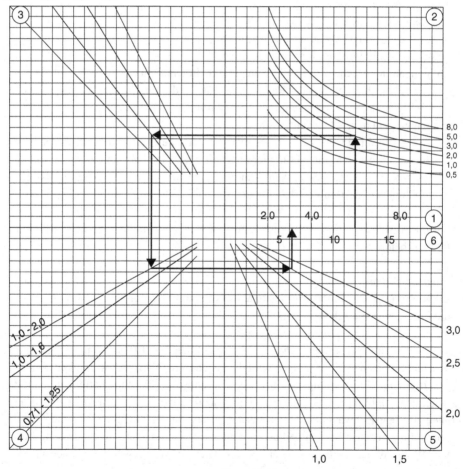

Abb. 5.17 Ermittlung der maximal zulässigen Filtergeschwindigkeit v für die Eisen(II)-Filtration über inertes Filtermaterial (eingearbeitetes Filtermaterial, Wassertemperatur 10 °C, Eisenkonzentration im Filterablauf 0,02 g/m³Fe, Eisenkonzentration im Filterzulauf 2,0 – 10,0 g/m³ Fe) (aus DVGW W 223-2)

Erläuterung zur Nutzung des Diagramms Abb. 5.17:

(1) Eisenkonzentration im Filterzulauf in g/m^3
(2) Säurekapazität bis pH 4,3 in mol/m^3
(3) pH-Wert
(4) Körnung des Filtermaterials in mm
(5) Filterbetthöhe in m
(6) maximal zulässige Filtergeschwindigkeit in m/h

Die Oxidation bis zum erforderlichen Wert von 6 mg/l erfolgt über einen Luft-mischer. Nach Abschn. 5.2.2.3 wird die Beckenbreite auf 2 × 1,5 m festgelegt (ein-seitiger Zulauf Abb. 5.18). Vier Doppelfilter werden vorgesehen.

$$Q / 4 = \frac{800}{4} = 200 \ m^3/h$$

Filterfläche:

$$\frac{Q}{v_E} = \frac{200}{6,3} = 31,75 \ m^2$$

Filterlänge:

$$\frac{63,5}{2 \times 1,5} = 10,58 \ m$$

Als Baumaß wird $l = 10,5$ m gewählt (Abb. 5.19). ◀

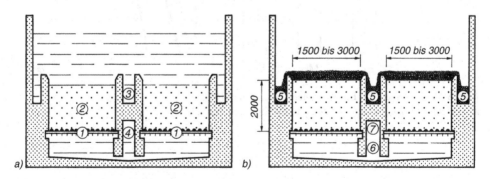

Abb. 5.18 Offenes Überstau-Filterbecken [F17]
a) Überstau während der Filtration, **b)** Überstau während der Filterwäsche
1 Spannbetonfilterboden mit Filterdüsen, 2 Filtermaterial, 3 Rohwasserzuführung, 4 Reinwasser-abführung, (Abb. 5.8), 5 Schlammwasserabführung, 6 Spülwasserzuführung, 7 Spülluftzuführung

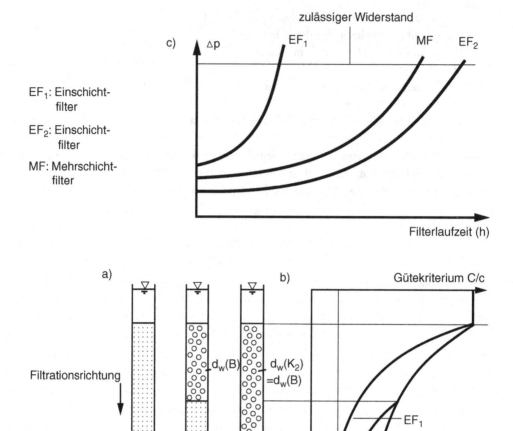

EF$_1$: Einschicht-
     filter

EF$_2$: Einschicht-
     filter

MF: Mehrschicht-
    filter

Abb. 5.19 Verhalten von Ein- und Mehrschichtfiltern [60]
a) Schichtenaufbau, **b)** Güteverhalten, **c)** hydraulisches Verhalten

Für die Eisen(II)-Filtration ist auch bei ungünstigen Randbedingungen eine Einarbeitung in ein bis zwei Wochen möglich. Dagegen werden bei Entmanganungsfiltern Einarbeitungszeiten von oft mehreren Monaten benötigt. Eine Einarbeitung kann hier durch anteilige Verwendung von eingearbeitetem Filtermaterial, Animpfung mit Manganschlamm, Dosierung von Kaliumpermanganat u. a. unterstützt werden. Weitere Hinweise für den Betrieb von Enteisenungs- und Entmanganungsfiltern finden sich in DVGW W 223-2.

Für Wassergewinnungsanlagen in Lockergestein stellt unabhängig von der Aufbereitungskapazität die *unterirdische Enteisenung und Entmanganung* eine grundsätzliche Alternative zu den beschriebenen oberirdischen Verfahren dar. Dabei wirken folgende Einsatzbedingungen erschwerend (Abb. 5.20):

- Höherer Gehalt an leicht oxidierbaren, organischen Materialien oder Eisensulfid (z. B. Pyrit) im Reaktionsraum des Grundwasserleiters.
- Hohe Konzentrationen an oxidierbaren Wasserinhaltsstoffen, insbesondere Methan.
- Schwer oxidierbares Eisen oder Mangan im Rohwasser.
- Heterogener Grundwasserleiter oder starkes Grundwassergefälle im Bereich der Gewinnungsanlage.
- Niedriger Rohwasser-pH-Wert bzw. geringe Pufferung und Absinken des pH-Wertes durch Enteisenung und Entmanganung.

Zur Klärung der Anwendbarkeit des Verfahrens sind hydrogeologische Erkundungen und Aufbereitungsversuche am geplanten Standort durchzuführen. Hinweise zu Planung und Betrieb sind dem Arbeitsblatt DVGW W 223-3 zu entnehmen.

5.2.5 Begasung/Belüftung (Absorption) und Entgasung (Desorption)

Unter Belüftung versteht man den Gasaustausch zwischen Wasser und Luft zum Einbringen von Sauerstoff und zum Entfernen von gelösten Gasen z. B. CO_2, H_2S und CH_4 sowie leichtflüchtigen Kohlenwasserstoffen. Die Begasung ist das Einbringen und Lösen von Gasen, z. B. O_2, O_3 für Aufbereitungszwecke wie beispielsweise Enteisenung oder Desinfektion.

Hinsichtlich der Belüftung wird zwischen *offener* und *geschlossener Belüftung* unterschieden. Bei der offenen Belüftung ist eine gleichzeitige intensive Entfernung von CO_2 möglich. Durch den hohen Stickstoffanteil der Luft wird dieses unerwünschte Gas mit eingetragen (siehe Abschn. 4.3.1). In Folge einer Druckentspannung im Verteilungssystem, z. B. an der Zapfstelle des Verbrauchers, führt dies zum „Milchigwerden" des

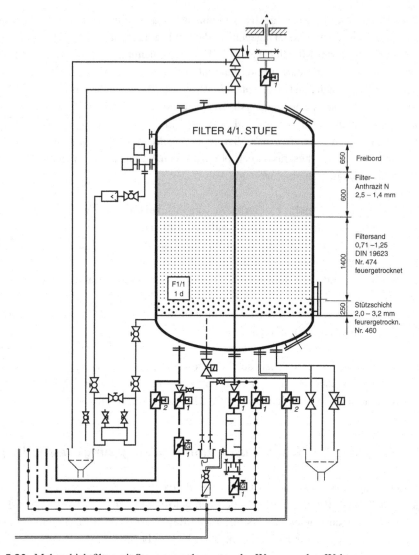

Abb. 5.20 Mehrschichtfilter mit Steuerungselementen des Wasserwerkes Wehnsen

Wassers. Im Filterbett kann durch den Unterdruck (Abb. 5.2) eine Gasblase entstehen, die die Filterleistung mindert.

Die früher übliche Verdüsung über Kreiseldüsen (Abb. 5.21) an Verdüsungsbäumen ist weitgehend durch die Fallverdüsung (Abb. 5.29 und 5.30) und die Rohrgitter-Kaskade (Abb. 5.22) verdrängt. Auch die alte offene Kaskadenbelüftung wird heute durch eine zusätzliche Belüftung (Gegen-, Gleich- und Kreuzstrom) effektiver gemacht.

Abb. 5.21 Kreiseldüse zur
Belüftung und Entgasung

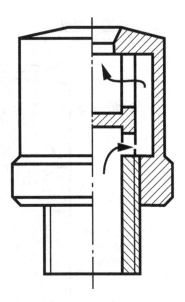

Durch Erzeugung eines Rieselfilms über Wellbahnen und Füllkörperkolonnen kann der Gasaustausch weiter verbessert werden. In Abb. 5.23 sind eine Füllkörperkolonne und die zugehörigen Bemessungsdiagramme für eine CO_2-Entfernung dargestellt. Die Desorptionsluft durchströmt den Füllkörper von unten nach oben, und mitgerissene Wassertröpfchen werden im Demister (Tropfenabscheider) abgeschieden. In Tab. 5.9 sind Leistungsdaten für Be- und Entgasungsverfahren zusammengestellt [27, 71].

Wenn Wasser sich bereits im Gleichgewichtszustand befindet oder zunächst in der ersten Filterstufe nur Eisen entfernt werden soll, ist eine geschlossene Druckbelüftung in einem Wasser-Luft-Mischer (Oxidator) vorteilhaft, weil hierdurch die Wasserförderung nicht unterbrochen wird. Mit diesen Mischern können Sauerstoffgehalte bis 8 mg/l erzielt werden, wenn eine Luftzugabe von ca. 40 bis 70 l/m³ erfolgt. Für die Bemessung liegen Diagramme vor [52].

In allen Belüftungsverfahren muss gewährleistet sein, dass mit der Luft keine Schadstoffe in das Wasser eingetragen werden. Die Zuluft muss daher entstaubt und von geruchs- oder geschmacksbeeinträchtigenden Stoffen befreit werden. Dazu werden Staub-, Pollen- oder Aktivkohlefilter eingesetzt.

Ein in der Wasseraufbereitung zunehmend eingesetztes geschlossenes Belüftungsverfahren stellt die Dosierung von technisch reinem Sauerstoff dar. Neben einem Tank für Flüssigsauerstoff mit Verdampfungsanlage ist eine Mess- und Regeleinrichtung sowie eine Dosierstelle (Sonde) erforderlich.

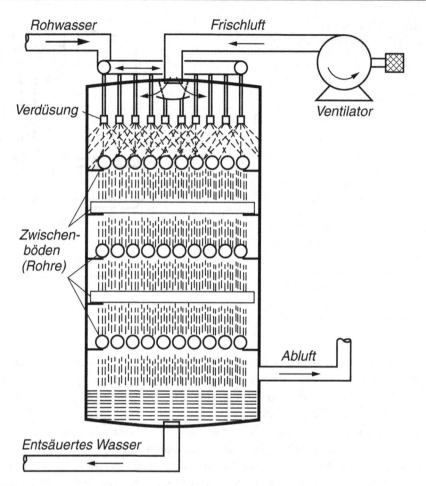

Abb. 5.22 Rohrgitter-Kaskade (Turmbelüftung) [27]

Einen aktuellen Überblick über die verschiedenen Anlagen zum Gasaustausch mit ihren Vor- und Nachteilen für die Apparateauswahl und Gestaltung der Anlagen bietet das DVGW Arbeitsblatt W 650. Hier wird auf Funktion, Konstruktion und Betrieb von Flachbelüftern, Kolonnen, Kaskaden, Strahlapparaten, Verdüsungsanlagen und Oxidatoren eingegangen.

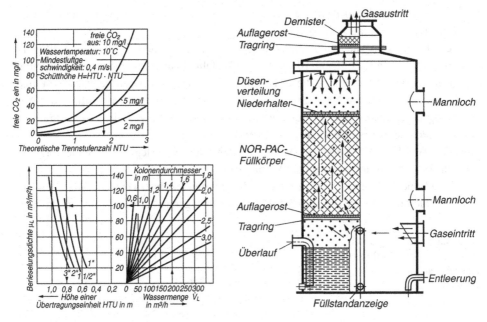

Abb. 5.23 CO$_2$-Riesler mit Bemessungsdiagramm [F11]

Tab. 5.9 Technische Daten und Anwendungsfälle für die Be- und Entgasung (Auswahl) [27, 47]

Verfahren	Flächen-belastung in m³/m²*h	Erforderl. Vordruck in mWS	Energiebedarf in Wh/m³ Luft gesamt	CO$_2$-Austragungs-wirkungsgrad	O$_2$-Eintragungs-wirkungsgrad
Verdüsung	6–15	10–15	60	70	100
Fallverdüsung	15–30	3–4	25	70	95
Rohrgitter-kaskade	bis 250	10	30	65	100
Wellbahn mehrstufig	bis 800	2	20	90	95–100
Füllkörper-kolonne	45–60	10	55	s. Diagramm Abb. 5.23	s. Diagramm Abb. 5.23

5.2.6 Die Einstellung des zulässigen *pH*-Wertes nach TrinkwV (Entsäuerung)

5.2.6.1 Allgemeine Hinweise zur Verfahrenswahl

Ziel der Entsäuerung ist ein stabiles Gleichgewichtswasser, das weder Kalk abscheidet noch korrosiv ist. Hinsichtlich der Grundlagen wird auf Abschn. 4.3 verwiesen.

Nach der aktuellen Trinkwasserverordnung soll der pH-Wert zwischen 6,5 und 9,5 liegen. Die berechnete Calcitlösekapazität am Ausgang des Wasserwerks darf 5 mg/l

Calciumcarbonat nicht überschreiten. Diese Forderung gilt als erfüllt, wenn der pH-Wert am Wasserwerksausgang ≥ 7,7 beträgt.

Liegt der pH-Wert unterhalb von 7,7, muss das Wasser hinsichtlich der Calcitsättigung bewertet werden. In DIN 38404-10 werden die Verfahren zur Prüfung der Calcitsättigung wiedergegeben. Auf Grundlage dieser Norm arbeiten entsprechende Rechnerprogramme sowie leicht handhabbare Näherungslösungen. Ein Flussdiagramm zur Prüfung der Anforderungen der Trinkwasserverordnung findet sich in Abb. 5.24. Weitere Ausführungen sowie Berechnungsbeispiele finden sich in [93].

Nach DVGW W 214-1 ergeben sich bei wirtschaftlicher Auslegung folgende Vorzugsbereiche (Tab. 5.10) für die einzelnen Verfahren.

Die Entsäuerungsverfahren verändern die Beschaffenheit des zu entsäuernden Wassers in unterschiedlicher Weise (siehe Tab. 5.11). Durch eine geeignete Verfahrenswahl können

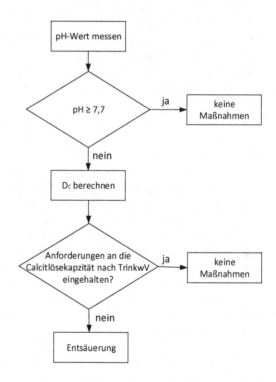

Abb. 5.24 Flussdiagramm Prüfung des Erfordernisses einer Entsäuerung (DVGW W 214-1)

Tab. 5.10 Vorzugsbereiche für den Einsatz der Entsäuerungsverfahren in Abhängigkeit von der Wasserbeschaffenheit (DVGW W 214-1)

Verfahren	Wasserbeschaffenheit im Zulauf zur Entsäuerung
Ausgasung von Kohlenstoffdioxid	$c(Ca^{++}) \times K_{S4,3} > 2$ mmol²/l²
Filtration über Calciumcarbonat	$K_{S4,3} + 2\ K_{B8,2} < 1,5$ mmol/l
Filtration über halbgebranntem Dolomit	$K_{S4,3} + 2\ K_{B8,2} < 2,5$ mmol/l
Dosierung basischer Stoffe	-----

Tab. 5.11 Qualitative Veränderung der Rohwasserbeschaffenheit durch Entsäuerungsverfahren

Verfahren		Änderung von							
		pH	pH_C	$K_{S4,3}$	$K_{B8,2}$	c(DIC)	$c(Ca^{++})$	$c(Mg^{++})$	$c(Na^+)$
Ausgasung von Kohlenstoffdioxid		+	+	o	−	−	o	o	o
Filtration über:	Calciumcarbonat	+	o	+	−	+	+	o	o
	Halbgebranntem Dolomit	+	+	+	−	+	+	+	o
Dosierung von:	Calciumhydroxid	+	+	+	−	o	+	o	o
	Natriumhydroxid	+	+	+	−	o	o	o	+
	Natriumcarbonat	+	+	+	−	+	o	o	+

+ Zunahme; – Abnahme; o keine Veränderung

DIC: Dissolved inorganic Carbon = gelöster anorganisch gebundener Kohlenstoff

unerwünschte Veränderungen zumindest teilweise vermieden und erwünschte Veränderungen teilweise gefördert werden. Ist eine Entsäuerung erforderlich, ist es sinnvoll, bei der Verfahrenswahl

- bei sehr weichen Wässern die Säurekapazität bis pH 4,3 und den Calciumgehalt zu erhöhen,
- bei harten Wässern die Konzentration von Calcium- und Magnesiumionen (Gesamthärte) nicht zu erhöhen und
- die Konzentration der Natriumionen vor allem bei Wässern mit Natriumgehalten in Grenzwertnähe nicht wesentlich zu erhöhen.

Das Aufbereitungsziel kann auf zwei Wegen erreicht werden:

- über die mechanische Entsäuerung;
- über die chemische Entsäuerung.

Die Auswahl des geeigneten Verfahrens erfolgt in Abhängigkeit von

- Calciumionenkonzentration, Säurekapazität und Basekapazität im Zulauf zur Entsäuerung (siehe Tab. 5.10);
- Veränderung der Rohwasserbeschaffenheit durch das Entsäuerungsverfahren (siehe Tab. 5.11);
- Zusätzlich zur Entsäuerung erforderlichen Aufbereitungsmaßnahmen;
- örtliche und betriebliche Randbedingungen;
- Investitions- und Betriebskosten.

5.2.6.2 Mechanische Entsäuerung

Bezüglich der allgemeinen Grundlagen wird auf Abschn. 4.3 verwiesen.

Für die mechanische Entsäuerung können folgende Hinweise hilfreich sein [113]:

- praktische sinnvolle Ausgasung bis max. 2 bis 4 mg/l Restgehalt CO_2;
- im Bereich weicher und mittelharter Wässer mit m-Werten < 1,5 mol/m³ kann pH_C mit einer mechanischen Entsäuerung nicht erreicht werden, d. h. chemische Nachentsäuerung;
- für harte Wässer mit m-Werten > 2,5 mol/m³ kann eine mechanische Intensiv-Entsäuerung zu Kalkausfällungen führen.

Die für diese Verfahren erforderlichen technischen Daten sind in Tab. 5.9 zusammengestellt.

Beispiel 5.2

Gesucht:

    Auslegung einer Entsäuerungsanlage

Gegeben:

    Durchsatz 200 m³/h (22 h Betriebszeit)

Analysedaten

pH bei 10 °C	= 6,48
Säurekapazität bis pH 4,3	= 1,960 mmol/l
Basekapazität bis pH 8,2	= 1,370 mmol/l
freies CO_2 (s. Kap. 4, Bsp. 4.5)	= 60,3 mg/l
CO_{2zug} berechnet	= 2,7 mg/l
I_S	= 8,16 mmol/l

Berechnung:

Vor der Auslegung des Reaktors muss überprüft werden, wie hoch der maximale Wirkungsgrad für die mechanische Entsäuerung werden darf, um Ausfällungen zu vermeiden (siehe Abschn. 4.3.2, Gl. 4.20), Beispiele 4.4 und 4.5)

$$\log CO_2 = 6,67 - 7,8 + \log 119,56 - 0,04\sqrt{8,16}$$

$$\log CO_2 = 0,83$$

$$CO_2 = 6,76 \ mg/l$$

$$\text{max. Wirkungsgrad} \quad \eta = \frac{60,3 - 6,76}{60,3 / 100} = \approx 89\,\%$$

Für einen Hochleistungsreaktor mit „NOR-PAC-1,5"-PP-Füllkörper und einem gewählten Kolonnendurchmesser von 1,60 m nach Abb. 5.23 für die Höhe einer Übergangseinheit *HTU* ergibt sich ein Wert von 0,80 m. Die theoretische Trennstufenzahl *NTU* ergibt für einen CO_2-Restgehalt von 10 mg/l einen Wert von 1,8. Der Diagrammwert mit 5 mg/l Restkohlenstoffdioxid kann nicht gewählt werden, da nach der Berechnung (siehe oben) ein CO_2-Wert < 6,76 mg/l nicht zulässig ist. Damit errechnet sich die erforderliche Schütthöhe:

$$H = HTU \cdot NTU = 0,8 \cdot 1,8 = 1,44$$

Mit einem Sicherheitszuschlag von $\approx 20\,\%$ beträgt die zu wählende Bauhöhe 1,70 m. Da $CO_{2zug} = 2,7$ mg/l beträgt, muss die Restmenge von $10 - 2,7 = 7,3$ mg/l durch eine Marmor- oder Dolomitfilteranlage oder durch die Zugabe von Kalkhydrat oder Natronlauge entfernt werden.

Für Natronlauge ergibt sich folgende Berechnung:

$$NaOH \quad + \quad CO_2 \quad = NaHCO_3$$
$$40\,g\,/\,mol \quad\quad 44\,g\,/\,mol$$

Für 1 g CO_2 werden $40/44 = 0,91$ g NaOH benötigt.
Da Natronlauge häufig in einer Konzentration von 45 % geliefert wird, ergibt sich

$$0,91\,/\,0,45 = 2,02\,g\,/\,g\,CO_2.$$

Bei 7,3 g/m³ und einer Stundenmenge von 200 m³ ergibt sich ein stündlicher Verbrauch von

$$2,02 \cdot 7,3 \cdot 200 = 2950 \text{ g/h.}$$

Bei 22 h Betriebszeit beträgt der monatliche Bedarf

$$2,95 \cdot 22 \cdot 30 = 1947\,kg\,oder\,1,947\,t.$$

Mit einer Dichte von $\approx 1,48$ t/m³ berechnet sich das erforderliche Lagervolumen zu

$$1,947/1,48 \approx 1,3\,m^3.$$

Soll mit Kalkzusatz gearbeitet werden, so ergibt sich ein Kalkverbrauch (100 %ig $Ca(OH_2)$) von 0,84 mg/l abgebundener Kohlensäure. ◄

5.2.6.3 Marmorfilterung

Das Verfahren der „Marmor"- oder „Kalkstein"-Filtration verläuft entsprechend Gl. (4.23) ab. Es eignet sich besonders für sehr weiche Wässer mit einem m-Wert < 1 mol/m³. Da Ca-Ionen gebildet werden, kommt es zu einer auch gewünschten Aufhärtung (Tab. 4.8).

Die Filter sollten spülbar ausgelegt werden. Beim Rückspülvorgang werden Feinstteile ausgespült, der praktische Materialverbrauch liegt daher bei 2,50 g je g abgebundenes CO_2.

Im Handel sind dichte Calciumcarbonate, zum Beispiel Juraperle JH oder Hydro-Carbonat, oder poröse Calciumcarbonate aus Muschel- oder Korallenkalk erhältlich. Die Materialien haben Vor- und Nachteile.

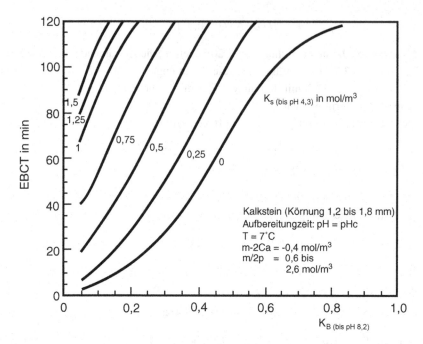

Abb. 5.25 Kontaktzeit (EBCT) in Abhängigkeit von K_B und K_S für dichtes Calciumcarbonat, t = 7 °C und pH = pH_C [113]

Für die chemische Reaktion ist eine bestimmte Kontaktzeit erforderlich: EBCT (empty bed contact time). Sie bezieht sich auf das leere Filterbettvolumen und hängt von der Korngröße des Materials und der Temperatur ab. Es liegen je nach Aufbereitungsziel Diagramme für pH = pH_C und pH = 8 vor. Die Kontaktzeit für pH= pH_C ist wesentlich länger, das heißt die Filter werden größer, wenn pH = pH_C eingestellt werden soll (siehe Beispiel 5.4).

Beispielhaft ist in Abb. 5.25 für Kalkstein der Körnung 1,2 bis 1,8 mm ein Bemessungsdiagramm für das Aufbereitungsziel pH = pH_C und t = 7 °C dargestellt.

Weitere Bemessungsdiagramme werden von den Lieferfirmen der Filtermaterialien (Abb. 5.26) zur Verfügung gestellt.

Beispiel 5.3

Gegeben:

t = 7 °C
$K_{S4,3}$ = 0,25 mol/m³
$K_{B8,2}$ = 0,34 mol/m³
freies CO_2 = 15 mg/l
Volumenstrom = 80 m³/h

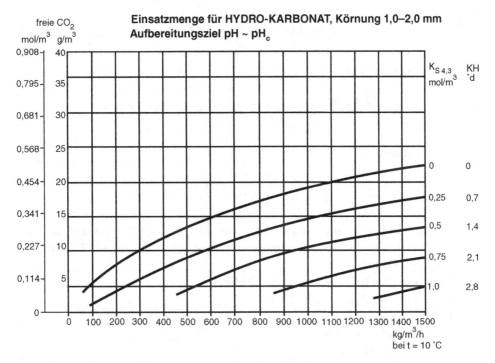

Abb. 5.26 Einsatzmengen für HYDRO-KARBONAT und Aufbereitungsziel $pH \approx pH_C$ [F1]

Prüfung:

$K_{S4,3}+2 \cdot K_{B8,2} \leq 1,0$ mmol/l; $0,25 + 2 \cdot 0,34 = 0,93 < 1,0$

Nach Abb. 5.26 folgt für 10 °C mit $K_{S4,3} = 0,25$ mol/m^3 und freies $CO_2 = 15$ mg/l eine Einsatzmenge von 1070 kg/m^3/h.

Für t = 7 °C ergibt sich mit dem Faktor aus Abb. 5.27

$$1070 \cdot 1,24 = 1326,8 \, \text{kg/m}^3/\text{h}$$

Mit der Schüttdichte nach Firmenunterlagen von 1,45 bis 1,5 t/m^3 ergibt sich:

$$1326/1,5 = 884 \, \text{l/m}^3/\text{h oder } 0,884 \, \text{m}^3/\text{m}^3/\text{h}$$

erforderliches Reaktionvolumen:

$$V_{erf} = 80 \cdot 0,884 = 70,7 \, \text{m}^3$$

Höhe Filtermaterial: gewählt: 2,0 m

$$A_{erf} = \frac{V}{h} = \frac{70,7}{2,0} = 35,35 \, m^2$$

gewählt: 3 Filter

$$Filterfläche = \frac{35,35}{3} = 11,78 \ m^2$$

erforderlicher Filterdurchmesser d:

$$d = \sqrt{\frac{4 \cdot 11,78}{\pi}} = 3,87 \ m \quad \text{gewählt}: 3,90 \ m; \ A = 11,94 \ m^2$$

Filtergeschwindigkeit:

$$v = \frac{Q/3}{A} = \frac{80/3}{11,94} = 2,23 \ m/h$$

Durch eine Bemessung auf pH = 8 vermindert sich der Raumbedarf auf ungefähr 0,220 m^3/m^3/h und das erforderliche Reaktionsvolumen von 70,7 m^3 auf $80 \cdot 0,22 = 17,6 \ m^3$.

Die Kontaktzeit beträgt dann nur ca. 10 Minuten.

Bemessung mit Diagramm nach Abb. 5.25

EBCT in min = 60

Temperaturfaktor für 7 °C = 1,0

erforderliches Volumen

$$\frac{1}{60} \cdot 60 \cdot 1,0 = 1,00 \ m^3 pro \ m^3/h \ aufzubereitendes \ Wasser$$

Gesamtvolumen

$$V = 80 \cdot 1,00 = 80,0 \ m^3 \qquad \blacktriangleleft$$

Beispiel 5.3 verdeutlicht, dass bei der Forderung $pH \approx pH_C$ (Abb. 5.26) und $pH = pH_C$ (Abb. 5.25) sehr große Reaktionsvolumen benötigt werden.

Der Lösungsweg, bis $pH = 8$ zu entsäuern und dann eine Nachentsäuerung mit Natronlauge vorzunehmen, wird für kleine Wasserwerke als kritisch angesehen [47]. Es bleibt noch die Möglichkeit, auf reaktionsschnelle Filtermaterialien umzustellen. In diesem Fall verkürzt sich die *EBCT*-Zeit auf ca. 12 Minuten [F1].

Für die Spülung der gewählten Körnung 1,0 bis 2,0 mm werden folgende Spülgeschwindigkeiten empfohlen:

- Spülung mit Luft und Wasser kombiniert
  - Luft ca. 5 Minuten mit ca. 60 m/h
  - Luft/Wasser ca. 2–5 Minuten mit Luft ca. 60 m/h
  - mit Wasser 8 bis 12 m/h
  - Wasserspülung bis zum Klarablauf mit 20 bis 25 m/h

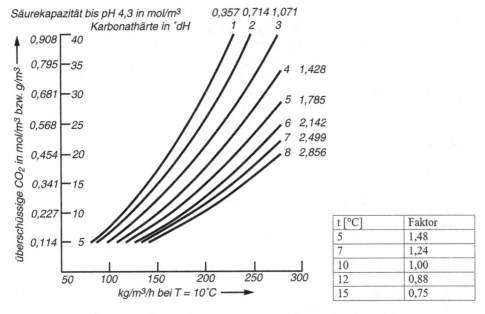

Abb. 5.27   Einsatzmengen für MAGNO-DOL [F1] – Körnung 0,5 bis 2,5 mm

5.2.6.4 Dolomitfiltration

Filtermaterial aus halbgebrannten Dolomiten eignen sich gut für weiche und für mittelharte Wässer mit einem m-Wert < 2,5 mol/m³.

Die chemische Reaktion verläuft entsprechend Gl. (4.24).

Mit den Einsatzmengen nach Abb. 5.27 lässt sich der Gleichgewichtszustand einstellen.

Die Neutralisation von 1 mg/l freier Kohlensäure bewirkt eine Aufhärtung von 0,1°dH und einem Materialverbrauch von 1,3 g je m³ Wasser. Bei Unterlast und schwach gepuffertem Wasser steigt der pH-Wert bis knapp unter 9,5 und liegt über dem Gleichgewichtswert [5]. Unterlastungen > 30 %, bezogen auf die Einsatzmenge, müssen vermieden werden, da sonst mit Verbackungen zu rechnen ist.

In der Anfangsphase neigt das Material zur Überalkalisierung. Neue Filteranlagen sollten daher nur zu einem Drittel oder bis maximal zur Hälfte gefüllt werden, bei Nachfüllungen ist die Menge < 10 % zu wählen. Das Diagramm in Abb. 5.27 gilt nur für 10 °C und dem Verhältnis Karbonathärte : Calcium (in °dH) von 1 : max. 2.

Der Eisengehalt soll < 0,5 mg/l und der Mangangehalt < 0,05 mg/l liegen. Die Schüttdichte liegt bei 1,2 t/m³.

Für die kombinierte Luft-Wasser-Spülung werden folgende Werte empfohlen:

- Luft ca. 5 Minuten mit ca. 60 m/h ($\cong$ 1 m³ pro Minute)
- Luft und Wasser ca. 10 Minuten mit 60 m/h Luft und 8 bis 12 m/h Wasser
- Wasser mit 20 bis 25 m/h bis zum klaren Ablauf

Für diese Geschwindigkeiten ergibt sich eine Freibordhöhe von 300 bis 500 mm. Die Filterschichthöhe liegt bei offenen Anlagen zwischen 1000 bis 2000 mm und bei geschlossenen Anlagen zwischen 1500 bis 3000 mm.

Als Filtergeschwindigkeit wird empfohlen:

Filteranlage   offen   5 bis 15 m/h
                geschlossen   10 bis 30 m/h.

Beispiel 5.4

Gesucht:

Eine geschlossene Dolomitfilteranlage für das gegebene Rohwasser

Gegeben:

Wasseranalyse:
  Temperatur 10 °C
  Gesamthärte 6,0 °dH
  Summe Erdalkalien 1,07 mol/m^3
  Säurekapazität bis pH 4,3 = 1,4 mol/m^3
  KH 3,9 °dH
  Basekapazität bis pH 8,2 = 0,62 mol/m^3
  freie Kohlensäure 27,3 g/m^3
  Calcium 21,5 g/m^3
  überschüssige Kohlensäure 26,8 g/m^3
Mittlere Betriebszeit der Filter 22 h/d mit folgenden Wassermengen

Q_{dmin} =   135 m^3/h
Q_d =   155 m^3/h
Q_{dmax} =   310 m^3/h

Überprüfung:
KH: Ca-Härte = max. 1:2
3,9 °dH:0,14 · 21,5; 3,9:3,01 < 1:2
Aus Abb. 5.27 ergibt sich eine Einsatzmenge von 250 kg/m^3/h

Reaktionsvolumen für die Wassermengen in (kg/m^3/h × m^3/h)/kg/m^3

Q_{dmin} (250 · 135)/1200 = 28,1 m^3
Q_d (250 · 155)/1200 = 32,3 m^3
Q_{dmax} (250 · 310)/1200 = 64,6 m^3

gewählt:
Filterdurchmesser 4,0 m mit A = 12,57 m²
Filterschichthöhe h = 2,60 m
Reaktionsvolumen 12,57 · 2,60 = 32,7 m³ pro Filter

Wassermenge	Mindestfilterfläche A = Reaktionsvol./h in m²	Filterzahl $\varnothing$ 4,0 m	vorh. Filterfläche in m²	Filtergeschwindigkeit $V = Q/A_{vorh}$ in m/h
Q_{dmin}	10,81	1	12,57	10,7
Q_d	12,42	1	12,57	12,3
Q_{dmax}	24,85	2	25,14	12,3

Prüfung der Unterlastung bei Q_{dmin}:
erf. Reaktionsvolumen/(vorh. Reaktionsvolumen/100)
28,1/(32,7/100) ≈ 86 %
Verbrauchsmenge:

$$155 \cdot 22 \cdot 365 \cdot 1,3 \cdot 26,8 \cdot 1/1000 \cdot 1/1200 = 36,13$$
m³/h　h/d　d/a　g Dolomit/　(mg/l) · CO₂　kg/g　m³/kg　m³/a
　　　　　　　mg/l CO₂ · m³

max. Nachfüllmenge < 10 % des Reaktionsvolumens:

0,1 × 32,7 = < 3,3 m³
gewählt monatliche Füllung mit 3,0 m³

Rückspülung der Filter:

1)　12,57 m² · 1,0 m³/min Luft　je m² · 5 min　≈　63 m³
2)　12,57 m² · 1,0 m³/min Luft　je m² · 10 min　≈　126 m³
　　12,57 m² · 0,2 m³/min Wasser　je m² · 10 min　≈　25 m³
3)　12,57 m² · 0,4 m³/min Wasser　je m² · 5 min　≈　25 m³

Der Reinwasserbehälter muss daher > 50 m³ sein, besser Q_{dmin} = 155 m³ ◀

5.2.6.5 Zugabe von alkalischen Dosiermitteln und Überwachung des pH_C-Wertes

Zur Nachentsäuerung und zur genauen Einstellung des pH_C-Wertes werden vielfach Kalkhydrat (als Kalkwasser) (Abb. 5.13), Natronlauge und Soda eingesetzt.

Die chemischen Umsetzungen verlaufen entsprechend der Gl. (4.22) und (4.23).

Natronlauge erfordert besondere Lagerungsbedingungen und Maßnahmen entsprechend den Unfallverhütungsvorschriften. Der Einsatz bei kleinen Wasserwerken wird daher als problematisch angesehen [47].

Die Dosierung dieser Chemikalien erfordert erfahrenes Fachpersonal. Bei der Zugabe sind genaue Dosierstellenwahl und die schnelle Durchmischung wichtig. In weichen und gering gepufferten Wässern kann leicht pH_C überschritten werden, und in harten Wässern kann es zu Kalkabscheidungen kommen.

Der pH-Wert kann mit entsprechender Messtechnik kontinuierlich gemessen werden. Da der pH-Wert exponentiell verläuft, ist die Kennlinie für die pH-Einstellung nicht linear, d. h. die Zugabe basischer Lösung kann zu sprunghaften Veränderungen des pH-Wertes führen.

Die Feststellung der Calcit-Sättigung kann nach DVGW W 214-1 (s. Kap. 4) über kontinuierliche Messverfahren (z. B. pH-Wert, Temperatur) und rechnerische Verfahren (Anforderungen nach DIN 38404-10) überprüft (Konsistenzprüfung) werden. Doch sind sowohl die Messung des pH-Werts als auch die Berechnung mit Unsicherheiten behaftet.

Da sich die Rohwasserqualität je nach Gewinnungsanlage (s. Kap. 3) verändert, ändert sich auch der pH_C-Wert. Hinweise über den Einsatz von Messgeräten zur Kontrolle der Wassergüte gibt DVGW W 645-1.

5.2.6.6 Kombinierte Entfernung von Wasserinhaltsstoffen

Sehr häufig sind im Grundwasser überschüssige Kohlensäure, Eisen und Mangan gleichzeitig vorhanden.

Die Kurzcharakteristik für Grundwässer und die möglichen Aufbereitungsschritte sind in Tab. 5.12 aufgezeigt.

In Abb. 5.28 sind Hauptverfahren dargestellt. Der erste Schritt ist die Begasung bzw. Belüftung. Dies kann im geschlossenen Oxidator (1) oder mit einem offenen Belüftungssystem (1a) erfolgen.

Im offenen System können neben dem Sauerstoffeintrag auch Gase (z. B. CO_2) ausgestrippt werden. Der Vordruck der U-Pumpen geht hierbei allerdings verloren, und ein Zwischenpumpwerk wird erforderlich (s. Abb. 5.28, System b). Die erste Filterstufe (2) dient zur Eisenentfernung und wird als Ein- oder Mehrschichtfilter mit inertem Filtermaterial betrieben. Die zweite Filterstufe (3) ist entweder mit alkalischem Filtermaterial gefüllt, oder sie wirkt katalytisch. Dieser Filter dient der Manganentfernung und sorgt für eine Restentsäuerung.

Abb. 5.29 zeigt eine einstufige Fallverdüsung. Die offene Filterstufe ist entweder mit Filtersand (einstufig), Mehrschichtfiltermaterial oder alkalischem Filtermaterial gefüllt. In kleinen Wasserwerken $< 100 \, m^3/h$ hat sich Abb. 5.28, System a) ohne zweite Schnellfilterstufe bewährt, wenn diese mit Marmor oder halbgebranntem Dolomit gefüllt ist und die Eisenwerte nicht höher als 2 bis 3 mg/l liegen. Die belüftete Rohrschleife verhindert ein Trockenfallen der Filteranlage. Diese Rohrschleife ist auch für System b) bis d) vorzusehen.

Das System d) in Abb. 5.28 ist dann besonders günstig, wenn neben hohen Eisen- und Mangangehalten auch überschüssige Kohlensäure entfernt werden muss. Die Filtereinheiten können zur Flächeneinsparung auch übereinander aufgestellt werden.

In Abb. 5.30 ist ein derartiger Fallverdüsungsdoppelfilter [85] dargestellt. In der unteren ersten Druckfilterstufe wird das Eisen entfernt. Durch die anschließende Fallverdüsung wird CO_2 ausgegast und erneut Sauerstoff eingetragen. Der Abspritzdruck am Verdüsungsring muss 0,5 bar betragen. Die zweite Filterstufe ist als offener Schnellfilter

Tab. 5.12 Aufbereitungsverfahren für Grundwässer nach Gewässertypen in Anlehnung an *Groth* [27]

Grundwasser-gewässertyp	U_H in mV	pH-Wert	O_2-Sättigung	DOC in mg/l	N- u. S-Verb. vorhanden als	Fe(II) in mg/l	Mn(II) in mg/l	pH- Einstellung	Kiesfilter	alkalisches Filtermat.	katalytische Oxidation	$KMnO_4$-Oxidation	Be- und Entgasung	Flockung/ Fällung	$KMnO_4$-Oxidation	Kiesfilter 1. Stufe	pH- Anhebung	Entgasung	Kiesfilter 2. Stufe mit katalytischer Oxidation	alkalisches Filtermaterial
A1 Sandgebiet Weg a) Weg b)	> 600	6 bis 8,5	> 70	≤ 1	NO_3^- SO_4^{2-}	< 0,1	< 0,05 *)oder') (> 0,05)	> 7,8	x	x	') (x)	') (x)								
A2 Heide- oder Dünengebiet Weg a1) Weg a2) Weg b)	500	4,5 bis 6	50 bis 70	5 bis 10	NO_3^- SO_4^{2-}	≤ 3	≤ 1 (≤ 0,2)*)	6,5 bis 7,0 6,5 bis 7,0					x oder x	x ') x	(x)*)	x (x) x	> 7,8	x x	x	x
B2 reduziertes Grundwasser Weg a) Weg b) Weg c)	600 bis 0	6 bis 7,5	0	1 bis 5	NH_4^- < 1 bis 2 mg/l	1 bis 10	1 bis 2					x	x x x	x		x x x	> 7,8	x x	x A-Kohle-filter	x
C2 stark reduziertes Grundwasser	-400 bis 0	5,5 bis 7,5	0	1 bis 10	NH_4^- 1 –5 mg/l H_2S 1–3 mg/l	0,1 bis 5	0,5 bis 5													wie Typ B2

Kurzcharakteristik (Normaltyp)   Aufbereitungsschritte

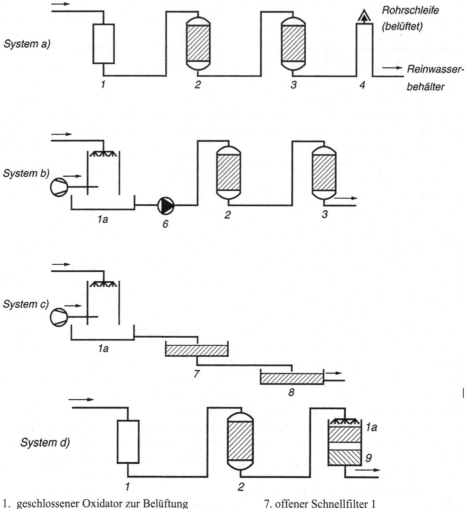

1. geschlossener Oxidator zur Belüftung

1a offene Belüftung zur Be- und Entgasung

2. geschlossene Schnellfilterstufe 1

3. geschlossene nachgeschaltete Schnellfilterstufe 2

4. belüftete Rohrschleife als Trockenlaufsperre

5. Gebläse zur Unterstützung der Be- und Entgasung

6. Zwischenpumpwerk zum Betrieb der Druckfilter

7. offener Schnellfilter 1

8. offener Schnellfilter 2 in Kaskade
   geschaltet mit Filter 1

9. nachgeschaltete offene Schnellfilterstufe

Abb. 5.28 Hauptverfahren zur kombinierten Entfernung von Wasserinhaltsstoffen ohne Desinfektionsstufe und pH_C-Feineinstellung [nach F3 verändert]

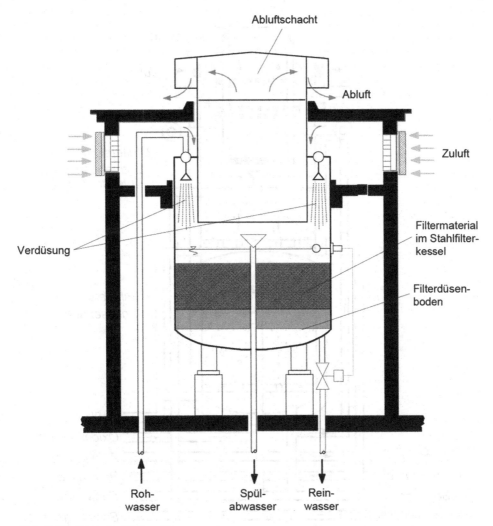

Abb. 5.29 Einstufige Fallverdüsung

ausgebildet. Beispielhaft ist in Tab. 5.13 die Reinigungsleistung einer derartigen Anlage aufgelistet [78]. Zur genauen pH-Wert- Einstellung wird in der Regel eine kleine Natronlaugemenge zudosiert.

In Abb. 5.31 und 5.32 ist im Schema und Lageplan ein Gesamtkonzept von der Gewinnung bis zum Reinwasserbehälter für das Wasserwerk der Stadtwerke Wolfenbüttel dargestellt [91]. Aus 4 Tiefbrunnen mit ca. 60 m Tiefe und einem Durchmesser von 60 0 mm werden ca. 1000 m^3/h Rohwasser gefördert. Zur Entfernung von Eisen und Mangan wurde eine geschlossene Schnellfilteranlage gebaut, d. h. das Rohwasser bleibt von der U-Pumpe bis zum Reinwasserbehälter in einem Drucksystem. Das Rohwasser wird über einen Oxidator mit Luft versetzt. Die drei in Freiluftaufstellung und parallel betriebenen Filterkessel

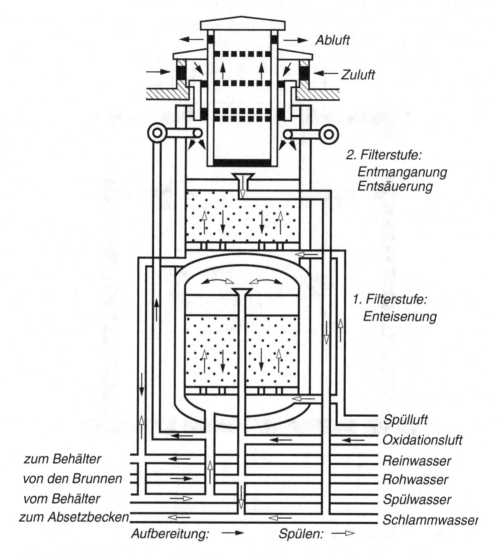

Abluft

Zuluft

2. Filterstufe:
Entmanganung
Entsäuerung

1. Filterstufe:
Enteisenung

Spülluft
Oxidationsluft

zum Behälter   Reinwasser
von den Brunnen   Rohwasser
vom Behälter   Spülwasser
zum Absetzbecken   Schlammwasser

Aufbereitung: ⟶   Spülen: ⟶

Abb. 5.30 Fallverdüsungsdoppelfilter [85]

Tab. 5.13 Zweistufige Fallverdüsung Werte in mg/l bzw. °dH [78]

	Rohwasser	Reinwasser I	Reinwasser II
pH	6,5	6,5	7,2
freies CO_2	200	40	5
GH	8,5	8,5	8,5
KH	8,5	8,5	8,5
Fe	4,0	0,2	0,02
Mn	0,4	0,4	0,01

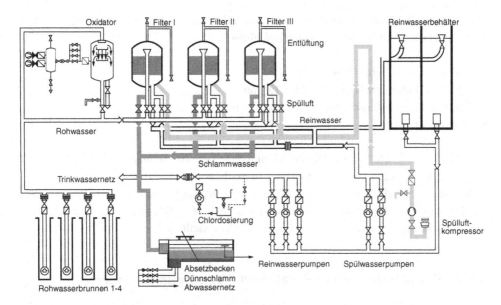

Abb. 5.31 Systemskizze zum Wasserwerk Wolfenbüttel [91]

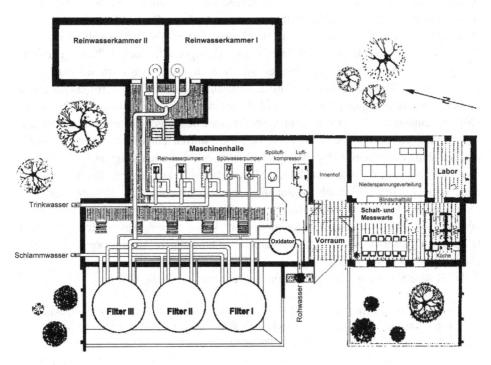

Abb. 5.32 Lageplan vom Wasserwerk Wolfenbüttel [91]

haben einen Durchmesser von 4,5 m und eine zylindrische Mantelhöhe von 3,5 m. Die Mehrschichtfilter sind folgendermaßen aufgebaut:

- 200 mm Tragschicht (Quarzsand)
- 1300 mm Filterschicht (Sand 0,7 bis 1,0 mm)
- 800 mm Hydroanthrazitschicht (1,4 bis 2,5 mm)
- 900 mm Freibord

Die Rückspülung erfolgt voll automatisch und dauert ca. 40 Minuten.

Es werden ca. 120 m^3 pro Filterspülung an Spülwasser benötigt.

Seit dem Jahr 2006 werden dem aufbereiteten, harten Grundwasser im Wasserwerk Wolfenbüttel noch 60 % weiches Harzwasser zugemischt. Die hierzu nachgerüstete Anlagentechnik ist nicht in den Abb. 5.31 und 5.32 dargestellt.

5.2.7 Desinfektion von Trinkwasser und Versorgungsanlagen

In der derzeit gültigen Trinkwasserverordnung [R17] sind keine Angaben zu Einsatzmengen von Desinfektionsmitteln wiedergegeben. Detailinformationen über Desinfektionsmittel werden vom Umweltbundesamt in der Liste der Aufbereitungsstoffe und Desinfektionsverfahren gemäß § 11 der Trinkwasserverordnung [98] veröffentlicht. Die Liste wird ständig aktualisiert und unter Berücksichtigung des technischen Fortschritts angepasst. Hierzu werden die zuständigen Stellen in den Behörden sowie der beteiligten Fachkreise und Verbände gehört. Rechtlich verbindlich sind auch die Veröffentlichungen in der Zeitschrift *„Bundesgesundheitsblatt-Gesundheitsforschung-Gesundheitsschutz"* [76]. Die einzusetzenden Desinfektionsmittel müssen den allgemein anerkannten Regeln der Technik entsprechen. Nur zugelassene Stoffe dürfen eingesetzt werden. Einsatzmengen sind auf das notwendige Maß zu beschränken (Minimierungsgebot).

Das Trinkwasser selbst und auch die Anlagen, die mit Trinkwasser in Berührung kommen, müssen mikrobiologisch einwandfrei sein (s. Abschn. 4.2). Einsatz- und Anforderungskriterien für die Desinfektion von Trinkwasser finden sich im Arbeitsblatt DVGW W 290. Für die Desinfektion von Wasserversorgungsanlagen wird auf DVGW W 291 verwiesen. Wichtig ist hierbei eine umweltgerechte Entsorgung nach Beendigung der Desinfektion.

In [7] wird *Schoenen* zitiert mit folgender Definition für Desinfektion:

„Desinfektion ist die Abtötung von Mikroorganismen. Nach einer einwandfreien Desinfektion sind in definierten Volumina Krankheitserreger mit spezifizierten Verfahren nicht mehr nachweisbar und die Zahl unspezifischer Mikroorganismen liegt unter einem geforderten Wert."

Um Trinkwasser frei von gesundheitsschädigenden Keimen und Bakterien zu bekommen, können unterschiedliche Wege beschritten werden. Man kann die Krankheitserreger entfernen oder physikalisch/chemisch abtöten.

Bekannte Verfahren sind:

- physikalisch: Ultrafiltration, Langsamfilter, UV-Desinfektion
- chemisch (biozide Wirkung von Oxidationsmittel): Chlor, Natrium-, Calcium-, Magnesiumhypochlorit, Chlorkalk, Chlordioxid, Ozon

Die Wirkung dieser Desinfektionsverfahren wird durch Faktoren beeinflusst, die den Wirkungsmechanismus behindern oder unmöglich machen. Außerdem können unerwünschte Nebenprodukte entstehen (z. B. Bromat, Trihalogenmethan (THM)).

Folgende Faktoren können den Prozess beeinflussen:

- organische und anorganische Stoffe, die als Reduktionsmittel reagieren (z. B. Huminsäuren, Stoffwechsel- und Abbauprodukte von Plankton). Diese Stoffe können bei Anwendung von Chlor auch als Prekursoren (Vorläufer, Molekül als Ausgangsprodukt für eine chemische Reaktion) für die Bildung von Trihalogenmethan dienen.
- Ammonium (es kann Nitrit entstehen)
- Bromidionen (bei Ozonanwendung kann Bromat entstehen)
- Biokolloide und Anlagerungen von Trübstoffen (dies unterbindet die biozide Wirkung)

Zur Erzeugung von Trinkwasser aus mikrobiell belasteten Rohwässern können auch *Ultrafiltrationsmembranen* eingesetzt werden, welche prinzipiell auch Partikel im Größenbereich von Viren zurückhalten. Hierbei ist aber an die Integritätsprüfung der Membranen im laufenden Betrieb besonders hohe Anforderungen zu stellen. Da hierfür zurzeit keine geeigneten kontinuierlichen und im Betrieb anwendbaren Messverfahren Verfügung stehen, wird empfohlen, zusätzlich eine abschließende chemische Desinfektion vorzusehen. [20]

Langsamfilter: Bei langsamer Filterung mit Filtergeschwindigkeiten < 100 mm/h werden auch Bakterien zurückgehalten. Diese Filter können entweder mit Überstau oder als Trockenfilter betrieben werden. Langsamfilter werden vor allem in abgelegenen Gebieten und in Entwicklungsländern eingesetzt. Wenn auch die Entkeimungswirkung nicht in jedem Fall der WHO-Empfehlung [111] entspricht, sind Langsamsandfilter gerade bei ungenügender oder fehlender Wartung einer chemischen Entkeimung vorzuziehen.

Für die *UV-Desinfektion* spricht, dass nach heutigem Wissensstand keine Nebenprodukte entstehen. Der Ausstattungsgrad dieser Anlagen und Hinweise für den technischen Einsatz findet man in DVGW W 294. Das Wasser soll partikelarm sein, der Gehalt an Eisen unter 0,03 mg/l und der für Mangan unter 0,02 mg/l liegen. Es werden nur typgeprüfte Anlagen empfohlen [7].

Die häufigste Anwendung findet die *Chlorgas-Desinfektion*, da sie einfach und preisgünstig ist. Da Chlor sehr giftig ist (MAK-Wert 1,5 mg/m^3), gelten für den Umgang

strenge Vorschriften. DIN 19606 und die DGUV Information 203-086 [17] regeln beispielsweise die Anwendung und den Umgang mit Chlorgas. Das Chlorgas wird im Teil-
strom mit Wasser gemischt. Es läuft folgende chemische Reaktion ab:

$$Cl_2 + H_2O \rightarrow HCl + HOCl \, (\text{Hydrolyse})$$ (5.1)

Es bildet sich Salzsäure, die durch die Karbonate im Wasser sofort neutralisiert wird, und
unterchlorige Säure. Die Dissoziation der unterchlorigen Säure ist stark pH-Wert-
abhängig. Mit steigendem pH-Wert muss die Zugabemenge gesteigert werden. Da Chlor
auch als Oxidationsmittel wirkt, rufen oxidierbare Substanzen eine Chlorzehrung hervor.
Die Keimtötungswirkung wird durch den abgespaltenen aktiven Sauerstoff erreicht. In
Normalfall beträgt die zulässige Zugabe 1,2 mg/l. Sie darf nach der Aufbereitung einen
Grenzwert von 0,3 mg/l nicht überschreiten. In Sonderfällen erlaubt die TrinkwV bis
6,0 mg/l bzw. einen Grenzwert nach der Aufbereitung von 0,6 mg/l. Die TrinkwV schreibt
einen Mindestgehalt von 0,1 mg/l vor. Um einen Chlorüberschuss von > 0,1 mg/l zu erreichen, sind für 10 °C Wassertemperatur und $pH = 6{,}0$ ca. 30 Minuten und $pH = 8{,}0$ ca. 60
Minuten Einwirkzeit erforderlich. Die Wirkung sollte über Messungen des Redox-
potenzials kontrolliert werden. Unmittelbar danach und nach 30 bis 60 Minuten nach
der Dosierung sollten folgende Werte vorliegen:

- Chlor und Chlordioxid :   750 mV
- Ozon: 800 bis 900 mV

Weitere Hinweise zur Desinfektion von Trinkwasser mit Chlor finden sich im
DVGW Arbeitsblatt W 229. Für den Aufbau einer Chlorgasdosiereinrichtung wird auf
DVGW W 623 verwiesen.

Ein wesentlicher Nachteil des Chlors ist darin zu sehen, dass organische Inhaltsstoffe
des Wassers chloriert werden. Dabei werden unterschiedliche Trihalogenmethane (THM
oder Haloforme) gebildet (siehe oben). Einige Haloforme stehen im Verdacht, krebs-
fördernd zu wirken. Für die Summe der vier Haloforme gilt ein Grenzwert von 10 mg/l.
Weiterhin führt der Chloreinsatz in den Wasserwerken zur Bildung von Chlorphenolen,
die dem Wasser einen unangenehmen muffigen Geschmack geben. Eine Konzentration ab
0,02 mg/l wirkt bereits störend.

Für kleinere Wasserwerke verwendet man *Natriumhypochlorit* (NaOCl). Die Lösung
muss DIN EN 901 entsprechen. Sie ist licht- und wärmeempfindlich und nur begrenzt
lagerfähig.

Chlordioxid (ClO_2) hat gegenüber Chlorgas Vorteile, da sein höheres Oxidationsver-
mögen bei stark reduzierter Geschmacks- und Geruchsgrenze erreicht wird. Da Chlordioxid nicht stabil ist, muss es vor Ort aus Natriumchlorit ($NaClO_2$) und Chlorgas oder aus
Chlorit und Salzsäure hergestellt werden [51]. Einzelheiten über Herstellung, Steuerung,
Überwachung und Sicherheitsaspekte sind in DVGW W 224 zu finden.

Ozon (O_3) ist ein wirksames Oxidations- und Desinfektionsmittel. Für die Reaktionsprodukte wird gefordert, dass nach Ozonung und Abschluss der Aufbereitung ein Grenzwert von 10 µg/l nicht überschritten wird. Für den Restozongehalt im Wasser gilt bei Einsatz von Ozon als Desinfektionsmittel ein Grenzwert von 0,05 mg/l und bei Einsatz von Ozon als Oxidationsmittel ein Grenzwert von 0,01 mg/l. Ozon wird vor Ort durch elektrische Entladung erzeugt. Für die Ozonerzeugung und den Eintrag gibt es gemäß DIN 19627 mehrere Anlagentypen. Ozon ist wie alle oxidierenden Gase hochgiftig. Die maximale Arbeitsplatzkonzentration (MAK-Wert) betrug 0,2 mg/m^3 Ozon in der Luft. Ein neuer Arbeitsplatzgrenzwert (AGW) wurde noch nicht definiert, weshalb der bisherige MAK-Wert weiterhin als Orientierung. Bei ungenügend aufbereitetem Oberflächenwasser führt der schnelle Zerfall des Ozons im Wasser zu einer Nachverkeimung im Rohrnetz. In wenig belastetem Grundwasser ist ein Keimwachstum bei der Ozonung nicht zu befürchten. Zur Desinfektion kann Ozon somit unter folgenden Bedingungen eingesetzt werden:

- Grundwasser mit geringer organischer Belastung ohne Einschränkung.
- Einwandfrei aufbereitetes Oberflächenwasser in einem sauberen Rohrnetz ohne Ablagerungen.
- Oberflächenwasser ohne Einschränkung bei nachgeschalteter Aktivkohlefiltration und Sicherheitschlorung. Die Sicherheitschlorung benötigt weniger als 0,1 g Chlor pro m^3 und keine Reaktionszeit. [38]

Bekannt ist auch die bakterizide Wirkung von *Silber*. Ein Nachteil liegt in der langen Einwirkzeit. Silberprodukte (z. B. Silberionen, Silberchlorid) wurden aber aus der Liste der Aufbereitungs- und Desinfektionsverfahren [98] gestrichen und sind nicht mehr anzuwenden.

5.2.8 Spurenstoffentfernung, Entsalzung, Enthärtung sowie Sonderprobleme der Aufbereitung

Die zunehmende Umweltbelastung durch Luftverunreinigungen, Altlasten, undichte Abwasserkanäle, wassergefährdende Stoffe, Intensivlandwirtschaft u. a. hat zu anorganischen und organischen Mikroverunreinigungen im Grund- und Oberflächenwasser geführt.

Teilweise müssen auf Grund regionaler Engpässe auch schwierige Wässer für die Trinkwasserversorgung herangezogen werden. In der Wasseraufbereitung spielen daher in zunehmendem Maße der Ionenaustauscher, die Membranverfahren, die Aktivkohlefiltration und die Denitrifikation (biologische Nitratentfernung) eine Rolle.

5.2.8.1 Ionenaustauschverfahren

Beim *Ionenaustauschverfahren* werden hochmolekulare Stoffe benutzt, die unerwünschte Ionen aus der Umgebungsflüssigkeit aufnehmen und dafür andere abgeben. Ionenaustauscher sind selektiv. Das heißt, sie tauschen bestimmte Ionen bevorzugt aus. So kann man für die verschiedenen Austauscher *Affinitätsreihen* angeben, anhand derer man abschätzen kann, welche Stoffe bevorzugt ausgetauscht werden oder welche Stoffe als Regenerationsmittel geeignet sind. Je weiter rechts in einer Reihe ein Stoff steht, desto größer ist sein Vermögen, sich am Tauscher anzulagern und dabei andere Stoffe zu verdrängen.

Stark saure Kationenaustauscher:

$$H^+ < Na^+ < NH_4^+ < K^+ < Cu^+ < Mg^{2+} < Zn^{2+} < Ca^{2+} < CU^{2+} < Ba^{2+} < Al^{3+} < Ti^{4+}$$

Schwach saure Kationenaustauscher (pH > 5)

$$Na^+ < K^+ < NH_4^+ < Mg^{2+} < Ca^{2+} < Ni^{2+} < Zn^{2+} < Cu^{2+}$$

Stark basische Anionenaustauscher

$$\left[OH^-\right] < CN^- < HSiO_3^- < HCO_3^- < COO^- < F^- < Cl^- < SO_4^{2-} < NO_3^-$$

Schwach basische Anionenaustauscher (pH < 8)

$$F^- < Cl^- < SCN^- < NO_3^- < HPO_4^{2-} < SO_4^{2-} < CrO_4^{2-} < anionische\ Tenside$$

Neben der Nitrat- und Sulfatentfernung können auch die Härtebildner Calcium und Magnesium entfernt werden, d. h. das Verfahren wird auch zur Enthärtung eingesetzt. Für die Entkarbonisierung (die Entfernung von Hydrogenkarbonationen) wird allerdings die Fällung bevorzugt [27]. Die Fällung ist in der Lage, auch anorganische Mikrostoffe zu entfernen. Die Tauscherharze müssen regeneriert werden. Die Salzlösungen oder Schlämme aus der Regeneration sind gesondert zu beseitigen.

5.2.8.2 Membranverfahren

Zur Reinstwasserherstellung, zur Brack- und Meerwasseraufbereitung für Trinkwasser und zur Entfernung von Keimen und nichtionogenen Stoffen aus Trinkwasser werden *Membranverfahren* eingesetzt. Befinden sich auf beiden Seiten einer semipermeablen (halbdurchlässigen) Membran Lösungen unterschiedlicher Konzentration, so bildet sich in Abhängigkeit von der Konzentrationsdifferenz unterschiedlich großer Differenzdruck auf. Dieser bewirkt, dass das Lösungsmittel (hier: Wasser) so lange durch die Membran tritt, bis ein Ausgleich stattgefunden hat. Dieses aus der Natur bekannte Phänomen wird Osmose genannt. Es kann durch Aufbringung eines Druckes p der größer ist als der osmotische Druck π umgekehrt werden und so zur Entfernung von Ionen, Makromolekülen, Partikeln und Keimen eingesetzt werden (Abb. 5.33).

Man unterscheidet hauptsächlich vier Verfahren, je nach Größe der Partikel bzw. Moleküle, die entfernt werden sollen.

Die folgende Übersicht zeigt die Trenngrenzen der einzelnen Verfahren (Tab. 5.14):

Die Einheit Dalton (Da) ist ein Maß für die Abscheidefähigkeit einer Membran.

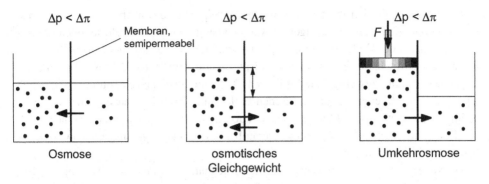

Abb. 5.33 Osmose, osmotisches Gleichgewicht und Umkehrosmose

Tab. 5.14 Einteilung der Membranverfahren

	Mikrofiltration	Ultrafiltration	Nanofiltration	Umkehrosmose
Partikelgröße	> 0,1 µm	0,1–0,01 µm	0,01–0,001 µm	< 0,001 µm
	> 500.000 Da	1000–500.000 Da	100–1000 Da	< 100 Da
Partikelart	Suspendierte Partikel, kolloide Trübung, Ölemulsionen	Makromoleküle, Bakterien, Zellen, Viren, Proteine	Niedermolekulare organische Verbindungen	Ionen

Mikrofiltrationsanlagen eignen sich zum Abtrennen von dispersen Stoffen mit Partikelgrößen zwischen 0,05 µm und 500 µm. Das Verfahren zählt wie die Ultrafiltration noch zu den mechanischen Filtrationsverfahren. Dies bedeutet, dass alle Partikel in der Lösung, die größer sind als die Poren der Membran, zurückgehalten werden. Als Werkstoffe für Mikrofiltrationsmembranen eignen sich Edelstahl, Keramik, verschiedene Kunststoffe oder textile Gewebe. Bereits Betriebsdrücke zwischen 10 kPa (0,1 bar) und 200 kPa (2 bar) sind für dieses Verfahren ausreichend. Bevorzugtes Einsatzgebiet sind die Getränke- und Ölfiltration sowie die Vorfiltration vor anderen Aufbereitungsverfahren.

Ultrafiltrationsanlagen eignen sich zur Entfernung von Trübstoffen, Partikeln und mikrobiologischen Verunreinigungen (Bakterien, Viren, Parasiten) mit Partikelgrößen zwischen 2 nm und 100 nm. Hierfür bedarf es Drücken von 10 kPa (0,1 bar) bis zu 500 kPa (5 bar). Ultrafiltrationsanlagen werden eingesetzt bei der Aufbereitung von Trinkwasser aus Oberflächenwasser, Quell- oder Brunnenwasser oder zur Aufbereitung von Wasser für die Lebensmittel- und Getränkeindustrie. Auch Ultrafiltrationsanlagen werden als Vorstufe zur Verlängerung der Standzeiten von anderen Aufbereitungsverfahren wie Umkehrosmose, Nanofiltration oder Ionenaustausch angewandt. Bakterien und Viren werden durch Ultrafiltration bis zu 99,999 % zurückgehalten. Ultrafiltrationsverfahren werden mittlerweile in Modellversuchen auch innerhalb der Trinkwasserinstallation von Gebäuden angewendet. Hier werden beispielsweise Keime in der Zirkulation des warmen Trinkwassers entfernt.

Die *Nanofiltration* beruht auf dem gleichen Prinzip wie die Umkehrosmose. Allerdings liegt die Trenngrenze etwas niedriger. Es werden weniger im Wasser gelöste Ionen zurückgehalten als bei der Umkehrosmose. Typische Salzrückhalteraten liegen bei ca. 80–85 %. Dabei werden mehrwertige Ionen wie beispielsweise Calcium und Magnesium besser zurückgehalten als einwertige wie Kalium und Natrium. So dienen Nanofiltrationsanlagen häufig auch als Alternative zur klassischen Enthärtung durch Ionenaustausch. Man spart so im Betrieb den Aufwand für das Regenerationssalz. Die Nanofiltration kann aber auch zur Sulfatentfernung für die Trinkwasseraufbereitung und sogar in der Abwasseraufbereitung eingesetzt werden.

Da Nanofiltrationsanlagen weniger Stoffe zurückhalten, können sie mit geringeren Betriebsdrücken betrieben werden. Typische Betriebsdrücke liegen bei 0,1 bis 1 MPa (1 bar bis 10 bar). Das ermöglicht niedrige Anlagen- und Betriebskosten.

Das Wirkprinzip der *Umkehrosmose*, vielfach auch *Hyperfiltration* genannt, wurde bereits oben beschrieben. Umkehrosmoseanlagen dienen zur Herstellung von Reinwasser, zur Meerwasserentsalzung, zur Aufbereitung von Kesselspeisewasser, und für andere Anwendungen, die Wasser mit möglichst niedrigem Gehalt an gelösten Stoffen erfordern wie beispielsweise in der Lebensmittel- oder Elektronikindustrie. Aufgrund der teilweise sehr großen Konzentrationsdifferenzen liegen die Systemdrücke bei 0,1 bis hin zu 10 MPa (1 bar bis 100 bar).

Umkehrosmoseanlagen bedürfen immer einer Voraufbereitung, da sonst die Gefahr besteht, dass die Membranen schnell durch Ablagerungen verblocken und so unbrauchbar werden. Hierfür können Kerzenfilter mit Durchlassweiten bis zu 0,5 µm oder Mikro- und Ultrafiltrationsanlagen eingesetzt werden. Um die Qualität des erzeugten Permeats nicht zu vermindern, sollten für das Produktwasser korrosionsbeständige Rohrmaterialien und weitgehend spaltfreie Verbindungstechniken eingesetzt werden.

Das den Membrananlagen zugeführte Rohwasser wird allgemein als Feed bezeichnet, beim Betrieb der Anlage fallen Reinwasser (Permeat) und Konzentrat an. (siehe Abb. 5.34)

An Membranmodule werden zahlreiche Anforderungen gestellt:

- Einheitliche und reproduzierbare Porenweite mit geringen Abweichungen, Richtigkeit der garantierten Trenngrenze,

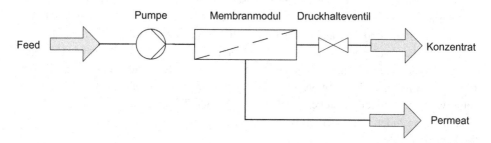

Abb. 5.34 Membranprozess, schematisch

- hohe mechanische und chemische Beständigkeit der Membranen und Module für möglichst lange Betriebszeiten,
- übersichtlicher Aufbau der Anlage, einfache Wartung, gute Zugänglichkeit und Austauschbarkeit von Modulen bzw. Membranelementen und Komponenten,
- zur Überprüfung der Filterwirksamkeit: Möglichkeit des „Freischaltens" von einzelnen Modulen, Probeentnahmehähne für Messungen, Möglichkeit für Integritätsüberwachung,
- Spülbarkeit der Module mit möglichst günstigem Austrag der entfernten Beläge aus dem Modul über das schlammhaltige Wasser,
- Beherrschung von Biofouling und damit möglichst kein oder nur geringer Einsatz von Desinfektionsmitteln bei der Spülung oder Reinigung,
- Verwendung von Materialien für Membranen und Module, die für den Einsatz im Trinkwasserbereich nach [99] sowie DVGW W 270 geeignet sind,
- hydraulisch gleichmäßige Beschickung aller Module in allen Betriebsmodi,
- Be- und Entlüftungsmöglichkeiten,
- Entleerungsmöglichkeit,
- Spülvorrichtungen.

Entscheidend für die gewonnene Menge an aufbereitetem Wasser ist der Fluss durch die Membrane. Dieser ist abhängig von der Art der Membran, der Konzentrationsdifferenz, der Druckdifferenz und vor allem von der Membranfläche. Um möglichst große Flächen auf geringstem Raum unterzubringen, werden Membranen in Module unterschiedlichen Aufbaus zusammengestellt. Membranen aus Kunststofffolien werden zusätzlich auf eine poröse Trägerschicht aufgebracht, um die mechanische Festigkeit zu erhöhen.

Als *Röhrenmodule* werden Membranen mit ihrer Trägerschicht zu Röhren mit kleinem Durchmesser geformt und als Bündel in ein Mantelrohr eingebaut. Dieses wird oben und unten dicht verklebt. Je nachdem, ob die Membrane auf der Innen- oder Außenseite des Rohres angebracht ist, wird das Feed entweder in den Mantelraum oder das Rohrbündel geleitet.

Bei innenliegender Membrane tritt das Feed stirnseitig auf der einen Seite in das Rohrbündel ein. Das Permeat fließt durch die Membranschicht, wird im Mantelraum des Moduls gesammelt und von dort abgeleitet. Dadurch erhöht sich wiederum die Konzentration der Inhaltsstoffe auf dem Weg durch die Membranrohre und die nicht durch die Membran gedrungene Lösung fließt auf der anderen Seite als Konzentrat ab (Abb. 5.35).

Eine Sonderform des Röhrenmoduls ist das Kapillar- oder Hohlfasermodul, bei dem statt der Röhren Hohlfasern mit Durchmessern von 0,6 bis 6 mm verwendet werden. Hierbei sind die Rohre selbsttragend und immer innendurchströmt. Die Module haben eine höhere Packungsdichte als Rohrmodule. Sie sind kostengünstig zu fertigen, haben aber eine geringere Druckfestigkeit.

In *Wickelmodulen* sind immer zwei Membranen mit einem dazwischen gelegten Abstandshalter, dem so genannten Permeatspacer, zu einer Tasche aufeinander geklebt. Daher ist diese Bauform nur für kleb- oder schweißbare Membranwerkstoffe geeignet. Diese

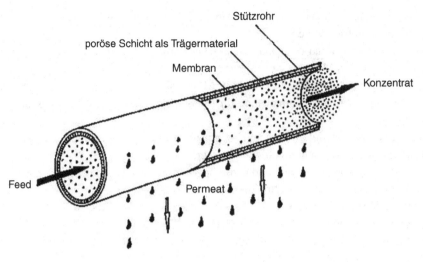

Abb. 5.35 Röhrenmodul

Tasche wird dann mit der Öffnung an ein Permeatsammelrohr angeschlossen und gemeinsam mit einem zweiten Abstandshalter, dem Konzentratspacer, auf diesem aufgewickelt.

Das Feed fließt bei Wickelmodulen von der Einströmseite stirnseitig in das Modul und strömt axial durch das Modul. Der Permeatvolumenstrom tritt dann durch die Membran. Dadurch erhöht sich die Konzentration der Inhaltsstoffe auf dem Weg durch den Konzentratspacer. Die nicht durch die Membran gedrungene Lösung fließt auf der Austrittsseite als Konzentrat ab. Das Permeat fließt in der aufgewickelten Membrantasche spiralförmig zum Mittelrohr und wird von dort zum Permeatanschluss geleitet.

Wickelmodule sind am weitesten verbreitet. Sie haben den Vorteil, einen relativ einfachen und damit preiswerten Aufbau zu haben. Es sind Packungsdichten von bis zu 1000 m^2 Membranfläche pro m^3 Modulvolumen möglich. Sie sind zwar unempfindlich gegenüber Verschmutzungen, lassen sich aber nur sehr schwer reinigen (Abb. 5.36).

Plattenmodule bestehen aus Flachmembranen, Platten zur Membranabstützung und Platten zur feedseitigen Strömungsführung. Diese werden immer abwechselnd zu Stapeln zusammengefügt. Die Abdichtung zwischen den einzelnen Paketen erfolgt über Dichtungen, daher müssen die Membranen nicht kleb- oder schweißbar sein. Der gesamte Plattenstapel wird dann, ähnlich einem Plattenwärmeübertrager, mittels Gewindestangen zusammengepresst. Plattenmodule haben aufgrund ihrer Konstruktion einen hohen internen Druckverlust.

Eine Mischform aus Platten- und Wickelmodul stellen die *Kissenmodule* dar. Hierbei werden wie beim Wickelmodul zwei Membranen und ein Permeatspacer zu rundum geschlossenen Kissen mit einem Mittelloch verklebt oder verschweißt. Diese Kissen werden dann wie beim Plattenmodul immer abwechseln mit Trägerplatten zur Konzentratführung auf einen zentralen Spannbolzen montiert. Das Feed tritt auf einer Seite in das Modul,

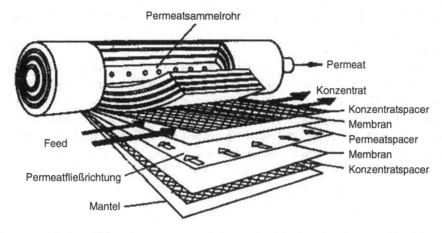

Abb. 5.36 Wickelmodul

Abb. 5.37 Kissenmodul

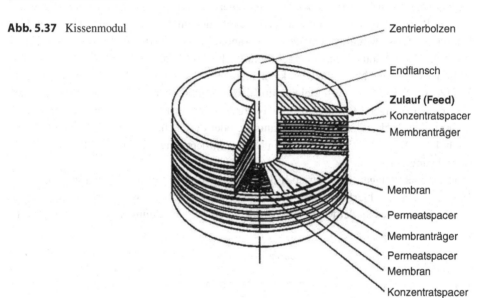

verteilt sich über die Trägerplatten und fließt auf der anderen Seite als Konzentrat wieder ab. Das Permeat, das durch die Membranen in die Kissen fließt, wird in der Mitte am Spannbolzen abgeführt (Abb. 5.37).

Zu einer Membranfiltrationsanlage gehören im wesentlichen Vorfilter (als Schutz der Feed-Pumpe und der Membranen); Feed-Pumpe (falls Vordruck nicht ausreicht); Tragkonstruktion für Module; Membranmodule; Zu- und Ableitungen; Filtratsammelbehälter; Rezirkulationspumpe (bei Cross-Flow-Betrieb); Messwertaufnehmer für Durchfluss, Druck, Temperatur; Energieversorgung; Steuerungs- und Regelungseinrichtungen; Spülpumpe; Vorlagebehälter und Dosiereinrichtung für Desinfektions- oder Reinigungschemikalien; Luftkompressor bei luftgespülten Membranen, Vorrichtung zur Prüfung der Membran- und Modulintegrität.

Zum Betrieb von Membranfiltrationsanlagen können zwei verschiedene Betriebsformen eingesetzt werden. Beim dynamischen Betrieb, der so genannten *Cross-Flow-Filtration* (Querstromfiltration) wird immer ein bestimmter Konzentratvolumenstrom abgeleitet. Dies führt zu einer kontrollierten Strömung an der Membranoberfläche und soll Ablagerungen vermeiden bzw. in hinnehmbaren Grenzen halten. Kennzahl für die Wirksamkeit ist das als Ausbeute oder Water Conversion Factor (WCF) bezeichnete Verhältnis von Permeatvolumenstrom zu Feedvolumenstrom.

$$WCF = \frac{\dot{V}_P}{\dot{V}_F} \tag{5.2}$$

Sind die Verfahrensparameter richtig gewählt, wird sich ein konstanter Permeatstrom einstellen. Dieser sollte zur Betriebskontrolle immer überwacht werden. Sinkt er stetig, müssen die Betriebsparameter korrigiert und erforderlichenfalls das Modul gespült werden. Um die Fließgeschwindigkeit an der Membranoberfläche zu erhöhen kann man die Überströmung durch Parallelschalten einer Pumpe erhöhen (Abb. 5.38).

In der Ultra- und Mikrofiltration kann auch der so bezeichnete *Dead-End-Betrieb* eingesetzt werden (Abb. 5.39). Bei diesem diskontinuierlichen Betrieb muss das auf der Membran abgelagerte Filtrat in regelmäßigen Abständen entfernt werden. Dies kann entweder durch Rückspülen, durch mechanische oder durch chemische Reinigung erfolgen. Nach DVGW W 213-5 wird zur Trinkwasseraufbereitung fast immer der Dead-End-Betrieb eingesetzt.

Beeinträchtigungen des Betriebes durch Ablagerungen auf der Membran nennt man *Fouling*. Ursachen hierfür können Ausfällungen verschiedener Wasserinhaltsstoffe, chemische Reaktionen an der Membranoberfläche, Gelschichtbildung durch große Moleküle

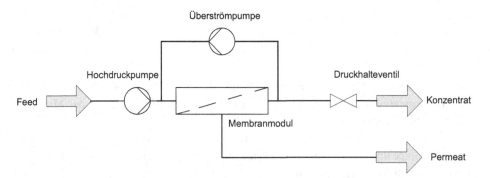

Abb. 5.38 Fließbild einer Membrananlage mit erhöhter Überströmung

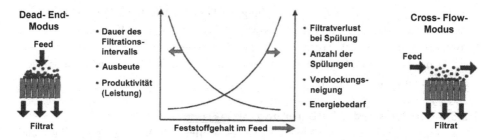

Abb. 5.39 Einflussgrößen für Dead- End- und Cross-Flow-Betrieb (DVGW W 213-5 von 2005)

oder bakterieller Befall sein. Je nach Art und Form der Ausfällungen kommt es zu einer Verringerung des Permeatflusses und einer Veränderung des Trennverhaltens der Membran, da die Ablagerungen wie eine zweite Membran wirken können.

Eine besondere Form des Fouling ist das *Scaling*. Dabei kommt es während des Betriebes in der Membran zu kristallinen Ausfällungen von Rohwasserinhaltsstoffen. Derartige Ablagerungen auf der Membran können diese bis zur völligen Undurchlässigkeit verstopfen. Ist es zu derartigen Ablagerungen gekommen, lassen sich diese meist nur mittels chemischer Reinigung beispielsweise durch Spülung mit Säuren oder Laugen wieder entfernen.

Bei der chemischen Reinigung ist zu beachten, dass nicht alle Membranwerkstoffe säure- bzw. laugebeständig sind. Gemäß DVGW W 213-5 werden in der Regel in trinkwassererzeugenden Membranmodulen die folgenden Säuren und Laugen zur chemischen Reinigung eingesetzt:

- Natronlauge mit einem pH-Wert größer als 11,5
- Salz- oder Schwefelsäure mit einem pH-Wert kleiner als 2,5
- Natriumhypochlorid mit einer Mindestkonzentration an Chlor von 50 mg/l
- Zitronensäure mit einer Mindestkonzentration von 2 g/l

Eine Kontamination des Trinkwassers durch die Chemikalien ist auszuschließen. Die Wirkkonzentrationen sind zu überwachen. Vielfach wird nach einer Reinigung mit Lauge (unter Umständen mit Chlorzusatz) und anschließender Spülung durch Wasser ein weiteres Mal mit Säure gereinigt. Wichtig ist, dass Lösungen mit Chloranteilen niemals angesäuert werden dürfen, da sich sonst unkontrolliert Chlorgas ausbilden kann. Nach Verwendung von Zitronensäure ist aufgrund des organischen Materials sorgfältig auszuspülen.

Ist es zu einer bakteriellen Verschmutzung der Membran gekommen, so sollte sie desinfiziert werden. Aber auch bei der Desinfektion ist zu beachten, dass nicht alle Desinfektionsverfahren für Membranen (siehe Liste Umweltbundesamt [98]) geeignet sind.

Zur Überwachung der Aufbereitungswirksamkeit werden Trübung, Partikelkonzentrationen und mikrobiologische Parameter gemessen. Zur Überwachung der Integrität der Module dienen neben der Partikelzählung der Druckhaltetest, der Diffusionstest, der Schalltest, der Blasentest und der Wasserverdrängungstest (Air-Flow-Test). Weitere Hinweise sind dem DVGW Arbeitsblatt W 213-5 zu entnehmen.

Je nach Salzgehalt und Aufbereitungsziel können Ionenaustauscher und Membranverfahren kombiniert werden [42].

5.2.8.3 Sonderfälle der Aufbereitung

Für die Entfernung von Geruchs- und Geschmacksstoffen, die Beseitigung von Chlor und Ozon, die Entfernung von organischen Substanzen und chlorierten Kohlenwasserstoffen u. a. hat sich *Aktivkohle* bewährt. Es werden Pulverkohle nach DIN EN 12903 und granulierte Aktivkohle nach DIN EN 12915 eingesetzt.

Aktivkohle ist mit einer Oberfläche bis 1400 m^2/g zur Sorption hervorragend geeignet.

Die aus Torf, Stein- und Braunkohle gewinnbaren Kohlen müssen auf jeden Fall in Vorversuchen getestet werden, da sie sehr unterschiedliche Adsorptionsisothermen haben. Die Isotherme beschreibt die Gleichgewichtsbeladung der Aktivkohle (mg/g AK) in Abhängigkeit von der Adsorptionskonzentration der Lösung. Weitere Hinweise zum Einsatz von Aktivkohle in der Wasseraufbereitung finden sich im DVGW Arbeitsblatt W 239.

In manchen Wasserwerken hat die Intensivierung der Landwirtschaft und der Rückgriff auf Grundwässer aus unzureichend geschützten Einzugsgebieten zu einer starken Erhöhung der Nitratgehalte geführt. Daher wird vielfach auf tiefer liegende, weniger belastete Wässer zurückgegriffen. Durch eine Mischung von belastetem und weniger belastetem Wasser werden die Werte der TrinkwV erreicht.

Zur Aufbereitung von Wasser mit hohem Nitratgehalt eignet sich neben den oben aufgeführten Verfahren auch die biologische *Denitrifikation*, um das Nitrat aus dem Wasser zu entfernen [38].

Hinweise zu diesen Sondergebieten findet man in [23, 44].

Durch die Senkung des Grenzwertes für Arsen von 40 µg/l auf 10 µg/l durch die Trinkwasserverordnung von 1996, mussten die geogen bedingten erhöhten Arsengehalte in einigen Teilgebieten von Deutschland stärker beachtet werden. Dabei wurden in Grund- und Quellwässern Werte zwischen 15 und 50 µg/l, in Extremfällen bis zu 2 mg/l festgestellt. Bei den Arsenbelastungen im Trinkwasser handelt es sich um leichtlösliche Verbindungen von Arsenat(III) und Arsenat(V), wobei in Deutschland in den zur Trinkwassergewinnung genutzten Grundwassern überwiegend fünfwertiges Arsen vorkommt.

Die Entfernung von Arsenat(V) aus Trinkwasser durch Adsorption an granuliertes Fe(III)-Arsenat ermöglicht es, auch kleinen Wasserwerken zuverlässig, den geforderten Grenzwert am Wasserwerksausgang zu unterschreiten [82].

Zur Behandlung, Verwertung und Beseitigung von Rückständen und Nebenprodukten aus der Wasseraufbereitung gibt das DVGW Arbeitsblatt W 221 Teil 1 bis 3 umfassende Hinweise.

Wasserförderung und Mengenmessung 6

Wasser muss von der Fassungsanlage zum Wasserwerk, vom Reinwasserbehälter in einen Hochbehälter oder direkt in das Wasserverteilungsnetz gefördert werden.

Für die Förderung werden Pumpen eingesetzt, die mit einem saugseitigen und einem druckseitigen Anlagenteil ein System bilden, das eine bestimmte Anlagenförderhöhe überwinden kann (Abb. 6.1).

Die Begriffe und Formelzeichen im Gebiet der Pumpentechnik nach DIN EN ISO 17769 und der Hydromechanik nach DIN 4044 sind leider nicht einheitlich. Soweit erforderlich werden daher die Formelzeichen in Klammern hinzugefügt.

Die Förderhöhe einer Anlage beträgt:

$$H_A = H_{geo} + \frac{p_a - p_e}{\rho \cdot g} + \frac{v_a^2 - v_e^2}{2g} + H_V \tag{6.1}$$

H_A Gesamtförderhöhe (h_{ges}) der Anlage in m

H_{geo} geodätische Förderhöhe (h_{geo}) = $z_a - z_e$ = Höhenunterschied zwischen saug- und druckseitigem Flüssigkeitsspiegel in m (mündet die Druckleitung oberhalb des Flüssigkeitsspiegels aus, wird auf die Mitte des Ausflussquerschnittes bezogen)

p_a Druck im Austrittsquerschnitt der Anlage in bar (kPa = kN/m^2)

p_e Druck im Eintrittsquerschnitt der Anlage in bar (kPa = kN/m^2)

v_a Strömungsgeschwindigkeit im Austrittsquerschnitt in m/s

v_e Strömungsgeschwindigkeit im Eintrittsquerschnitt in m/s

ρ Dichte in kg/m^3

g Erdbeschleunigung = 9,81 m/s^2

H_V Summe der Druckhöhenverluste (h_V) in Saug- und Druckleitung in m (z. B. Rohrleitungs-, Armaturen- und Formstückwiderstände)

© Der/die Autor(en), exklusiv lizenziert an Springer Fachmedien Wiesbaden GmbH, ein Teil von Springer Nature 2022
F. Hoffmann, S. Grube, *Wasserversorgung*,
https://doi.org/10.1007/978-3-658-37049-7_6

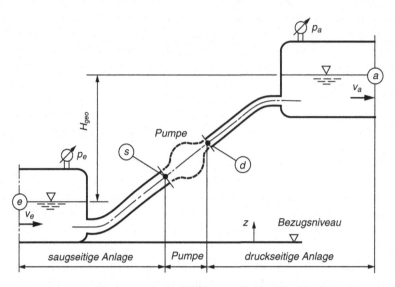

Abb. 6.1 Größen zur Berechnung der Anlagenförderhöhe H_A (h_{ges}) in Gl. (6.1) [F9]

In der Praxis kann die Differenz der Geschwindigkeitshöhen vernachlässigt werden, und wenn es sich zusätzlich noch um offene Behälter handelt, so vereinfacht sich die Gleichung zu:

$$H_A \approx H_{geo} + H_V \tag{6.2}$$

Aus der Gleichung wird deutlich, dass die Pumpenwahl und das Rohrleitungssystem sich gegenseitig beeinflussen. Je kleiner die Leitung ist, um so kostengünstiger kann sie gebaut werden. Die Fließgeschwindigkeit muss bei gleichem Förderstrom aber größer werden, womit sich die Anlagenförderhöhe erhöht.

Die Förderhöhe bestimmt die Pumpenleistung und somit die Betriebskosten. Diejenige Anlage, die aus Kapitaldienst und Betriebskosten die Jahreskosten minimiert, ergibt ein optimales System (Abb. 8.22).

6.1   Pumpen für die Trinkwasserversorgung

Neben den Verdrängerpumpen als Hub- und Kreiskolbenpumpe, Membranpumpe, Exzenterschneckenpumpe u. a. hat sich heute überwiegend die Kreiselpumpe durchgesetzt. In der Hubkolbenpumpe wird der Kolben im Pumpengehäuse hin- und her bewegt. Beim Herausziehen entsteht Unterdruck, im Gehäuse und über das Saugventil strömt das Fördermedium ein. Wird der Kolben wieder in das Pumpengehäuse gedrückt, so wird aufgrund der geringen Kompressibilität des Fördermediums dieses zwangsweise über das Druckventil in die Rohrleitung gedrückt.

Kolbenpumpen haben bei konstanter Drehzahl und in Abhängigkeit von der Förderhöhe einen kaum veränderten Förderstrom. Unter Förderstrom versteht man den nutzbaren
Durchfluss eines Fließquerschnittes pro Zeiteinheit, z. B. in l/s; m³/s oder m³/h. Kolbenpumpen eignen sich gut für kleine Förderströme bei großer Förderhöhe. Da sich der
Förderstrom nicht verändert, sind sie gut als Dosierpumpen einsetzbar.

Für die Wasserförderung ist die Kreiselpumpe von großer Bedeutung. In Abb. 6.2 sind
die wesentlichen Bestandteile einer Kreiselpumpe veranschaulicht.

Es sind dies:

Spiralgehäuse (1) – Laufrad (2) – Druckdeckel (3) – Wellendichtung (4) – Welle (5) –
Zwischenstück (6) – Lagerträger (7) – Saug- (8) und Druckstutzen (9)

Dargestellt ist eine Normpumpe nach DVGW W 610. Es handelt sich um eine einflutige, einstufige Spiralgehäusepumpe mit axialem Eintritt. Motor und Pumpe sind getrennte Bauteile und durch eine elastische Kupplung miteinander verbunden. Der Ge-
häusedruck darf maximal 1 MPa (10 bar) betragen, die Druckstutzennennweite ist auf
DN 150 begrenzt. Die Förderhöhe geht bis maximal 100 m und der Förderstrom bis ca.
600 m³/h.

Die Wirkungsweise einer Kreiselpumpe geht vom Impulssatz aus. Das mit Schaufeln
besetzte Laufrad überträgt die mechanische Energie der Pumpe auf den Förderstrom. Das

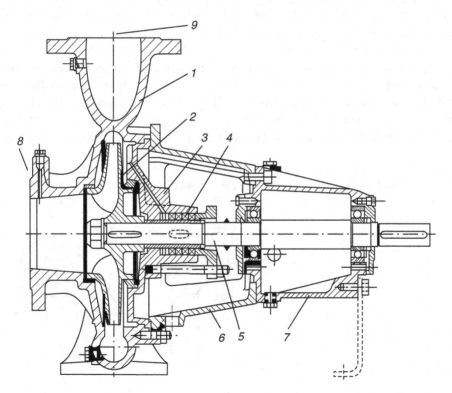

Abb. 6.2 Schnitt durch eine Spiralgehäusepumpe

Wasser strömt dem Laufrad axial zu und wird axial, diagonal oder radial umgelenkt. Durch die Fliehkraft werden die Wasserteilchen zum Laufradrand geschleudert und am Spiralwandgehäuse (diagonale oder radiale Umlenkung) in Druckenergie umgewandelt (Abb. 6.3).

Die Laufradform (Radial-, Halbaxial- oder Axialrad) bestimmt die Förderhöhe in Abhängigkeit vom Förderstrom. Jeder Laufradform lässt sich ein bestimmter Bereich einer spezifischen Drehzahl zuordnen (DVGW W 610). Die mit einem Laufrad erzielbare Förderhöhe ist begrenzt. Um größere Förderhöhen zu erreichen, müssen daher mehrere Laufräder hintereinander angeordnet werden. Man spricht dann von mehrstufigen Pumpen. Saugen zwei spiegelbildlich angeordnete Laufräder über getrennte Saugkanäle an und fördern gemeinsam in ein Spiralgehäuse, so spricht man von Zweiflutigkeit.

Wichtige Kenngrößen für Kreiselpumpen sind der Förderstrom Q in Abhängigkeit von der Förderhöhe H (h), der Leistungsaufnahme P, der Wirkungsgrad η und die Nettoenergiehöhe NPSH (Net Positiv Suction Head) bzw. die erforderliche Haltedruckhöhe (h_H). Die Haltedruckhöhe ist der kleinste Wert, mit dem die Pumpe dauerhaft betrieben werden kann, ohne dass durch Kavitation Schäden zu erwarten sind.

Die entsprechenden Daten sind den Pumpenkatalogen der Hersteller zu entnehmen.

In Abb. 6.4 ist als Beispiel eine Pumpenkennlinie für eine Normpumpe (KSB ETA-NORM 65-250) dargestellt. Die Pumpenkennlinie (oder auch Drosselkurve einer Pumpe) gibt bei vorgegebener Drehzahl n den Zusammenhang zwischen Förderstrom und Förderhöhe wieder. Es gibt Pumpen mit flacher und mit steiler Kennlinie. Mit zunehmendem Förderstrom Q nimmt die Förderhöhe H ab. Zu jeder Q H-Linie gehört eine Wirkungsgradlinie, eine Leistungsbedarfslinie sowie die NPSH-Linie (Haltedruckhöhe).

Nach Gl. (6.1) setzt sich die Förderhöhe einer Anlage aus einem dynamischen und einem statischen Anteil zusammen. Der statische Anteil besteht aus der geodätischen Höhe H_{geo} und dem Druckhöhenunterschied zwischen Ein- und Austrittsquerschnitt. Für offene Behälter entfällt der letzte Anteil, so dass nur H_{geo} ermittelt werden muss. Der dynamische Anteil besteht aus den Druckhöhenverlusten H_V und der Differenz der

Abb. 6.3 Schnitt durch eine Kreiselpumpe

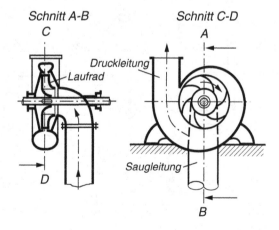

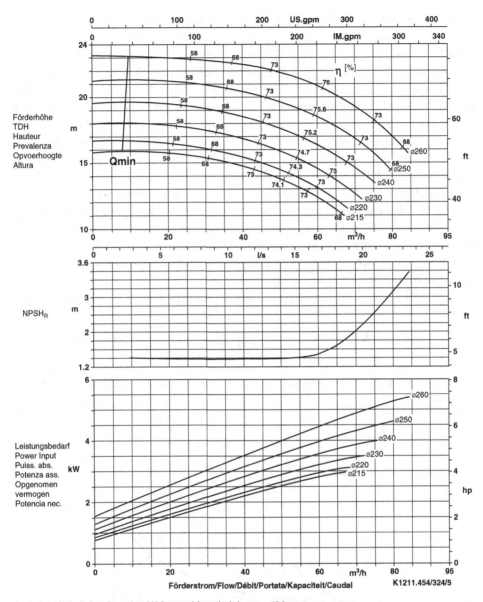

Laufradaustrittsbreite/Impeller outlet width/Largeur à la sortie de la roue   13,9 mm
Luce della girante/Waaier uittredebreedte/Anchura de salida rodete   13,9 mm

Abb. 6.4 Pumpenkennlinien, Leistungsbedarf, η- und NPSH-Werte für eine KSB ETANORM-Pumpe mit einer Drehzahl von 1450 min⁻¹ nach Firmenunterlagen Fa. KSB [F9]

Geschwindigkeitshöhen. Da der letzte Anteil häufig auf der Saug- und Druckseite sehr gering ist, wird er gleich Null gesetzt.

Die mit wachsendem Förderstrom quadratisch ansteigenden Rohrreibungsverluste bestimmen hauptsächlich den Druckhöhenverlust (siehe Kap. 8). Trägt man den vom Förderstrom unabhängigen Anteil H_{geo} und den mit wachsendem Förderstrom ansteigenden Druckhöhenverlust H_V über Q auf, so erhält man die Rohrleitungskennlinie (Anlagenkennlinie) (Abb. 6.5). Der Schnittpunkt der Rohrleitungskennlinie mit der Pumpenkennlinie ergibt den Betriebspunkt. Auf diesen Punkt stellt sich die Kreiselpumpe selbsttätig ein. Der am häufigsten auftretende Förderstrombedarfsfall, die zugehörige Förderhöhe und das Wirkungsgradlinienoptimum sollen möglichst in der Nähe des Betriebspunktes liegen. Ein Förderstrom rechts vom Betriebspunkt ist nicht möglich. Wird nur mit einer Pumpe gearbeitet, so können kleinere Förderströme nur durch Widerstandsvergrößerung (z. B. Schließung eines Drosselorgans auf der Druckseite, Anlagenkennlinie II in Abb. 6.5) oder durch Drehzahlveränderung erreicht werden.

Das Verfahren der Schieberdrosselung ist sehr energieaufwändig, da die Förderhöhe von $H_{A,I}$ auf $H_{A,II}$ ansteigt. Daher werden sehr häufig drehzahlgeregelte Pumpenmotoren verwendet bzw. vorhandene Anlagen um- und nachgerüstet. Eine Drehzahlregelung bringt insbesondere in Kombination mit einer steilen Rohrkennlinie Vorteile, da hierdurch ein guter Wirkungsgradbereich möglich ist. Mit steigender Drehzahl, aber sonst gleichem Anlagensystem, verschiebt sich der Betriebspunkt von $B_{I,1}$ nach $B_{I,2}$.

Der Förderstrom Q_2, die Förderhöhe H_2 und die Antriebsleistung P_2 errechnen sich zu:

$$Q_2 = \frac{n_2}{n_1} \cdot Q_1 \quad H_2 = \left(\frac{n_2}{n_1}\right)^2 \cdot H_1 \quad P_2 = \left(\frac{n_2}{n_1}\right)^3 \cdot P_1 \quad (6.3)$$

Mit der Steigerung von $n_1 = 1450 \text{ min}^{-1}$ auf 2900 min^{-1} ergibt sich eine Verdoppelung des Förderstroms.

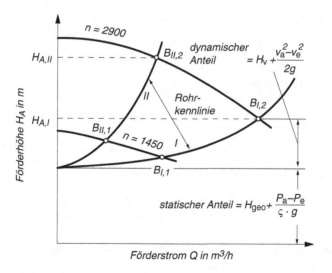

Abb. 6.5 Pumpenkennlinien für Drehzahl $n = 2900 \text{ min}^{-1}$ und 1450 min^{-1} kombiniert mit einer flachen Rohrkennlinie I und einer steilen Rohrkennlinie II

Eine weitere Möglichkeit, den Förderstrom zu verändern, ist der Parallelbetrieb von Kreiselpumpen. Im Parallelbetrieb sind die Förderströme nicht einfach zu addieren, sondern die gemeinsame Pumpenkennlinie muss durch Addieren der Abszissenabschnitte bei gleicher Förderhöhe konstruiert werden. Hierzu liegen auch EDV-Programme der Pumpenhersteller vor.

In Abb. 6.6 ist der Parallelbetrieb von drei Pumpen dargestellt.

Da die Pumpen in die gleiche Leitung fördern, erhöhen sich die Fließgeschwindigkeiten, und die Verluste steigen stark an. Durch ungünstige Pumpenwahl kann im Parallelbetrieb der Förderstromzuwachs sehr gering werden. Werden zwei gleich große Pumpen parallel gefahren, so ist die Summe Q immer kleiner als 2Q. Im Pumpenparallelbetrieb von gleichen Pumpen ergeben steile Pumpenkennlinien mit flacher Anlagenkennlinie einen günstigen Förderstromzuwachs.

Im Parallelbetrieb unterschiedlicher Pumpen ist darauf zu achten, dass keine instabilen Verhältnisse entstehen, das heißt der Pumpenbetrieb darf nicht zwei Betriebspunkte bei gleicher Förderhöhe erlauben.

Die folgenden Ausführungen verdeutlichen, dass die richtige Auswahl der Pumpen von großer Bedeutung ist.

Der Förderstrombedarf muss mit Hilfe der Dauerlinie Q = f(t) ermittelt werden. Die Förderhöhe und damit die Anlagenkennlinie H_A als f(Q) und der Aufstellungsort müssen genau analysiert werden, um dann den Pumpentyp und die Pumpenbauart zu bestimmen.

Sicherheitszuschläge und zu grobe Rundungen führen zu Fehlplanungen.

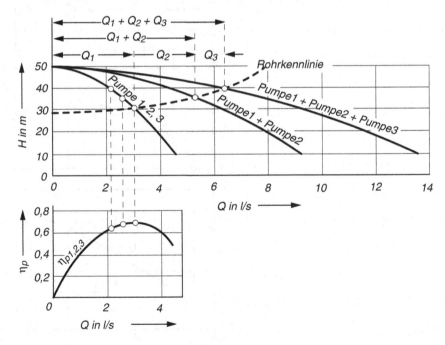

Abb. 6.6 Parallelbetrieb von drei gleichen Kreiselpumpen

Wird zum Beispiel der Rohrwiderstand zu groß berechnet (Abb. 6.7, Rohrkennlinie I), so wird im späteren Betrieb die Förderhöhe kleiner sein (Rohrkennlinie II) und der Förderstrom wird sich vergrößern. Die Pumpen arbeiten dann ständig im ungünstigen Bereich des Wirkungsgrades und die Leistungsaufnahme ist höher.

Bei wechselnden Förderhöhen ist die erforderliche Motorleistung für die kleinste Förderhöhe somit größer. Für die Dauerleistung, das heißt für den im Pumpenbetrieb am häufigsten vorkommenden Förderstrom ist der Bereich des größten Wirkungsgrades η_p auf den Betriebspunkt Q_{max} zu legen.

6.1.1 Hauptpumpenbauarten und -einsatzbereiche

Neben der Laufradform werden die Pumpen auch noch nach der Einbaulage und der Aufstellungsart unterschieden. Die Einbaulage kann horizontal oder vertikal erfolgen. Die Aufstellung ist nass oder trocken möglich und das gesamte Aggregat oder nur die Pumpe ist überflutungssicher ausgelegt.

Abb. 6.7 Pumpencharakteristik und Rohrkennlinie

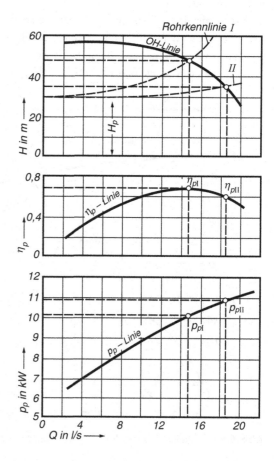

Eine sehr häufig verwendete Pumpe, bei der das gesamte Aggregat geschützt ist, ist die Unterwasserpumpe. In dieser Pumpenbauart bilden Motor und Pumpe eine konstruktive Einheit.

Neben der bereits beschriebenen Spiralgehäusepumpe finden noch Gliederpumpe, Bohrlochwellenpumpe, Rohrgehäusepumpe, Tauchmotorpumpe und Seitenkanalpumpe Anwendung.

Spiralgehäusepumpen werden horizontal und vertikal aufgestellt, wobei die horizontale Aufstellung mehr Platz benötigt. Spiralgehäusepumpen werden quer- und längsgeteilt gebaut. Querteilung bedeutet, dass die Pumpengehäusetrennfuge senkrecht zur Wellenebene liegt. Der Pumpensaugstutzen ist häufig in axialer Richtung und der Druckstutzen in tangentialer Richtung nach oben angeordnet. Bei Inlinestellung liegen sich die Saug- und Druckstutzen gegenüber.

Bei den Blockpumpen sind Pumpen- und Motorwelle starr miteinander verbunden. In Abhängigkeit von der Bauart können für normale Kreiselpumpen nach DVGW W 610 folgende Einsatzbereiche genannt werden (Tab. 6.1).

In Abb. 6.8 ist der Einbau einer Unterwasserpumpe in einem Brunnen dargestellt. Die Pumpe hängt im Filterrohr an der Steigleitung, die am Brunnenkopf angeflanscht ist. Zum Aus- und Einbau muss das Steigrohr stückweise montiert werden.

Nicht gesicherte hydraulische Hebegeräte sind aufgrund der Anforderungen in Schutzzone I in der Regel für die Montage nicht möglich, da die Hydrauliköle eine Gefahr darstellen. Das Steigrohr fördert das im Pumpenseiher eintretende Wasser über die Transport-

Tab. 6.1 Einsatzbereiche von Kreiselpumpen (DVGW W 610)

	Laufradform	Pumpenbauart		
Einsatzbereiche		radial	halbaxial	axial
Förderung aus Brunnen, Schächten		Unterwassermotorpumpe, Bohrlochwellenpumpe, Tauchmotorpumpe		
		Gliederpumpe, Spiralgehäusepumpe		
Förderung aus oberirdischen Gewässern (Direktentnahme)		Unterwassermotorpumpe, Tauchmotorpumpe		
		Gliederpumpe	Rohrgehäusepumpe	
		Bohrlochwellenpumpe, Spiralgehäusepumpe		
Förderung in Rohrleitungssystemen		Unterwassermotorpumpe, Spiralgehäusepumpe		
		Gliederpumpe		
Spez. Drehzahl n_s in min^{-1}		10 bis 60	50 bis 150	100 bis 500
Förderhöhe	einstufig Normalausführung	bis ca. 250 m	bis ca. 90 m	bis ca. 18 m
	mehrstufig	bis ca. 1000 m		bis ca. 40 m
NPSH$_{erf}$ in m		1 bis 20	3 bis 12	3 bis 12

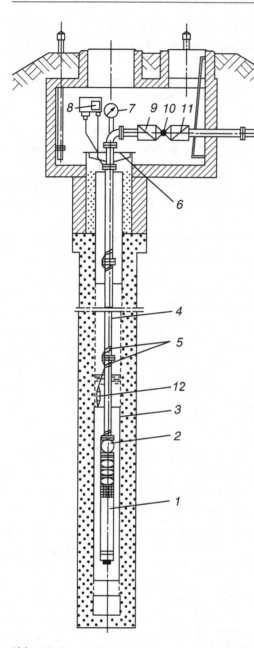

1   Unterwasserpumpe
2   Rückschlagventil
3   Blindrohr im Bereich der Pumpe
4   Steigleitung (Druckrohr)
5   Kabelschelle
6   Brunnenkopf
7   Pneumatischer Wasserstandsanzeiger
8   Wasserstandsschaltgerät
    (Trockenlaufschutz)
9   Rückschlagklappe
10 Schieber
11 Wasserzähler
12 Schwimmerschalter

Abb. 6.8 Systemskizze einer Brunnenanlage mit U-Pumpe [F6]

leitung bis zur Aufbereitungsanlage. Der Durchmesser der Steigleitung hängt vom Pumpentyp ab und muss dem Katalog entnommen werden. Übergangsflansche von Zoll auf DN sind erhältlich. Der Steigleitungsdurchmesser ist somit durch die Pumpenwahl festgelegt.

Tab. 6.2 Steigleitungsdurchmesser für v < 2,5 m/s

DN (mm)	80	100	125	150	200	250
Q (m³/h)	45	71	110	160	280	440

Damit die Werte der Tab. 6.2 nicht überschritten werden, sollten für die Steigleitung (Druckrohr) folgende Nennweiten gewählt werden:

Die Verbindungen der Steigrohre müssen so bemessen sein, dass sie das Eigengewicht der Wasserfüllung und das Pumpengewicht tragen können.

Die Unterwassermotorpumpe (U-Pumpe) hängt ca. 3 bis 5 m unter dem tiefsten zu erwartenden Wasserstand. Sie sollte möglichst oberhalb des Zulaufbereiches des Brunnens im Vollwandrohrbereich eingebaut werden. Hierdurch wird eine gute Kühlung des Motors durch das Förderwasser erreicht. Ist dies nicht möglich, so ist entsprechend Abb. 3.32 in der Filterstrecke ein 3 bis 5 m langes Blindrohr (Vollwandrohr) einzubauen.

Durch eine Wasserstandsmesseinrichtung ist die Pumpe gegen Trockenlauf geschützt (Abb. 6.8). Damit bei der Demontage der Pumpe die Rohrleitung nicht leer läuft, ist im Schacht ein Schieber vorzusehen. Obwohl die Pumpe selbst ein Rückschlagventil besitzt, sollte zusätzlich auch im Brunnenschacht eine Rückschlagklappe eingebaut werden.

Für die Berechnung der Förderhöhe müssen folgende Angaben vorliegen:

• Steigrohrlänge = Länge vom Pumpenanschluss bis zum Brunnenkopf
• Förderweite = Abstand Brunnen zum Wasserwerk
• H_{geo} = Höhenunterschied zwischen tiefstem zu erwartenden Wasserstand im Brunnen und höchstem Punkt der Druckrohrleitung.

Folgende Besonderheiten sind bei H_{geo} zu beachten:

Mündet die Rohrleitung in einem Behälter unter Wasser aus, so ist der höchste Wasserstand im Behälter maßgebend, im Allgemeinen ist dies die Höhe der Überlaufleitung.

Mündet die Leitung über Wasser aus, so gilt die Rohrachse als höchster Punkt.

Befindet sich am Ende der Rohrleitung ein System, das einen Auslaufdruck benötigt, z. B. ein Druckbehälter oder eine Verdüsung, so wird dieser Druck in MPa durch Multiplikation mit 100 näherungsweise in m Verlusthöhe umgerechnet. (1 bar ≈ 10 mWS)

Erfolgt die Leitungsführung zwischen Wassergewinnung und Wasserwerk über einen geografisch höheren Punkt, so ist diese NN-Höhe zu berücksichtigen, damit kein Unterdruck in der Leitung entsteht.

6.1.2 Antriebsmaschinen

Elektrische Antriebe in Wasserwerken behandelt DVGW W 630. Elektromotoren werden heute fast ausschließlich verwendet. Die übliche Stromart ist Drehstrom. Die Hauptleiter wurden früher mit R, S und T bezeichnet, heute mit L1, L2 und L3. N ist der Neutralleiter und PE der Schutzleiter. Gebräuchlichste Betriebsspannung ist 230/400 Volt mit der in Europa üblichen Frequenz von 50 Hertz (Hz).

Die Spannung zwischen den Hauptleitern zeigt Abb. 6.9.

Die Kraftübertragung auf die Pumpe erfolgt im Allgemeinen direkt ohne ausrückbare Kupplung.

Die synchrone Drehzahl ergibt sich aus der Gleichung

$$n = \frac{Frequenz \cdot 60}{Polpaarzahl} \quad in \quad \frac{U}{min}$$

Bei den gebräuchlichen Asynchronmotoren (das sind Kurzschlussläufermotoren mit kurzgeschlossener Wicklung des Rotors) beträgt der Schlupf gegenüber der Synchrondrehzahl 3 bis 5 % (Abb. 6.10).

Gebräuchliche Lastdrehzahlen sind 2900 min^{-1} und 1450 min^{-1}.

Abb. 6.9 Betriebsspannungen bei Drehstrom

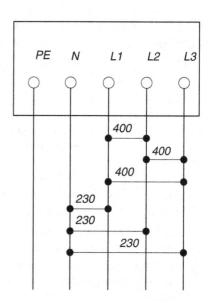

Polpaarzahl	1	2	3	4
Synchrondrehzahl 1/min	3000	1500	1000	750
Lastdrehzahl bei 3 bis 5 % Schlupf 1/min	2910 bis 2850	1455 bis 1425	970 bis 950	728 bis 712

Abb. 6.10 Lastdrehzahlen von Asynchronmotoren

Kleine Motoren können direkt eingeschaltet werden. Der Einschaltstrom beträgt dabei das 5- bis 6-fache des Normalstromes. Die direkte Einschaltung wird meist bis 4 kW zugelassen. Dies ist mit dem Energieversorgungsunternehmen (EVU) abzustimmen. Die Schalthäufigkeit liegt bei 15 Schaltungen pro Stunde bis 26 kW und verringert sich auf acht Schaltungen bei mehr als 80 kW.

Das früher vorgegebene Anlassen größerer Motoren von Kreiselpumpen über Stern-Dreieckschaltung wird nicht mehr empfohlen, da der gewünschte strombegrenzende Effekt vielfach nicht erreicht wird.

In elektronischen Sanftanlaufanlagen erhöht sich der Anlaufstrom auf das bis zu 2,5-fache. Kombiniert mit einer Drehzahlregelung kann der Anlaufstrom aber auf den Bemessungsstrom begrenzt werden.

Ob Direktschaltung, Stern- Dreieckschaltung oder Sanftanlaufanlage vorzusehen ist, hängt von der Belastbarkeit des Stromnetzes ab und wird vom zuständigen EVU entschieden.

Um tödliche Berührungsspannungen zu vermeiden, müssen Schutzmaßnahmen entsprechend den geltenden VDE-Richtlinien und den Unfallverhütungsvorschriften getroffen werden. Hierzu werden Schutzleiter (PE) oder Neutralleiter (N) vorgesehen. Eine gebräuchliche Netzform (Erdverbindung) ist die TN- Netzform (Abb. 6.11).

Elektromotoren haben gute Wirkungsgrade von 0,8 bis 0,95 je nach Größe des Motors, der η- Wert für Volllast ist auf dem Leistungsschild des Motors angegeben. Ist ein Antrieb für nicht konstante Drehzahlen vorgesehen, so kann dies über polumschaltbare Drehstrom-Asynchronmotoren oder Gleichstrommotoren erfolgen. Wird eine stufenlose Drehzahlveränderung gewünscht, so kann dies mit Widerstandsdrehzahlstellern im Läuferkreis,

Abb. 6.11   TN-Netzform

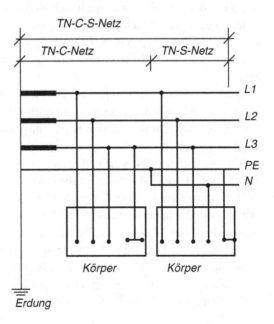

Frequenzumrichtern oder untersynchronen Stromrichterkaskaden für Drehstrommotoren und mit Stromrichtern für Gleichstromnebenschlussmotoren erreicht werden. Die jeweiligen Frequenzbereiche und weitere Planungshinweise sind in DVGW W 630 aufgezeigt.

Eine Drehzahlregelung kann wegen Anforderungen einer Druck- oder Pegelregelung, zur Verbesserung der Energieeffizienz, oder zur Optimierung von Drehmoment und Leistung sinnvoll sein. Zur Entscheidung, welche Form des Antriebs gewählt wird, sollte eine Lebenszyklusbetrachtung nach DVGW W 618 angestellt werden. Verbunden mit digitaler Überwachung und Steuerung sind erhebliche Kostensenkungen gegenüber herkömmlichen Anlagen möglich [81]

Verbrennungsmotoren als Diesel- oder Gasmotor werden bis ca. 500 kW gebaut. Da die Betriebskosten recht hoch sind, werden sie vornehmlich neben Elektromotoren nur aus Gründen der Versorgungssicherheit vorgehalten (Notstromversorgung). Für weitere Hinweise zu den Antriebsformen wird auf [21] verwiesen.

6.1.3 Förderhöhe, NPSHA-Wert und Leistungsbedarf

Die Förderhöhe H (h) in m ist die von der Pumpe auf das Wasser übertragene nutzbare mechanische Arbeit, bezogen auf die Massenkraft des Wassers. Sie setzt sich aus der Höhen-, Druck- und Geschwindigkeitsenergie zusammen.

Da Pumpe und Rohrleitung ein System bilden, muss die Förderung von Q vom Eintrittsquerschnitt A_e bis zum Austrittsquerschnitt A_a sichergestellt sein.

Für die Gesamtförderhöhe der Anlage H_A in m kommen zu H_{geo} (H_{sg} + H_{dg}) noch die Verluste der Saugseite (h_{sE}) und der Druckseite (h_{dE}) hinzu. Die geodätische Förderhöhe (H_{geo}) und der Druckhöhenunterschied bilden den statischen Anteil (H_{stat}) der Gesamtverluste, während der Unterschied der Geschwindigkeitshöhe und die Reibungsverluste den dynamischen Teil (H_{dyn}) bilden (DIN EN ISO 17769-1).

Für ein offenes Behältersystem sind die Förderhöhen vereinfacht in Abb. 6.12 dargestellt.

Um Kavitation in der Pumpe zu vermeiden, muss beim Eintrittsquerschnitt der Pumpe eine über dem Dampfdruck liegende Energiehöhe zur Verfügung stehen. Die Nettoenergiehöhe NPSH (Net Positive Suction Head) entspricht etwa dem früheren Begriff der Haltedruckhöhe.

Man unterscheidet zwischen NPSHA = NPSH-Wert der Anlage (früher $NPSH_{vorh}$) und dem NPSHR = NPSH-Wert der Pumpe (früher $NPSH_{erf}$).

Die Pumpe kann im Zulauf- oder Saugbetrieb gefahren werden (Abb. 6.13). Im Saugbetrieb liegt der höchste Wasserspiegel unter der Laufradmitte und die Zulaufhöhe ist negativ. In diesen Fällen muss der NPSHR-Wert < 10 m sein, und beim Anfahren der Pumpe sind Hilfen erforderlich (Fußventil, Evakuierung u. a.). Um die Verluste auf der Saugseite gering zu halten, erhält jede Pumpe eine eigene Saugleitung. Diese Betriebsform ist jedoch möglichst zu vermeiden, da sie hydraulisch ungünstig ist.

Die Berechnung der NPSHA-Werte lautet für den

Abb. 6.12 Förderhöhen für eine Pumpe aus einem offenen Behälter in einen offenen Behälter

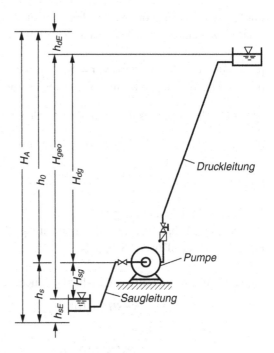

Abb. 6.13 Saug- und Zulaufbetrieb einer Pumpe

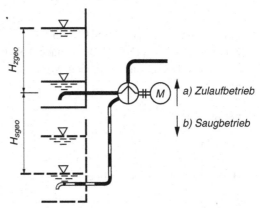

- Saugbetrieb:

$$NPSHA = \frac{p_e + p_b - p_D}{\rho \cdot g} + \frac{v_s^2}{2g} - H_{v,s} - H_{s,geo} \qquad (6.4)$$

- Zulaufbetrieb:

$$NPSHA = \frac{p_e + p_b - p_D}{\rho \cdot g} + \frac{v_s^2}{2g} - H_{v,s} + H_{z,geo} \qquad (6.5)$$

Für kaltes Wasser und offene Behälter kann die Formel für die Praxis vereinfacht werden. Hierbei werden folgende Annahmen getroffen:

p_b = Luftdruck = 0,1 MPa (=1 bar = 10^5 N/m^2) und p_e= 0 MPa
ρ = 1000 kg/m^3 und g = 10 m/s^2 (Abweichung von 9,81 $\approx$ 2 %)
$\dfrac{v_s^2}{2g}$ = Geschwindigkeitshöhe $\approx$ 0 (da sehr klein)
p_D = Dampfdruck bei 7 °C = 1,0 kPa= 0,010 bar

Es bedeutet:

v_s = Geschwindigkeit in der Saugleitung
$H_{v,s}$ ($h_{v,s}$) = Reibungsverluste in der Saugleitung
$H_{s,geo}$ ($h_{s,geo}$) = geodätische Saughöhe

Für kaltes Wasser und offene Behälter ist daher ausreichend genau:

$$NPSHA \approx 10 - H_{v,s} - H_{s,geo} \left(\text{Saugbetrieb}\right) \tag{6.6}$$

$$NPSHA \approx 10 - H_{v,s} + H_{z,geo} \left(\text{Zulaufbetrieb}\right) \tag{6.7}$$

Es muss immer NPSHA > NPSHR sein.

Die NPSHR-Werte (NPSH-Werte nach Abb. 6.4) findet man in den Pumpenkatalogen der Hersteller. Die dort angegebenen Werte sind, um einen Sicherheitszuschlag von 0,5 m zu erhöhen.

Beispiel 6.1

Gesucht:

$H_{s,geo}$ = geodätische Saughöhe

Gegeben:

Pumpendaten gem. Abb. 6.4
Förderstrom der Pumpe = 55 m^3/h
Saugleitungsverlust h_{sE}($h_{v,s}$) = 1,50 m als Vorgabe
Berechnungsweg siehe Kap. 8 Bsp.1

Berechnung:

Gl. (6.5) wird umgestellt:

$$H_{s,geo} = 10,0 - 1,5 - 2,0 = 6,5\ m$$

Der Wert 2,0 m ergibt sich aus Abb. 6.4, wo 1,5 m für NPSH abgelesen wird und einem Sicherheitszuschlag von 0,5 m

Der Leistungsbedarf P, der vom Motor an die Pumpenwelle abzugeben ist, berechnet sich nach der Formel:

$$P = \frac{\rho \cdot g \cdot Q \cdot H}{1000 \cdot \eta}\ \text{in kW} \tag{6.8}$$

ρ   = Dichte von Wasser (1,0 kg/dm³)
g   = Fallbeschleunigung (9,81 m/s²)
Q   = Förderstrom in l/s
H   = Förderhöhe in m
η   = Wirkungsgrad der Pumpe

Anstelle von 1000 findet man in der Praxis noch die Werte 367 oder 102. Sie beruhen auf folgender Überlegung:

Leistung in kW mal Zeit in h = Arbeit in kWh.

Mit 1 kWh = 36.700 kpm ergibt sich für Q in m³/h der Wert 367 und für Q in l/s (367/3,6) die Zahl 102.

Für die Motorenauswahl ist der Wirkungsgrad des Motors zu beachten. Er liegt bei Elektromotoren zwischen 0,8 und 0,95.

In der Praxis werden in Abhängigkeit vom berechneten Leistungsbedarf folgende Zuschläge gemacht:

bis 7,7 kW ≈ 20 %
7,5 bis 40 kW ≈ 15 %
> 40 kW ≈ 10 % ◄

Beispiel 6.2

Gesucht:

Leistungsbedarf P_p der Pumpe
erforderliche Leistungsaufnahme P_M des Elektromotors

Gegeben:

Systemskizze Abb. 6.14
Förderstrom der Pumpe = 55 m³/h bzw. 15,3 l/s
k_i- Wert = 0,1 (siehe Abschn. 8.1.2)
Verluste der Saugseite h_{sE} = 0,22 m (Siehe Kap. 8, Beispiel 8.2)

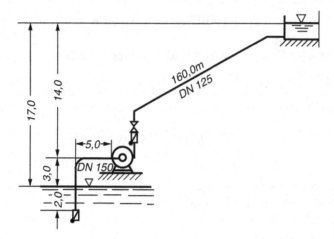

Abb. 6.14 Systemskizze zur Berechnung des Leistungsbedarfs eines Kreiselpumpenmotors

Wirkungsgrad der Pumpe $\eta = 0{,}73$
Wirkungsgrad des Motors $\eta = 0{,}90$

Berechnung:
Die Verluste werden für die Saug- und für die Druckseite getrennt ermittelt:

$$h_{sE} + H_{sg} = 0{,}22 + 3{,}0 = 3{,}22 \ m \ \text{(Verluste Saugseite)}$$

$I = 14{,}0 \ m/km$ für DN 125, Tab. 8.3; $1 = 160{,}0$ m

$$h_{dE} = \frac{(14{,}0 \cdot 160{,}0)}{1000} = 2{,}24 \ m$$

$$H_{dg} = 2{,}24 + 14{,}0 = 16{,}24 \ m \ \text{(Verluste Druckseite)}$$

Gesamtförderhöhe $H_A = 3{,}22 + 16{,}24 = 19{,}46 \ m$

Leistungsaufnahme der Pumpe ($\eta_P = 0{,}73$) nach Gl. (6.8):

$$P_P = \frac{1{,}0 \cdot 9{,}81 \cdot 15{,}3 \cdot 19{,}46}{1000 \cdot 0{,}73} = 4{,}0 \ kW$$

Bemessung des E-Motors ($\eta_M = 0{,}9$) und Leistungsreserve 20 %:

$$P_M = 1{,}2 \cdot \frac{4{,}0}{0{,}9} = 5{,}3 \ kW$$

Da die gleiche Pumpe wie in Beispiel 1 gewählt wird, ist die Forderung NPSHA > NPSHR erfüllt. ◄

Beispiel 6.3

Gesucht:

Rohrkennlinie für DN 100 und DN 150
maximal möglicher Förderstrom in l/s
maximal mögliche Gesamtförderhöhe H_A

Gegeben:

Rohrleitungslänge l = 500 m
k_i- Wert = 0,1 mm
H_{geo}= 50 m

Pumpenkennlinie entsprechend Abb. 6.15

Hinweis:

I = auf die Längeneinheit bezogene Reibungsverlusthöhe, siehe Tab. 8.3
Rohrkennlinienberechnung: H_A= H_{geo}+ H_v

Rohrkennlinie	DN 100					DN 150				
Q in l/s	3	6	9	12	15	5	7	10	15	20
I in m/km	1,9	7,0	15,0	26,0	40,0	0,7	1,3	2,4	5,2	8,9
H_v = I·l in m	0,97	3,5	7,5	13,0	20,0	0,3	0,6	1,2	2,6	4,4
Schnittpunkt bei	Q =13,7 l/s und H_A =66,77m					Q =18,8 l/s und H_A = 53,95 m				

Für Q = 13,7 l/s ergibt sich H_v = 16,77 m;
Für Q = 18,8 l/s ergibt sich H_v = 3,95 m;
Mit H_{geo}= 50,0 m ergeben sich die Werte H_A = 66,77 m bzw. 53,95 m ◄

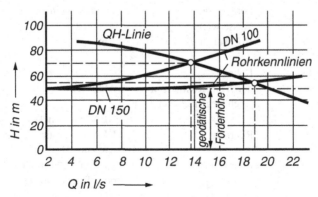

Abb. 6.15 Pumpenkennlinie (QH- Linie und Rohrkennlinie)

6.2   Allgemeine Hinweise für Pumpwerke

Allgemeine Hinweise zu Pumpwerken finden sich in DVGW W 400-1, W 610, W 617 sowie W 618.

Wie für alle Wasserversorgungsanlagen gilt insbesondere für Pumpwerke der Grundsatz: *Betriebssicherheit geht vor Wirtschaftlichkeit.*

Es sind daher mindestens zwei Maschinensätze vorzusehen, von denen jeder den Bedarf allein abdecken muss. Da Pumpwerk, Rohrleitung und Speichersystem eine Einheit bilden, ergeben sich wirtschaftlich und technisch eng miteinander verknüpfte Wechselbeziehungen.

Es empfiehlt sich daher, Kostenvarianten zu untersuchen und die Betriebs- und Anlagenkosten zu optimieren (siehe Kap. 7 und 8). Durch hohe Fließgeschwindigkeiten kann die Rohrleitung zwar kleiner gewählt werden, die Energiekosten steigen aber an. Übliche Werte für Pumpenleitungen sind in der Tab. 6.3 aufgelistet:

Höhere Fließgeschwindigkeiten sind dann günstig, wenn nur kurze Pumpenbetriebszeiten vorgesehen sind.

Wenige große Pumpen, miteinander kombiniert, erlauben oft günstigere Wirkungsgrade. Da die Reservepumpen dann ebenfalls groß sind, steigen hierdurch die Baukosten.

Im Fall schwankender Förderströme kann es vorteilhaft sein, mit Grundlastpumpen zu arbeiten und über eine drehzahlgeregelte Pumpe die Feinregulierung vorzunehmen.

Folgende Förderarten sind für Pumpwerke nach Tab. 6.4 zu unterscheiden:

Tab. 6.3   Fließgeschwindigkeiten in Pumpenleitungen in m/s

Pumpendruckleitung als Steigleitung im Brunnen	1,5 bis 2,5
Pumpendruckleitungen	1,0 bis 2,0
Pumpensaugleitungen	0,5 bis 1,0

Tab. 6.4   Wasserförderungsanlagen

	Förderbeginn	Förderende	Bemerkungen
1	Brunnen	Wasserwerk	Abb. 6.8
2	offener Behälter (Pumpensumpf)	Hochbehälter	Abb. 6.14
3	offener Behälter	Rohrnetz	
4	offener Behälter	durch das Rohrnetz in einen Gegenbehälter	Abb. 7.2c
5a	Rohrnetz	Rohrnetz	DEA, mit Windkessel, Abb. 6.22
5b	Rohrnetz	Rohrnetz	DEA, mit gestaffelten Pumpen mit und ohne Druckwindkessel
5c	Rohrnetz	Rohrnetz	DEA, mit Drehzahlregelung mit und ohne Druckwindkessel,

Die Rohrleitungen in Pumpwerken neigen zur Kondenswasserbildung, sie sind daher in getrennten Rohrkellern oder Rohrkanälen zu führen. Die Rohrleitungen sind innen und außen gegen Korrosion zu schützen. Für den Innenschutz kommen Bitumenstoffe, Zementmörtel, Kunststoffe, Emaile und für den Außenschutz spezielle Anstrichfarben oder Kunststoffbeschichtungen in Betracht. Es werden auch Edelstähle eingesetzt. Zur Verminderung von Korrosionsschäden kann eine Raumluftentfeuchtungsanlage vorteilhaft sein.

Neben dem Kondenswasser fällt auch noch Entleerungs-, Leck- und Spritzwasser an, das teilweise von Öl verunreinigt ist. Diese Wässer sind gesondert abzuleiten.

Da Sauberkeit das oberste Gebot in Trinkwasseranlagen ist, sind Fußböden und Wände mit Fliesen oder abwaschbaren Farbstoffen zu versehen.

Bei kleineren Pumpwerken werden die Überwachungs-, Mess-, Steuer- und Regeleinrichtungen (DVGW W 645-1 bis -3) in einem Schaltschrank zusammengefasst. Für große Pumpwerke sind Maschinenraum und Schaltwarte zu trennen.

Zum Schutz der Motoren sollte die Schalthäufigkeit begrenzt werden, um eine unzulässige Erwärmung der Motorwicklungen zu vermeiden. Für größere Anlagen wird eine Schalthäufigkeit von 4 bis 8 pro Stunde, für mittlere ländliche und städtische Versorgungen von 6 bis 12 pro Stunde empfohlen [38].

Zur Gestaltung der Pumpenvorlage bzw. des Wasserspeichers und der Anordnung der Saugleitung sind folgende Hinweise wichtig:

Der Abstand zwischen Zulauf- und Saugleitung muss groß genug sein, damit keine Luft in die Saugleitung gelangt. Daher muss die Zulaufleitung auch immer unter dem Wasserspiegel ausmünden. Bei Gefahr eines Luftzutrittes sind Zulauf- und Saugleitung durch eine Prallwand zu trennen. Um Hohlwirbel zu vermeiden, sind die Abstände nach Abb. 6.16 für die Saugleitungen einzuhalten.

Mit v in m/s in der Saugleitung und S_{min} in m rechnet sich die Mindestüberdeckung zu:

$$S_{min} = \frac{v^2}{2g} + 0{,}1 \text{ in m}$$

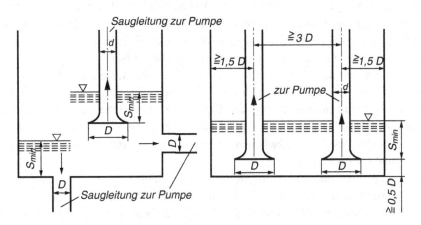

Abb. 6.16 Rohrleitungsanordnung im Pumpensumpf

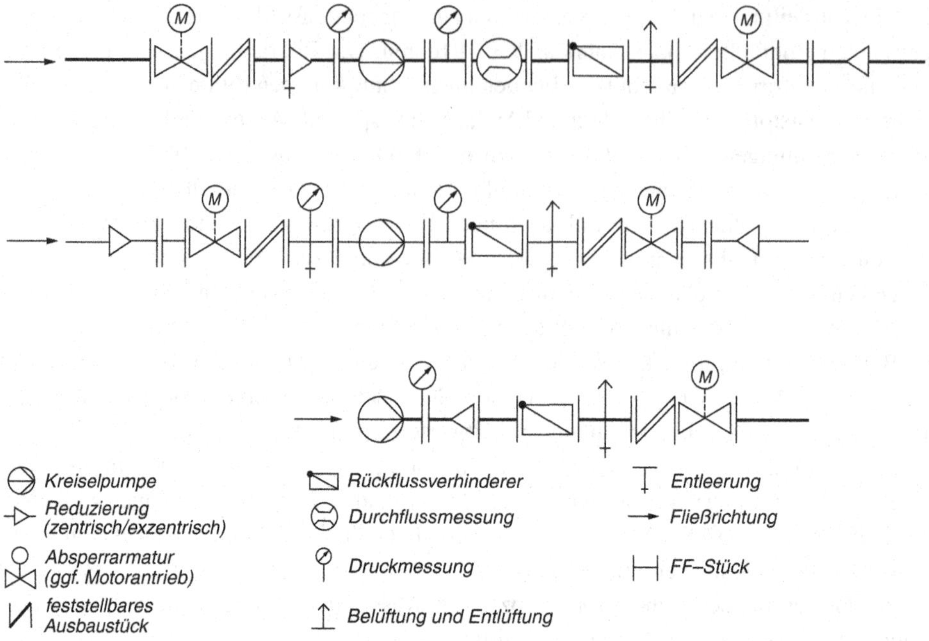

◒ Kreiselpumpe	◣ Rückflussverhinderer	⊤ Entleerung
▷ Reduzierung (zentrisch/exzentrisch)	◉ Durchflussmessung	→ Fließrichtung
◯ Absperrarmatur (ggf. Motorantrieb)	∅ Druckmessung	⊢⊣ FF–Stück
⋈ feststellbares Ausbaustück	⊥ Belüftung und Entlüftung	

Abb. 6.17 Anordnung der Rohrleitungskomponenten vor und hinter der Pumpe

Die Saugleitung muss bis zur Pumpe steigend verlegt werden.

Um eine Förderanlage optimal betreiben zu können, müssen vor und hinter dem Pumpenein- und -austritt Armaturen und Messeinrichtungen eingebaut werden. In Abb. 6.17 sind mögliche Anordnungen aufgezeigt.

Um die Pumpe von Kräften und Momenten freizuhalten, sind die feststellbaren Ausbaustücke besonders wichtig. Bei Armaturen und Messeinrichtungen ist auf die Druckverlustbeiwerte zu achten, da hierdurch Energieverluste entstehen (DVGW W 610 und Kap. 8).

Richtungsänderungen der Rohrachsen sind auf ein Minimum zu beschränken. Für einige Messeinrichtungen müssen störungsfreie Rohrstrecken vor dem Messgerät vorhanden sein. Damit die Pumpe störungsfrei angeströmt werden kann, sind Richtungsänderungen und Rohreinbauten bis zur vierfachen Nennweite vor dem Eintrittsstutzen unzulässig. Am Pumpenaustritt wird eine Länge von mindestens zweifacher Nennweite empfohlen. Ausgenommen hiervon sind Reduzierstücke. Raumkrümmer sind auf jeden Fall zu vermeiden.

Die Abmessung der Räume hängt ab von der Pumpenaufstellungsart und der Größe der Aggregate. Für den Ein- und Ausbau sind Hebezeuge wie Flaschenzüge und Laufkatzen unumgänglich. Um eine schnelle Ein- und Ausbaumontage zu ermöglichen, sind Mindestabstände von den Wänden und zwischen den Aggregaten erforderlich. Für die Zwischenlagerung sind Freiflächen vorzuhalten.

Folgende Pumpen und Motoraufstellungen sind möglich:

Die Pumpe und der Motor liegen über dem maximalen Wasserstand in Einlaufkammer oder Behälter. Dieser Betrieb ist hydraulisch ungünstig, auf der Saugseite sind dann be-

Abb. 6.18 Pumpenanlage mit Motor und Pumpe in hoher Trockenaufstellung [F6]

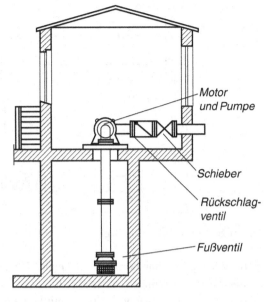

Motor
und Pumpe

Schieber

Rückschlag-
ventil

Fußventil

Abb. 6.19 Pumpenanlage mit Motor in Trockenaufstellung und Pumpe in Nassaufstellung [F6]

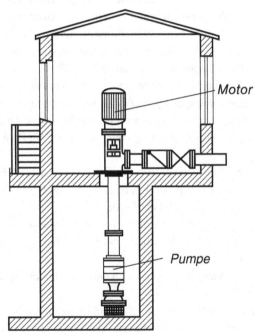

Motor

Pumpe

sondere Vorkehrungen zu treffen (z. B. Fußventil, Evakuierungsanlage). In Abb. 6.18 ist dieser Fall dargestellt.

Die Variante in Abb. 6.19 unterscheidet sich durch die tief liegende Pumpe in Nassaufstellung. Die Pumpe hat somit freien Zulauf und das System ist hydraulisch günstiger.

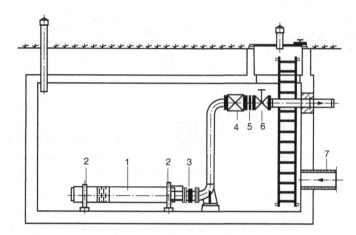

Abb. 6.20 Horizontaler Einbau einer U-Pumpe in einem Behälter [F6]

In Abb. 6.20 ist eine horizontal liegende U-Pumpe in den Behälter eingebaut. Soll ein Pumpenwechsel sattfinden, muss allerdings der Behälter geleert werden. Dies kann man vermeiden, indem man eine U-Pumpe mit Druckmantel wählt. Pumpe und Motor werden normalerweise auf einer gemeinsamen Grundplatte angeordnet.

In Abb. 6.21 ist eine einflutige und horizontal eingebaute Spiralgehäusepumpe dargestellt. Bei mehreren Pumpensätzen sind getrennte Grundplatten zu wählen, da sonst Schwingungen auftreten können.

Für die Überwachung und Instandhaltung von Förderanlagen mit Kreiselpumpen in der Wasserversorgung gilt DVGW W 614. Instandhaltungsziele sind z. B. Erhaltung bzw. Erhöhung der Arbeitssicherheit, Verfügbarkeit, Umweltverträglichkeit und Wirtschaftlichkeit. Die Instandhaltung bietet folgende Möglichkeiten der Kostenoptimierung:

- Senkung der spezifischen Kapitalkosten durch Erhöhung der Nutzungsdauer der Anlage.
- Reduzierung der Energiekosten durch Erhaltung, zum Teil auch Verbesserung des Wirkungsgrades der Förderanlage.
- Senkung der Personalkosten durch Ausweitung der kontinuierlichen Überwachung.
- Senkung der Personal- und Materialkosten durch Ausweitung der zustandsorientierten Instandhaltung.
- Senkung der Lagerkosten durch Reduzierung des Ersatzteilbestandes.

Die in der Wasserversorgung eingesetzten Kreiselpumpen sind, abgesehen von Maschinen für sehr große Förderhöhen oder Förderströme, von relativ einfacher Bauart. Aber auch diese Kreiselpumpen sind im Laufe des Betriebes Zustandsänderungen unterworfen, die zu Betriebsstörungen, Maschinenausfall und Wirkungsgradeinbußen durch Verschleiß, Korrosion, Erosion, Ablagerungen und Kavitationen führen.

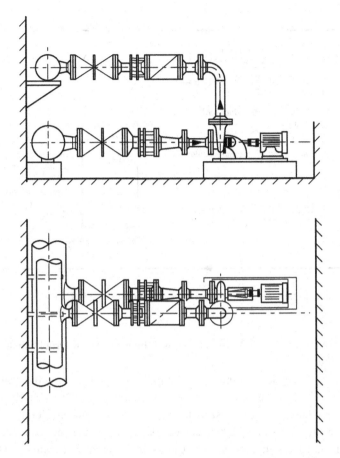

Abb. 6.21 Spiralgehäusepumpe, einflutig und in horizontaler Einbaulage (siehe auch DVGW W 610)

6.3   Druckerhöhungsanlagen

Wenn der Versorgungsdruck (Fließdruck < 50 kPa bzw. < 0,5 bar an der ungünstigsten Versorgungsstelle) an der Anschlussstelle für den Hausanschluss nicht mehr ausreichend ist, wird eine Druckerhöhung unumgänglich. Dies kann im Spitzenbedarfsfall bedingt durch ein Hochhaus, eine höher gelegene Wohnsiedlung oder neue Versorgungsgebiete auftreten. Hierzu werden Druckerhöhungsanlagen (DEA) mit Druckerhöhungspumpen eingebaut.

Druckerhöhungsanlagen müssen sorgfältig gewartet werden, da bei einem Ausfall der Versorgungsdruck nicht mehr sichergestellt ist. Die Kombination mit einem Gegenbehälter (siehe Kap. 7) ist die sicherste Betriebsform, da bei einer Störung über den Hochbehälter eine Teilversorgung möglich ist. Zur Versorgungssicherheit sind möglichst immer zwei

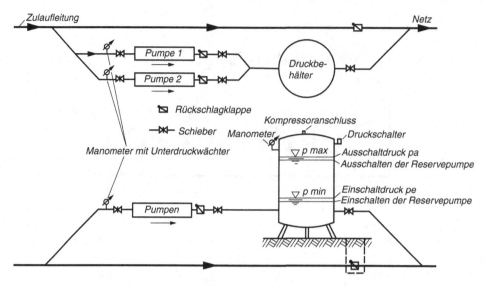

Abb. 6.22 Schematische Darstellung einer Druckerhöhungsanlage (DEA)

Pumpen zu wählen. In Abb. 6.22 ist schematisch eine DEA mit Druckbehälter und Gaspolster dargestellt.

Zwei für $Q_{h\,max}$ ausgelegte Pumpen sind parallel geschaltet. Eine dient als Betriebspumpe, die zweite als Reservepumpe. Eine Automatik sorgt für wechselnden Einsatz, hierdurch werden längere Stillstandszeiten einer Pumpe vermieden. Kommt es zu unvorhergesehenen Spitzenbelastungen, können auch beide Pumpen zugeschaltet werden. Hierbei wird über ein Kontaktmanometer bei Unterschreitung eines minimalen Druckes die Reservepumpe zugeschaltet (Mindestversorgungsdruck (Netzdruck) p_e zum Einschalten um 20 bis 30 kPa bzw. 0,2 bis 0,3 bar).

Der Druckbehälter besitzt nur eine geringe Speicherkapazität, denn er hat die Aufgabe, die Schaltzeiten der Pumpe zu begrenzen (siehe Kap. 7). Als Trockenlaufschutz ist ein Manometer eingebaut, das bei der Unterschreitung des Minimaldruckes die Pumpe abschaltet. Spezialdruckbehälter trennen das Luftpolster vom Wasser mit Hilfe einer Gummiblase oder einer Membran. Hierdurch kann das Wasser keine Luft sorbieren.

Bei Inbetriebnahme wird der Behälter vorgepresst und die sonst erforderliche Kompressoranlage kann entfallen.

Für die Berechnung des Druckbehälters wird auf Abschn. 7.3 verwiesen.

Eine weitere Möglichkeit der Druckerhöhung ist der Einsatz von U-Pumpen im Druckmantel. Der Einbau kann Inline oder als Bypass sowohl horizontal als auch vertikal erfolgen. In Abb. 6.23 ist eine vertikale Lösung mit Druckkessel dargestellt, während Abb. 6.24 eine horizontale Lösung im Bypass zeigt.

Abb. 6.23 Vertikale U-Pumpe
zur Druckerhöhung in einem
Druckmantel

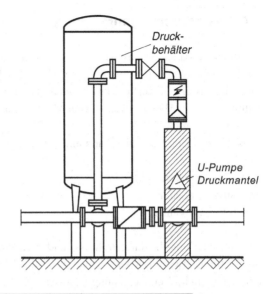

Abb. 6.24 Horizontale U-Pumpe zur Druckerhöhung in einem Druckmantel

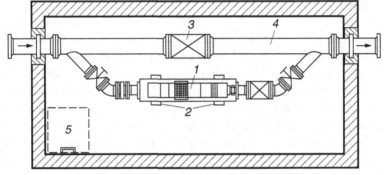

Durch Rückflussverhinderer (Hydrostop) wird ein Rücklauf in das Zulaufrohr verhindert. Vor und hinter der Pumpe sind Schieber vorzusehen, die den Ein- und Ausbau
ohne Betriebsunterbrechung ermöglichen. Ausbaustücke erleichtern die Montage.

Für Druckerhöhungsanlagen von Einzelgebäuden, z. B. Hochhäusern muss darauf ge-
achtet werden, dass benachbarte Anlagen durch den Betrieb nicht gestört werden. Der direkte Anschluss an das Versorgungsnetz von nicht drehzahlgeregelten DEA ist daher in der
Regel nicht zulässig, sondern es wird mit Vordruckbehältern oder drucklosen Vorbehältern
gearbeitet. Üblicherweise werden in neu zu errichtenden Anlagen drehzahlgeregelte Pumpen eingesetzt.

Berechnungshinweise sind z. B. in DIN 1988-500 zu finden.

Durch alle Schaltvorgänge in Pumpwerken können instationäre Betriebszustände auftreten (Hinweise hierzu siehe Abschn. 7.4).

6.4   Wassermengenmessung

Für einen geordneten Betrieb der Wasserversorgungsanlagen ist eine Mengenmessung unumgänglich. Nur durch eine sichere Messeinrichtung können spezifischer Verbrauch,
Spitzenbelastungen, Verluste unter anderem ermittelt werden. Nach [24] können in Druckleitungen und in Abhängigkeit von der Messaufgabe die Messeinrichtungen nach Abb. 6.25
verwendet werden.

Nach dem Einsatzbereich kann man unterscheiden in:

- Wohnungswasserzähler
- Hauswasserzähler
- Großwasserzähler

Wasserzähler unterliegen dem Mess- und Eichgesetz. Seit dem 01.01.1979 besteht Eich-
pflicht für Kaltwasserzähler und aufgrund der EU-Harmonisierung seit dem 01.01.1986
eine einheitliche Kennzeichnung nach DIN EN ISO 4064-1. Eichung und Beglaubigung
haben seit dem 01.01.1993 maximal 6 Jahre Gültigkeit.

Seit dem 30.10.2006 war die EG Messgeräterichtlinie [R18] aus dem Jahr 2004 in
Kraft. Anzuwenden war diese Richtlinie mit einer Übergangsfrist von 10 Jahren. Für neue
Zähler ergaben sich daraus für die Zulassung und Kennzeichnung von Wasserzählern spä-
testens seit 2016 wesentliche Änderungen. Die zugrunde liegende EU-Verordnung wurde
im Jahr 2014 neu gefasst und gilt seit dem 20.04.2016 [R19]. Nach dieser Measuring
instruments directive (MID) werden die Zähler durch die Angabe des Dauerdurchflusses
Q_3 und des nach DVGW W 406 mit R bezeichneten Verhältnisses Q_3/Q_1, gekennzeichnet.
Mit diesen beiden Angaben können die übrigen für einen Zähler relevanten Größen berechnet werden. Dies sind der Mindestdurchfluss Q_1 als kleinster Durchfluss, bei dem der
Wasserzähler die Fehlergrenzen einhält, der Übergangsdurchfluss Q_2, der Dauerdurchfluss
Q_3 und der Überlastdurchfluss Q_4 (siehe Abb. 6.26). Zwischen diesen Größen besteht folgender Zusammenhang:

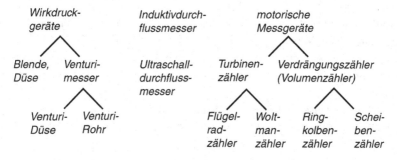

Abb. 6.25 Wassermessgeräte

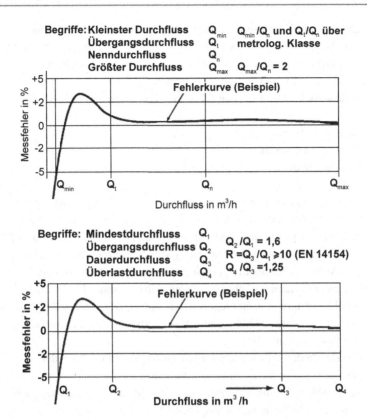

Abb. 6.26 Gegenüberstellung neuer und alter Bezeichnungen für Wasserzähler [87]

$Q_3/Q_1 \geq 40$

$Q_2/Q_1 = 1{,}6$

$Q_4/Q_3 = 1{,}25$

Die DIN EN ISO 4064-1 unterscheidet zwei Genauigkeitsklassen. Für Zähler der Klasse 1 gilt eine Fehlergrenze bei Temperaturen bis 30 °C im oberen Durchflussbereich zwischen Q_2 und Q_4 von ±1 % und bei höheren Temperaturen von ±2 %. Im unteren Messbereich gilt eine Fehlergrenze von ±3 % unabhängig von der Messtemperatur. Für Zähler der Klasse 2 gelten im oberen Durchflussbereich 2 % bis 30 °C bzw. 3 % bei höheren Temperaturen. Im unteren Durchflussbereich gilt hier eine zulässige Fehlergrenze von ±5 %. In Deutschland üblich sind nach DVGW W 406 Zähler der Genauigkeitsklasse 2.

Bis zum Ende der Übergangsfrist im Jahr 2016 konnten Zähler noch entsprechend der alten Richtlinien bezeichnet werden. Diese unterteilte die Zähler in drei metrologische Klassen A, B und C, die sich durch ihre Prüfbereiche unterschieden. Die Bezeichnung der Zähler erfolgte sowohl nach ISO/DIN als auch nach der alten EU-Richtlinie anhand des Nenndurchflusses $Q_n = (Q_{max}/2)$.

In der Bundesrepublik Deutschland sind rund 17 Millionen Hauswasserzähler im Einsatz. 15 % der Mehrfamilienhäuser sind mit Wohnungswasserzählern ausgestattet. In den Landesbauordnungen sind unterschiedliche Festsetzungen für den Einsatz von Wohnungswasserzählern bei Neubau und Sanierung getroffen.

Bei den Hauswasserzählern werden folgende Bauformen unterschieden:

- Mehrstrahlflügelradwasserzähler
- Einstrahlflügelradwasserzähler
- Ringkolbenwasserzähler

Flügelradwasserzähler arbeiten nach dem folgenden Messprinzip: Ein Flügelrad wird vom durchströmenden Wasser in Rotation versetzt. Die Drehgeschwindigkeit ist der Strömungsgeschwindigkeit direkt proportional. Durch zeitliche Integration durch das Zählwerk ergibt sich das durchgeflossene Volumen. Beim Ringkolbenzähler wird ein ringförmiger Kolben, dessen Volumen bekannt ist, durch die Strömung gefüllt, in Drehbewegung versetzt und nach einer Umdrehung entleert. Somit wird bei einer Umdrehung des Kolbens das bekannte Inhaltsvolumen weitergegeben. Als Zählwerk kommen Zeiger- und Rollenzählwerke zum Einsatz. Sind Zählwerk und Messwerk wasserdicht voneinander getrennt, so spricht man von Trockenläufern.

Vor- und Nachteile der verschiedenen Bauformen gibt Tab. 6.5 wieder.

An Hauswasserzählern sind Mehrstrahlflügelradwasserzähler als Nassläufer mit Rollenzählwerk (Abb. 6.27) am weitesten verbreitet. Sie sind für Kaltwasser bis 40 °C zu gebrauchen. In verschiedenen Versorgungsbereichen werden in letzter Zeit zunehmend auch Ringkolbenzähler (Abb. 6.28) eingesetzt.

Tab. 6.5 Vor- und Nachteile verschiedener Bauformen von Hauswasserzählern

Mehrstrahlflügelradwasserzähler	Einstrahlflügelradwasserzähler	Ringkolbenwasserzähler
Vorteile:	Vorteile:	Vorteile:
• toleriert Partikel im Wasser • kostengünstig	• unempfindlich gegen Partikel und Sand • zuverlässig, einfacher Aufbau • langzeitstabile Messgüte	• Messgenauigkeit bei kleinen Durchflüssen • Völlig unabhängig von Einbaulage • sehr geringe Anlaufwerte • völlig unempfindlich gegen hydraulische Störer • einfache, kostengünstige Reparatur
Nachteile:	Nachteile:	Nachteile:
• empfindlich gegen Ablagerungen (Kalk)	• R 160 oder besser nur bei horizontalem Einbau	• empfindlich gegenüber groben Partikeln im Wasser

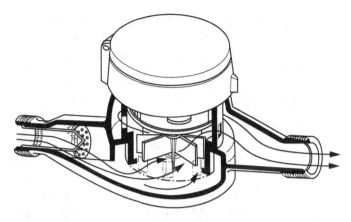

Abb. 6.27 Mehrstrahlflügelradwasserzähler

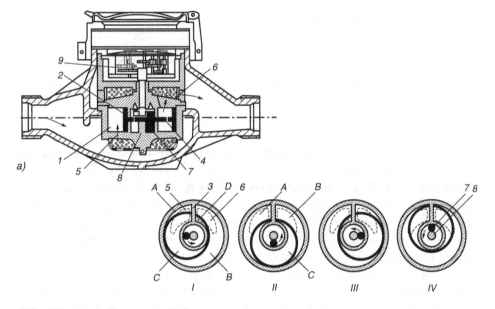

Abb. 6.28 Ringkolbenwasserzähler

Etwa 90 % aller Anwendungsfälle sind mit einem Zähler $Q_3 = 4$ abzudecken, da hier 15 Wohneinheiten (WE) bei Druckspülung und 30 WE beim Einsatz von Spülkästen anschließbar sind.

In Tab. 6.6 sind einige Leistungsdaten von Wasserzählern nach der europäischen Messegeräterichtlinie [R19] zusammengestellt. Hierbei entspricht ein Volumenstromverhältnis Q_3/Q_1 von R 40 etwa der früheren metrologischen Klasse A, R 80 etwa der Klasse B und R 160 etwa der Klasse C.

Tab. 6.6 Baugrößen und Genauigkeitsklassen für Kaltwasserzähler nach MID (Auswahl)

Q_3 in m³/h	Q_4 in m³/h	$Q_3/Q_1 = R\ 40$		$Q_3/Q_1 = R\ 50$		$Q_3/Q_1 = R\ 63$		$Q_3/Q_1 = R\ 80$	
		Q_1 in l/h	Q_2 in l/h	Q_1 in l/h	Q_2 in l/h	Q_1 in l/h	Q_2 in l/h	Q_1 in l/h	Q_2 in l/h
1,0	1,25	25	40	20	32	16	25	13	20
1,6	2	40	64	32	51	25	41	20	32
2,5	3,125	63	100	50	80	40	63	31	50
4	5	100	160	80	128	63	102	50	80
6,3	7,875	158	252	126	202	100	160	79	126
10	12,5	250	400	200	320	159	254	125	200
16	20	400	640	320	512	254	406	200	320
25	31,25	625	1000	500	800	397	635	313	500
Q_3 in m³/h	Q_4 in m³/h	$Q_3/Q_1 = R\ 100$		$Q_3/Q_1 = R\ 125$		$Q_3/Q_1 = R\ 160$		$Q_3/Q_1 = R\ 200$	
		Q_1 in l/h	Q_2 in l/h	Q_1 in l/h	Q_2 in l/h	Q_1 in l/h	Q_2 in l/h	Q_1 in l/h	Q_2 in l/h
1,0	1,25	10	16	8	13	6	10	5	8
1,6	2	16	26	13	20	10	16	8	13
2,5	3,125	25	40	20	32	16	25	13	20
4	5	40	64	32	51	25	40	20	32
6,3	7,875	63	101	50	81	39	63	32	50
10	12,5	100	160	80	128	63	100	50	80
16	20	160	256	128	205	100	160	80	128
25	31,3	250	400	200	320	156	250	125	200

Für den Einbau der Hauswasserzähler sind die Empfehlungen der W 406, der DIN 1988-200 und die gültige Mess- und Eichverordnung [R12] zu beachten.

Neben den technischen Parametern spielen bei der Auswahl der Zählerbauform auch betriebswirtschaftliche Überlegungen eine Rolle. Dabei sind nicht nur die Anschaffungskosten, sondern die Gesamtkosten über die gesamte Nutzungsdauer zu betrachten.

Als Großwasserzähler (> DN 40) für Großverbraucher, Wasserwerkszähler, Brunnenwasserzähler u. a. hat sich der Woltmanzähler bewährt. Hierbei handelt es sich um einen Turbinenzähler, bei dem ebenfalls die Messung der Strömungsgeschwindigkeit Grundlage des Messprinzips ist. Hinsichtlich der Zählerauswahl sind die entsprechenden Betriebsdrücke, Druckverluste und Einbaulagen zu berücksichtigen. Die Rohrleitungsführung ist so zu wählen, dass das Zählwerk stets vollständig gefüllt ist.

Neben den von den Herstellern angegebenen Einbaubedingungen wie zum Beispiel maximale Wassertemperatur und Einbaulage ist die strömungstechnische Einbindung des Messgerätes sehr wichtig. Grundsätzlich gilt hier, dass die Anströmung möglichst ungestört sein soll.

Für den Einbau eines Wasserzählers hinter hydraulischen Störern wie Rohrkrümmer, T-Stück, Absperrorganen, Pumpen oder Reduzierungen werden folgende Mindestanströmlängen empfohlen:

DN 50 ... DN 300   3 · DN
ab DN 400   5 · DN
bei Krümmern generell: 5 · DN

Müssen stark schwankende Wassermengen auch im unteren Messbereich genau gemessen werden, so kann man hierfür entweder einen Verbundwasserzähler (Abb. 6.29)
oder einen Einstrahlflügelradwasserzähler mit einem Durchflussverhältnis Q_3/Q_1 von mindestens 160 (Abb. 6.30) einsetzen. Bei einem Verbundwasserzähler handelt es sich um
eine Kombination aus einem Woltmanzähler als Hauptzähler und meist einem Mehrstrahlflügelradwasserzähler als Nebenzähler für die Kleinmengen. Zwischen beiden Zählern
wird in Abhängigkeit vom Differenzdruck (nach DIN maximal 20 kPa (0,2 bar)) mittels
einer Umschaltvorrichtung volumenstromabhängig gewechselt. Beim Einbau in Hochbehälter wird die erforderliche Druckdifferenz nicht immer erreicht. Dient die Anlage zudem der Löschwasserversorgung, ist vor dem Einsatz Rücksprache mit dem jeweiligen
Sachversicherer zu halten. Hier sind Einstrahlflügelradwasserzähler hoher Messgüte besser geeignet.

Die Ultraschallmessung beruht auf dem Messprinzip, dass sich die Geschwindigkeit
einer im fließenden Wasser fortpflanzenden Schallwelle mit der Fließgeschwindigkeit verändert. In Strömungsrichtung ist die Laufzeit des Schalls kürzer als im Gegenstrom. Diese
Differenz der Schall-Laufzeit-Impulse wird für die Messung benutzt.

Der Venturimesser (Wirkdruckmesser oder Differenzmanometer) misst die Druck-
unterschiede, die beim Durchfluss von Wasser durch ein Rohr mit verschieden großen
Querschnitten (Venturirohr) entstehen. Im verengten Querschnitt ist die Geschwindigkeit
größer, der Druck kleiner als im ursprünglichen Querschnitt. Die Druckdifferenz ist eine

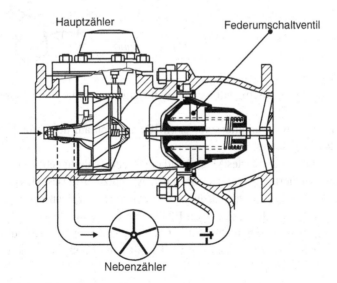

Abb. 6.29 Verbundwasserzähler für Kaltwasser

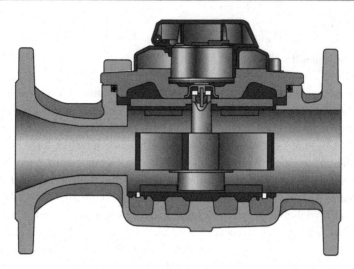

Abb. 6.30 Einstrahlflügelradwasserzähler [F2]

Abb. 6.31 Schema eines
magnetisch-induktiven
Durchflussmessers [F7]

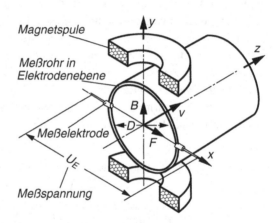

Funktion der Durchflussgeschwindigkeit. Aus ihr ergibt sich die durchflossene Wassermenge in der Zeiteinheit.

Magnetisch-Induktive Durchflussmesser (MID) arbeiten auf der Grundlage des Fara-
dy´schen Induktionsgesetzes.

Wird in ein zeitlich verändertes Magnetfeld eine Leiterschleife gebracht, so wird in ihr
eine Spannung induziert. Zur gerätetechnischen Ausnutzung dieses Messprinzips fließt
der Messstoff (das Wasser) durch ein Rohr, in dem senkrecht zur Fließrichtung ein Magnetfeld erzeugt wird. In dem Rohr sind zwei Elektroden diametral so angeordnet, dass ihre
gedachte Verbindungslinie senkrecht zur Fließrichtung und zum Magnetfeld steht. Die an
den Elektroden induzierte Messspannung ist der mittleren Fließgeschwindigkeit proportional: $U_E = B \cdot D \cdot v$ (Abb. 6.31).

Im nachgeschalteten Messumformer wird die Messspannung in ein Gleichstromsignal und/oder in ein Frequenzsignal umgewandelt. Mit diesen Signalen können Schreiber, Zähler, Integratoren, Regler u. a. betrieben werden.

Konstruktionsmerkmale:

- lineare und genaue Durchflussmessung
- keine Druckverluste durch Rohrverengungen
- keine mechanisch bewegten Teile
- große Messbereichsbreite
- hohe Messgenauigkeit

Wasserspeicherung

7

7.1 Einführung

Wasser kann in verschiedenen Speichern mit unterschiedlichen Zielsetzungen gespeichert werden. Man unterscheidet folgende Arten von Wasserspeichern:

- *Hochbehälter* – als Erdbehälter oder als Wasserturm – gleichen die Verbrauchsschwankungen aus und sorgen für einen gleichmäßigen Versorgungsdruck. Ferner ermöglichen sie einen gleichmäßigen Pumpbetrieb. Das Speichervermögen gibt Sicherheit gegen betriebliche Störungen wie Stromausfall, Maschinenschaden und Rohrbruch und schafft die Voraussetzung einer ständigen Bereitstellung einer Löschwasserreserve, unabhängig von menschlichem oder maschinellem Einsatz.
- *Tiefbehälter* haben sämtliche Aufgaben wie Hochbehälter, jedoch muss der Versorgungsdruck erst durch Pumpanlagen erzeugt werden, da der Wasserspiegel im Tiefbehälter unter dem Niveau des Versorgungsdruckes liegt. Die Störanfälligkeit gegen Maschinenschaden ist demnach größer.
- *Druckbehälter* (frühere Bezeichnung Druckwindkessel) sind Speicheranlagen mit kleinstem Fassungsraum. Dieser hat nur die Aufgabe, die Schalthäufigkeit von Pumpanlagen ohne Wasserspeicher zu vermindern. Druckbehälteranlagen sind besonders empfindlich gegen Förderpumpenausfall, da die im Kessel gespeicherte Wassermenge nur für kürzeste Zeiträume ausreicht.
- *Löschwasserspeicher* werden meist in Form unter- oder oberirdischer künstlicher Behälter oder als Teiche angelegt und vielfach mit Oberflächenwasser gespeist.
- *Talsperren* der Trinkwasserversorgung sind Großspeicher, die wegen ihres Fassungsvermögens einen Ausgleich zwischen Dargebot der Natur und Verbrauch über große Zeiträume hinweg schaffen (Mehrjahresspeicher).

© Der/die Autor(en), exklusiv lizenziert an Springer Fachmedien Wiesbaden GmbH, ein Teil von Springer Nature 2022
F. Hoffmann, S. Grube, *Wasserversorgung*,
https://doi.org/10.1007/978-3-658-37049-7_7

7.2 Wasserspeicher

7.2.1 Lage der Wasserspeicher

Es ist anzustreben, die Wasserspeicher in der Nähe des Versorgungsschwerpunktes anzulegen, weil sich dadurch eine Reihe von Vorteilen ergeben (Abb. 7.1):

1. Der Druckverlust und damit der Unterschied zwischen hydrostatischem Druck und Versorgungsdruck wird geringgehalten.
2. Ein Hochbehälter braucht aus diesem Grund nicht so hoch angelegt zu werden.
3. Der hydrostatische Druck im Versorgungsnetz wird nicht so groß.
4. Die Störanfälligkeit durch Rohrbruchgefahr ist geringer, da sich die Zubringerleitung bald im Netz verästelt.
5. Die Zubringerleitung vom Pumpwerk zum Wasserspeicher, die während der Pumpzeit gleichmäßig belastet wird und daher kleiner bemessen werden kann, wird allerdings um das Maß länger, um welches die Leitung vom Wasserspeicher zum Netz kürzer wird.

Die Höhenlage des Wasserspeichers ergibt sich aus dem erforderlichen Versorgungsdruck und den Druckverlusten in der Rohrleitung bis zum ungünstigsten Versorgungspunkt.

Der Höchstdruck, der für die obere Grenze der Höhenlage des Speichers maßgebend ist, entsteht in einem Netz im hydrostatischen Zustand, also wenn nahezu kein Wasser entnommen wird, d. h. nachts. Der hydrostatische Druck soll 0,6 MPa (6 bar) nicht übersteigen, da sonst die Rohrverbindungen, Armaturen, Hausinstallationen u. a. zu hoch beansprucht werden, die Rohrbruchgefahr wächst und die Wasserverluste durch Leckstellen, undichte Hähne u. a. steigen. Bestrebungen und Versuche durch weitere Reduzierung des

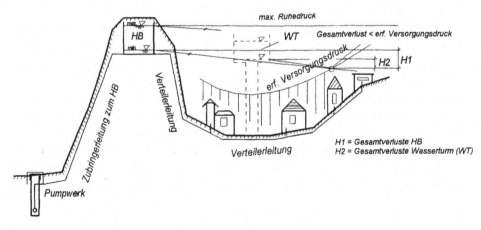

Abb. 7.1 Versorgung über einen Durchlaufbehälter

Netzdruckes Wasserverluste und Reparaturkosten zu sparen, haben sich als nicht nachhaltig und, auf längere Sicht betrachtet, nicht kostengünstiger erwiesen.

In Orten mit Höhenunterschieden > 50 m sind mehrere Hochbehälter anzuordnen, die entsprechend ihrer Höhenlage die Versorgung der einzelnen Druckzonen übernehmen (s. a. Abschn. 8.2.1).

Verschiedene Lagen der Wasserspeicher zum Versorgungsnetz sind möglich, haben aber Vor- und Nachteile (Abb. 7.2).

Durchlaufbehälter (Abb. 7.2a). Der Wasserspeicher liegt zwischen Wassergewinnung und Versorgungsgebiet. Die Förderhöhen für die Pumpen bleiben fast alle gleich, die Druckverhältnisse im Netz sind ausgeglichen. Das bedeutet eine gute Erneuerung des Wasservorrates.

Zentralbehälter (Abb. 7.2b). Der Wasserspeicher im Schwerpunkt des Versorgungsgebietes stellt die ideale Lage dar, ist aber eine rein theoretische Lösung, oder sie wird durch einen Wasserturm realisiert. Ein Vorteil sind kurze Fließwege und somit geringe Druckverluste.

Gegenbehälter (Abb. 7.2c). Der Wasserspeicher liegt so, dass das Versorgungsgebiet zwischen Wasserfassung und Speicher liegt. Es gelangt somit nur ein Teil des geförderten Wassers in den Speicher, der andere Teil fließt unmittelbar zum Verbraucher. Von Vorteil ist die zweiseitige Versorgung (vom Wasserspeicher und vom Pumpwerk) besonders beim Spitzenverbrauch, da sich dann günstige hydraulische Verhältnisse ergeben. Andererseits

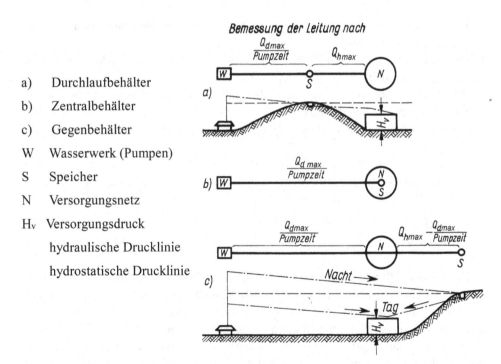

a)   Durchlaufbehälter

b)   Zentralbehälter

c)   Gegenbehälter

W   Wasserwerk (Pumpen)

S   Speicher

N   Versorgungsnetz

H_v Versorgungsdruck

hydraulische Drucklinie

hydrostatische Drucklinie

Abb. 7.2 Lage der Hochbehälter zum Versorgungsgebiet

ist die Erneuerung des Wassers im Hochbehälter weniger gut. Die Förderhöhen der Pumpen sind unterschiedlich und schwankend.

7.2.2 Speicherbemessung

Die Bewirtschaftung der örtlichen Wasserspeicher erfolgt im Regelfall über den Tagesausgleich. Zur Festlegung der fluktuierenden Wassermenge ist die Tagesverbrauchslinie (Abb. 2.4) wichtig, mit deren Hilfe die Verbrauchssummenlinie ermittelt werden kann.

Sofern keine eigenen Messungen vorliegen, sollte die Bemessung des Speicherinhaltes mit Wasserbedarfszahlen und Spitzenfaktoren nach DVGW W 410 durchgeführt werden.

Der erforderliche Nutzinhalt ist das Bereitstellungsvolumen am Tage des Höchstbedarfs. Es ist vorteilhaft, für spätere Erweiterungen bereits in der ersten Baustufe Reserveflächen für weitere Wasserkammern vorzusehen.

Ob noch eine Betriebsreserve für Störfälle, Filterspülung und anderem vorzusehen ist, hängt vom Gesamtsystem ab. Dies wird unter anderem von der/den Zubringerleitung(en) und der Leistung und Störanfälligkeit der Wasserversorgungsanlagen bestimmt. Handelt es sich um ein Verbundsystem mit mehreren Behältern, so ist die gesamte fluktuierende Wassermenge zu betrachten.

Die DVGW W 300 von 2005 enthielt folgende Richtwerte für Wasserbehältern:

- Bis zu einer höchsten Tagesmenge von ca. 2000 m^3 wird der Nutzinhalt für den höchsten Tagesbedarf bemessen.
- Für Tagesmengen zwischen 2000 m^3 und 4000 m^3 sind geringfügige Abminderungen unter Q_{dmax} möglich.
- Für große Versorgungsanlagen mit > 4000 m^3 liegt der Nutzinhalt zwischen 30 bis 80 % des höchsten Tagesbedarfs.
- Bei einem höchsten Tagesbedarf > 2000 m^3 wird kein Löschwasserzuschlag mehr vorgenommen.

Erfolgt die Löschwasserbereitstellung über die öffentliche Versorgung, ergeben sich nach DVGW W 405 aus den Feuerlöschmengen folgende Richtwerte für das Speichervolumen:

Ländliche Orte	100 bis 200 m^3
Städtische Gebiete	200 bis 400 m^3

Da in Kleinsiedlungsgebieten die Löschwassermenge den Tagesverbrauch übersteigen kann, kommt es zu Stagnationen im Behälter. In diesen Fällen ist auf eine Versorgung mit Löschwasser aus dem öffentlichen Netz zu verzichten und eine Bereitstellung aus Teichen, Löschwasserbrunnen, Wasserläufen und anderem anzustreben.

Der Speicherinhalt (Abb. 7.3) ist das Gesamtvolumen aller Wasserkammern, das für den Speicherbetrieb genutzt werden kann. Es wird durch den maximalen Wasserspiegel

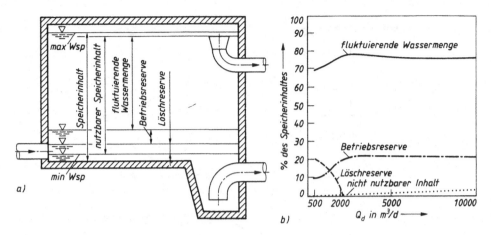

Abb. 7.3 Aufteilung des Behältervolumens [25]. **a**). Schema, **b**). Aufteilung in Abhängigkeit von der täglichen Abgabe

begrenzt. Der Nutzinhalt entspricht der Differenz zwischen dem minimalen und maximalen Betriebswasserspiegel und setzt sich zusammen aus der fluktuierenden Wassermenge, der Betriebs- und der Löschwasserreserve.

Die Behälterbemessung erfolgt grafisch (Abb. 7.16) oder in Tabellenform (Tab. 7.2 in Beispiel 7.1).

7.2.3 Bauliche Grundsätze für Wasserspeicher

Als Behältergrundrisse haben sich die Rechteck- und die Kreisform bewährt. Damit während Reinigung und Reparatur eine Kammer in Betrieb gehalten werden kann, sind Zweikammerbehälter zweckmäßig.

Sind die Behälter rund, können die Wasserkammern in Brillenform oder konzentrisch angeordnet werden (Abb. 7.4). Sie werden als erdüberdeckte, angeschüttete oder freistehende Behälter ausgeführt. Sofern nicht der Baugrund dies erschwert, beispielsweise bei felsigem Untergrund, hohem Grundwasserstand u. a., sollte ein erdüberdeckter Behälter mit einem Massenausgleich zwischen Aushub und Verfüllung angestrebt werden. Die Konstruktionselemente der Wasserkammern sind Decken, Wände, Sohlplatte und Stützen. Für die Pendelstützen hat sich bei einer Erdüberdeckung von ca. 1 m ein Stützenraster von 5 bis 6 m als wirtschaftlich erwiesen.

Auf Bewegungsfugen kann auch bei großen Abmessungen verzichtet werden. Werden Fugen vorgesehen, so ist bei der Auswahl der Fugenbänder bis zum In-Kraft-Treten des Europäischen Anerkennungssystems für Bauprodukte im Kontakt mit Trinkwasser [102] die KTW-Empfehlung [77] und DVGW W 270 zu beachten.

Je nach Anwendungsfall kann ein Behälter mit einem Putz, einem Anstrich, einer Beschichtung oder einer Folienauskleidung versehen werden. Eine glatte, gleichmäßig

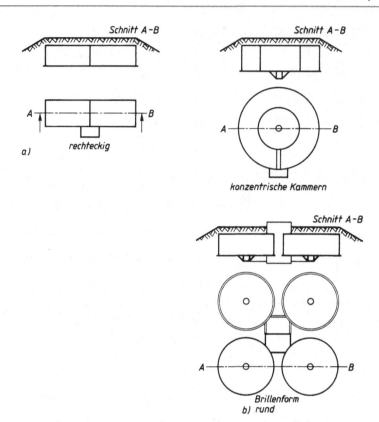

Abb. 7.4 Grundformen von Hochbehältern

strukturierte und vor allen Dingen porenfreie Betonoberfläche kommt ohne weitere Zusatzmaßnahmen aus. Planung und Bau erfordern daher eine hohe Sorgfalt und setzen umfassende Erfahrungen in der Betontechnologie voraus. So erhöhen Mehlkornanteil und Zementgehalt die spätere Zähigkeit, Trennmittel verstärken die Porenbildung. Beton-zusätze wie Verflüssiger, Dichtungsmittel u. a. sind hinsichtlich ihrer hygienischen Un-bedenklichkeit zu untersuchen, wenn der Beton dem Wasser direkt ausgesetzt werden soll. Bei der Bauausführung ist eine kleine Steiggeschwindigkeit beim Betonieren (Schütthöhe ca. 0,3 bis 0,5 m) und ein sorgfältiges Rütteln vorzunehmen. Die Mindestbetonüber-deckung muss 3,5 bis 4 cm betragen und durch Abstandshalter gesichert sein. Dies gilt auch für die Decken. Die Anforderungen an Beton für Trinkwasser finden sich in DVGW W 300-4. Darin ist auch eine Ergänzung zu den bestehenden Expositionsklassen der DIN 1045-2 die X_{TWB} beschrieben (Tab. 7.1).

Gemäß DVGW W 300-4 werden in Anlehnung an Anhang F der DIN 1045-2 folgende Empfehlungen für Grenzwerte für die Betonzusammensetzung festgelegt:

- maximaler Wasserzementwert w/z von 0,5
- Mindestdruckfestigkeitsklasse C30/37

Tab. 7.1 Ergänzung der Expositionsklassen nach DIN 1045-2 aus DVGW W 300-4

Klasse	Beschreibung der Umgebung	Beispiel für die Zuordnung von Expositionsklassen
X_{TWB}	Beton in Kontakt mit Wasser mit Wasserqualität gemäß Trinkwasserverordnung (Anforderungen an die Hygiene und Hydrolysebeständigkeit)	Trinkwasserbehälter, Trinkwasserspeicher

- erforderlicher Mindestzementgehalt 320 kg/m³, bei Anrechnung von Zusatzstoffen vermindert sich der Mindestzementgehalt auf 270 kg/m³
- empfohlener Mehlkorngehalt weniger als 400 kg/m³

Als Zemente sind ausschließlich CEM I, CEM II oder CEM III nach DIN EN 197-1 ggf. in Verbindung mit DIN 1164-10 zu verwenden. Die Gesteinskörnung muss DIN EN 12620 unter Berücksichtigung der Hinweise gemäß DVGW W 398 zu leichtflüchtigen organischen Bestandteilen entsprechen. Als Zugabewasser ist ausschließlich Trinkwasser zu verwenden. Die Betondeckung c_{min} sollte für Neubauten mindestens 25 mm (Nennmaß c_{nom} = 40 mm) betragen, für Instandsetzung mindestens 20 mm. Weitere Anforderungen an den Beton und seine Herstellung beispielsweise zu Zusatzstoffen und -mitteln enthält DVGW W 300-4.

Die Sohlplatte erhält ein Gefälle von 1 bis 2 % zur Entleerungseinrichtung. Sie lagert auf einer Dränageschicht, die durch eine > 0,05 m dicke Sauberkeitsschicht abgeschlossen wird. Damit Niederschläge abgeleitet werden können, erhält die Decke ein Gefälle von ca. 2 %. Zur besseren Entlüftung soll die Deckenunterseite glatt sein und in Richtung der Entlüftung ansteigen.

Um die Tauwasserbildung so gering wie möglich zu halten, sind Wärmeschutz und Lüftung sehr wichtig. Bewährt hat sich eine ca. 1 m dicke Erdüberschüttung. Es kommen aber auch Kombinationen mit künstlichen Dämmstoffen zur Anwendung.

In Anlehnung an die Anforderungen zur DVGW W 300-1 folgt beispielhaft der Aufbau einer Erdüberschüttung mit Wärmedämmung:

- Stahlbetondecke mit lösemittelfreiem Voranstrich
- 10 cm Wärmedämmung mit Schaumglasplatten
- Bauwerksabdichtung z. B. Polymerbitumenbahn (wurzelfest, z. B. zweilagig mit Schweißbahnen)
- Schutzschicht als Trenn-/Gleitschicht z. B. mit PE-Folie 2 × 0,20 mm
- Drainagekies z. B. 2/8
- Geotextil z. B. Filter-Vlies 150 g/m²
- ca. 50 cm Sandauflage (z. B. 0/4) und Oberboden
- Begrünung

Da die Wassertiefe im Behälter Einfluss auf die Druckverhältnisse im Versorgungsnetz hat (bestimmte Mindest- und Höchstdrücke sind einzuhalten, s. Kap. 8), darf die Schwankung zwischen max. Wsp. und min. Wsp. (Abb. 7.3) nicht zu groß werden (5 m $\cong$ 0,5 bar). Als Anhaltswerte für die Wassertiefe sind folgende Werte üblich:

Nutzinhalt	Wassertiefe
bis 500 m^3	2,5 bis 3,5 m
500 bis 2000 m^3	3,0 bis 5,0 m
2000 bis 5000 m^3	4,5 bis 5,0 m
> 5000 m^3	5,0 bis 8,0 m

Neben den Wasserkammern ist das Bedienungshaus (Schieberkammer) ein wesentliches Bauelement.

Von hier aus werden die Rohrleitungen in die Wasserkammern geführt. Es enthält alle Mess- und Steuereinrichtungen des Wasserbehälters.

Über die Schieberkammer erfolgt auch der Zugang zu den Wasserbehältern. Auch an kleinen Behältern darf die Zugangsöffnung nicht über der Wasserfläche liegen. Der Zugang zu den Wasserkammern erfolgt auf Sohlenhöhe des Behälters mittels einer Drucktür oder oberhalb des maximalen Wasserspiegels über eine Treppe. Für das Geländer wird der Werkstoff Edelstahl empfohlen.

Damit die freie Wasserfläche der Kammern jederzeit von der Schieberkammer aus eingesehen werden kann, sind Isolierfenster vorteilhaft.

Die Schieberkammer ist gegen unbefugtes Betreten zu sichern.

Am Ende der Baumaßnahme steht eine Dichtheitsprüfung an. Alle Bereiche – auch die Decke – des Trinkwasserbehälters müssen dicht sein. Erdbehälter sind vor Verschüttung zu prüfen. Über die Dichtheitsprüfung ist ein Abnahmeprotokoll zu fertigen. Weitere Informationen hierzu sind in DVGW W 300-1 zu finden.

7.2.4 Einrichtungen der Wasserspeicher

Jede Wasserkammer erhält:

- eine Zulaufleitung
- eine Entnahmeleitung
- eine Überlaufleitung
- eine Entleerungsleitung

Die Rohrleitungen und die erforderlichen Armaturen werden in der *Schieberkammer* übersichtlich und gut zugänglich eingebaut. Der Zugang erfolgt über eine isolierte und gesicherte Edelstahl- oder Aluminium-Doppeltür.

Für kleine Behältern kann ein Einstieg von oben angeordnet werden. Er darf jedoch niemals über dem Wasserspiegel liegen. Die Schachtabdeckung wird nach DIN 1239 ausgeführt. Schieberkammern sind zu entwässern.

Zum Abstieg in den *Rohrkeller* dient eine Betontreppe, in kleinen Behältern eine Stahl-oder Aluminiumleiter. Der Rohrkeller wird vom Bedienungsteil, der Schieberkammer, durch eine Stahlbetondecke getrennt, die eine abdeckbare Öffnung mit darüber angeordneter Hebevorrichtung zum Befördern von schweren Armaturen, Rohren und Formstücken hat.

Zum Einstieg in die *Wasserkammern* dienen in der Regel Treppen.

Für die *Belichtung* ist eine elektrische Beleuchtung erforderlich. Außenfenster sind zu vermeiden, da Lichteinfall zur Algenbildung

führt. Holz ist als Baustoff nicht zu verwenden.

Da an den Rohrleitungen, Wänden und Türen leicht Kondenswasser gebildet wird, ist für eine gut funktionierende *Be- und Entlüftung* zu sorgen. Wasserkammern und Schieberkammer sind möglichst getrennt zu entlüften. Der durch die Wasserspiegelschwankung bedingte Luftaustausch macht eine Entlüftung der Wasserkammern erforderlich. Die Lüftungsöffnungen sollen im Extremfall (Rohrbruch) eine Luftgeschwindigkeit < 10 m/s haben. Sie sind gegen Insektenzutritt und sonstige Verunreinigungen durch eine Lüftungsanlage mit Filtern und Sieben nach DIN EN ISO 16890-1 zu sichern. Belüftungsöffnungen sollten nach DVGW W 300-1 3 m über dem Gelände angeordnet werden, um das Ansaugen von Pollen und Staub zu vermindern. In Abb. 7.5 ist ein Beispiel zur Be- und Entlüftung einer Wasserkammer dargestellt. Weitere Beispiele, insbesondere um die Kondenswasserbildung an der Behälterdecke zu vermindern, sind in [64] und [92] dargestellt.

Zur Aufnahme der Rohrleitungen und Armaturen muss die Schieberkammer genügend groß sein. Die Rohrdurchführungen in die Wasserkammern sind auf eine Mindestzahl zu beschränken. Die Wanddurchführung erfolgt mit einzubetonierenden Mauerflanschen oder Spezialrohrdurchführungen in starrer oder beweglicher Lagerung. Den prinzipiellen Aufbau der *Zuleitung* zeigt Abb. 7.6.

Für die Messgeräte ist eine ausreichende Messstreckenlänge vorzusehen. Der Zulauf kann über oder unter Wasser erfolgen (Abb. 7.7). Bei einer Einleitung unter Wasser soll der Richtstrahl eine Eintrittsgeschwindigkeit von ca. 1 m/s haben. Die Einleitung über Wasser kann als „Schwanenhals", „Tulpe" oder Überlaufwehr ausgebildet werden [19].

Abb. 7.5 Beispiel Belüftung einer Wasserkammer verändert nach [18]

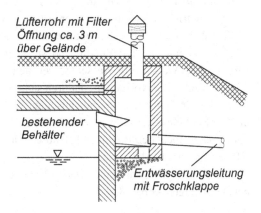

Abb. 7.6 Prinzipieller Aufbau
der Zuleitung eines
Hochbehälters [19]

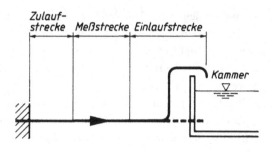

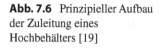

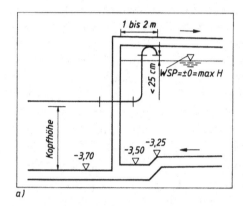

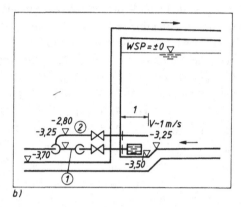

Abb. 7.7 Zulaufvarianten für einen Wasserbehälter [19], **a)** Einlauf über Wasser, **b)** Einlauf
unter Wasser

Werden Mischwässer im Sinne von DVGW W 216 zusammengeführt, so ist eine Misch-
kammer beispielsweise mit einem Strahlapparat vorzusehen [18]. Bei einer Einleitung
über Wasser ist zu beachten, dass Wässer, die sich im Kalkkohlensäuregleichgewicht befinden (s. Kap. 4), durch die Belüftung im Gleichgewicht gestört werden können.

Durch die *Entnahmeleitung* muss ein möglichst weites Absenken des Wasserspiegels
möglich sein. Die darunterliegende *Entleerungsleitung* liegt am tiefsten Punkt jeder Kammer. Um ein Luftansaugen zu vermeiden, ist ein Überstau zwischen Rohrscheitel und
unterem Betriebswasserspiegel erforderlich. Um die Anzahl der Rohrdurchführungen zu
beschränken, werden Brauch- und Feuerlöschwasser über dieselbe Entnahmeleitung entnommen. Entnahme und Zulauf sind so zu gestalten, dass eine gleichmäßige Durchströmung des Wassers zur Wassererneuerung begünstigt wird.

Der Löschwasservorrat wird dadurch sichergestellt, dass die Entnahmeleitung in einem
Bogen bis zur Höhenlage der gewünschten Wasserreserve hochgeführt und belüftet wird,
um die Entnahme der Reserve durch Heberwirkung unmöglich zu machen. Die Brand-
leitung überbrückt den Bogen und ist durch einen Schieber geschlossen, der nur im Brand-
fall geöffnet wird (Abb. 7.8). Die Brand-

Beispiele für die Anordnung der Rohre und Armaturen von Durchgangs- und Gegen-
behältern zeigen Abb. 7.8 und 7.9.

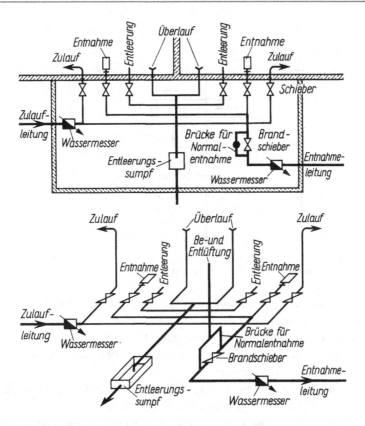

Abb. 7.8 Schieberkammer – Rohrschema für einen Durchlaufbehälter

Zum leichteren Ein- und Ausbau sind bewegliche Ansatzstücke hilfreich. Für die Entnahme von Wasserproben und zur Reinigung sind Zapfhähne vorzusehen. Die Rohrleitungen, Schieber und Armaturen können bei Hochbehältern für niedere Drücke (PN 4, PN 6) (s. Kap. 8) bemessen werden.

Abb. 7.10 zeigt einen Gegenbehälter in Rechteckform mit je 2 × 1000 m³ Nutzinhalt.

Abb. 7.11 zeigt den Tief-Reinwasserbehälter im Wasserwerk Wehnsen mit je 2 × 1000 m³ Kammerinhalt bei einem Durchmesser von ca. 16 m. Der Behälter befindet sich in unmittelbarer Nähe des Wasserwerkes und versorgt mit je 2 starren und 2 drehzahlgeregelten Pumpen das Verteilungsnetz.

Die Zu- und Ablaufmengen und der Behälterwasserstand werden gemessen und die Daten mit einer Fernübertragung zur Zentrale gemeldet. Sie ermöglichen die Steuerung der Zulaufmenge.

7.2.5 Wassertürme

Fehlt eine ausreichende Bodenerhebung in der Nähe des Versorgungsgebietes, so kann der erforderliche Versorgungsdruck entweder durch eine Druckerhöhungsanlage erzeugt wer-

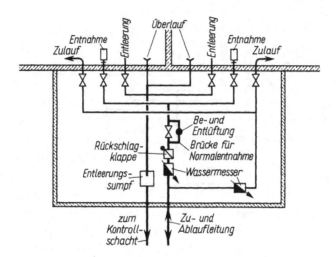

Abb. 7.9 Schieberkammer – Rohrschema für einen Gegenbehälter

den, oder der Wasserbehälter wird auf einen künstlichen Unterbau gestellt. Man spricht dann von einem Wasserturm.

Wassertürme bieten hinsichtlich der Versorgung die gleichen Vorteile und Sicherheiten wie Erdbehälter. Architektonisch stellen sie besonders auffallende Objekte dar, die deshalb sorgfältig gestaltet werden müssen.

Wegen des künstlichen Unterbaus sind die Baukosten eines Wasserturms um das drei- bis fünffache höher als die eines gleich großen Erdbehälters.

Unter konstantem 24-stündigen Zufluss ohne Löschwassermenge sind folgende Nutzinhalte üblich:

< 1000 m³ Tageshöchstbedarf	$I = 0{,}35 \cdot Q_{d\,max}$
1000 bis 4000 m³	$I = 0{,}25 \cdot Q_{d\,max}$
> 4000 m³	$I = 0{,}20 \cdot Q_{d\,max}$

Für Nutzinhalte von 100 bis 3000 m³ beträgt die Wassertiefe 5,0 m und für mehr als 3000 m³ 8,0 m. Die Kammersohle liegt etwa 20 bis 30 m über dem Gelände.

Es haben sich 4 Grundtypen von Wassertürmen herausgebildet (Abb. 7.12).

Rohrdurchführungen für die Entnahme und Entleerung werden bei Turmbehältern zweckmäßig von unten nach oben vorgenommen. Sie sind, wie bei den Erdbehältern, sehr sorgfältig auszuführen und auf eine Mindestzahl zu beschränken.

Um eine symmetrische Belastung zu erreichen, wird die Wasserkammer in Kreisform ausgebildet. Meist unterteilt man den Behälter durch eine konzentrische Zwischenwand in zwei Kammern. Die innere Kammer speichert im Allgemeinen die Löschwasserreserve und die äußere die fluktuierende Wassermenge. Jedoch muss für Reparatur- und Reinigungszwecke eine wechselseitige Benutzung möglich sein. Eine radial verlaufende Trennwand soll einen guten Wasserumlauf unterstützen.

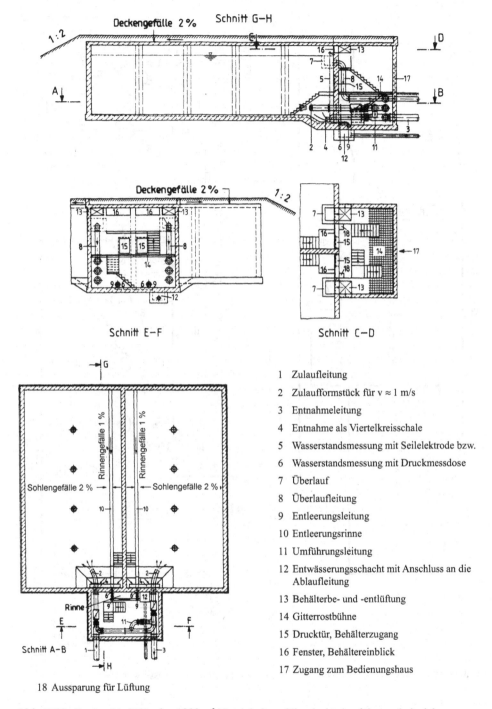

1 Zulaufleitung

2 Zulaufformstück für v ≈ 1 m/s

3 Entnahmeleitung

4 Entnahme als Viertelkreisschale

5 Wasserstandsmessung mit Seilelektrode bzw.

6 Wasserstandsmessung mit Druckmessdose

7 Überlauf

8 Überlaufleitung

9 Entleerungsleitung

10 Entleerungsrinne

11 Umführungsleitung

12 Entwässerungsschacht mit Anschluss an die Ablaufleitung

13 Behälterbe- und -entlüftung

14 Gitterrostbühne

15 Drucktür, Behälterzugang

16 Fenster, Behältereinblick

17 Zugang zum Bedienungshaus

18 Aussparung für Lüftung

Abb. 7.10 Rechteckbehälter 2 × 1000 m³ Nutzinhalt, erdüberdeckt, Ausführungsbeispiel

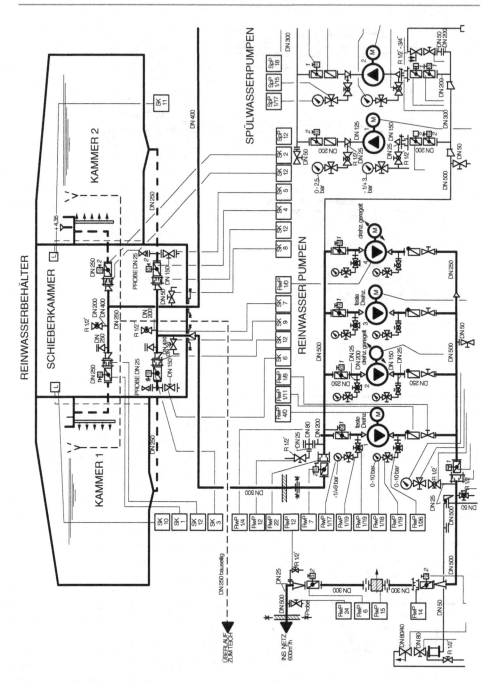

Abb. 7.11   Reinwasser-Tiefbehälter mit je 2 × 1000 m³ Inhalt im Wasserwerk Wehnsen

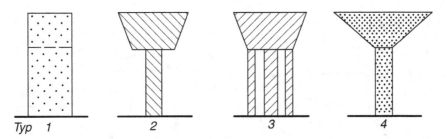

Abb. 7.12 Grundtypen von Wassertürmen

Abb. 7.13 Armaturen-
anordnung im zweikammeri-
gen Wasserturm. Z Zulauf, F
Feuerlöschwasser, E Ent-
leerung, B Brauchwasser, Ü
Überlauf

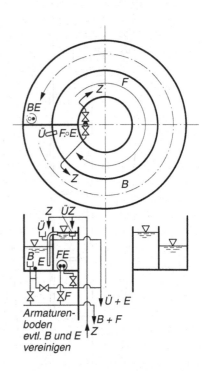

Der Zulauf führt im Normalfall in die Kammer mit der Feuerlöschreserve und soll
≥ 20 cm über dem höchsten Wasserspiegel liegen. Nachdem das Wasser den inneren ring-
förmigen Behälterraum durchflossen hat, wird es durch ein Überlaufrohr in die äußere
Wasserkammer geleitet. Diese durchfließt es nun in umgekehrter Richtung und wird auf
der anderen Seite der Trennwand entnommen (Abb. 7.13).

Abb. 7.14 zeigt Schnitte eines Wasserturms für 500 m³ in Hamburg.

Die weitere technische Ausrüstung von Wassertürmen unterscheidet sich nicht grundsätzlich von Erdhochbehältern.

Für Einzelheiten gelten die Grundsätze der Reihe DVGW W 300 Teil 1 bis 6.

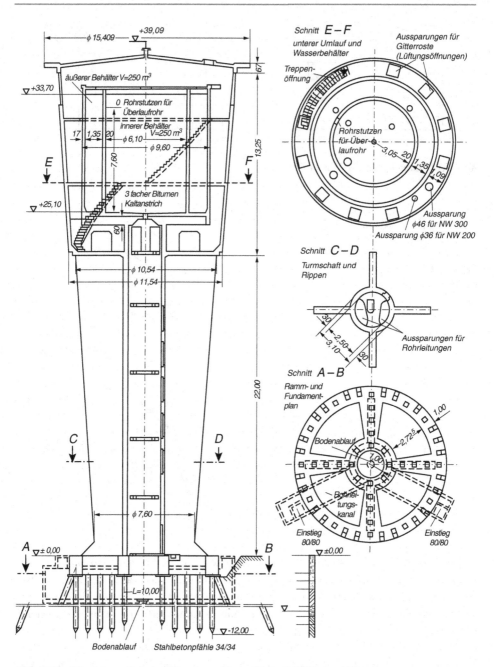

Abb. 7.14 Wasserturm Bahnhof Hamburg-Altona (Grün & Bilfinger AG)

7.2.6 Wasserspeicherbemessung

Nachfolgend wird exemplarisch eine Speicherbemessung durchgeführt.

Beispiel 7.1

Gesucht:
Rechnerische Ermittlung des Inhaltes eines Speichers
Gegeben:

Einwohnerzahl	14.000
mittlerer Wasserverbrauch	$0,150$ m³/E × d
Feuerlöschreserve	entfällt, da $Q_{dmax} > 2000$ m³/d
Rohrleitungslänge WW bis HB	1700 m
geodätische Förderhöhe	55,0 m
stündlicher Wasserverbrauch nach Abb. 7.15	

Berechnung:
Um das Beispiel übersichtlich zu halten, wird vereinfacht die Pumpleistung über die gesamte Pumpzeit konstant angenommen, und die Pumpen werden nicht gesondert abgeschrieben.
Rechnerische Ermittlung des Speicherinhalts für verschiedene Pumpzeiten (Tab. 7.2):

Pumpe A	Pumpzeit	22 bis 8 Uhr	10 h	mit F = 10 % von Q_{dmax} je h
Pumpe B	Pumpzeit	4 bis 16 Uhr	12 h	mit F = 8,34 % von Q_{dmax} je h
Pumpe C	Pumpzeit	6 bis 22 Uhr	16 h	mit F = 6,25 % von Q_{dmax} je h

Nach Tab. 7.2 berechnet sich der erforderliche Speicherinhalt in % von Q_{dmax} für

Fall A $\quad = 67,5 + |{-}14,5| = 82 \ \%$ *oder* $0,82$

Fall B $\quad = 35,0 + |{-}3,0| = 38 \ \%$ *oder* $0,38$

Fall C $\quad = |{-}6,5| + 6,25 = 12,75 \ \%$ *oder* $\approx 0,13$

mit $Q_d = 14000 \times 0,150 = 2100$ m³ = mittlerer Tagesbedarf

Für die Speicherbemessung ist der größte Tagesbedarf Q_{dmax} maßgebend. Die Löschwasserreserve ist nicht einzurechnen, da $Q_d > 2000$ m³ (s. Kap. 2). Nach Abb. 2.6 beträgt der Faktor $f_d = 1,9$ (für eine Einwohnerzahl von 14000). Damit berechnet sich Q_{dmax} zu

$Q_{dmax} = 2100 \cdot 1,9 = 3990$ *m³*	= größter Tagesbedarf
Fall A 0,82 × 3990	≈ 3272 m³
Speicherinhalt gewählt	3300 m³
Fall B 0,38 × 3990	≈ 1516 m³
Speicherinhalt gewählt	1600 m³
Fall C 0,13 × 3990	≈ 519 m³
Speicherinhalt gewählt	550 m³

Fall A: Pumpzeit 10 h; Speicher 3300 m³

Tab. 7.2 Wasserbedarf V je h, Fördermenge F je h, Förderüberschuss $F - V$ je h und Speicherinhalt $\sum(F - V)$; alle in % von Q_{max}

Pumpe			A			B			C		
Uhrzeit	V	$\sum V$	F	F-V	$\sum(F$-$V)$	F	F-V	$\sum(F$-$V)$	F	F-V	$\sum(F$-$V)$
0 bis 1	1	1	10	9	9		−1	−1		−1	−1
1 bis 2	0,5	1,5	10	9,5	18,5		-0,5	-1,5		-0,5	-1,5
2 bis 3	0,5	2	10	9,5	28		-0,5	-2		-0,5	-2
3 bis 4	1	3	10	9	37		-1	*-3*		-1	-3
4 bis 5	1,5	4,5	10	8,5	45,5	8,34	6,84	3,84		-1,5	-4,5
5 bis 6	2	6,5	10	8	53,5	8,33	6,33	10,17		-2	*-6,5*
6 bis 7	3	9,5	10	7	60,5	8,33	5,33	15,5	6,25	3,25	-3,25
7 bis 8	3	12,5	10	7	*67,5*	8,34	5,34	20,84	6,25	3,25	0
8 bis 9	3,5	16		- 3,5	64	8,33	4,83	25,67	6,25	2,75	2,75
9 bis 10	4	20		- 4	60	8,33	4,33	30	6,25	2,25	5
10 bis 11	5	25		- 5	55	8,34	3,34	33,34	6,25	1,25	*6,25*
11 bis 12	7	32		- 7	48	8,33	1,33	34,67	6,25	-0,75	5,5
12 bis 13	9,5	41,5		- 9.5	38,5	8,33	-1,17	33,5	6,25	-3,25	2,25
13 bis 14	10,5	52		- 10,5	28	8,34	-2,16	31,34	6,25	-4,25	-2
14 bis 15	8	60		- 8	20	8,33	0,33	31,67	6,25	-1,75	-3,75
15 bis 16	5	65		- 5	15	8,33	3,33	*35*	6,25	1,25	-2,5
16 bis 17	3	68		- 3	12		-3	32	6,25	3,25	0,75
17 bis 18	3,5	71,5		- 3,5	8,5		-3,5	28,5	6,25	2,75	3,5
18 bis 19	5	76,5		- 5	3,5		-5	23,5	6,25	1,25	4,75
19 bis 20	8	84,5		- 8	-4,5		-8	15,5	6,25	-1,75	3
20 bis 21	6	90,5		- 6	-10,5		-6	9,5	6,25	0,25	3,25
21 bis 22	4	94,5		- 4	*-14,5*		-4	5,5	6,25	2,25	5,5
22 bis 23	3	97,5	10	7	-7,5		-3	2,5		-3	2,5
23 bis 24	2,5	100	10	7,5	0		-2,5	0		-2,5	0

Bemessung der Leitung nach Q_{dmax}

$$\text{Förderleistung} = \frac{Q_{d\,max}}{Pumpzeit} = \frac{3990 \times 1000}{10 \times 3600} = 111 l/s$$

gewählt DN 300 mm mit $I = 7,0$ m/km ($k_i = 0,1$ mm) (s. Kap. 8, Tab. 8.1)

H_{geo}	=	55,0 m
$H_v = I \times l = 1,7 \times 7,0$	=	11,9 m
H_A = Gesamtförderhöhe	=	66,9 m

Die Gesamtförderhöhe der Anlage ist für die Bemessung der Pumpe und den E-Motor maßgebend.

Wirkungsgrad der Kreiselpumpe $\eta_P = 0,65$; des E-Motors $\eta_M = 0,90$

Pumpe P_P nach Gl. (6.8):

$$P_P = \frac{\rho \times g \times Q \times H_A}{1000 \times \eta}$$

$$P_P = \frac{1,0 \times 9,81 \times 111 \times 66,9}{1000 \times 0,65} = 112\ kW$$

Motorreserve mit 10 % ergibt $P_M = (1,1 \times 112)/0,9 \approx 137$ kW (installierte Leistung) Für den Stromverbrauch werden die Tagesmittelwerte eingesetzt. Tab. 7.3 fasst alle wesentlichen Berechungsergebnisse übersichtlich zusammen:

$$F\ddot{o}rderleistung = \frac{Q_d}{Pumpzeit} = \frac{2100 \times 1000}{10 \times 3600} = 58,3 l/s$$

Reibungsverluste bei 58,3 l/s ($I = 2,0$ m/km) 1,7 × 2,0	=	3,40 m
H_{geo}	=	55,00 m
Gesamtförderhöhe der Anlage H_A	=	58,40 m

Mittlere Leistungsaufnahme P_{Mm}:

$$P_{Mm} = \frac{1,0 \times 9,81 \times 58,3 \times 58,40}{1000 \times 0,65 \times 0,90} = 57,1\ kW \quad \blacktriangleleft$$

Der Speicherinhalt kann auch grafisch ermittelt werden (Abb. 7.16).

Für die grafische Ermittlung ist es zweckmäßig, zunächst die Summenkurve aus der Tagesverbrauchskurve (Abb. 7.15) zu ermitteln und einen Fördermaßstab einzutragen. Man wählt hierzu einen 10-Stundenabschnitt der Abszisse x und erhält auf der Ordinate y bei 10 % des Tagesverbrauchs die Neigung der Förderlinie für die einprozentige Förderung. Auf die gleiche Weise konstruiert man die Linien bis zur zehnprozentigen Förderung.

Die Wasserförderung kann durch Parallelverschiebung in die Verbrauchssummenlinie übertragen werden. Der erforderliche Behälterinhalt ist durch Differenz der Ordinaten von Förderlinie und Summenkurve gegeben. Mit diesem Verfahren kann man sehr schnell die Behältergröße abschätzen.

Beispiel 7.2

Gesucht:

Zeichnerische Ermittlung des Inhalts eines Speichers

Gegeben:

Es gelten die gleichen Vorgaben wie in Beispiel 2.1 aus Kap. 2. ◀

Tab. 7.3 Zusammenstellung von Berechnungsergebnissen

Pumpe	A	B	C	Einheit
Pumpzeit	22 bis 8	4 bis 16	6 bis 22	Uhr
Pumpdauer	10	12	16	h
Tagstrom (6 bis 22 Uhr)	2	10	16	h
Nachtstrom (22 bis 6 Uhr)	8	2		h
Speicherinhalt	3300	1600	550	m^3
$Q_d = 14000 \times 0{,}150$	2100	2100	2100	m^3/d
$Q_{dmax} = 2100 \times 1{,}9$	3990	3990	3990	m^3/d
mittl. Förderleistung $Q = Q_d/$Pumpzeit	58,3	48,6	36,5	l/s
max. Förderleistung				
$Q_{max} = Q_{dmax}/$Pumpzeit	111	92,4	69,3	l/s
Leitung Wassergewinnung bis HB DN	300	300	300	mm
Reibungsgefälle bei Q_{max} $I =$	7	4,9	2,9	m/km
Reibungsverlusthöhe $h_r = I$ ($l = 1{,}7$ km)	11,9	8,3	4,9	m
max. Förderhöhe $H_{max} = 55{,}0 + h_r$				
Pumpe P_P	66,9	63,3	59,9	m
Motor $P_M = \dfrac{P_P}{0{,}9} \times 1{,}1$ inst. Leistung	112	88	63	kW
Reibungsgefälle bei Q $I =$	≈ 137	≈ 108	≈ 77	kW
Reibungsverlusthöhe h_r ($l = 1{,}7$ km)				
mittl. Förderhöhe $H_m = 55{,}0 + h_r$	2,0	1,5	0,85	m/km
mittl. Leistungsaufnahme P_{Mm}	3,4	2,55	1,45	m
	58,4	57,55	56,45	m
	57,1	46,9	34,6	kW

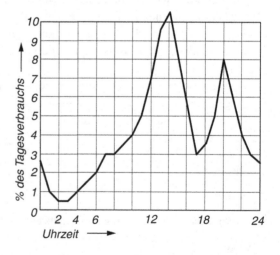

Abb. 7.15 Tagesverbrauchskurve

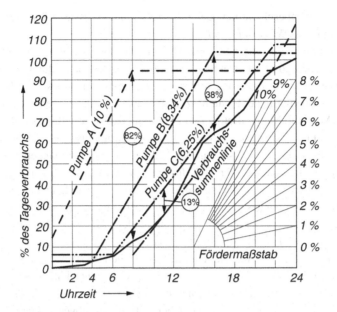

Abb. 7.16 Grafische Ermittlung des Behälterinhaltes

7.2.7 Sanierung von Trinkwasserbehältern

Schäden entstehen in der Regel, wenn Mängel im Rahmen einer regelmäßigen Kontrolle des Trinkwasserbehälters nicht auffallen bzw. nicht rechtzeitig beseitigt werden. Schäden sind je nach Grad und Schwere, kurz- bis mittelfristig zu beheben, da sie baulich negative Veränderungen des Trinkwasserbehälters und somit seiner Eigenschaften sind. Damit kann auch eine negative Veränderung des gespeicherten Trinkwassers einhergehen. Ein typischer Mangel mit Beeinträchtigung der Trinkwasserqualität ist beispielsweise die vermehrte Biofilmbildung auf Oberflächen. Diese ist häufig auf den Einsatz ungeeigneter Materialien bereits beim Bau oder im Zuge einer Sanierung des Trinkwasserbehälters zurückzuführen. Weitere typische Schäden sind beispielsweise Undichtigkeiten, Risse in den trinkwasserberührenden Oberflächen, Bildung von Belägen, Korrosion an Einbauteilen oder funktionsuntüchtige elektrische Einrichtungen.

Die Sanierung ist immer von Mitarbeitern bzw. Fachunternehmen mit entsprechender Fachkenntnis gemäß DVGW W 316 sowie mit Kenntnis der einschlägigen Rechtsvorschriften durchzuführen. Wichtig ist außerdem eine dokumentierte Bauüberwachung unter Einhaltung eines für die Bauausführenden verständlichen Hygienekonzeptes.

Für die gesamten zur Sanierung ausgewählten Baustoffe gilt, dass die hygienische und mikrobiologische Unbedenklichkeit von großer Bedeutung ist. Falsch verwendete Baustoffe, z. B. zur Innenbeschichtung oder zur Auskleidung der Wasserkammern, können zu einer Verkeimung des Wassers führen.

Ein häufiger Mangel sind Undichtigkeiten an Bewegungsfugen. Diese können einerseits durch Beschädigung am Dehnungsfugenband, andererseits durch Umläufigkeiten entlang des einbetonierten Dichtungsteils des Dehnungsfugenbandes entstehen. Ursachen hierfür sind meist Fehler in der Planung (z. B. falsch bemessene Fugen und Fugenbänder), ungeeignetes Material, Materialfehler und Fehler bei der Verarbeitung (z. B. mangelhafte Einbindung des Fugenbandes im Beton. Undichte Bewegungsfugen lassen sich nur sehr aufwändig instandsetzen. Lokalisierbare Undichtheiten in Folge mangelnder Einbindung des Dichtungsteils im Beton lassen sich durch gezielte Injektionen auf Kunststoff- oder Zementbasis beheben. Ist die undichte Stelle nicht lokalisierbar, kann die Dichtheit durch Aufdübeln eines Fugenbandes über der gesamten Dehnungsfuge, durch Verpressen unterhalb der Dehnungsfuge mit unter Wasser aushärtendem Material oder durch Auspressen der Dehnungsfuge mit dauerelastischem Material wieder hergestellt werden. Für die Ursache und Instandsetzung weiterer baulicher Mängel siehe DVGW W 300-3.

Zur *Sanierung von Trinkwasserbehältern* werden in vielen Fällen zementgebundene Beschichtungen verwendet. Diese sichern einerseits die Trinkwasserqualität und schützen andererseits den Beton vor Hydrolyse. So haben z. B. die Stadtwerke Saarbrücken AG bei der Instandsetzung des Behälters Gehlenberg (20000 m^3) mit dem Einsatz des hochsulfatbeständigen PCC-Mörtelsystems gute Erfahrungen gemacht. Vor der Ausschreibung wurden umfangreiche Untersuchungen mit unterschiedlichen Materialien durchgeführt [6].

Neben mineralischen Systemen werden in der Behältersanierung auch Epoxydharzbeschichtungen eingesetzt. Sie haben sich seit Jahrzehnten als Korrosionsschutz- und Gebrauchsbeschichtung bewährt. Hingewiesen wird in diesem Zusammenhang auf die „Leitlinie zur hygienischen Beurteilung von organischen Beschichtungen im Kontakt mit Trinkwasser" [104]. Diese Leitlinie enthält Anforderungen an das Beschichtungsmaterial wie beispielsweise die maximale Abgabe von Geruchs- und Geschmacksstoffen sowie die Abgabe von organischen Substanzen gemessen als TOC an das Trinkwasser. Des Weiteren werden die Prüfverfahren definiert.

Die Inbetriebnahme des Trinkwasserbehälters „Hansastraße" der SWB Netze, Bremerhaven verzögerte sich nach einer turnusmäßigen Reinigung wegen einer nicht ausreichenden Keimfreiheit nach Wiederbefüllung. Daraufhin wurde der Behälter vollständig außer Betrieb genommen. Es wurde festgestellt, dass die Beschichtung aus Inertol (1-Komponenten-, phenolfreies, schwarzes Anstrichmittel auf Bitumenbasis) stark beschädigt war. Im Rahmen der Sanierungsmaßnahmen erhielt der Wasserbehälter im Innenbereich über die gesamten Wand-, Säulen-, Sohlflächen und Pumpensümpfe ein Betonschutzsystem aus PE-HD-Platten [63].

Weist der Beton von zu sanierenden Behältern eine geringe Haftzugfestigkeit auf, kann eine Beschichtung mit edelstahlfaserverstärktem Feinbeton eine wirtschaftliche Alternative zu einer vollflächigen Bewehrung sein. Unter wissenschaftlicher Begleitung der

Fachhochschule Koblenz wurden bei der Sanierung des Wasserturms von Emsdetten gute Erfahrungen mit diesem Verfahren gemacht [10].

Als schwierig zu sanieren, können sich manchmal denkmalgeschützte Wassertürme erweisen. Hier ist neben der hygienischen Sanierung auch der Denkmalschutz zu beachten. Ein Beispiel hierfür zeigt [53].

Weitere Informationen zur Sanierung sowie Beispiele dazu finden sich in [64].

7.3   Spezielle Wasserspeicher

7.3.1   Druckbehälter nach DIN 4810

Wenn der Bau von hochliegenden Wasserspeichern nicht möglich ist, kann die Versorgung mit dem erforderlichen Druck auch unmittelbar durch die Pumpen erfolgen.

In sehr großen Netzen genügen die Druckschwankungen des in den Rohren gespeicherten Wasservorrates, um die Pumpen zu schalten. Die schnelle Bereitschaft der elektrisch angetriebenen Kreiselpumpen und ihr elastisches Verhalten bei Druckschwankungen erlauben es, auch bei kleineren Netzen auf einen Speicher zu verzichten. Jedoch muss die Schalthäufigkeit der Pumpen in Grenzen gehalten werden, da sonst die Schalter zu stark belastet werden, der Motor zu sehr erwärmt wird und der Stromverbrauch durch erhöhten Anlaufstrom steigt (siehe Abschn. 6.1.2).

Andererseits erfordern lange Schaltperioden große Druckbehälter. Das wirtschaftliche Optimum liegt bei ca. 6 Schaltungen je Stunde. Um diese Schaltzeiten einzuhalten, wird ein Druckbehälter als Druck- und Mengenausgleichsbehälter eingeschaltet, der für die Spitzenwassermenge zu bemessen ist. Zum bessern Verständnis der Arbeitsweise einer Druckbehälteranlage wird die Ableitung der Inhaltsberechnung gebracht.

Für die Berechnung von Druckbehältern gelten folgende Hinweise.

Wenn der kleinste zulässige Druck min $p = p_e$ erreicht ist, werden die Pumpen eingeschaltet. Bei gleichzeitiger Wasserentnahme geht ein Teil des geförderten Wassers in den Behälter, der andere Teil in das Netz (Abb. 7.17).

Die Füllzeit, d. h. die Zeit, bis der Behälter bis zum Ausschaltdruck max $p = p_a$ gefüllt ist, beträgt nach Abb. 7.18 t_1 in s, die Entleerungszeit, d. h. die Zeit vom Ausschalten der Pumpe bis zur Entleerung des Behälters bis auf den Druck p_e, t_2 in s.

Die Zeit vom Einschalten bis zum Wiedereinschalten (Schaltperiode) ist demnach:

$$t_s = t_1 + t_2 \tag{7.1}$$

In der Zeit t_1 wird der Behälter gefüllt. Die gespeicherte Wassermenge J_n entspricht der Förderung abzüglich der Entleerung in der Zeit t_1.

$$J_n = \left(q_f - q_e\right)t_1 \quad \text{oder} \quad t_1 = \frac{J_n}{q_f - q_e}$$

Abb. 7.17 Druckbehälter

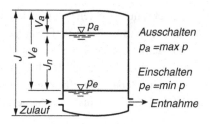

Abb. 7.18 Zusammenhang
zwischen Fördern, Entnehmen
und Speichern

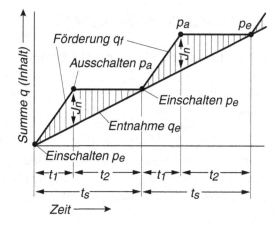

Ebenso ist während der Entleerungszeit t_2:

$$J_n = q_e \times t_2 \quad \text{oder} \quad t_2 = \frac{J_n}{q_e}$$

In Gl. (7.1) eingesetzt erhält man:

$$t_s = \frac{J_n}{q_f - q_e} + \frac{J_n}{q_e} = \frac{J_n \times q_e + J_n \left(q_f - q_e\right)}{\left(q_f - q_e\right) q_e} = J_n \times \frac{q_f}{q_f \times q_e - q_e^2}$$

und daraus:

$$J_n = \frac{t_s}{q_f}\left(q_f \times q_e - q_e^2\right) \tag{7.2}$$

In dieser Gleichung sind die Schaltzeit t_s und die Förderung q_f in l/s gewählte feste Größen, die als Konstante angesehen werden können.

Nur J_n und die Entnahmemenge q_e in l/s sind veränderlich.

Es ist also zu untersuchen, für welche Entnahme q_e in l/s der Wasserinhalt zu einem Maximum wird.

$$\frac{dJ_n}{dq_e} = \frac{t_s}{q_f}\left(q_f - 2q_e\right) = 0$$

Im Zähler kann nur $q_f - 2q_e = 0$ werden. Daraus folgt $q_e = q_f/2$, d. h. der Wasserinhalt wird am größten, wenn die Entnahmemenge gleich der halben Fördermenge ist.

$$\left(\frac{d^2 J_n}{dq_e} = -\frac{2t_s}{q_f} \right) \text{(negativ), es liegt also ein Maximum vor}$$

Setzt man $q_e = q_f/2$ in Gl. (7.2) ein, so wird:

$$J_n = \max J = t_s \times \frac{q_f^2/2 - q_f^2/4}{q_f} = t_s \times \frac{q_f}{4} \tag{7.3}$$

Nach dem *Boyle-Mariotte*schen Gesetz (welches besagt, dass das Produkt aus Gasdruck und Volumen bei gleicher Temperatur konstant ist) gilt:

$$V_e \times p_e = V_a \times p_a \quad \text{oder} \quad V_a = \frac{V_e \times p_e}{p_a}$$

Nutzinhalt

$$J_n = \max J = V_e - V_a = V_e - \frac{V_e \times p_e}{p_a} = V_e \left(1 - \frac{p_e}{p_a} \right) \tag{7.4}$$

$J_n = \max J = t_s \times q_f/4$ nach Gl. (7.3). Die Gleichung ergibt

$$V_e \left(1 - \frac{p_e}{p_a} \right) = t_s \times \frac{q_f}{4} \tag{7.5}$$

daraus folgt für den Behälterinhalt

$$V_e = t_s \times \frac{q_f}{4} \times \frac{1}{1 - p_e/p_a}$$

Durch Umformung erhält man mit $p_a - p_e = \Delta p$

$$V_e = t_s \times \frac{q_f}{4} \times \frac{p_a}{\Delta p} \tag{7.6}$$

Aus Sicherheitsgründen und wegen einer notwendigen Mindestfüllung wird der Behälterinhalt ca. 30 % größer gewählt ($J = 1{,}3 V_e$).

$$J = 1{,}3 t_s \times \frac{q_f}{4} \times \frac{p_a}{\Delta p} \text{ in l} \tag{7.7}$$

mit t_s Schaltzeit in s

      q_f Fördermenge in l/s $\geq$ max $q_e \cong$ maxQ_h

      p_a Ausschaltdruck in absolutem Druck bar$_{abs}$

      Δp Unterschied zwischen Ausschalt- und Einschaltdruck in bar

Wenn man die stündliche Schaltzahl $i = 3600/t_s$ einführt, so erhält man

$$J = 1{,}3 \times \frac{3600}{i} \times \frac{q_f}{4} \times \frac{p_a}{\Delta p} \approx 1200 \times \frac{q_f \times p_a}{i \times \Delta p} \quad \text{in l} \tag{7.8}$$

Beispiel 7.3

Gesucht:

  Größe eines Druckbehälters

Gegeben:

stündliche Schaltzahl	i	6 (t_s = 10 min = 600 s)
Förderung	q_f	4 l/s
Ausschaltdruck	p_a	5 bar$_{abs}$
Einschaltdruck	p_e	4 bar$_{abs}$

Hinweis: $\Delta p = 1$ bar

Berechnung:

Absoluter Druck = Druck bezogen auf den luftleeren Raum;
d. h. absoluter Druck (bar$_{abs}$) = Überdruck + atmosphärischer Druck ($\approx$ 1 bar bei 0 mNN)

$$J = 1200 \frac{4 \times 5}{6 \times 1} = 4000 \; l$$

Da die Druckbehälter bis 3000 l genormt sind, wählt man zwei Behälter mit je 2000 l. Druckbehälter sind nach DIN 4810 für Betriebsüberdrücke von 4, 6 und 10 bar genormt (Abb. 7.19). ◄

Beispiel 7.4

Gesucht:
Die Pumpe für eine Druckbehälteranlage ist zu bemessen.
Gegeben:

p_a	6 bar$_{abs}$
p_e	4 bar$_{abs}$

Abb. 7.19 Druckbehälter
nach DIN 4810

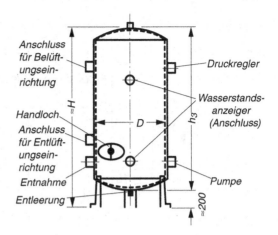

Δp 2 bar oder 200 kPa

QH- und η-Linie der Pumpe gemäß Abb. 7.20

Rohrleitung DN 80 mit l = 200 m

H_{geo} 30 m bzw. 50 m

Berechnung:

Q in l/s	1,0	2,0	4,0	7,0	9,0
I in m/km	0,92	3,41	12,99	38,85	63,74
$h = I \times l$ in m	0,18	0,68	2,60	7,77	12,75

Fortsetzung Beispiel 7.4

Die Rohrkennlinien für verschiedene Förderströme werden für k_i = 0,4 mm ermittelt (Tab. 8.2). Diese Rohrkennlinien beginnen beim Ein- bzw. Ausschalten (Abb. 7.20).

Der Schnittpunkt mit der Pumpenkennlinie gibt die zusammengehörigen Q- und H-Werte an.

Einschalten (Abb. 7.20 „a") Q = 8,65 l/s H = 42,0 m η_P = 0,53

Ausschalten (Abb. 7.20 „b") Q = 5,80 l/s H = 55,4 m η_P = 0,62

Bemessen des E-Motors einschließlich einer Kraftreserve von 20 % (η_M = 0,9) (siehe Beispiel 2 Abschn. 6.1.3).

$$P_M = 1,2 \times \frac{1,0 \times 9,81 \times Q \times H}{1000 \times \eta_P \times \eta_M}$$

$$\text{Einschalten } 1,2 \times \frac{1,0 \times 9,81 \times 8,65 \times 42,0}{1000 \times 0,53 \times 0,9} = 8,96 \; kW$$

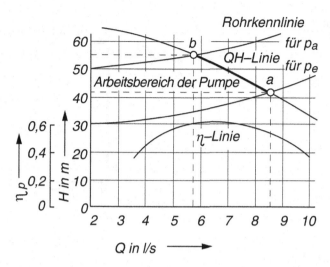

Abb. 7.20 Kennlinien für Kreiselpumpen bei Druckbehältern. Punkt a: Einschalten, Punkt b: Ausschalten

$$\text{Ausschalten } 1,2 \times \frac{1,0 \times 9,81 \times 5,8 \times 55,4}{1000 \times 0,62 \times 0,9} = 6,78 \; kW$$

Gewählt wird ein Motor mit 9,0 kW. Maßgebend für die Bemessung des Motors ist stets die kleinste Förderhöhe mit der zugehörigen Wassermenge. ◄

Beispiel 7.5

Gesucht:

Bemessung einer Druckbehälteranlage.
Die Höhenverhältnisse sind in Abb. 7.21 dargestellt.

Gegeben:

Schalthäufigkeit 6 Schaltungen/h $\cong$ 600 s; $Q_{max} = q_f = 840$ l/min
Versorgungsdruck 25 mWS am Rand des Bebauungsgebietes
Leitungslänge vom Brunnen bis zur Grenze des Bebauungsgebietes $l = 2100$ m
$k_i = 0,1$ mm
$\eta_{ges} \times \eta_M = 0,53$

Berechnung:

Leitung: 840 l/min = 14 l/s; gewählt DN 150 mm mit $v = 0,80$ m/s
Reibungsverlust Druckbehälter:

$I = 4,50$ m/km; damit $h_r = \dfrac{2100 \times 4,5}{1000} = 9,50 \ m$

1. Aufstellung in A (am Brunnen)

Geländehöhendifferenz 80,00 − 58,00		22,00 m
Versorgungsdruck		25,00 m
Reibungsverlust		9,50 m
Einschaltdruck	p_e =	56,50 m $\cong$ 6,65 bar$_{abs}$
Ausschaltdruck (gewählt)	p_a =	71,50 m $\cong$ 8,15 bar$_{abs}$
	Δp = p_a - p_e	= 1,50 bar

$$\text{Behälterinhalt } \ J = 1,3 \times 600 \times \frac{14}{4} \times \frac{8,15}{1,5} = 14833 l$$

Es wären z. B. fünf Behälter mit je 3000 l erforderlich.

$$\text{Ausnutzungskoeffizient } \ \alpha_n = \frac{1,5}{1,3 \times 8,15} \times 100 = 14,2 \ \%$$

2. Aufstellung in B (am Rande des Versorgungsgebietes)

Einschaltdruck = Versorgungsdruck	=	25,00 m $\cong$ 3,5 bar$_{abs}$
Ausschaltdruck (gewählt)	p_a =	40,00 m $\cong$ 5,0 bar$_{abs}$
	Δp = p_a - p_e	= 1,50 bar

$$\text{Behälterinhalt } J = 1,3 \times 600 \times \frac{14}{4} \times \frac{5,0}{1,5} = 9100 l$$

Es können genormte Druckkessel mit 4 bar Betriebsüberdruck nach DIN 4810, z. B. drei Kessel mit je 3000 l, gewählt werden.

$$\text{Ausnutzungskoeffizient } \ \alpha_n = \frac{1,5}{1,3 \times 5,0} \times 100 = 23,1 \ \%$$

Die Aufstellung der Behälter so hoch wie möglich bringt eine wesentlich bessere Ausnutzung mit sich. Außerdem ist das erforderliche Behältervolumen wesentlich kleiner. ◄

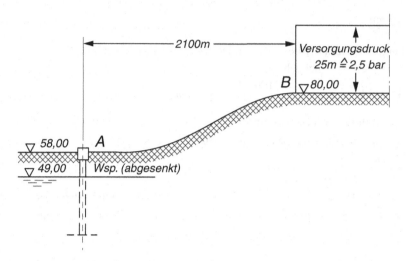

Abb. 7.21 Darstellung zum Beispiel 7.5

7.3.2 Löschwasserspeicher

Feuerlöschwasserbehälter oder -teiche sind anzulegen, wenn die Wasserversorgung für Feuerlöschzwecke nicht ausreicht und auch Oberflächenwasser oder Grundwasser nicht in genügender Menge zur Verfügung steht.

Löschwasserbehälter (Abb. 7.22) sind unterirdische Behälter, die in den Städten meist unter Freiflächen, auf Plätzen oder Höfen angelegt werden.

Sie sollen ≥ 75 m^3 fassen. Mit 100 m^3 oder 150 m^3 lassen sich größere Brände löschen. In sehr gefährdeter Gegend geht man bis zu 300 m^3, oder sogar bis zu 500 m^3. Die Behälter sollen mindestens Stehhöhe, also 2,0 m Höhe haben. Die Behältersohle muss wegen der Saughöhe der Pumpen $\leq 5,0$ m unter der Straßenoberfläche liegen. Nach DIN 14230 darf eine geodätische Saughöhe von 7,5 m nicht überschritten werden.

Die Wasserfüllung kann aus Leitungswasser, Oberflächenwasser aus Gräben, Regenwasser von Höfen und Dachflächen bestehen. Schlamm wird durch Schlammfänger zurückgehalten. Zur Entnahme ≤ 100 m^3 genügt ein Saugrohr, für ≤ 300 m^3 sind zwei, unter Umständen auch drei Saugrohre einzubauen. Das obere Ende des Saugrohres erhält eine genormte Festkupplung von 100 mm Weite, das untere ist als Saugkorb auszubilden und taucht in den Pumpensumpf, der 50 cm Tiefe und 1,0 m × 1,0 m lichte Weite hat.

Die verwendeten Werkstoffe müssen wasser- und witterungsbeständig sein. Die Decke erhält eine Einstiegsöffnung mit einer Schachtabdeckung nach DIN EN 124-1 in Verbindung mit DIN 1229.

Die Durchbrüche des Deckels genügen zum Ent- und Belüften des Behälters. Die Behälter können in Beton oder Stahlbeton nach Art der Hochbehälter ausgeführt werden. Die Bemessung der Behälterdecke und des Behälters erfolgt für das Gewicht der aufgeschütteten Erdlast und dem eines Feuerwehrfahrzeuges.

Der Behälter muss dauerhaft wasserdicht sein.

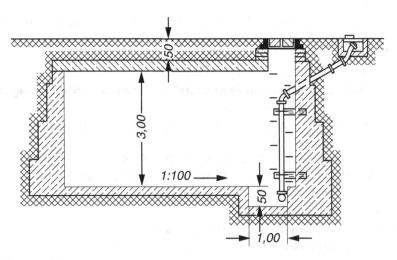

Abb. 7.22 Löschwasserbehälter für 75 bis 500 m³

Die Sohle erhält ca. 1:100 Gefälle zum Pumpensumpf. Die Wände sind innen wasserdicht zu verputzen, außen mit einem Bitumenanstrich zu versehen. Die Erdüberdeckung des Behälters ist ca. 0,50 m dick.

Löschwasserteiche sind in der Nähe von Fluss- oder Bachläufen anzulegen. Die Anfahrt muss für Fahrzeuge der Feuerwehr befahrbar sein. Der Teich muss durch einen Zaun gesichert werden.

Löschwasserteiche haben an Bedeutung verloren, da vielfach Löschwasserbecken bevorzugt werden.

Löschwasserbrunnen sind Entnahmestellen aus Grundwasser, die künstlich angelegt sind. Für die Ausführung gelten die Anforderungen aus DIN 14220. Löschwasserbrunnen werden nach ihrer Ergiebigkeit eingeteilt. Kleine Löschwasserbrunnen weisen eine Ergiebigkeit von 400 bis 800 l/min, mittlere eine von 800 bis 1600 l/min und große von über 1600 l/min auf. Die Entnahme von Löschwasser aus einem Löschwasserbrunnen muss nach Entlüftung innerhalb von einer Minute möglich sein.

7.3.3 Talsperren

Nach dem Niedersächsischen Wassergesetz (s. Abschn. 9.2) sind Wasserspeicher mit einer Dammhöhe > 5 m und einem Speicherinhalt > 100.000 m³ als Talsperren definiert.

Talsperren sind künstliche oberirdische Gewässer, die durch den Bau von Staudämmen oder Staumauern in Bach- oder Flussläufen entstehen. Sie haben häufig eine Mehrfachfunktion. Sie vermeiden Hochwässer, erhöhen die Niedrigwasserführung und stellen Rohwasser für Trinkwasser zur Verfügung. Welcher Entnahmeanteil für Versorgungszwecke möglich ist, wird in einem Bewirtschaftungsplan festgelegt.

Während für die Trinkwasserversorgung und Niedrigwasseraufhöhung die Talsperren möglichst gut gefüllt sein sollten, ist für den Hochwasserschutz eine geringe Füllung günstig.

Für weitere Hinweise wird auf [24] verwiesen, für die Gewinnung und Aufbereitung siehe Abschn. 3.3.2 und 5.2.3.2.

7.4   Dynamische Druckänderung in Wasserversorgungsanlagen

Aufgrund der Massenträgheit des Wassers bewirkt jede Durchflussänderung eine dynamische Druckänderung.

Druckstoßvorgänge lassen sich durch partielle Differenzialgleichungen beschreiben. DVGW W 303 unterscheidet fünf Fälle für die Wasserversorgung:

- Anlagen mit natürlichem Gefälle
- Anlagen mit natürlichem Gefälle und Entspannungsturbinen
- Anlagen mit Pumpwerken
- Rohrnetze
- Anlagen mit natürlichem Gefälle und Druckerhöhungsanlagen zur Durchflusssteigerung

Druckstoßberechnungen sind sehr komplex und sollten nur einer Fachkraft überlassen bleiben. Durch geeignete Auswahl der Absperr- und Drosselarmaturen, durch den Einbau von Be- und Entlüftungsarmaturen, den Einbau von Schwungmassen, Druckbehältern (Abb. 7.23), Wasserschlössern u. a. kann der Druckstoß in seiner Wirkung beeinflusst und gedämpft werden.

Für weitere Hinweise zur Begrenzung dynamischer Druckänderungen wird auf *Schubert* zitiert in [21] verwiesen.

Abb. 7.23 Druckbehälter zur
Dämpfung des Druckstoßes

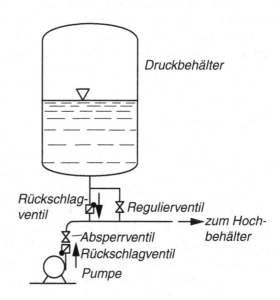

Wasserverteilung

8

8.1 Hydraulische Grundlagen

8.1.1 Reibungsverlusthöhe

Die Reibungsverlusthöhe (Drucklinienabfall) in einem geraden Kreisrohr wird berechnet nach der Grundgleichung von *Darcy-Weisbach*

$$h_{vr} = I \cdot l = \lambda \cdot \frac{l}{d} \cdot \frac{v^2}{2g} \text{ in m} \tag{8.1}$$

h_{vr} = Reibungsverlusthöhe in m
l = Rohrleitungslänge in m bzw. km
I = bezogene Reibungsverlusthöhe (Reibungsgefälle) in m/m bzw. m/km ($^0/_{00}$)
λ = Widerstandsbeiwert (Reibungszahl)
d = lichter Rohrdurchmesser in m
g = Erdbeschleunigung in m/s^2
v = mittlere Strömungsgeschwindigkeit in m/s

In Gl. (8.1) ist λ eine einheitenlose Größe, die von der Art der Strömung – laminar oder turbulent – abhängig ist. Die Strömungsart wird durch die einheitenlose Reynolds-Zahl

$$\text{Re} = \frac{v \cdot d}{v}$$

gekennzeichnet.

© Der/die Autor(en), exklusiv lizenziert an Springer Fachmedien Wiesbaden
GmbH, ein Teil von Springer Nature 2022
F. Hoffmann, S. Grube, *Wasserversorgung*,
https://doi.org/10.1007/978-3-658-37049-7_8

Darin ist v = kinematische Zähigkeit (Stoffeigenschaft des Mediums) in m²/s.
Re_{krit} = 2320 kennzeichnet den Umschlagpunkt vom laminaren zum turbulenten Bereich.

Beispiel 8.1

Gesucht:
Reibungszahl und Strömungsart

Gegeben:
Wasser 10 °C mit $v = 1{,}31 \cdot 10^{-6}$ m²/s, v = 1 m/s, lichter Rohrdurchmesser $d = 0{,}10$ m
Berechnung:

$$\mathrm{Re} = \frac{1 \cdot 0{,}1}{1{,}31 \cdot 10^{-6}} = 76336 > 2320, \text{d.h. turbulente Strömung}$$

$$\text{Bei } v = \frac{\mathrm{Re} \cdot v}{d} \le 0{,}0304 \,\mathrm{m/s} \text{ wird die Strömung laminar.}$$

◀

Von einem Grenzbereich I (Abb. 8.1) an tritt eine zusätzliche Abhängigkeit des Widerstandsbeiwertes λ von der relativen Rauheit k/d ein (Übergangsbereich) (k = absolute Rauheit des Rohres in mm).
Ab Grenzbereich II besteht nur noch eine Abhängigkeit von k/d.
In Abb. 8.1 sind die gesamten Strömungsverhältnisse in Form λ bzw. $1/\sqrt{\lambda} = f(Re)$, $f(Re,k/d)$ und $f(k/d)$ dargestellt.
Danach gilt:
Gesetz von *Hagen-Poisseuille*:
laminarer Bereich ($Re \le 2320$)

$$\lambda = \frac{64}{\mathrm{Re}} \quad bzw. \quad \frac{1}{\sqrt{\lambda}} = \frac{\mathrm{Re} \cdot \sqrt{\lambda}}{64} \tag{8.2}$$

Grenzbereich I; Gesetz von *Prandtl-Kármán:*
für hydraulisch glatte Rohre

$$\frac{1}{\sqrt{\lambda}} = 2{,}0 \lg \frac{\mathrm{Re} \cdot \sqrt{\lambda}}{2{,}51} = 2{,}0 \lg \left(\mathrm{Re} \cdot \sqrt{\lambda} \right) - 0{,}8 \tag{8.3}$$

Gesetz von *Prandtl-Colebrook*:
Übergangsbereich

$$\frac{1}{\sqrt{\lambda}} = -2{,}0 \lg \left(\frac{2{,}51}{\mathrm{Re} \cdot \sqrt{\lambda}} + \frac{k}{d} \cdot \frac{1}{3{,}71} \right) \tag{8.4}$$

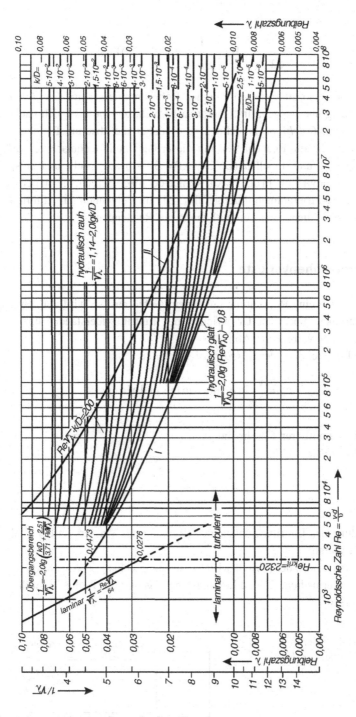

Abb. 8.1 Widerstandsbeiwert λ für hydraulisch glatte und raue Druckrohrleitungen

Grenzbereich II; Gesetz von *Prandtl-Kármán*:

für hydraulisch raue Rohre

$$\frac{1}{\sqrt{\lambda}} = 2,0 \lg \frac{3,71 \cdot d}{k} = 1,14 - 2,0 \lg \frac{k}{d} \qquad (8.5)$$

Für die in Wasserversorgungsnetzen üblichen Rohrdurchmesser und Geschwindigkeiten liegt die Strömung überwiegend im Übergangsbereich, und sie lässt sich nach der Gleichung von *Prandtl-Colebrook* berechnen. k ist dabei die absolute Rauheit der Rohrwandung in mm. Um die Rechenarbeit mit dieser Gleichung technisch zu ermöglichen, wurden Diagramme und Tabellen (DVGW GW 303-1) aufgestellt und entsprechende EDV-Programme entwickelt. In der Praxis werden derartige Berechnungen heute üblicherweise mittels EDV-Programmen durchgeführt. Die im Folgenden aufgeführten Tabellen und Rechenbeispiele dienen zur Verdeutlichung des Rechengangs.

8.1.2 Energiehöhenverluste

Fließt Wasser durch eine Rohrleitung aus einem Gefäß aus, so wird zum Erzeugen der Fließgeschwindigkeit und zum Überwinden des Eintrittswiderstandes und der Rohrreibung Energiehöhe verbraucht (Abb. 8.2).

Kinetische Energiehöhe oder *Geschwindigkeitshöhe*

$$h_K = \frac{v^2}{2g} \text{ in m; mit } v \text{ in m/s und g in m/s}^2 \qquad (8.6)$$

zur Erzeugung der mittleren Geschwindigkeit v

Eintrittsverlusthöhe

$$h_{vE} = \zeta_e \cdot \frac{v^2}{2g} \text{ in m} \qquad (8.7)$$

zur Überwindung des Eintrittswiderstandes (Reibung des Wassers an der Einlaufkante, Kontraktion des Strahls).

Der Beiwert ζ_e ist von der Form der Eintrittsöffnung abhängig (Abb. 8.3).

Zur Reibungsverlusthöhe h_{vr} und Leitungslänge l gehört das Reibungsgefälle $I = h_{vr}/l$.

Reibungsverlusthöhe

Abb. 8.2 Druckhöhenverluste,
h_K kinetische Energiehöhe (h_v),
h_E Eintrittsverlusthöhe (h_e),
h_{vr} Reibungsverlusthöhe (h_r)

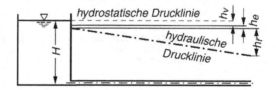

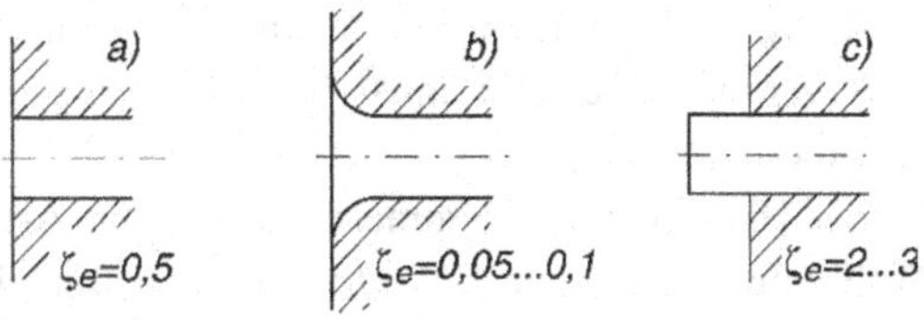

Abb. 8.3 Einlaufverluste bei
Öffnungen, a) scharfkantig,
b) abgerundet, c) vorstehend

$$h_{vr} = I \cdot l \text{ in m mit } I \text{ in m/km und } l \text{ in km} = \text{wahre Rohrlänge} \qquad (8.8)$$

In einer Wasserleitung treten noch Verluste durch Einbauten wie Krümmer, Schieber, Übergangsstücke u. a., auf.

Krümmungsverlust

$$h_{vK} = \varsigma_K \cdot \frac{v^2}{2g} \qquad (8.9)$$

Schieberverlust

$$h_{vS} = \varsigma_S \cdot \frac{v^2}{2g} \qquad (8.10)$$

Weitere Beiwerte findet man in [110] und in DVGW W 610.

Die Summe aller Werte bedingt durch den Abflussvorgang in einer Rohrleitung (Geschwindigkeitshöhe, Reibungsverlusthöhe und örtliche Verluste) lautet:

$$h_v = \sum h_{vr} + h_{vE} + h_{vK} + h_{vS} + \dots \qquad in \ m$$

$$h_v = \frac{v^2}{2g} + I \cdot l + \varsigma_e \cdot \frac{v^2}{2g} + \varsigma_K \cdot \frac{v^2}{2g} + \varsigma_S \cdot \frac{v^2}{2g} + \dots \qquad (8.11)$$

$$h_v = I \cdot l + \frac{v^2}{2g}\left(1 + \varsigma_e + \varsigma_K + \varsigma_S + \dots\right)$$

Den Unterschied zwischen hydrostatischer und hydraulischer Drucklinie zeigt Abb. 8.2. Über der Drucklinie liegt noch die Energielinie, die sich durch das Geschwindigkeitsglied der Gl. (8.6) unterscheidet. Hohe Fließgeschwindigkeiten (z. B. bei einer Löschwasserentnahme) können zu Unterdrücken führen. Die Gl. (8.11) zeigt, dass nur die Reibungsverlusthöhe proportional der Leitungslänge ist. Ferner ist die Wassergeschwindigkeit in Versorgungsleitungen meist <1 m/s, das Quadrat von v also noch kleiner, und die ς-Werte ebenfalls sehr klein. Damit werden die Verluste durch Formstücke, Eintritt und Fließgeschwindigkeit so klein, dass man sie pauschalieren darf. Das vereinfacht die Rohrnetzberechnung erheblich.

Lediglich bei kurzen Leitungen, für welche man mit großer Genauigkeit die Summe aller Verluste berechnen muss, z. B. bei Saug- und Heberleitungen, werden alle Verluste genau ermittelt.

Die Häufung von Krümmern, Abzweigen, Armaturen u. a. in Ortsnetzen wird durch die Wahl eines größeren k-Wertes bei der Berechnung des Druckabfalls nach *Prandtl-Colebrook* berücksichtigt und als integrale Rauheit mit k_i bezeichnet. Für Ortsnetze wird $k_i = 0,4$ mm festgelegt, gegenüber $k_i = 0,1$ mm bei Fernleitungen und $k_i = 1,0$ mm für neue stark vermaschte Netze.

Einzelheiten für den k-Wert enthalten die Abb. 8.4, 8.5 und 8.6 und DVGW GW 303-1.

Die Abb. 8.4, 8.5 und 8.7 berücksichtigen somit schon Einbauten. Die genaue Berechnung erfolgt mit der EDV oder es liegen Berechnungstabellen vor.

Bei der Anwendung der Tabellen ist zu beachten, dass der lichte Durchmesser (Ø) im Allgemeinen ungleich dem Nenndurchmesser DN des jeweils verwendeten Rohres ist. Die Tabellen gelten daher nur für überschlägige Berechnungen.

Beispiel 8.2

Gesucht:

Berechnung der Verlusthöhen für eine Saugleitung: DN 150 mm

Gegeben:

$l = 10$ m; I: siehe Abb. 8.7; $Q = 15,2$ l/s; $v = 0,85$ m/s; $\zeta_e = 0,5$

Berechnung:

Geschwindigkeitshöhe	$h_V = \dfrac{v^2}{2g} = \dfrac{0,85^2}{2 \cdot 9,81}$	$= 0,037$ m
Eintritt	$h_{vE} = \varsigma_e \cdot \dfrac{v^2}{2g} = 0,5 \cdot 0,037$	$= 0,020$ m
für $\dfrac{R}{DN} = \dfrac{250}{150} \approx 1,7$ ist nach Tab. 8.1 $\quad \zeta_k = 0,16$		
2 Krümmer, $\varphi = 90°$	$h_{vK} = \varsigma_k \cdot \dfrac{v^2}{2g} = 2 \cdot \left(0,16 \cdot 0,037\right)$	$= 0,012$ m
1 Saugkorb [8]	$h_{vsaug} = \varsigma_{saug} \cdot \dfrac{v^2}{2g} = 2,5 \cdot 0,037$	$= 0,090$ m
1 Schieber (Tab. 8.2)	$h_{vS} = \varsigma_S \cdot \dfrac{v^2}{2g} = 0,265 \cdot 0,037$	$= 0,090$ m
Reibung	$h_{vr} \approx I \cdot l = 4,4 \cdot 0,010$	$\underline{= 0,040}$ m
		$\sum h = 0,289$ m

◄

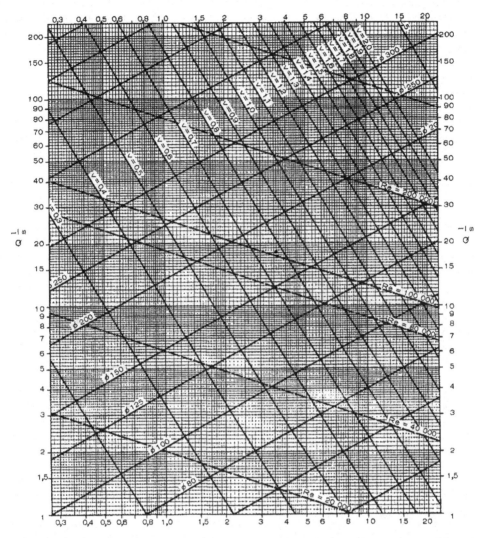

Abb. 8.4 Reibungsgefälle I; Rauheit $k_i = 0{,}1$ mm; $t = 10$ °C, Fernleitungen und Zubringerleitungen mit gestreckter Leitungsführung aus Stahl- oder Gussrohren mit Zement- bzw. Bitumenauskleidung sowie aus Spannbeton- oder Faserzementrohren sowie Kunststoffrohre (Ausschnitt aus Tabelle Ia DVGW GW 303-1, v (m/s), $\varnothing$ = lichter Durchmesser in mm), Reibungsgefälle bzw. bezogene Reibungsverlusthöhe I in m/km bzw. ‰

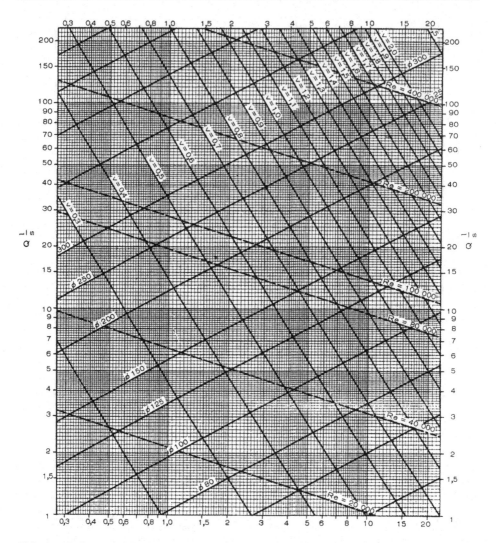

Abb. 8.5 Reibungsgefälle I; Rauheit $k_i = 0,4$ mm; $t = 10$ °C, Hauptleitungen mit weitgehend gestreckter Leitungsführung aus denselben Rohren, aber auch aus Stahl- oder Gussrohren ohne Auskleidung, sofern Wassergüte und Betriebsweise nicht zu Ablagerungen führen (Ausschnitt aus Tabelle IIa DVGW GW 303 -1, v (m/s), $\varnothing$ = lichter Durchmesser in mm), Reibungsgefälle bzw. bezogene Reibungsverlusthöhe I in m/km bzw. ‰

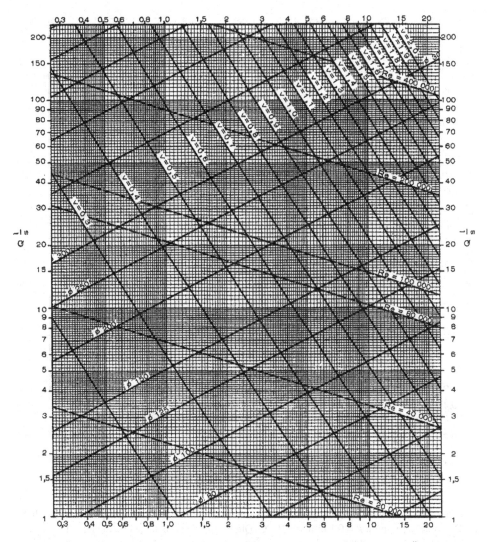

Abb. 8.6 Reibungsgefälle I; Rauheit $k_i = 1,0$ mm; $t = 10$ °C, Neue Netze; durch den Übergang von $k_i = 0,4$ mm auf $k_i = 1,0$ mm wird der Einfluss starker Vermaschung näherungsweise berücksichtigt (Ausschnitt aus Tabelle III DVGW GW 303 -1, v (m/s), $\varnothing$ = lichter Durchmesser in mm), Reibungsgefälle bzw. bezogene Reibungsverlusthöhe I in m/km bzw. ‰

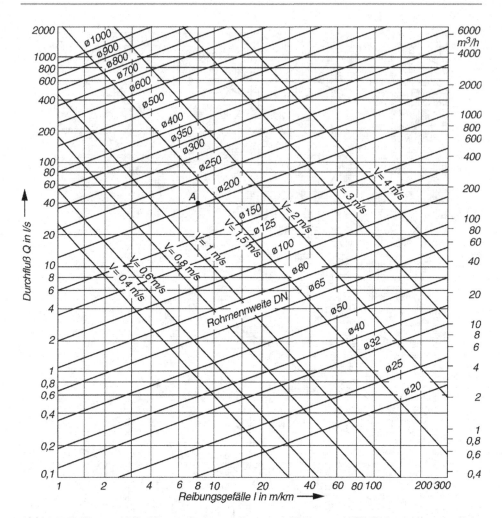

Abb. 8.7 Reibungsgefälle I in geraden neuen Graugussleitungen nach [F14] abgeändert, $\emptyset$ = lichter Durchmesser in mm; $k = 0{,}1$ mm, $t = 10\ °C$. Die Reibungsverlusthöhen betragen: bei neuen gewalzten Stahlrohren das 0,8 fache, bei neuen Kunststoffrohren das 0,8 fache, bei älteren angerosteten Gussrohren das 1,25 fache, bei inkrustierten Rohren bis ca. das 1,7 fache

Tab. 8.1 Beiwerte ζ_k für Rohrkrümmer (Abb. 8.8)

	Krümmungsradius: Nennweite = R:DN				
φ	1	2	4	6	10
15°	0,03	0,03	0,03	0,03	0,03
22,5°	0,045	0,045	0,045	0,045	0,045
45°	0,14	0,09	0,08	0,075	0,07
60°	0,19	0,12	0,10	0,09	0,07
90°	0,21	0,14	0,11	0,09	0,11

Tab. 8.2 Beiwerte ζ_s für offene Schieber

DN	100	200	300	400	500
ζ_s	0,28	0,25	0,22	0,18	0,13

Beispiel 8.3

Gesucht:

Berechnung der Verlusthöhen für eine Versorgungsleitung

Gegeben:

$l = 2660$ m; DN $= 200$ mm; $Q = 23,4$ l/s; $v = 0,75$ m/s; $\zeta_e = 0,5$;

10 Krümmer 22,5° mit $\zeta_k = 0,045$; 6 Schieber mit $\zeta_s = 0,25$;

$k_i = 0,1$ mm; I siehe Abb. 8.7

Berechnung:

Geschwindigkeitshöhe	$\dfrac{0,75^2}{2 \cdot 9,81}$	$= 0,029$	$\approx 0,03$ m
Verlust durch:			
Eintritt	$0,5 \cdot 0,03$	$= 0,015$	$\approx 0,02$ m
10 Krümmer	$10 \cdot 0,045 \cdot 0,03$	$= 0,0135$	$\approx 0,01$ m
6 Schieber	$6 \cdot 0,25 \cdot 0,03$	$= 0,045$	$\approx 0,04$ m
Reibungsverlust	$h_{vr} \approx I \cdot l = 2,8 \times 2,660$		$\approx 7,45$ m
			$\sum h \approx 7,55$ m

Beispiel 8.4

Gesucht:

Rohrdurchmesser einer Verteilungsleitung

Gegeben:

$$Q = 100\,\text{l/s und } I = 2,0\,\text{m/km}$$

Berechnung:

bei $v = 0,87$ m/s leistet nach Abb. 8.5 ($k_i = 0,4$ mm) das Rohr DN 400: $Q = 109$ l/s;

DN 300 mit $v = 0,72$ m/s und $Q = 51$ l/s wäre zu klein

Gewählt: DN 400 ◀

Abb. 8.8 Rohrkrümmer

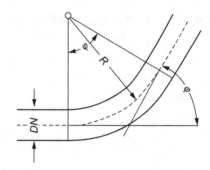

Abb. 8.9 Hauptleitung

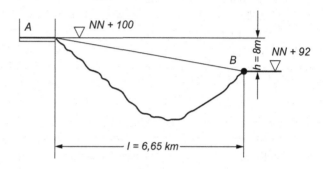

Beispiel 8.5

Gesucht:

Rohrdurchmesser und Geschwindigkeit für ein Rohr in freiem Gefälle als Leitung aus duktilem Gusseisen (Abb. 8.9)

Gegeben:

Hochbehälter A mit einem niedrigsten Wasserstand NN + 100 m

$$\text{Punkt B mit NN} + 92\,\text{m}$$

$$\text{Durchfluss } Q = 15\,\text{l/s}$$

$$l = 6,65\,\text{m}$$

Berechnung:

$$\text{Reibungsverlusth öhe } h_{vr} = \left(\text{NN} + 100\,\text{m}\right) - \left(\text{NN} + 92\,\text{m}\right) = 8\,\text{m}$$

$$I = \frac{8}{6,65} = 1,2\,m\,/\,km$$

Abb. 8.10 Verteilungsleitung

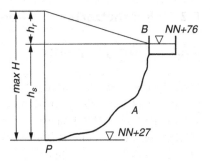

In Abb. 8.4 (Hauptleitung, k_i = 0,1 mm) wird für Q = 15 l/s und DN 200 mm

$I = 1,23\,\text{m/km bei}\ v = 0,49\,\text{m/s}.$

Es wird hierbei $h_{vr} = I \cdot l = 1,23 \cdot 6,65 = 8,18\,\text{m}..$

Für $I = 1,2\,\text{m/km wird}\ Q = 14,8\,\text{l/s und}\ v = 0,47\,\text{m/s}.$

Gewählt: DN 200 ◄

Beispiel 8.6

Gesucht:

Maximal erforderliche Gesamtförderhöhe H_A

Die Pumpe P, Achsmitte auf NN + 27 m, soll 50 l/s durch eine Leitung aus duktilem Gusseisen zum Hochbehälter B mit dem höchsten Wasserspiegel auf NN + 76 m in eine Entfernung von l = 6,0 km fördern.

Die Leitung führt durch die Ortslage A und dient gleichzeitig als Verteilungsleitung für das Ortsnetz (Abb. 8.10).

Berechnung:

Es muss zunächst von der wirtschaftlichen Geschwindigkeit v = 0,8 m/s ausgegangen werden. Aus Abb. 8.4 (k_i = 0,4 mm) ist für Q = 50 l/s und v = 0,71 m/s ein Durchmesser DN 300 mit I = 1,91 m/km abzulesen.

Der Reibungsverlust wird $h_{vr} = I \times l = 1,95 \times 6,0 = 11,7$ m.

Mit der statischen Druckhöhe h_s = (NN + 76 m) – (NN + 27 m) = 49 m ergibt sich eine Gesamthöhe von

$$H_{\text{max}} = H_A\ \text{bzw}\ h_{ges} = 11,7 + 49,0 = 60,7\,\text{m} \cong 6,1\,\text{bar} = 0,61\,\text{MPa} \quad ◄$$

8.2   Rohrnetzarten und Rohrnetzberechnung

8.2.1   Versorgungsnetze

Vom Hochbehälter aus wird das Wasser durch das Versorgungsnetz im Ort verteilt. Man unterscheidet Verästelungs- und Ringnetze. Je nach Lage der örtlichen Verhältnisse entstehen meist gemischte Bauarten.

Wird das Versorgungsnetz mit Wässern aus verschiedenen Gewinnungsanlagen beschickt, so sind die Empfehlungen des DVGW W 216 zu beachten.

Für sehr unterschiedliche Wässer kann eine Zonentrennung oder zentrale Mischung mit Aufbereitung erforderlich werden, insbesondere um den pH-Wert der Calcitsättigung (siehe Kap. 4) einzuhalten.

8.2.1.1 Netzarten

Verästelungsnetz (Abb. 8.11). Von der Hauptleitung zweigen Nebenleitungen ab, die sich je nach Zahl und Lage der Straßen weiter verzweigen.

Das Wasser kann stets nur in einer Richtung fließen. Die Grundlagen der Berechnung sind deshalb eindeutig bestimmt. Verästelungsnetze sind unsicher im Betrieb. Die Endstränge müssen häufig gespült werden und können in harten Wintern durch Stagnation leicht einfrieren. Kommt es zu Rohrbrüchen, können empfindliche Störungen in der Versorgung auftreten. Sie sind daher nur auszuführen, wenn die örtlichen Verhältnisse ein Ringnetz nicht zulassen.

Ringnetz (Abb. 8.12) und *Ringnetz mit Vermaschung* (Abb. 8.13) ermöglichen eine Einspeisung von zwei Seiten. Hierdurch kann u. a. Löschwasser besser bereitgestellt werden, die Versorgungssicherheit nimmt zu und die Druckverteilung wird besser.

Nachteilig sind die hohen Kosten und die Gefahr, dass durch zu starke Vermaschung Stagnationszonen entstehen. Vermaschte Netze werden heutzutage mit leistungsfähigen

Abb. 8.11 Verästelungsnetz

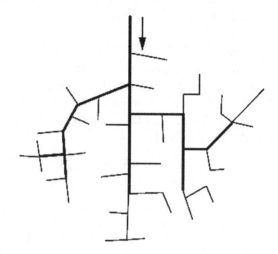

Abb. 8.12 Ringnetz

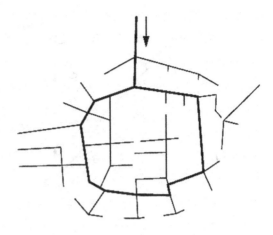

Abb. 8.13 Ringnetz mit Vermaschung

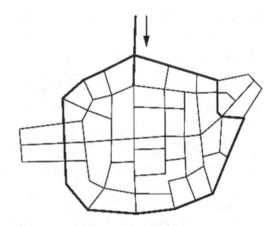

Computern berechnet und hydraulisch – insbesondere im Hinblick auf Trinkwasserhygiene – optimiert.

8.2.1.2 Druckzonen

Gemeindegebiete mit starken Höhenunterschieden in der Ortslage werden in Druckzonen unterteilt. Dabei ist der Druck im Stadtnetz < 0,5 MPa = 5 bar = 50 mWS zu halten, weil Hausinstallationen, Zapfventile, Absperreinrichtungen u. a. bei Drücken darüber nur schwer dicht zu halten sind und dauerhaft zu hohe Drücke zu Tropfverlusten führen.

Beispiel 8.7

Gesucht:

Eine am Hang (Zone I) und im Tal (Zone II) gelegene Ortschaft (Abb. 8.14), die durch die Punkte A und C begrenzt wird, soll vom Hochbehälter R_1 aus versorgt werden.

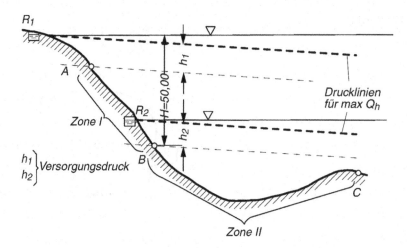

Abb. 8.14 Druckzonen (siehe Tab. 8.3), h_1, h_2: Versorgungsdruckhöhen

Tab. 8.3 Versorgungsdrücke SP (Service Pressure)

	neue Netze bzw. signifikante Erweiterung bestehender Netze	bestehende Netze
für Gebäude mit EG	0,20 MPa = 2,00 bar	200 kPa = 2,00 bar
für Gebäude mit EG und 1 OG	0,25 MPa = 2,50 bar	235 kPa = 2,35 bar
für Gebäude mit EG und 2 OG	0,30 MPa = 3,00 bar	270 kPa = 2,70 bar
für Gebäude mit EG und 3 OG	0,35 MPa = 3,50 bar	305 kPa = 3,05 bar
für Gebäude mit EG und 4 OG	0,40 MPa = 4,00 bar	340 kPa = 3,40 bar

Gegeben:

Der höchste Ortsteil bei A liegt > 50 m über der Talsohle; der Druck darf 0,5 MPa (5 bar) nicht übersteigen.

Lösungsweg:

Hochbehälter R_1 versorgt die Zone I und muss um die Höhe des Versorgungsdruckes h_1 über A liegen.

Zone II beginnt bei Punkt B mit H = 50 m unter dem Hochbehälter R_1 und wird durch den Zwischenbehälter R_2 versorgt. Dieser muss nun wiederum um die Höhe des Versorgungsdrucks h2 höher als B liegen.

Die Zuleitung von R_1 nach R_2 ist so zu bemessen, dass sie den mittleren Stundenbedarf Q_h am Tage des Höchstverbrauchs der unteren Zone II zuführen kann, während die Schwankungen des Tages durch den Zwischenbehälter auszugleichen sind. Durch eine Schwimmersteuerung ist die Zuleitung nach R_2 zu schließen, wenn der Behälter voll ist. ◄

8.2.1.3 Gruppenwasserversorgung

Gelegentlich sind aus technischen und wirtschaftlichen Gründen mehrere räumlich getrennt liegende Ortschaften oder Versorgungsgebiete aus einer gemeinsamen Gewinnungsstelle mit Wasser zu versorgen. In solchen Gruppenwasserversorgungen kann die örtliche Lage der Gemeinden dazu zwingen, mehrere Versorgungsgebiete von verschiedener Höhenlage durch eine gemeinsame Zuleitung zu versorgen.

Beispiel 8.8

Gesucht:

Die Orte A, B und C (Abb. 8.15) sollen gemeinsam von dem Hochbehälter R_1 aus versorgt werden.

Gegeben:

Zwischen A und C ist der Höhenunterschied < 50 m.

Ebenso ist der Höhenunterschied H_1 zwischen R_1 und dem tiefsten Punkt A sowie H_3 zwischen R_1 und dem tiefsten Punkt von C < 50 m, so dass die Versorgung unmittelbar durch eine Leitung möglich ist.

Lösungsweg:

Die tiefste Stelle von B liegt > 50 m unter R_1, so dass ein Zwischenbehälter R_2 eingeschaltet werden muss, der durch eine Zweigleitung von E aus einzuspeisen ist. R_2 ist

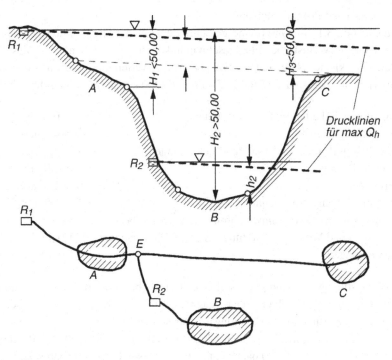

Abb. 8.15 Gruppenwasserversorgung

oberhalb des Versorgungsdrucks der höchsten Stelle von B anzulegen. Er erhält eine Schwimmersteuerung, die die Zuleitung absperrt, wenn der Behälter gefüllt ist.

Die Leitung von R_1 nach A und C sowie die von R_2 nach B ist so zu bemessen, dass sie Q_{hmax} am Tage des Höchstverbrauchs unter Einhaltung des Versorgungsdrucks abgeben kann, während die Zweigleitung von E nach R_2 für den mittleren Stundenverbrauch Q_h am Tage des Höchstverbrauchs berechnet werden muss.

Die Tagesschwankungen werden durch R_2 ausgeglichen.

Bei der Leitungsführung von R_1 nach C ist aber zu beachten, dass bei sehr kleiner Wasserabnahme in C die Drucklinie nicht unter der Rohrleitung liegen darf. Diese Betriebszustände sind nicht zulässig.

Weitere Hinweise zur Leitungsführung bei Zubringerleitungen siehe DVGW W 400-1 und -2. ◀

8.2.2   Berechnung der Rohrnetze DVGW W 400-1

Aufgabe der Rohrnetzberechnung ist die Ermittlung der Nennweiten der Rohre (lichte Weite) und der Druckhöhenverhältnisse im Netz, mit deren Hilfe man die Speicher, Pumpen u. a. auswählen kann.

Für die Nennweitenberechnung steht die Kontinuitätsgleichung $Q = v \cdot A$ zur Verfügung. Die Zusammenhänge zwischen Q, v, I und DN sind in Tabellen, Diagrammen (z. B. Abb. 8.4) und Programmen angegeben.

Da gemäß Gl. (8.1) die Geschwindigkeit mit dem Quadrat die Reibungsverluste beeinflusst, steigen die Verluste bei Fließgeschwindigkeiten > 1 m/s stark an. Dies gilt insbesondere für kleine Nennweiten. Für die Wasserverteilung ergeben sich folgende Leitungstypen und deren nach DVGW W 400-1 von 2004 empfohlene Geschwindigkeiten:

Zutrittsgeschwindigkeiten im Entnahmebauwerk	0,2–0,5 m/s
Entnahmeleitungen	1,0–1,5 m/s
Steigleitungen in Brunnen aus Pumpendruckleitungen	1,5–2,5 m/s
Pumpendruckleitungen	1,0–2,0 m/s
Pumpensaugleitungen	0,5–1,0 m/s
Fallleitungen (Abgang Hochbehälter)	1,0–1,5 m/s
Fallleitungen mit Druckerhöhung während der Höchstbelastung	<2,0 m/s
Hauptleitungen und Versorgungsleitungen in Verteilungsnetzen	≤1,0 m/s
Anschlussleitungen	≤2,0 m/s

Die Mindestfließgeschwindigkeit sollte 0,005 m/s (bei mittlerem Stundendurchfluss) betragen, um mögliche Folgen einer Stagnation (z. B. Trübung, Geschmacksbeeinträchtigung, Ablagerung und Verkeimung) zu vermeiden.

Ortsnetze sind mindestens für einen höchsten Systembetriebsdruck MDP (Maximum Design Pressure) von 1 MPa (10 bar) zu planen. Die Reserve für Druckstöße soll 0,2 MPa (2 bar) betragen. Somit muss der höchste Ruhedruck < 0,8 MPa (8 bar) sein.

Jede Änderung des Betriebszustandes in einem Wasserversorgungssystem hat dynamische Druck- und Durchflussänderungen zur Folge. Diese müssen bei der Planung und dem Betrieb der Anlagen beachtet werden, da sie Ursache erheblicher Schäden sein können. Das Arbeitsblatt DVGW W 303 verfolgt das Ziel, das Verständnis für instationäre Vorgänge in Wasserversorgungsanlagen zu erleichtern. Es werden praktische Hinweise für Planung und Betrieb im Hinblick auf dynamische Druckänderungen gegeben. Weiterhin enthält das Arbeitsblatt Angaben über die Anforderungen an Druckstoßberechnungen und Druckstoßmessungen. Für Druckstoßberechnungen sind folgende Daten erforderlich:

Daten des Rohrleitungssystems:

Höhenprofil, Längen, Innendurchmesser, Wanddicken, Werkstoffe, Auskleidungen, Rohrverbindungen, Druckstufe und Bemessungsdruckhöhenlinie, zulässige Rohrinnendrücke, Rohrbettung und Auflagerung, E-Moduln der Rohrwerkstoffe, Rauheitsbeiwerte, Be- und Entlüftung von Hochpunkten, Abzweige.

Daten der Komponenten, die instationäre Vorgänge auslösen oder beeinflussen:

ξ- und k_v-Werte sowie Stellgesetze der Armaturen, Kennlinien der hydraulischen Maschinen, Kennlinien von Einrichtungen zur Begrenzung dynamischer Druckänderungen, Kennwerte von Be- und Entlüftungsventilen, Reglereinstellungen, An- und Abfahrrampen, betrieblich festgelegte Steuerungseingriffe.

Daten zu allen maßgebenden Betriebszuständen:

Wasserspiegelhöhe der Behälter, Durchflüsse in allen Leitungsabschnitten, Öffnungsgrade von Absperr- und Drosselarmaturen, Arbeitspunkte von Pumpen und Turbinen, Betriebsdrücke und Betriebsdruckhöhenlinie, Einstellwerte für Komponenten der Druckstoßsicherung.

Im Schwerpunkt der Druckzone wird ein Ruhedruck von 0,5 bis 0,6 MPa (5 bis 6 bar) am Hausanschluss empfohlen, andernfalls müssen die Verbrauchsanlagen durch Druckminderer geschützt werden.

Für die Bemessung der Verteilungs-, Steig- und Stockwerksleitungen sowie von Warmwasserzirkulationsleitungen in den Gebäuden gilt die DIN 1988-300. In Wohngebäuden mit bis sechs Wohnungen (so genannten „Normalinstallationen") können die Rohrdurchmesser für die Kalt- und Warmwasserverbrauchsleitungen auch nach DIN EN 806-3 bestimmt werden, sofern der Versorgungsdruck ausreicht und die Hygiene sichergestellt ist.

Verteilungsnetze sind so zu bemessen, dass die in Tab. 8.3 genannten Werte (Innendruck bei Nulldurchfluss in der Anschlussleitung an der Übergabestelle zum Verbraucher) nicht unterschritten werden. Bei höheren Gebäuden ist im Bedarfsfall eine Druckerhöhungsanlage für die oberen Etagen vorzusehen.

Wenn die Verteilungsnetze auf dieser Basis bemessen werden, steht bei normgerechter Dimensionierung und Ausführung an der entferntesten Entnahmestelle ein Mindestfließdruck von 100 kPa (1 bar) zur Verfügung. Weitere Einzelheiten sind dem Abb. 8.16 zu entnehmen.

Für den Nachweis der Löschwasserbereitstellung gilt, dass der Betriebsdruck (OP) an keiner Stelle des Netzes (im bebauten Gebiet) bei Löschwasserentnahme unter 150 kPa (1,5 bar) fällt, soweit für besondere Kunden keine höheren Drücke einzuhalten sind. Dieser Nachweis ist bei der größten stündlichen Abgabe eines Tages mit mittlerem Verbrauch zu führen (DVGW W 405).

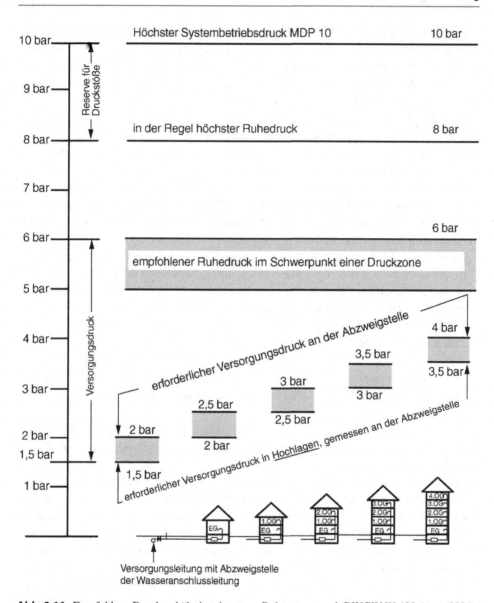

Abb. 8.16 Empfohlene Druckverhältnisse in neuen Rohrnetzen nach DWGW W 400-1 von 2004

8.2.2.1 Verästelungsnetz

Beim Verästelungsnetz beginnt man am entferntesten Punkt im Lageplan (Abb. 8.17) und ermittelt mit der Wassermenge Q, dem I-Wert und der Projektionslänge der Rohrleitung die Reibungsverluste h_{vr}.

Die Summenbildung in Spalte 9 erfolgt von unten nach oben. Die erforderliche Netzdruckhöhe, das heißt die Hochbehältersohle (HB-Sohle) ergibt in Spalte 11 die Höhe von 252,62 m NN. Gewählt wird eine Höhe von 253,00 m NN für die Behältersohle.

Die Berechnung wird am Beispiel 8.9 erläutert (Abb. 8.18).

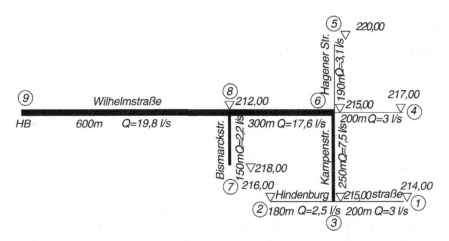

Abb. 8.17 Lageplan zum Beispiel 8.9

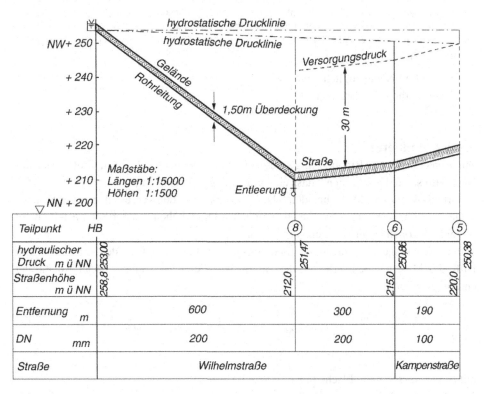

Abb. 8.18 Drucklinienplan für den ungünstigsten Versorgungspunkt in Beispiel 8.9

Beispiel 8.9

Versorgungsdruck im Netz 3,0 bar (30 m WS) s. Abb. 8.5 ($k_i = 0,4$ mm)

1	2	3	4	5	6	7	8	9	10	11	12
von bis	Straße	l	Q	v	DN	I	$h_{vr} = I \times l$	$\sum h_{vr}$	Netzdruckhöhe = Geländehöhe + 30 m WS	HB-Sohle = Netzdruckhöhe + $\sum h_{vr}$	hydraul. Drucklinie ohne Löschwasser
		m	l/s	m/s	mm	m/km	m	m	m + NN	m + NN	m + NN *1
1–3	Hindenburg-	200	3,0	0,39	100	2,36	0,47	3,04	244,00	247,04	249,96
2–3	Hindenburg-	180	2,5	0,32	100	1,67	0,30	2,87	246,00	248,87	250,13
3–6	Kampen-	250	7,5	0,42	150	1,71	0,43	2,57	245,00	247,57	250,43
4–6	Wilhelm-	200	3,0	0,39	100	2,36	0,47	2,61	247,00	249,61	250,39
5–6	Hagener-	190	3,1	0,40	100	2,51	0,48	2,62	250,00	**252,62*2**	250,38
6–8	Wilhelm-	300	17,6	0,56	200	2,03	0,61	2,14	245,00	247,14	250,86
7–8	Bismarck-	150	2,2	0,28	100	1,31	0,20	1,73	248,00	249,73	251,27
8–9	Wilhelm-	600	19,8	0,63	200	2,55	1,53	1,53	242,00	243,53	251,47
HB	gewählt: 253,00										

*1 253,00 m NN abzüglich Spalte 9
*2 Mindesthöhe für Behältersohle

8.2.2.2 Ringnetze

Zur Berechnung von Ringnetzen gibt es iterative Methoden, z. B. nach Cross, oder das Netz wird so „aufgeschnitten", dass ein Verästelungsnetz entsteht.

Grundsatz für das „Aufschneiden": Das Wasser nimmt den kürzesten Weg zur Schnittstelle. Es ist anzustreben, dass die „theoretischen Druckhöhen" an der Schnittstelle nicht wesentlich voneinander abweichen (±10 %).

Für Neuanlagen geschlossener Siedlungsgebiete bestimmt man den Durchfluss mit Hilfe des Metermengenwertes m, der angibt, wie viel Wasser einem Meter Rohrstrang entnommen wird.

$$m = \frac{A \cdot D}{\sum l} \cdot \frac{Q_{h\max}}{3600} \qquad \frac{l}{s \cdot m} = ha \cdot \frac{E}{ha} \cdot \frac{1}{m} \cdot \frac{l/h}{E \cdot s/h} \qquad (8.12)$$

mit A = zu versorgende Fläche in ha
D = Einwohnerdichte je ha
$\sum l$ = Gesamtlänge der Versorgungsleitungen im Gebiet A
$Q_{h\,max}$ = größter Stundenverbrauch eines Einwohners in l/(E · h)

Für das im Lageplan (Abb. 8.19) dargestellte Ringnetz mit zwei Maschen wird eine Schnittstelle an den Punkten 6 und 2 eingeführt. Die Berechnung erfolgt dann als Verästelungsnetz in Beispiel 8.10.

Iterationsverfahren nach Cross
Das Verfahren geht von folgenden Grundlagen aus:

- Knotenbedingung: Summe der Zuflüsse gleich Summe der Abflüsse
  Zufluss (positiv) und Abfluss (negativ) (Abb. 8.20)
  $\Sigma Q_n = 0$
- Maschenbedingung: Summe der Reibungsverluste gleich Null
  Positive Richtung im Uhrzeigersinn (Abb. 8.21)
  $\Sigma h_{vm} = 0$

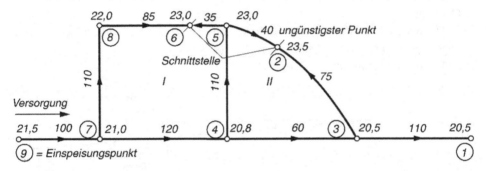

Abb. 8.19 Lageplan zum Beispiel 8.10 [67]

Abb. 8.20 Knotenbedingung

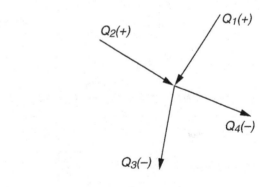

Abb. 8.21 Maschen-bedingung

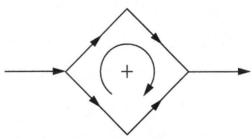

Für die Reibungsverluste lautet die Bedingung für eine Einzelmasche:

$$h_{r1} + h_{r2} = a_1 \left(Q_1 + \Delta Q\right)^2 - a_2 \left(Q_2 - \Delta Q\right)^2 = 0 \qquad (8.13)$$

h_{r1}, h_{r2} = Reibungsverluste → im Strang 1 bzw. 2
a_1, a_2 = Rohrkennzahlen für die Stränge 1 und 2
Q_1, Q_2 = geschätzter Durchfluss im Strang 1 und 2
ΔQ = Korrekturwert zur Durchflussverbesserung

Beispiel 8.10

Gesucht:

In einem Wohngebiet mit ca. 2800 E wird ein neues Netz verlegt (Abb. 8.15).

Gegeben:

Die Mengenermittlung erfolgt nach Abschn. 2.6. Bemessen wird auf Q_h für den Tagesdurchschnittswert und auf Löschwasser (s. Kap. 2).

Längsschnitt zum Beispiel 8.10 [67]:

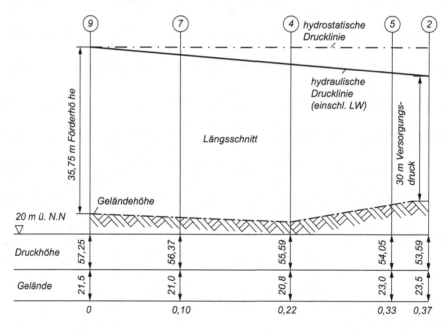

Aufgeschnittenes Ringnetz zu Beispiel 8.10

1	2		3	4	5	6	7	8	9	10	11
lfd. Nr.	Strecke von	bis	Länge l	Metermengenwert m	Strangdurchfluss Q	übernommen aus lfd. Nr.	Durchfluss Q	Σ	Feuerlöschwasser	Gesamtdurchfluss Q	Rohrmaterial
			m	l/s×m	l/s		l/s	l/s	l/s	l/s	
1	1	3	110	0,0049	0,54	–		0,54	6,65	7,19	GGG
2	2	3	75	0,0049	0,37	–		0,37	6,65	7,02	GGG
3	3	4	60	0,0049	0,29	1 + 2	0,91	1,20	6,65	7,85	GGG
4	2	5	40	0,0049	0,20	–		0,20	6,65	6,85	GGG
5	6	5	35	0,0049	0,17	–		0,17	6,65	6,82	GGG
6	5	4	110	0,0049	0,54	4 + 5	0,37	0,91	6,65	7,56	GGG
7	4	7	120	0,0049	0,59	3 + 6	2,11	2,70	6,65	9,35	GGG
8	6	8	85	0,0049	0,42	–		0,42	6,65	7,07	GGG
9	8	7	110	0,0049	0,54	8	0,42	0,96	6,65	7,61	GGG
10	7	9	100	0,0049	0,49	7 + 9	3,66	4,15	13,3	17,45	GGG
11	9	Einsp							13,3		GGG
		Σ	845								

12	13	14	15	16	17	18	19	20	21
k-Wert	Rohrdurchmesser DN	Reibungsgefälle I	Fließgeschwindigkeit v	Reibungsverlust h_{vr}	Σh_{vr}	Druckhöhe ü. NN H	Geländehöhe ü. NN $H_{geod.}$	Versorgungsdruckhöhe ΔH	Bemerkungen
mm	mm	m/m	m/s	m	m	m	m	m	
0,4	100	0,0135	1,0	1,49	4,05	53,20	+20,50	32,70	
0,4	100	0,0121	0,9	0,91	3,47	53,78	+23,50	30,28	
0,4	100	0,0150	1,0	0,90	2,56	54,69	+20,50	34,19	
0,4	100	0,0116	0,9	0,46	3,66	53,59	+23,50	30,09	
0,4	100	0,0115	0,9	0,40	3,60	53,65	+23,00	30,65	*
0,4	100	0,0140	1,0	1,54	3,20	54,05	+23,00	31,05	
0,4	125	0,0065	0,8	0,78	1,66	55,59	+20,80	34,79	
0,4	100	0,0130	0,9	1,10	3,60	53,65	+23,00	30,65	*
0,4	200	0,0147	1,0	1,62	2,50	54,75	+22,00	32,75	
0,4	150	0,0088	1,0	0,88	0,88	56,37	+21,00	35,37	
0,4					0,00	57,25	+21,50	35,75	

Einsp = Einspeisungspunkt; * Schnittstelle 6

Berechnung:

Der Metermengenwert $m = \dfrac{Q}{E \cdot l}$ errechnet sich zu:

$$Q_d = 2800 \cdot 0,130 = 364\, m^3/d$$

$$Q_h = \frac{364}{86,4} = 4,2\, l/s$$

$$m = \frac{4,2}{845} = 0,0049 \ l/s \cdot m$$

Löschwasser = 48 m³/h oder 13,3 l/s; bei zweiseitiger Einspeisung 6,65 l/s

Am Einspeisungspunkt wird eine Druckhöhe von 35,75 m NN vorgewählt, so dass die Anfangsdruckhöhe 57,25 m NN beträgt.

Die ungünstigste Stelle im Netz befindet sich an der Stelle 2, wo die Versorgungshöhe sich berechnet zu (Abb. 8.19):

$$53,59 - 23,50 = 30,09 \, \text{m} \left(\approx 0,3 \, \text{bar} \right) \qquad \blacktriangleleft$$

Unter Vernachlässigung der Glieder höherer Ordnung und unter Anwendung der Druckverlusttabellen (Abb. 8.4, 8.5, 8.6 und 8.7) errechnet sich:

$$h_{vr} = I \cdot l = a \cdot Q^2 \qquad (8.14)$$

und damit der Korrekturwert zu:

$$\Delta Q = - \frac{\sum h_{vr,i}}{2 \cdot \sum \left| h_{vr,i} / Q_i \right|} \qquad (8.15)$$

Die Iteration wird so lange fortgesetzt, bis für jede Masche die Bedingung $\sum h_{vr} = 0$ mit hinreichender Genauigkeit erreicht ist. Für die Berechnung liegen EDV-Programme vor.

In Beispiel 8.11 erfolgt für eine Gruppenwasserversorgung eine Berechnung in Tabellenform [109].

8.2.3 Rohrnetzpläne

Maßgebend ist DIN 2425.

Übersichtspläne haben die topografische Grundkarte 1:5000 zur Grundlage. Bei enger Bebauung ist die Vergrößerung auf 1:2500 zu empfehlen.

Die Pläne sollen alle Hauptleitungen mit Absperrorganen und Hydranten sowie wichtige Anschlussleitungen, z. B. für Fabriken, enthalten.

Ausführungsskizzen können unmaßstäblich sein und sollen nach der örtlichen Aufnahme gefertigt sein. Sie müssen alle verlegten Leitungsteile, alle Maße für die Lage der Rohre, Verbindungen und Einbauteile sowie Angaben über Rohrverbindungen und Werkstoffe enthalten.

Bestandspläne geben alle wesentlichen Einzelheiten wieder und erleichtern das spätere Auffinden der Leitungen und Armaturen. Sie werden heute häufig mit Hilfe geografischer Informationssysteme (GIS) erstellt, die auch als Grundlage für Rohrnetzberechnungen dienen (DVGW GW 303-2). Sie haben den Maßstab 1:500 bis 1:1000. Ein Muster zeigt DIN 2425-1.

Formstückpläne sind für die Massenermittlung, Ausschreibung und die Ausführung erforderlich (Abb. 8.22). Rohrleitungen werden durch schwarze ausgezogene Striche mit unterschiedlicher Stärke dargestellt. Die Nennweite wird darüber eingetragen.

Bei unterschiedlichem Baustoff der Rohre ist eine Kennzeichnung durch ein Kurzzeichen angebracht, z. B.:

GGG = duktiles Gusseisen
PVC = Polyvinylchlorid
FZ = Faserzement (früher: Asbestzement AZ)

Für die Leitungsart gilt z. B.:

ZW = Zubringerleitung
VW = Versorgungsleitung

Eine Versorgungsleitung aus PVC und DN 200 erhält die Bezeichnung VW 200 PVC. An den Kreuzungspunkten werden die Leitungen zweckmäßig versetzt (Abb. 8.23).

Die Schieber sind so vorzusehen, dass möglichst nicht mehr als zwei Grundstücksfronten eines Häuserblocks ohne Wasser sind, wenn wegen Störungen die Leitung abgestellt werden muss.

Weitere Hinweise zur Dokumentation der Planung einer Wasserverteilungsanlage sind in DVGW W 400-1 enthalten.

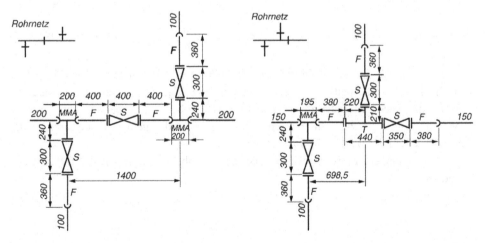

Abb. 8.22 Formstückpläne, S Schieber, MMA Doppelmuffenstück mit Flanschstutzen, F Einflanschstück, T T-Stück

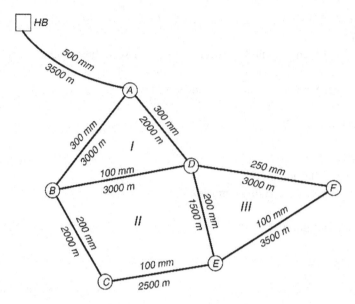

Abb. 8.23 Lageplan zum Beispiel 8.11 [109], Länge in m und Rohrdurchmesser in mm, Knoten A bis F, Maschen (Ringe) I bis III

Beispiel 8.11

Für eine Gruppenwasserversorgung (Abb. 8.23) erfolgt für den Tagesspitzenbedarf eine Einspeisung von 180 l/s an der Stelle A. Der k_i-Wert wird mit 0,1 mm angenommen.

Länge und Durchmesser der Rohrleitungen sind dem Lageplan zu entnehmen (Abb. 8.23).

In den einzelnen Ortschaften werden folgende Wassermengen entnommen:

Ort	A	B	C	D	E	F
$\max Q$ l/s	38	45	20	34	15	28

In der Spalte 5 werden zunächst die Durchflüsse geschätzt und mit dem ΔQ-Wert nach Gl. (8.14) der Spalte 9 verbessert. Aufgrund der Vorzeichenregelung sind die ΔQ-Werte der Nachbarmasche mit umgekehrten Vorzeichen mit zu berücksichtigen. Bei Masche (Ring) I ist z. B. im ersten Iterationsschritt für den gemeinsamen Strang B-D aus Masche II der Wert 2,07 l/s zu subtrahieren.

Berechnung einer Gruppenwasserversorgung (Abb. 8.23) nach Cross [109] zu Beispiel 8.11

Nr.	Ring	Strang	DN	Länge	Q_0	I_0	h_{r0}	$\dfrac{h_{r0}}{Q_0}$	ΔQ_0	Q_1	I_1	h_{r1}	$\dfrac{h_{r1}}{Q_1}$
			mm	m	l/s	m/km	m		l/s	l/s	m/km	m	
0	1	2	3	4	5	6	7	8	9	10	11	12	13
1	I	HB-A	500	3500	+180	1,42	+4,97	–	–				
2		A-B	300	3000	−65	2,74	−8,22	0,126	+1,66	−63,34	2,61	−7,83	0,124
3		B-D	100	3000	±0	–	–	–	+1,66−2,07	−0,41	0,07	−0,21	0,512
4		D-A	300	2000	+77	3,74	+7,48	0,097	+1,66	+78,66	3,88	+7,76	0,099
							−0,74	0,223				−0,28	0,735
							$-\left(\dfrac{-0,74}{2\cdot0,223}\right)=+1,66$					$-\left(\dfrac{-0,28}{2\cdot0,735}\right)=+0,19$	
5	II	B-C	200	3000	−20	2,32	−6,96	0,348	+2,07	−17,93	1,94	−5,82	0,325
6		C-E	100	2500	±0	–	–	–	+2,07	+2,07	1,21	+3,03	1,464
7		E-D	200	1500	+15	1,36	+2,04	0,136	+2,07+2,75	+19,82	2,28	+3,42	0,173
8		D-B	100	3000	±0	0,65	−1,95	1,174	+2,07	+0,41	0,05	+0,15	0,682
					−1,66				+2,07	−0,19			
							−6,87	1,658				+0,78	2,644
							$-\left(\dfrac{-6,87}{2\cdot1,658}\right)=+2,07$					$-\left(\dfrac{+0,78}{2\cdot2,644}\right)=-0,15$	
9	III	D-E	200	1500	−15,0	1,74	−2,61	0,152	−2,75	−19,82	+2,25	−3,38	0,172
10		E-F	100	3500	−2,07	–	–	–		+0,15			
11		F-D	250	3000	±0	1,43	+4,29	0,153	−2,75	−2,75	+2,04	−7,14	2,596
					+28,0				−2,75	+25,25	−1,20	+3,60	0,143
							+1,68	0,305				−6,92	2,911
							$-\left(\dfrac{+1,68}{2\cdot0,305}\right)=-2,75$					$-\left(\dfrac{-6,92}{2\cdot2,911}\right)=+1,21$	

ΔQ_1	Q_2	I_2	h_{r2}	$\dfrac{h_{r2}}{Q_2}$	ΔQ_2	Q_3	I_3	h_{r3}	$\dfrac{h_{r3}}{Q_3}$	ΔQ_3	Q_4
l/s	l/s	m/km	m		l/s	l/s	m/km	m		l/s	l/s
14	15	16	17	18	19	20	21	22	23	24	25
+0,19					−0,12					+0,08	180,00
+0,19	−63,15	2,59	−7,77	0,123	−0,12	−63,27	2,60	−7,80	0,123	+0,08	−63,19
+0,15	−0,07	0,01	−0,03	0,428	−0,01	−0,20	0,05	−0,15	0,750	−0,04	−0,16
+0,19	+78,85	3,98	+7,96	0,101	−0,12	+78,73	3,90	+7,80	0,099	+0,08	+78,81
			+0,16	0,652				−0,15	0,972		
			$-\left(\dfrac{+0,16}{2\cdot0,652}\right)=-0,12$					$-\left(\dfrac{-0,15}{2\cdot0,972}\right)=+0,08$			

ΔQ_1	Q_2	I_2	$\dfrac{h_{r2}}{Q_2}$	h_{r2}	ΔQ_2	Q_3	I_3	$\dfrac{h_{r3}}{Q_3}$	h_{r3}	ΔQ_3	Q_4
l/s	l/s	m/km	m		l/s	l/s	m/km	m		l/s	l/s
−0,15	−18,08	1,94	−5,82	0,322	+0,01	−16,07	1,94	−5,82	0,322	+0,04	−18,03
−0,15	+1,92	1,03	+2,58	1,344	+0,01	+1,93	1,04	+2,60	1,347	+0,04	+1,97
−0,15					+0,01					+0,04	
−1,21	+18,46	2,02	+3,03	0,164	−0,42	+18,05	1,93	+2,90	0,161	−0,12	+17,97
−0,15	+0,07					+0,20					
	+0,12	0,05	+0,15	0,789	+0,01	−0,08	0,03	+0,09	0,750	+0,04	+0,16
			−0,07	2,619				−0,23	2,580		
	$-\left(\dfrac{-0,07}{2\cdot 2,619}\right) = +0,01$						$-\left(\dfrac{-0,23}{2\cdot 2,580}\right) = +0,04$				
+1,21	−18,46					−18,05					
	−0,01	2,03	−3,05	0,165	+0,42	−0,04	1,95	−2,93	0,162	+0,12	−17,97
+1,21	−1,54	0,70	−2,45	1,591	+0,42	−1,12	0,43	−1,51	1,348	+0,12	−1,00
+1,21	+26,46	1,30	+3,90	0,147	+0,42	+26,88	1,34	+4,02	0,150	+0,12	+27,00
			−1,60	1,903				−0,41	1,660		
	$-\left(\dfrac{-1,60}{2\cdot 1,903}\right) = +0,42$						$-\left(\dfrac{-0,41}{2\cdot 1,660}\right) = +0,12$				

◄

8.2.4 Zubringerleitungen (ZW)

Als Zubringerleitung bezeichnet man die Wasserleitung zwischen Wasserwerk und Versorgungsgebiet. Bei Entfernungen > 25 km und ab DN 500 spricht man von Fernleitungen.

Die Leitungen sollen möglichst gradlinig und mit eindeutigen Hoch- und Tiefpunkten verlegt werden. Sie müssen an geodätischen Hochpunkten Be- und Entlüftungseinrichtungen haben und an hydraulischen Hochpunkten entlüftbar sein. Damit sie an Tiefpunkten entleerbar sind, werden Entleerungsschächte eingebaut.

Zubringerleitungen werden als Fallleitungen (dieses sind Druckleitungen, in denen das Wasser aufgrund des geodätischen Höhenunterschiedes fließt) und seltener als Gravitationsleitungen ausgeführt. Es handelt sich zum Teil auch um Pumpendruckleitungen.

Ein Gefälle von 1:200 ist anzustreben.

Abb. 8.24 zeigt eine Fallleitung zwischen zwei Hochbehältern mit den entsprechenden Be- und Entlüftungspunkten, den Entleerungsstellen und den erforderlichen Rohrbruchsicherungen [25].

Für Zubringerleitungen ist die Ermittlung des wirtschaftlichen Rohrdurchmessers von großer Bedeutung.

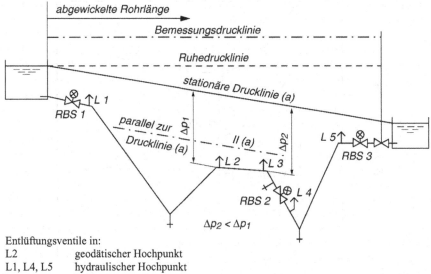

Entlüftungsventile in:
L2   geodätischer Hochpunkt
L1, L4, L5   hydraulischer Hochpunkt
                     Entleerung

Sicherheitsarmaturen:
R BS1   Auslaufrohrbruchsicherun
R BS2   Rohrbruchsicherung
R BS3   Sicherung gegen Überlaufen und Rückflus

Abb. 8.24 Fallleitung zwischen zwei Hochbehältern.

In Abb. 8.25 sind die Zusammenhänge zwischen Betriebs-, und Kapitalkosten dargestellt. Während die Kapitalkosten fast linear steigen, fallen die Betriebskosten mit zunehmender Nennweite hyperbolisch. Der Kostenvergleich kann nach LAWA-Leitlinie [57] erfolgen.

Die spezifischen Baukosten hängen stark vom Material, dem Korrosionsschutz, dem Baugelände u. a. ab.

8.2.5 Haupt- (HW), Versorgungs- (VW) und Anschlussleitungen (AW)

Anschlussleitungen bilden die Verbindung zwischen Versorgungsleitung und Übergabestelle, i. d. R. der Wasserzähler beim Verbraucher.

Von den Hauptleitungen zweigen die Versorgungsleitungen ab. Hauptleitungen haben kaum direkte Anschlussleitungen. Nach DIN 1998 sollen sie in der Fahrbahn liegen. Versorgungsleitungen in den Gehwegen sind in einer Höhenzone von 1,0 bis 1,8 m anzuordnen. Die Tiefenlage hängt im Wesentlichen von der Frostempfindlichkeit der Böden ab. Berücksichtigt werden muss aber auch die Vermeidung einer unzulässigen Erwärmung des

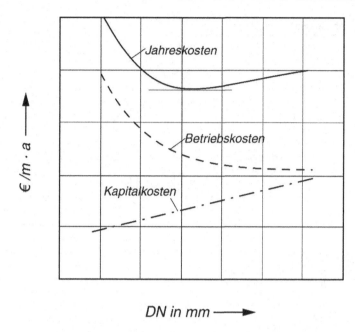

Abb. 8.25 Kapital-, Betriebs- und Jahreskosten in Abhängigkeit von DN

Trinkwassers im Sommer. Die erforderliche Mindestüberdeckung der Trinkwasser-leitungen erfolgt sowohl für den Sommer- als auch für den Winterfall nach DVGW W 397. Tab. 8.4 enthält übliche Überdeckungen von Trinkwasserleitungen.

Im Kernbereich der Städte steigen die Kosten für den Leitungsbau auf über 500 €/m an, und die Rohrmaterialkosten treten in den Hintergrund. Die Versorgungsleitung sollte aber auf jeden Fall auf der Seite mit der größten Hausanschlusszahl liegen. Der Hausanschluss muss auf dem kürzesten Weg erfolgen.

Bau und Unterhaltung sind im Allgemeinen Angelegenheit des Versorgungsunter-nehmens, während die Installation im Haus Angelegenheit des Unternehmers und sonsti-gen Inhabers der Trinkwasserinstallation ist.

Der Anschluss erfolgt mit Hilfe eines Formstückes, oder er wird nachträglich ohne Be-triebsunterbrechung mit einer Anbohrschelle (Abb. 8.26 und 8.27) hergestellt.

Er endet im Kellerraum oder in einem Schacht mit dem Hauptabsperrventil und dem Wasserzähler, an den sich Schrägsitzventil mit Entleerung anschließt. Wasserzähler kön-nen also ohne Entleeren der Hausinstallation ein- und ausgebaut werden. Ferner können die Gebäudeinstallationsleitungen bei z. B. Erweiterung oder Sanierung entleert werden (Abb. 8.27).

Man verwendet heute im Allgemeinen Rohre aus Polyethylen (PE) für den Haus-anschluss. Die Anschlussleitung erhält im Fußweg eine Absperrvorrichtung mit Gestänge und Straßenkappe mit Hinweisschild nach DIN 4067 (Abb. 8.44).

Tab. 8.4 Mindestüberdeckung für Rohrleitungen [79]

DN	frostbeständige Böden/ ständiger Durchfluss	frostempfindliche Böden/ stagnierender Durchfluss
100	1,25	1,50
150	1,20	1,45
200	1,10	1,40
300	1,00	1,35
400	0,80	1,30
500	0,80	1,25
600	0,80	1,20
800	0,80	1,10

Abb. 8.26 Ventilanbohrschelle

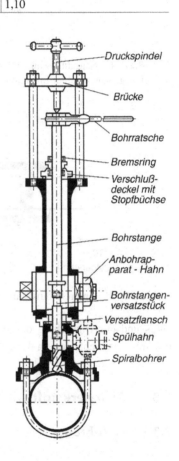

Das Druckrohr wird mit ≥1,25 m Überdeckung steigend zum Wasserzähler in das Gebäude eingeführt. Die Mauerdurchführung kann nach Abb. 8.28 erfolgen. Die Anschlussleitung darf nicht überbaut werden.

Mit der steigenden Zahl von Verbundunternehmen und der zunehmenden Zusammenarbeit auch verschiedener Versorgungsträger werden immer häufiger Mehrspartenhausein-
führungen eingesetzt. Diese ermöglichen durch Einsparungen an den Erdarbeiten vor dem

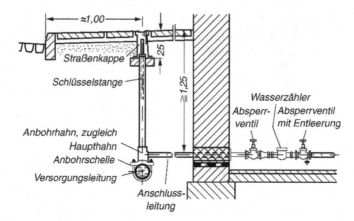

Abb. 8.27 Hausanschluss im Keller für Anschlussleitungen aus PE ≥ DN 25; Versorgungsleitung im Fußweg; Wasserzähler im Hausanschlussraum (M 1:50)

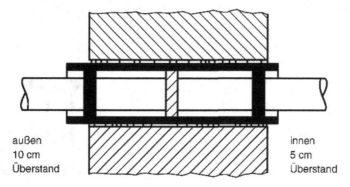

Abb. 8.28 Mauerdurchführung mit DENSO-PAL-System

Haus und der Bündelung der Anschlussarbeiten im Gebäude eine kostengünstige Anbindung von Gebäuden an die öffentlichen Versorgungsnetze.

8.3   Rohrwerkstoffe und Verbindungsarten

8.3.1   Einführung

Die öffentliche Wasserversorgung hat von 1990 bis 2005 ca. 39,2 Mrd. € investiert. Die Investitionen in das Rohrnetz lagen im Jahr 2005 bei 46 % bei einer Gesamtsumme von 2,28 Mrd. € (Abb. 8.29).

Für einen ländlichen Wasserverband, der ca. 185.000 Einwohner versorgt, wird beispielhaft aufgezeigt, welche Materialien, Armaturen u. a. im Verteilungsnetz vorhanden sind:

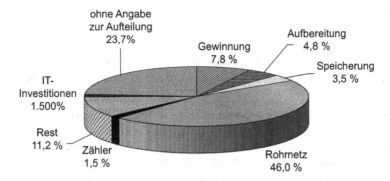

Abb. 8.29 Anteile der Investitionen der öffentlichen Wasserversorgung 2005 [2]

- 6 Wasserbehälter
- 21 Regler- und Druckerhöhungsstationen
- 114 Übergabestationen
- 350 km Transportleitung, davon aus:
  - Stahl 0,38 %
  - GG (Grauguss) 51,82 %
  - GG-ZM (Grauguss mit Zementmörtelauskleidung) 3,75 %
  - GGG-ZM (duktiles Gusseisen mit Zementmörtelauskleidung) 8,8 %
  - PVC (Polyvinylchlorid) 22,21 %
  - FZ (Faserzement) 12,94 %
  - Edelstahl 0,02 %
- 895 km Ortsnetzleitungen (ca. 55 % aus PVC, ca. 42 % aus GG)
- 820 km Hausanschlussleitungen (ca. 10 % aus PVC, ca. 78 % aus PE)
- ca. 43.000 Hausanschlüsse
- ca. 8800 Schieber
- ca. 6720 Hydranten

8.3.2 Auswahl von Rohren und Formstücken

In der Auswahl von Rohmaterialien und Formstücken sind hygienische, technische und wirtschaftliche Anforderungen zu berücksichtigen.

Für die Werkstoffe, Anstriche und Beschichtungen für sämtliche vom Trinkwasser benetzte Flächen gilt die chemische, mikrobiologische und gesundheitliche Unbedenklichkeit.

Es sind Rohre mit DVGW-Zertifizierung (soweit die Prüfanforderungen bestehen) zu verwenden.

Bei den Druckbedingungen gilt Folgendes:

Rohrleitungsteile		System
Zulässiger Bauteilbetriebsdruck PFA	$\geq$	Systembetriebsdruck DP
Höchster zulässiger Bauteilbetriebsdruck PMA	$\geq$	Höchster Systembetriebs-druck MDP
Zulässiger Bauteilbetriebsdruck auf der Baustelle PEA	$\geq$	Systemprüfdruck STP
$\geq$0,8 bar Unterdruck	$\leq$	0,8 bar Unterdruck

Ortsnetze sind mindestens für MDP von 1 MPa (10 bar) zu planen. Der Systembetriebs-druck ohne Druckstöße sollte etwa 0,2 MPa (2 bar) unter dem höchsten Systembetriebs-druck liegen. Als Ruhedruck im Schwerpunkt einer Druckzone sind 0,4 bis 0,6 MPa (4 bis 6 bar) am Hausanschluss empfehlenswert.

Die Materialauswahl sowie die Wahl von Zubehör und Verbindungen wird durch zahl-reiche Faktoren bestimmt:

- die zu erwartenden inneren und äußeren Belastungen,
- die örtlich vorhandenen Baugrundverhältnisse (ggf. Bergbaubeeinflussungen),
- die Korrosionswahrscheinlichkeit durch den umgebenden Boden und die elektro-chemischen Belastungen,
- Leitungsführung,
- Einbauverfahren,
- Unterschiedliche Anforderungen an das Fachpersonal,
- Betriebskosten über die gesamte Nutzungsdauer sowie
- Instandhaltungsaufwand.
- Geplante Nutzungsdauer
- Wasserbeschaffenheit
- Frost- und Wärmeeinwirkung

Für die statische Bemessung gilt, dass Rohre und Formstücke, die das DVGW-Zeichen tragen, für die im Betrieb auftretenden inneren und üblichen äußeren Belastungen aus-gelegt sind. Für davon abweichende Lastfälle müssen statische Nachweise nach den je-weils erforderlichen Bemessungsregeln z. B. ATV-DVWK-A 127 [1] geführt werden.

Die Anforderungen an die Wasserversorgungssysteme und deren Bauteile außerhalb von Gebäuden sind in der DIN EN 805 aufgeführt.

8.3.2.1 Korrosionsverhalten der Baustoffe
Die Werkstoffe unterliegen der Korrosion (s. Abschn. 4.4).

Unter den Rohrleitungen unterscheidet man zwischen Außen- und Innenkorrosion. Die Korrosion kann flächenhaft oder in Form von Mulden- oder Lochfraß erfolgen.

Der Korrosionsschutz ist ein Spezialgebiet, es sollten immer die entsprechenden Fachleute hinzugezogen werden. Für die Grundlagen wird auf DIN EN ISO 8044 verwiesen. Korrosionsschäden werden vermieden durch:

- Beeinflussung der Reaktionsparameter sowie Änderung der Reaktionsbedingungen
- Trennung der Werkstoffe von korrosiven Mitteln durch Schutzschichten
- elektrochemische Maßnahmen

Die Korrosionsschutzschicht kann bestehen aus einer Umhüllung, einer Auskleidung, einer Beschichtung oder einem Überzug.

Häufig werden bereits werkseitig Korrosionsschutzmaßnahmen vorgenommen, die durch Baustellenmaßnahmen ergänzt werden.

Hinsichtlich des Korrosionsverhaltens von Böden wird auf DVGW GW 9 verwiesen. Es werden Bodenaggressivitätsklassen von I a (praktisch nicht aggressiv) bis III (stark aggressiv) für Eisenwerkstoffe festgelegt.

Für die betonangreifenden Wässer und Böden findet man Hinweise in DIN 4030-1. In Asbestzementrohren (AZ), heute Faserzementrohre (FZ), ohne Innenbeschichtung kann der zementgebundene Werkstoff durch kalkangreifende Wässer gelöst werden, und somit können aus älteren Rohren Asbestfasern in das Wasser gelangen.

Für die Außenkorrosion bei metallischen Werkstoffen wird auf DIN 50929-1 bis -3 verwiesen.

Für die Innenkorrosion von Rohrleitungen gelten die Arbeitsblätter DVGW W 346, W 347 sowie DIN EN 10298, DIN 2880 und DIN EN 545 (für Rohre aus duktilem Gusseisen). Der Innenschutz mit Zementmörtel ist die Regelausführung.

Für die korrosionssichere Auswahl metallischer Werkstoffe in Trinkwasserhausinstallationen ist DIN 50930-6 zu beachten.

Für nichtrostende Stähle, die Zusätze von Chrom, Nickel oder Molybdän enthalten, wird auf DVGW GW 541 verwiesen.

Die alten Bezeichnungen, wie z. B. V4A-Stähle, sollten nicht mehr verwendet werden. Für diese „Edelstähle" ist besonders auf hohen Sachverstand der Liefer- und Installationsfirmen zu achten. Die sehr dünne Schutzschicht dieser Stähle kann bei Beschädigung und nicht fachgerechter Bearbeitung erhebliche Korrosionen hervorrufen.

Für Planung und Errichtung kathodischer Korrosionsschutzmaßnahmen finden sich Hinweise in DVGW GW 12.

Beim kathodischen Schutz wird durch einen Schutzstrom eine Sicherung gegen Außenkorrosion erreicht.

Grundlagen und Anwendung für Rohrleitungen sind in DIN EN 12954 wiedergegeben.

8.3.2.2 Rohre und Formstücke

Einen Überblick über die Nennweiten, Verbindungen, Einsatzgebiete und eine Auswahl der Normen und Richtlinien gibt Tab. 8.5. Weitere Hinweise sind dem Arbeitsblatt DVGW W 400-1 zu entnehmen.

Tab. 8.5 Rohrmaterialien in der Wasserversorgung

Material	Normen und Richtlinien	Nennweite DN in mm	Nenndruck in bar	Verbindungen
Rohre aus duktilem Gusseisen (GGG)	DIN EN 545 DIN EN 805 DIN 28650 DIN 28601 DIN 28602 DIN 28603 DVGW GW 368	80 bis 2000	10 16 25 40	Flanschverbindung Steckmuffen Schraubverbindungen Stopfbuchsmuffen
Stahlrohre - nahtlose - geschweißte Edelstahlrohre	DIN 2460 DIN EN 10253 DIN EN 10224 DIN EN 10311 DIN EN ISO 15607 DVGW GW 368 DIN EN ISO 1127	80 bis 500 80 bis 2000	10 16 25 40	Stumpfschweißen Steckmuffen Flanschverbindung
Faserzementrohre (FZ)(neu)	DIN EN 512 DIN EN 512/ A1 DIN EN 1444	65 bis 600 DN > 600 möglich	bis 6 wirtschaftlich	zugfeste Z-O-K-Kupplung mit Dichtring und Stahlseil
PE80 und PE100	DIN 8074 DIN 8075 DVGW W 320 DVGW GW 335 A2 DVGW GW 335-A2-B1 DVGW GW 335 B2 DIN EN 12201- 1,2,3 DIN EN 12842	≤630	10	Klemmverschraubungen Steckverbinder Heizwendelschweißung Heizwendelsattelschwei-ßungen Stumpfschweißen Bundflanschverbindungen Steckmuffen
PE-Xa	DIN 16892 DIN 16893 DIN EN 12201- 1,2,3 DIN EN 12842 DVGW GW 335-A3 DVGW GW 335-B2 DVGW GW 335-B2-B1	≤250	10 (12,5)	Klemmverschraubungen Steckverbinder Heizwendelschweißung Heizwendelsattelschwei-ßungen Bundflanschverbindungen Pressverbindungen

(Fortsetzung)

Tab. 8.5 (Fortsetzung)

Material	Normen und Richtlinien	Nennweite DN in mm	Nenndruck in bar	Verbindungen
Polyvinylchloridrohre (PVC-U) weich-macherfrei	DIN EN ISO 1452-1,2,3 DIN 8061 DIN 8062 DVGW W 320 DVGW GW 335-A1 DIN EN 1905	≤400	10 16	Steckmuffen Flanschverbindung
GFK	DIN 16869-1,2	150 bis 2400	10	Gummigedichtete Steckver-bindungen Flanschverbindungen Klebeverbindungen Laminatverbindung

Material	Beschichtungen und Korrosionsschutz	Bemerkungen
Rohre aus duktilem Gusseisen (GGG)	außen: siehe Tab. 8.7 Kathodenschutz (GW 12) innen: Zementmörtelauskleidung DIN EN 10298 DIN EN 545	- relativ korrosionsbeständig - hohe Zugfestigkeit und Formänderungsvermögen, schweißbar - Grauguss wird nicht mehr verwendet
Stahlrohre • nahtlose • geschweißte Edelstahlrohre	außen: PE-weich-Beschichtung, Kathodenschutz (GW 12) DIN 30670, DIN 2460, DVGW GW 340, innen: Zementmörtelauskleidung DIN EN 10298, DIN 2460, DVGW W 343	- evtl. Transport- und Schweißschäden an den Isolierungen müssen nachgebessert werden - Korrosionsschutzmaßnahmen - erfahrene Montagefirma wichtig
Faserzementrohre (FZ)	i. d. R. nicht erforderlich	- die FZ-Grundstoffe erreichen nicht mehr die Festigkeit von Asbest, AZ-Rohre nicht mehr zulässig. (DVGW W 396)
PE-HD (hohe Dichte) PE-LD (niedere Dichte) Polyethylenrohre	nicht mit lösungsmittelhaltigen Massen und fetthaltigen Stoffen in Verbindung bringen	- schnelles Verlegen - Einspülen von endlosen PE-Rohrleitungen gut möglich - mit zunehmender Betriebstemperatur fällt der zulässige Betriebsüberdruck
PE-Xa	nicht mit lösungsmittelhaltigen Massen und fetthaltigen Stoffen in Verbindung bringen	- Verwendung als Hausanschlussleitung und im Netz (im Hausanschlussbereich bis DN 63)

(Fortsetzung)

Tab. 8.5 (Fortsetzung)

Material	Beschichtungen und Korrosionsschutz	Bemerkungen
Polyvinylchloridrohre (PVC-U) weichmacherfrei	nicht mit lösungsmittelhaltigen Massen und fetthaltigen Stoffen in Verbindung bringen	- hohe Korrosionsbeständigkeit - bei aggressiven Böden gut geeignet - Verwendung als Rohwasserleitung zwischen Wassergewinnung und Wasseraufbereitung; in ländlichen Gebieten als Versorgungs- und Transportleitung bei Nennweiten ≤400 mm
GFK	i. d. R. nicht erforderlich	- geringes Gewicht - Längsbeweglichkeit bei Steckmuffenverbindungen - sehr glatte Rohrwand - geringe Einsatzerfahrung

Tab. 8.6 Belastbarkeit bei K9 TYTON Rohre sowie NOVO-SIT Rohre (Auswahl)

DN	TYTON zulässiger Bauteilbetriebsdruck PFA [bar]	NOVO- SIT zulässiger Bauteilbetriebsdruck PFA [bar]
100	85	25/40
150	79	25/40
250	54	25/40
500	38	16
700	34	10

höchster zeitweise auftretender Druck, einschließlich Druckstoß PMA = 1,2· PFA
höchster hydrostatischer Druck PEA = 1,2· PFA + 5

8.3.2.3 Druckrohre aus duktilem Gusseisen (GGG)

Duktiles Gusseisen, dessen Grafitanteil kugelige Form hat, zeichnet sich durch beachtliches Formänderungsvermögen (Duktilität) und durch hohe Festigkeit aus. Die Rohre werden hauptsächlich im Schleudergussverfahren hergestellt.

Die Wanddickenklasse berücksichtigt den Innenüberdruck und äußere Belastungen. So berücksichtigt K9 eine Überdeckungshöhe von 0,6 bis 10 m. Als Verkehrslast ist das Lastmodel 1 (LM 1) nach DIN EN 1991-2 (Eurocode 1) anzusetzen. LM 1 entspricht in etwa dem alten Lastmodell SLW 60 nach der ersatzlos zurückgezogenen DIN 1072.

Für den Schutz gegen Innenkorrosion hat sich die Zementmörtelauskleidung durchgesetzt.

Bei frischer Zementmörtelauskleidung und weichem Wasser kann es zu einer starken Erhöhung des pH-Werts kommen. Durch die Zugabe von CO_2, das Einfahren mit härterem Wasser und durch die Zugabe von Natriumhydrogencarbonat kann dem entgegengewirkt werden [72].

Die Belastbarkeit von K9 TYTON und NOVO-SIT Rohre zeigt Tab. 8.6. Für den Rohraußenschutz enthält Tab. 8.7 Hinweise Tab.

Tab. 8.7 Rohraußenschutz für GGG-Rohre [F14]

Art	Rohr-Außenschutz	Einsatzbereich		
	Kurzzeichen	Norm	Schichtdicke mm	Bodengruppe nach DVGW GW 9
Polyethylenumhüllung	PE	DIN EN 14628	1,8 bis 3,0 je nach Nennweite	I, II, III
Zementmörtelumhüllung	ZM	DIN EN 15542 DIN EN 15542 B1 DIN EN 15542 B2	5,0	I, II, III
Zink-Überzug mit Deckbeschichtung	ZN	DIN 30674-3	Zinkauflage $\geq$130 g/m^2	I, II, III)[1]
Zink-Aluminium- Überzug mit Deckbeschichtung	ZN-AL	DIN EN 545	400 g/m^2 Zink/ Aluminium; Epoxid-Deckbeschichtung	I, II, III)[2]
Polyethylenfolienumhüllung	F	DIN 30674-5	$\geq$0,2	I, II, III

)[1] mit Korrosionsgerechter Bettung

)[2] ausgenommen säurehaltige, torfige Böden, Böden unterhalb des Meeresspiegels mit Bodenwiderstand < 500 $\Omega \cdot$ cm

Rohrverbindungen

Tyton-Steckmuffenverbindung nach DIN 28603 (Abb. 8.30)

In einer Nut der Überschiebmuffe liegt ein Gummidichtring, der aus einem harten und einem weichen Teil besteht. Seine Haltekralle verankert ihn in der Haltenut, so dass er beim Einschieben des Rohrspitzendes seine Lage in der Muffe nicht verändern kann. Der wulstförmige, aus Weichgummi bestehende Teil des Ringes verformt sich in Richtung der Einschubbewegung, wodurch die Dichtigkeit hergestellt wird. Mit zunehmendem Druck wird der Dichtungsring fester eingepresst und damit eine wachsende Abdichtung erzielt. Die Muffe erlaubt Abwinklungen von 3 bis 5° und axiale Verschiebungen zwischen 60 und 110 mm. Bei allen beweglichen Verbindungen soll zwischen Muffengrund und Rohrende ein vorgeschriebener Zwischenraum verbleiben. Hierzu sind die Verlegevorschriften der Herstellerfirma zu beachten. Die TYTON-Verbindung ist einfach zu verlegen und dicht bis zum Berstdruck der Rohre. Der Anwendungsbereich reicht von DN 80 bis DN 1400.

Zugfeste Muffenverbindungen

Erdverlegte Rohrleitungen aus duktilem Gusseisen haben im Allgemeinen nicht längskraftschlüssige Muffenverbindungen. Wenn diese Leitungen unter Druck stehen, müssen auftretende Schubkräfte entweder von Betonwiderlagern oder direkt von zugfesten Muffenverbindungen aufgenommen werden. Letzteres wird erforderlich, wenn instabile

Böden vorhanden sind oder wenn zum Beispiel Düker verlegt werden. Es werden im Folgenden zwei Möglichkeiten aufgezeigt:

TYTON-NOVO-SIT-Verbindung

An der reibschlüssigen NOVO-SIT-Verbindung übertragen in einem Gummiring einvulkanisierte Edelstahlkrallen die Axialkräfte im Reibschluss vom Einsteckende in die Vorkammer der Muffe. Die getrennt angeordnete TYTON-Dichtung übernimmt die Funktion der Abdichtung. Diese Verbindung ist für die Wanddickenklassen K9 und C40 bei einer Abwinkelbarkeit von 3° einsetzbar (siehe Abb. 8.31).

BLS-Verbindung

An der formschlüssigen BLS-Steckmuffenverbindung überträgt eine Schweißraupe auf dem Einsteckende die Axialkraft über Segmente bzw. Riegel auf eine an die Muffe angegossene Sicherungskammer. Die TYTON-Dichtung sorgt für die Dichtheit der Verbindungen. An Rohren, die auf der Baustelle gekürzt werden müssen, kann das nachträgliche Aufbringen von Schweißraupen umgangen werden, indem die reibschlüssigen Klemmringe verwendet werden (siehe Abb. 8.32 und 8.33). Die Abwin-

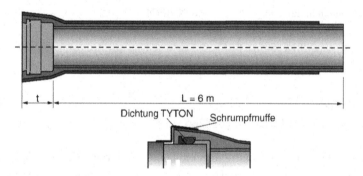

Abb. 8.30 TYTON- Verbindung [F14]

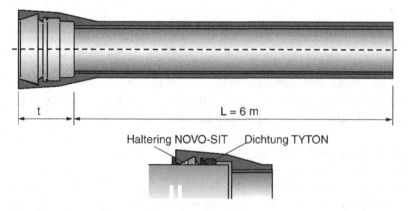

Abb. 8.31 TYTON-NOVO-SIT- Verbindung [F14]

Abb. 8.32 BLS-Verbindung
mit Riegel [32]

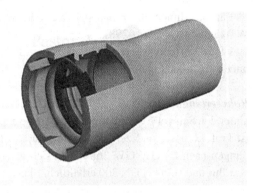

Abb. 8.33 BLS-Verbindung
mit Klemmring [32]

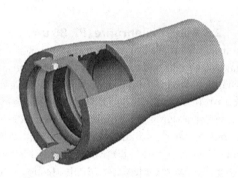

kelbarkeit der Verbindung beträgt maximal 3,5°. Diese Rohrleitungen sind in der Wanddickenklasse K9 erhältlich.

Flanschverbindung nach DIN EN 1092-2

Flanschverbindungen aus duktilem Gusseisen und mit glatten Dichtleisten werden für Gussrohrleitungen im Allgemeinen angewendet. Sie sind zugfest und starr. Flanschverbindungen wählt man dort, wo die Verbindung leicht lösbar sein muss, zum Beispiel beim Anschluss von Armaturen, in Pumpwerken, Hochbehältern.

8.3.2.4 Stahlrohre und Edelstahlrohre

Stahlrohre zeichnen sich durch hohe Festigkeit und große Bruchdehnung aus. Sie werden daher bevorzugt für hohe Innendrücke und bei der Gefahr von Druckstößen eingesetzt. Sie kommen für Fern- und Zubringerleitungen in Betracht. Ein Nachteil ist ihre Anfälligkeit gegen Korrosion. Hinsichtlich der Beurteilung des Korrosionsverhaltens von Böden auf erdverlegte Rohrleitungen wird auf DVGW GW 9 verwiesen. Als Korrosionsaußenschutz wird überwiegend die PE-Umhüllung angewendet. Die Schweißverbindungen werden durch Schrumpffolien geschützt. Zur Anwendung des kathodischen Korrosionsschutzes (hier verhindert ein Schutzstrom und das hierdurch entstehende Schutzpotenzial eine Korrosion) gilt das Arbeitsblatt DVGW GW 12.

Für den Innenschutz hat sich die Zementmörtelauskleidung durchgesetzt (DVGW W 343 und DIN EN 10298).

Ist die Korrosionsgefahr hoch, werden zunehmend nicht rostende Stähle eingesetzt. Sie haben einen niedrigen Kohlenstoffgehalt oder sind Titan-stabilisiert (z. B. 1.4541).

Rohrverbindungen

Unter den Schweißverbindungen hat sich die Stumpfschweißverbindung durchgesetzt. Sie ist kraftschlüssig und zerstörungsfrei prüfbar. Längskraftschlüssige Steckmuffenverbindungen nach DVGW GW 368 haben sich analog zur Verbindungstechnik für Gussrohre bewährt und sind bis DN 300 erhältlich. Flanschverbindungen werden nahezu ausschließlich für den Anschluss von Armaturen und Messgeräten eingesetzt. Flansche sollten möglichst nicht im Erdreich verwendet werden.

8.3.2.5 Polyethylenrohre (PE-80 und PE-100)

Rohrleitungen aus Polyethylen zeichnen sich durch hohe Korrosionsbeständigkeit, ein geringes Gewicht und eine hohe Flexibilität aus. PE-Rohre sind in großen Ringbundlängen erhältlich, wodurch eine wirtschaftliche Verlegung mit wenigen Verbindungsstellen möglich ist. In kontaminierten Böden sind besondere Schutzmaßnahmen gegen die Diffusion von Stoffen durch die Rohrwandung erforderlich. Anwendung finden hier Mehrschichtrohre, die über eine zusätzliche Aluminiumzwischenschicht verfügen. Nach DIN 8075 werden Rohre mit PE-80 (MRS 8,0) und PE-100 (MRS 10,0) unterschieden. MRS steht dabei für die erforderliche Mindestfestigkeit (minimum required strength) [31]. Unter einem PE-80 Rohr versteht man ein PE-HD Rohr, welches bezüglich des Zeitstandsverhaltens bei 50 Jahren Standzeit, 20 °C Temperaturbelastung und Wasser als Prüfmedium die Zeitstandskurve bei einer Vergleichsspannung von mindestens 8,0 N/mm^2 schneidet. Dieser Schnittpunkt liegt bei dem Rohrwerkstoff PE-100 entsprechend bei 10,0 N/mm^2. Das bedeutet, dass bei gleicher Abmessung Rohre aus PE-100 mit einem höheren Betriebsdruck betrieben werden dürfen als Rohre aus PE-80.

Zur Anwendung kommen Rohre mit unterschiedlichen SDR-Reihen (standard dimension ratio). SDR bezeichnet das Verhältnis von Außendurchmesser zu Wanddicke. Für den praktischen Einsatz werden meist Rohre in SDR 11 und SDR 17 (17,6) eingesetzt. Tab. 8.8 gibt einen Überblick über die gebräuchlichsten Drücke.

Die Rohre werden in Abhängigkeit von Medium und Rohrwerkstoff farblich gekennzeichnet (Tab. 8.9).

Tab. 8.8 PE-80 und PE-100-Rohre bei unterschiedlichen SDR-Klassen (Auswahl) [F5]

°C	Betriebsjahre	PE-80 SDR 7,4 bar	PE-80 SDR 11,0 bar	PE-100 SDR 17,0 bar	PE-100 SDR 11,0 bar
10	50	23,8	14,8	11,9	19,0
10	100	23,3	14,6	11,6	18,7
20	50	20,0	12,5	10,0	16,0
20	100	19,6	12,2	9,8	15,7

Tab. 8.9 Farbkennzeichnung von PE-Rohrleitungen

	RAL Nummer	Farbe	Einsatz für
PE-80	RAL 9004	schwarz	Wasser/Gas
	RAL 5012	hellblau	Wasser
	RAL 1018	gelb	Gas
PE-100	RAL 9004	schwarz	Wasser/Gas
	RAL 5005	königsblau	Wasser
	RAL 1033	orangegelb	Gas

Rohrverbindungen

Die Schweißtechnik für PE-Rohre, neben dem Heizelementstumpfschweißverfahren insbesondere das Heizwendelschweißen, hat sich aufgrund der einfachen, sicheren und bewährten Handhabung als Standardtechnik für Rohrverbindungen etabliert. Während der Verarbeitung ist besonders darauf zu achten, dass der Schweißbereich vor ungünstigen Witterungseinflüssen wie Regen, Schnee oder Wind zu schützen ist. Die zu verschweißenden Flächen an Rohr und Fitting sind vor Schmutz, jeglichen Fetten, Ölen und Schmiermitteln sorgfältig zu schützen.

Zum Einsatz kommen auch Klemmverschraubungen in den Dimensionen d16 bis zu d110, Bundflanschverschweißungen und Steckmuffenverbindungen.

8.3.2.6 PE-Xa Rohre

Beim Material PE-Xa handelt es sich um ein peroxidisch vernetztes Polyethylen. Neben dem Einsatz als Hauptversorgungsleitung kommen PE-Xa-Rohre hauptsächlich im Hausanschlussbereich zum Einsatz. Besondere Vorteile sind hier wie beim PE-Rohr hohe Korrosionsbeständigkeit, ein geringes Gewicht und eine hohe Flexibilität.

Rohrverbindungen

Anders als bei Rohren aus PE-80 bzw. PE-100 können PE-Xa-Rohre nicht stumpf geschweißt werden. Im Hausanschlussbereich kommt dagegen noch die Pressverbindung mit Fittingen aus Rotguss zum Einsatz.

8.3.2.7 PVC-U-Rohre

Vorteile von PVC-U (PVC-unplastisized = ohne Weichmacher und Füllstoffe) sind wie bei allen Kunststoffrohren hohe Korrosionsbeständigkeit und ein geringes Gewicht. PVC-U-Rohre sind in Rohrlängen von 6 bis 12 m erhältlich. Die Herstellung der elastisch gedichteten Steckmuffenverbindungen ist sehr einfach. In kontaminierten Böden sind allerdings besondere Schutzmaßnahmen gegen die Diffusion von Stoffen durch die Rohrwandung erforderlich.

8.3.3 Armaturen

Armaturen werden im Versorgungssystem benötigt, um z. B. Rohrleitungsabschnitte abzusperren, den Durchfluss zu regeln, die Löschwasserentnahme zu sichern, die Rohrleitung zu entlüften u. a. Generelle Hinweise zu Art, Ausführung, Anzahl und Anordnung finden sich im Arbeitsblatt DVGW W 400-1.

8.3.3.1 Absperrarmaturen

Die in Wasserversorgungsanlagen üblichen Armaturen lassen sich nach DIN EN 736-1 auf die in Abb. 8.34 dargestellten Bauarten zurückführen.

In Fern- und Zubringerleitungen haben Absperrarmaturen die Aufgabe, die Leitungen in Teilstrecken zu gliedern, damit das Entleeren und Füllen sich auf überschaubare Strecken beschränkt. Der Abstand dieser Einrichtungen wird im Wesentlichen durch die Geländeverhältnisse bestimmt. Die Anordnung an Tiefpunkten der Leitung hat sich bewährt, weil dann die beiderseits ansteigenden Strecken getrennt entleert werden können. Zwischen den Absperreinrichtungen sollte hier ein Abstand von 3,5 km nicht überschritten werden.

In Versorgungsleitungen liegen die Absperreinrichtungen häufig im Straßen- oder Gehwegbereich. Liegen diese Armaturen in der Fahrbahn, so sollten sie an Kreuzungen mit starkem Fahrzeugverkehr außerhalb des Kreuzungsbereiches, jedoch nicht in ständig benutzten Parkstreifen eingebaut werden. Außerhalb von Kreuzungen sind Absperrarmaturen

Art des Abschluß-körpers	Starr				Flexibel
Arbeitsbewegung des Abschlußkörpers	Geradlinig		Drehend um Achse quer zur Strömung		Je nach Ausführung
	Quer zur Bewegung	In Richtung der Bewegung	Durch den Abschluß-körper	Um den Abschlußkörper	Je nach Ausführung
Schematische Darstellung	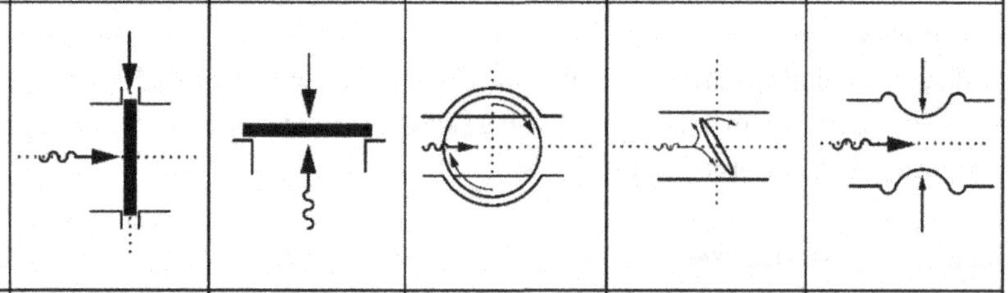				
Grundbauarten	Schieber	Ventil	Hahn	Klappe	Membranarmatur
Beispiele	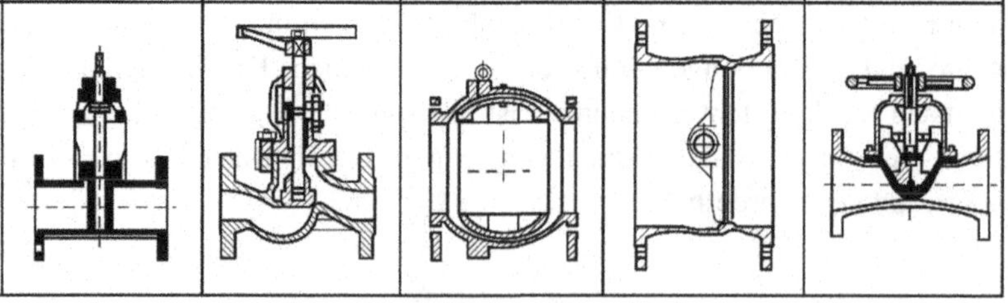				

Abb. 8.34 Absperrarmaturen in der Wasserversorgung

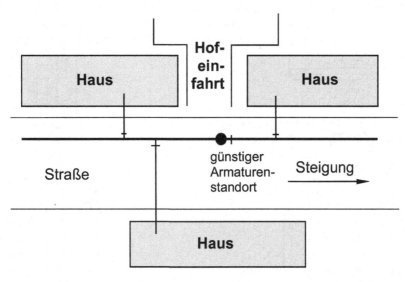

Abb. 8.35 Anordnung von Absperrarmaturen und Hydranten in einer Straßenkreuzung (aus DVGW W 400-1 von 2004)

möglichst im Bereich von Grundstückseinfahrten anzuordnen, weil sie dort zugänglich bleiben. (siehe Abb. 8.35).

Als Anhaltspunkte können folgende Absperrstreckenlängen angenommen werden:

- Bei Hauptleitungen: < 1000 m
- Bei Versorgungsleitungen
  - bei offener Bebauung: < 400 m
  - bei geschlossener Bebauung: < 300 m

Schieber dienen zur Absperrung von Rohrleitungen. Sie sind eine reine Auf-Zu-Armatur, die den Durchfluss absperrt oder freigibt. Absperrschieber sind in der Offenstellung hydraulisch günstig und molchbar. Der Einsatz von Absperrschiebern ist bis zur Nennweite DN 300 sinnvoll. Über DN 300 sind wegen der ungünstigen Bauhöhe, des großen Gewichtes und der hohen Betätigungskräfte Absperrklappen zu bevorzugen. Die metallisch dichtenden Schieber wurden im Trinkwasserbereich weitgehend durch die weichdichtenden Schieber verdrängt. Durch die günstige Gehäuseform der weichdichtenden Schieber werden Ablagerungen minimiert (siehe Abb. 8.36).

An *Absperrklappen* befindet sich der Absperrkörper ständig in der Strömung. Damit ist diese Armaturenbauart nicht molchbar. Der Widerstandsbeiwert von Klappen ist größer als bei Schiebern und Kugelhähnen. Absperrklappen mit zentrischer Lagerung sind bis PN 16 und bis DN 1200 zum Einklemmen oder Anflanschen lieferbar. Die maximal zulässige Strömungsgeschwindigkeit sollte bei diesen Klappen 5 m/s nicht übersteigen. Absperrklappen mit exzentrischer bzw. doppelexzentrischer Lagerung sind als Flanscharmatur bis PN 40 und bis DN 2000 erhältlich. Für die maximal zulässige Strömungsgeschwindigkeit sind hier die Herstellerangaben zu berücksichtigen (Abb. 8.37).

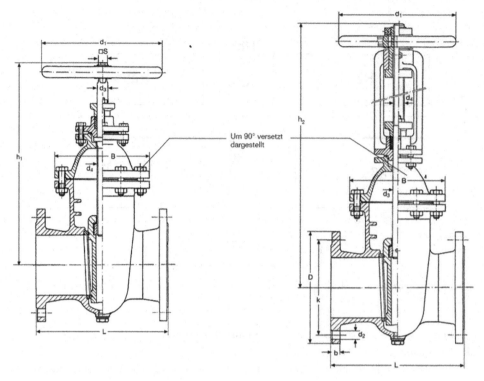

Abb. 8.36 Keilschieber KOS [F16]

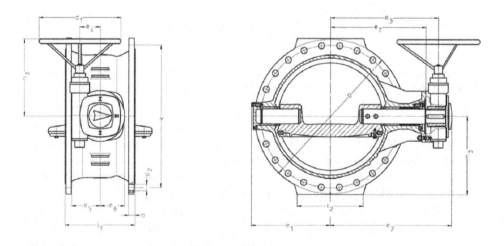

Abb. 8.37 Absperrklappe EKN [F16]

Hähne zeichnen sich durch geringe Bauhöhen aus. Infolge des freien und nicht eingeschnürten Durchgangsquerschnittes weisen sie auch sehr geringe Strömungsverluste auf. Sie sind molchbar. Absperrhähne sind bis PN 10 bis zu einer Nennweite von DN 80 erhältlich.

Ventile werden im Gegensatz zu Auf-Zu-Armaturen als Regelarmatur unter zum Teil sehr hohen Belastungen eingesetzt. So sind Ringkolbenventile z. B. eine Sonderbauart von Ventilen, mit einem nahezu kugelförmigen Gehäuse und einem strömungsgünstigen Nabenkörper, in dem sich ein Kolben befindet. Letzterer wird über einen Kurbelantrieb axial bewegt. Ringkolbenventile werden in DN 100 bis DN 1000 und PN 10 bis PN 63 gefertigt (Abb. 8.38).

Rückflussverhinderer werden nur in einer Richtung durchströmt. Die verschiedenen Bauarten sind Abb. 8.39 zu entnehmen. Zu schnell schließende Armaturen führen zu Druckstößen.

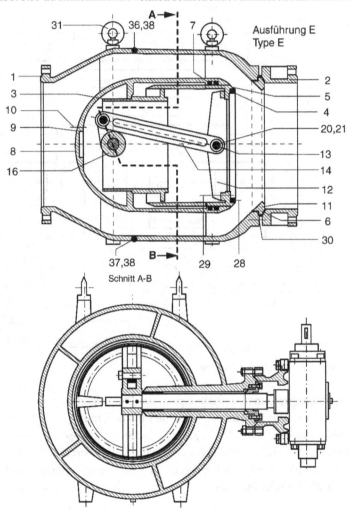

Abb. 8.38 Ringkolbenventil RKV [F16]

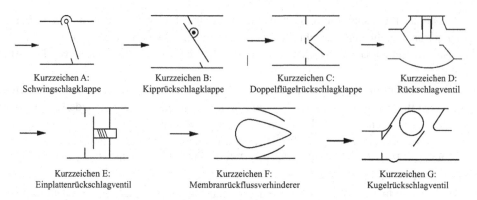

Abb. 8.39 Bauarten von Rückflussverhinderern nach DVGW W 332

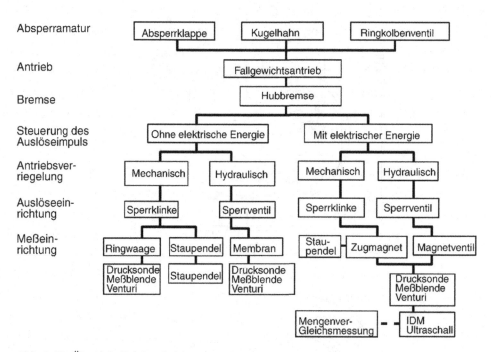

Abb. 8.40 Übersicht Rohrbruchsicherungen

Rohrbruchsicherungen sind Einrichtungen, die bei Überschreitung vorgegebener Grenzwerte eine Rohrleitung automatisch oder auf manuellen Eingriff hin absperren. Die Einrichtung besteht aus Ist-Werterfassung, Impulsgeber und Absperrarmatur. Eine Übersicht über Armaturen, Antriebe und Geräte zeigt Abb. 8.40. Rohrbruchsicherungen finden Anwendung als Behälterauslaufsicherungen, Fernleitungssicherungen und Zulaufsicherungen vor Turbinen oder Pumpen.

8.3.3.2 Anbohrarmaturen

Zur Herstellung von Verbindungen zwischen Leitungen und abzweigenden Leitungen dienen Anbohrarmaturen. Diese Armaturen bestehen aus einem Anschlussstück mit oder ohne eingebauter Betriebs- bzw. Hilfsabsperrung und einem Haltestück. Durch die unterschiedlichen Rohrwerkstoffe sind verschiedene Ausführungsarten von Anbohrarmaturen erforderlich.

Das Anschlussstück der Armatur besitzt die Anbohröffnung und dient zum Anschluss der abzweigenden Leitung. Zur Abdichtung werden Profildichtungen verwendet. Das Haltestück dient zur Befestigung und Anpressung des Anschlussstückes an die Rohrleitung. Bei Leitungen, die unter Druck angebohrt werden, müssen die Anbohrarmaturen entweder mit einer integrierten Betriebs- oder Hilfsabsperrvorrichtung ausgestattet sein oder die Anbohrgeräte als Schleusengeräte ausgebildet sein. Weitere Hinweise sind den Arbeitsblättern DVGW W 333 sowie DVGW W 336 zu entnehmen.

8.3.3.3 Be- und Entlüftungsarmaturen

Fernleitungen und lange Zubringerleitungen müssen an allen Hochpunkten mit Be- und Entlüftungsarmaturen ausgestattet sein (DVGW W 400-1). Die Bemessung des ausreichenden Luftvolumens erfolgt nach DVGW W 334.

Luftansammlungen entstehen an Hochpunkten von Leitungen durch u. a. betriebliche Störungen, nach dem Entleeren von Leitungsabschnitten und unsachgemäßem Füllen. In den Rohrleitungen führen die Luftansammlungen zu einer Einengung des Durchflussquerschnittes und somit zu hohen Druckverlusten.

Durch dynamische Druckänderungen, z. B. beim Abschalten von Pumpen, Schließen oder Öffnen von Armaturen und Entleeren von Leitungsabschnitten, kann Unterdruck entstehen. Dieser kann zu Betriebsstörungen führen. Weiterhin besteht die Gefahr, dass Rohrleitungen eingebeult werden oder das Fremdstoffe an Fehlstellen der Leitung (z. B. Rohrverbindungen) angesaugt werden.

Die Be- und Entlüftung erfolgt häufig über selbsttätig wirkende Ventile als Ventile mit Schwimmkörper (Abb. 8.41), federbelastete Tellerventile oder vorgesteuerte Kolbenventile. Weitere Hinweise sind in DVGW W 334 zu finden.

8.3.3.4 Hydranten

In Wasserverteilungsanlagen sind Hydranten für Betriebsmaßnahmen der Wasserversorgungsunternehmen (z. B. Rohrnetzspülungen), Feuerlöschzwecke, Bauwasserversorgung sowie Straßenreinigung bestimmt.

Zur Auswahl stehen:

- Unterflurhydranten DN 80/100 nach DIN EN 14339
- Überflurhydranten DN 80/100/150 nach DIN EN 14384

Unterflurhydranten (Abb. 8.42) bieten folgende Vor- und Nachteile:

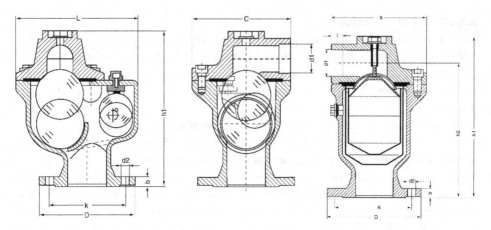

Abb. 8.41 Automatische Be- und Entlüftungsventile nach Unterlagen der Firma VAG [F16]

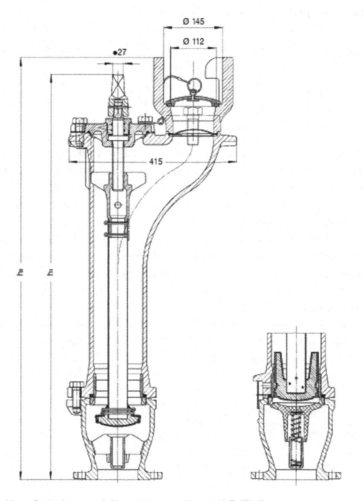

Abb. 8.42 Unterflurhydrant nach Unterlagen der Firma VAG [F16]

Vorteile

- keine Behinderung des Verkehrs
- keine Gefahr der Beschädigung durch den Straßenverkehr
- einfacher Einbau
- direktes Aufsetzen auf in der Fahrbahn liegende Rohrleitungen
- geringere Anschaffungskosten

Nachteile

- erschwertes Auffinden
- Behinderung der Zugänglichkeit durch parkende Fahrzeuge
- höherer Zeitaufwand für Inbetriebsetzung
- schlechteres Erkennen von Undichtigkeiten
- Verunreinigungen durch Straßenschmutz

Überflurhydranten (Abb. 8.43) bieten folgende Vor- und Nachteile:

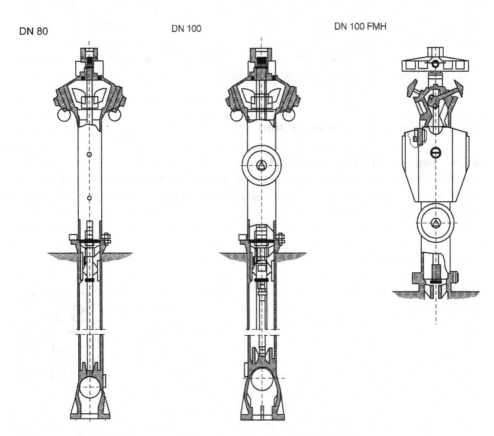

Abb. 8.43 Überflurhydranten nach Unterlagen der Firma VAG [F16]

Vorteile

- leichtes Auffinden
- jederzeitige schnelle Zugänglichkeit
- höhere Durchflussleistungen
- ohne Montage von Zusatzteilen, wie z. B. Standrohre, verfügbar

Nachteile

- Einschränkung des Verkehrsraumes
- gefährdet durch den Straßenverkehr
- auf in der Fahrbahn liegende Rohrleitungen ist ein direktes Aufsetzen nicht möglich
- höhere Kosten beim Einbau
- höhere Anschaffungskosten

Hydranten sind so anzuordnen, dass die Entnahme von Wasser, das Füllen, Entleeren, Spülen sowie Be- und Entlüften von Leitungsabschnitten einfach möglich ist. Für die Löschwasserbereitstellung gilt das Arbeitsblatt DVGW W 405. Die Abstände der Hydranten richtet sich nach den betrieblichen Anforderungen und örtlichen Gegebenheiten. Sie liegen in der Regel zwischen 100 m und 140 m. Weitere Grundsätze und Hinweise sind dem Arbeitsblatt DVGW W 331 zu entnehmen.

Hinweisschilder nach DIN 4066 und DIN 4067 (Abb. 8.44 und 8.45) dienen zum einfacheren Auffinden von Armaturen und Hydranten.

8.3.4 Ausführung der Rohrleitung

8.3.4.1 Lage im Straßenquerschnitt

Die DIN 1998 enthält Richtlinien für die Einordnung und Behandlung der Gas-, Wasser-, Kabel- und sonstigen Leitungen und Einbauten bei der Planung öffentlicher ausbaufähiger Straßen.

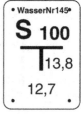

Abb. 8.44 Hinweisschild für Schieber

Abb. 8.45 Hinweisschild für
Unterflurhydrant

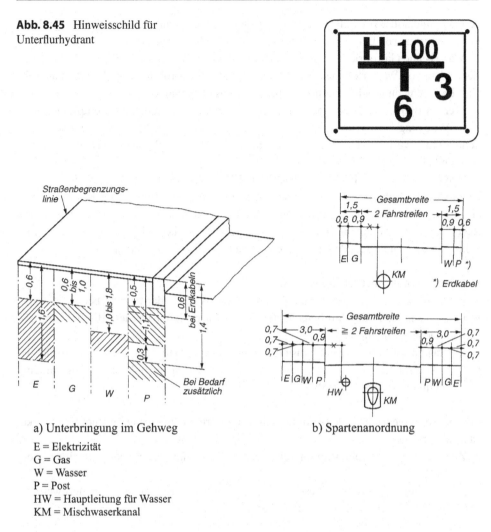

a) Unterbringung im Gehweg   b) Spartenanordnung

E = Elektrizität
G = Gas
W = Wasser
P = Post
HW = Hauptleitung für Wasser
KM = Mischwaserkanal

Abb. 8.46   Lage der Versorgungsleitungen im Straßenquerschnitt nach DIN 1998.

Die Lage der Wasserleitungsrohre im Querschnitt ist aus Abb. 8.46 ersichtlich. Die Mindestüberdeckung erfolgt entsprechend Tab. 8.4, um bei geringer Wasserbewegung und tiefer Temperatur ein Einfrieren zu verhindern.

Sämtliche Leitungen, die der Gebäudeversorgung dienen, liegen im Gehweg. Alle anderen Leitungen und Kabel, die für die Fernversorgung bestimmt sind, werden in der Fahrbahn verlegt. Eine Ausnahme bildet das Hauptspeisekabel der Stromversorgung. Dieses wird zusammen mit der Stromleitung für die Gebäudeversorgung im Gehweg untergebracht.

Bei Straßen ≤ 15 m Gesamtbreite genügt meistens eine Versorgungsleitung, bei > 15 m Breite auf jeder Seite ein Rohr. Ob bei breiten Fahrbahnen zwei Versorgungsleitungen zu

verlegen sind, muss von Fall zu Fall entschieden werden, da mit den Verfahren des grabenlosen Verlegens von Leitungen eine Straßenquerung ohne Straßenaufbruch möglich ist.

Wasser- und Gasrohrleitungen sollen nicht zu dicht nebeneinander liegen. Infolge einer
Zerstörung von Wasserleitungen bricht auch leicht die Gasrohrleitung; dadurch kann die
Gasversorgung empfindlich gestört werden (Explosionsgefahr).

Werden Bäume im Trassenbereich gepflanzt, so werden Trennwände empfohlen. Für
eine Verlegung im Wurzelbereich vorhandener Bäume sollten die Leitungen in
Schutzrohren verlegt werden. Das Arbeitsblatt DVGW GW 125 sowie das erste Beiblatt
dazu enthalten weitere Einzelheiten.

Wasserversorgungsleitungen, Schächte und Leitungszubehör sind zur Sicherung des
Bestandes, des Betriebes und der Instandhaltung sowie gegen Einwirkungen von außen in
einem Schutzstreifen zu verlegen. Im bebauten Bereich werden Schutzstreifen in der
Regel nur für Rohrleitungen außerhalb von öffentlichen Verkehrsflächen ausgewiesen. Für
Schutzstreifen sind folgende Nutzungseinschränkungen zu vereinbaren:

- keine Errichtung betriebsfremder Bauwerke
- Freihaltung von Bewuchs, der die Sicherheit und Wartung der Leitung beeinträchtigt
- Flächen innerhalb des Streifens dürfen nur leicht befestigt werden; die Nutzung als
  Parkfläche ist möglich
- das Lagern von Schüttgütern, Baustoffen oder wassergefährdenden Stoffen ist unzulässig
- Geländeveränderungen, insbesondere Niveauveränderungen sind nur mit Zustimmung
  des Leitungsbetreibers erlaubt

Eine gegenseitige nachteilige Beeinflussung von Rohrleitung und angrenzender Bauwerke
ist auszuschließen.

Zu vereinbarende Schutzstreifenbreiten in Abhängigkeit von der Nennweite finden sich
in Tab. 8.10.

In Ausnahmefällen können diese Breiten bis zu 2 m vermindert oder erweitert werden.
Die Mindestbreite eines Schutzstreifens beträgt jedoch 4 m.

8.3.4.2 Verlegung der Rohrleitung im Rohrgraben

Für die Herstellung und Ausführung von Baugruben und Gräben gilt die DIN 4124. Rohr-
gräben werden mit oder ohne Verbau in senkrechter oder geböschter Bauweise hergestellt.
Folgende Verbaumaßnahmen werden angewendet:

Tab. 8.10 Schutzstreifenbreiten (DVGW W 400-1)

Nennweite	Schutzstreifenbreite
bis DN 150	4 m
über DN 150 bis DN 400	6 m
über DN 400 bis DN 600	8 m
über DN 600	10 m

- waagerechte und senkrechte Holzbohlen
- Kanaldielen
- großflächige Verbauelemente (heute üblich)

Für den Arbeitsraum gilt, dass dieser so zu bemessen ist, dass ein sach- und fachgerechter Einbau aller Rohrleitungsbauteile möglich ist. Die Tiefe des Rohrgraben richtet sich nach der festgelegten Mindestüberdeckung der Leitung, dem Rohraußendurchmesser und der erforderlichen Schichtdicke der Bettung (untere Bettung nach Verdichten mindestens 10 cm für Nennweiten bis DN 250 und mindestens 15 cm über DN 250). Weiterhin sind nach DVGW W 400-2 zu beachten:

- ggf. Wasserhaltung;
- Auflagerung für die Rohrleitungen (siehe Abb. 8.47 und 8.48);
- Befördern, Lagern und Einbringen der Rohrleitung;
- Seitenverfüllung;
- Hauptverfüllung des Rohrgrabens;
- Oberflächenwiderherstellung.

8.3.4.3 Grabenlose Verfahren

In der Praxis werden heute vielfach grabenlosen Verfahren zum Rohrverlegen anstelle dem Rohrleitungsbau im offenen Graben eingesetzt. Je nach Einsatzbereich werden von den einschlägigen Firmen zahlreiche unterschiedliche Verfahren angewendet. Die Auswahl des jeweils geeigneten Verfahrens richtet sich nach Bodenart und Lage, Aufbauten von eventuellen Bodenbelägen und möglichen Kreuzungen mit anderen Versorgungs-

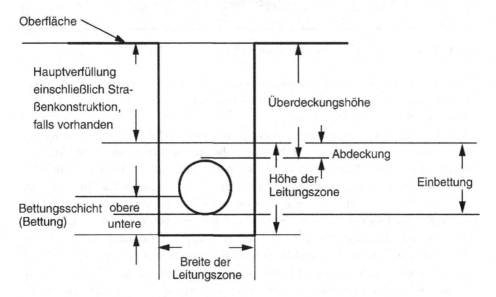

Abb. 8.47 Rohrgraben (Grabenbedingungen, nach DVGW W 400-2)

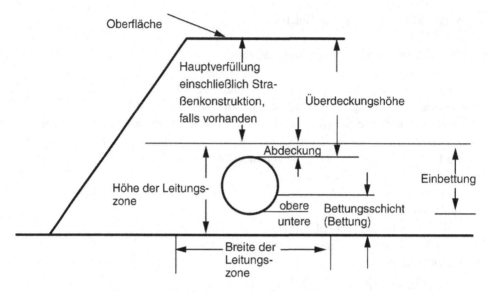

Abb. 8.48 Rohrgraben (Dammbedingungen, nach DVGW W 400-2)

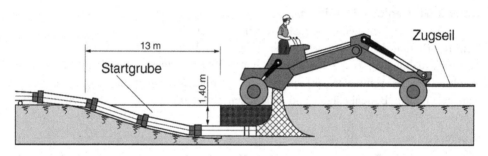

Abb. 8.49 Schematische Darstellung des Raketenpflugverfahrens [41]

trägern und Verkehrswegen. Zum Einsatz kommen *Pflüg- und Fräsverfahren*, nicht steuerbare Verfahren wie *Press- und Ziehverfahren* sowie steuerbare Verfahren wie *Horizontalspülbohrverfahren oder Microtunneling*.

Ein Beispiel für Pflügverfahren stellt das *Raketenpflugverfahren* dar. Hierbei werden längskraftschlüssige, vormontierte Rohrstränge, die an einem raketenförmigen Aufweitkörper am Ende eines Pflugschwertes angekoppelt werden, eingesetzt. Der Rohrstrang wird im Bereich der Leitungszone von einer Startgrube, die mit einer schräg ausgebildeten Rampe ausgestattet ist, eingezogen und in die vorgesehene Einbautiefe gebracht. Der Raketenpflug wird über ein Seil von bis zu 50 m Länge von einem Zugfahrzeug mit Seilwinde gezogen. Die Lagegenauigkeit der Rakete und damit die der Rohrleitung wird kontinuierlich mit einem Rundumlasermessgerät kontrolliert. Über eine hydraulische Steuerung wird das Rohr mit einer Genauigkeit von ±5 cm verlegt (siehe Abb. 8.49) [41].

Analog zu den Pflügverfahren werden bei den *Fräsverfahren* statt des Pflugschwertes ein Fräsrad oder eine Fräskette zur Herstellung eines schmalen Grabens eingesetzt. Die

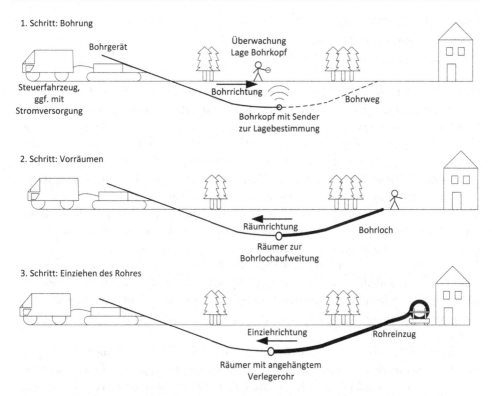

1. Schritt: Bohrung

Bohrgerät

Überwachung
Lage Bohrkopf

Steuerfahrzeug,
ggf. mit
Stromversorgung

Bohrrichtung

Bohrweg

Bohrkopf mit Sender
zur Lagebestimmung

2. Schritt: Vorräumen

Räumrichtung

Bohrloch

Räumer zur
Bohrlochaufweitung

3. Schritt: Einziehen des Rohres

Einziehrichtung

Rohreinzug

Räumer mit angehängtem
Verlegerohr

Abb. 8.50 Schematische Darstellung der Arbeitsschritte des Horizontalspülverfahrens

neue Rohrleitung wird hierbei direkt in die Grabensohle abgelegt und der Graben mit dem ausgefrästen Material wieder verfüllt. Verfahrensbeschreibungen und Anwendungsparameter finden sich in Arbeitsblatt DVGW GW 324.

Im *Horizontalspülbohrverfahren* (Abb. 8.50) wird gemäß DVGW GW 321 zunächst eine Pilotbohrung vorgetrieben. Diese hat die Aufgabe einer Zentrierbohrung, da sich die anschließenden Aufbohrungen an ihr ausrichten. Die Bohrkrone wird von einem Spülmotor über eine mit sehr hohem Druck zugepumpte Bentonitsuspension angetrieben. Diese erfüllt weiterhin die Aufgaben, das Bohrloch frei zu spülen, das Bohrgut abzutransportieren und die Bohrung zu stabilisieren. Der Bohrkopf wird über ein Navigationssystem gesteuert. Je nach Anwendungsfall wird die Pilotbohrung in unterschiedlichen Arbeitsgängen aufgeweitet. Dabei wird der Aufweitkopf im Zielschacht an das Bohrgestänge gehängt und von der Bohrmaschine gezogen. Nach Abschluss dieser Arbeiten wird der vormontierte Rohrstrang eingezogen [31].

Als Rohrmaterialien können die gängigen Rohrwerkstoffe wie Gussrohre, Stahlrohre und verschiedene Kunststoffrohre eingesetzt werden.

Für die *grabenlose Erneuerung* von Versorgungsleitungen in gleicher Trasse werden folgende Verfahren eingesetzt:

- Berstrelining (DVGW GW 323)
- Press-Ziehverfahren (DVGW GW 322-1)
- Hilfsrohrverfahren (DVGW GW 322-2)

Berstrelining ist ein Verfahren zur Erneuerung von Rohrleitungen in gleicher Trasse. Es wird zwischen den dynamischen und statischen Berstverfahren unterschieden. Sämtliche Verfahren basieren darauf, mittels eines Berstkörpers Kräfte in die Altrohrleitung einzuleiten, sie dadurch zu zerstören und anschließend die verbleibenden Scherben in den angrenzenden Baugrund radial zu verdrängen. Neue Produkt- oder Mantelrohre in gleicher oder größerer Dimension werden unmittelbar in den erzeugten freien Querschnitt eingezogen. Beim *dynamischen Verfahren* erfolgt die Krafteinleitung in Rohrlängsrichtung mit dynamischer Rammenergie durch eine Berstmaschine (modifizierte Erdrakete – Rohrrakete). Der Berstvorgang muss durch die Zugkraft einer Winde zur Führung des Berstkörpers unterstützt werden. Dieses Verfahren eignet sich besonders in stark verdichteten und steinigen Böden und für Altrohre aus spröden Werkstoffen. Im *statischen Berstrelining* erfolgt die Krafteinleitung in Rohrlängsrichtung hydraulisch über Gestänge. Dieses Verfahren eignet sich in gut verdrängbaren, homogenen Böden, bei Altrohren aus spröden und zähen Werkstoffen und für den Einzug von Neurohren als Bundware oder Rohrstränge bzw. in Einzelrohrmontage.

Beim *Press/- Ziehverfahren* wird die Altrohrleitung trassengleich in einem Arbeitsgang gegen die Neurohrleitung ausgetauscht. Eine Startbaugrube dient zur Einbringung der neuen Rohre und eine Zielbaugrube zur Aufnahme des Press/- Ziehgerätes. Altrohr und Neurohrstrang werden mittels eines Übergangsadapters verbunden, der durch das Altrohr an der Press- Ziehvorrichtung befestigt ist. Dies hat den Vorteil, dass die Neurohrleitung während des Auswechselns nicht durch die hohen Zugkräfte des Press/- Ziehgerätes belastet wird.

Für das *Hilfsrohrverfahren* werden ebenfalls zwei Baugruben benötigt. Die Startbaugrube dient zum Bergen von Altrohrleitungsabschnitten und zum Einbringen der Neurohre. Die Zielbaugrube nimmt das Auswechselungsgerät und die Hilfsrohre auf. In der Zielbaugrube wird das erste Hilfsrohr über einen Adapter an der Altrohrleitung befestigt. Weitere Hilfsrohre werden Zug um Zug angeschlossen und in Richtung Startbaugrube gepresst. Sind alle Altrohrteile geborgen wird das Neurohr über den Adapter am Hilfsrohr angekoppelt und Zug um Zug Richtung Zielbaugrube durch Zurückziehen des Hilfsrohrstranges eingezogen.

Für das grabenlose Relining, Erneuern, Auswechseln und Neuverlegen von Anschlussleitungen mit Rohren aus PE, duktilem Gusseisen oder Stahl ist das DVGW Arbeitsblatt GW 325 anzuwenden.

Weiterführende Informationen über das grabenlose Verlegen von Leitungen sind in [88] zu finden (Tab. 8.11).

Tab. 8.11 Anwendung grabenloser Verfahren nach [96]

Verfahren	Einsatzbereich	Rohrmaterial		Nennweite	Arbeits-abschnitt, Einziehlänge
		alt	neu		
Pflügverfahren	Ländlich strukturierte Gebiete, Wasser-schutzgebiete, Moore	–	PE GGG Stahl	bis $d_a = 225$ mm bis $d_a = 160$ mm bis DN 300	abhängig von Trassenverlauf, Bodenart, Rohrmaterial, Muffenver-bindungen, Schmiermittel (z. B. Bentonit)
Fräsverfahren	Ländlich strukturierte Gebiete	–	PE GGG Stahl PVC- U		
Steuerbares horizontales Spülbohrverfahren	Innenstadt-bereiche mit hohem Verkehrs-aufkommen, Bereiche mit hochwertiger Oberfläche, Baum-pflanzungen, Grundwasser, Querungen von Straßen, Flüssen, Bahnlinien etc.	–	PE, GGG, Stahl	zurzeit bis DN 1400	zurzeit bis zu 2500 m
Berstlining		PE GG GGG Stahl AZ	PE 100 PE-Xa GGG Stahl	bis DN 1000	bis ca. 200 m
Press/-Ziehver-fahren; Hilfsrohr-verfahren			PE GG	bis DN 600	max. 150 m in Abschnitten von 20–50 m
PE-Relining ohne Ringraum		Alle	PE	DN 100–DN 1200	bis zu 700 m
PE-Relining mit Ringraum		Alle	PE	DN 100–DN 1200	< 680 m
Gewebe-schlauch-relining		GG GGG Stahl	Gewebeschlauch	DN 80–DN 600 (DN 1200)	≤ 500 m
ZM-Auskleidung		GG GGG Stahl	ZM	DN 80–DN 3000	80–5000 m (nennweiten-abhängig)

8.3.4.4 Verankerung der Rohrleitungen

An nicht längskraftschlüssigen Verbindungen sind Rohrenden, Krümmer und Abzweige gegen Ausweichen infolge des Wasserinnendruckes zu sichern (siehe Tab. 8.12). Sie können dazu mit Beton gegen den gewachsenen Boden hinterstampft werden.

Tab. 8.12 Auflagerflächen für Rohrenden, Krümmer und Abzweige für p = 15 bar ≈ 1,5 MN/m²
und $\sigma_E = 0,1$ MN/m² (GGG-Rohre)

DN in mm	Rohr			Auflagerfläche A_A in m²					
	d_1 in m	A in m²	Endverschl.	Abzweig	$\varphi =$				
					11,25°	22,5°	30°	45°	90°
80	0,098	0,0075	0,1131		0,0222	0,0441	0,0586	0,0866	0,1600
100	0,118	0,0109	0,1640		0,0322	0,0640	0,849	0,1255	0,2320
150	0,170	0,0227	0,3405		0,0667	0,1328	0,1762	0,2606	0,4815
200	0,222	0,0387	0,5806		0,1138	0,2265	0,3005	0,4444	0,8211
250	0,274	0,0590	0,8845		0,1734	0,3451	0,4578	0,6769	1,2508
300	0,326	0,0835	1,2520		0,2454	0,4885	0,6481	0,9583	1,7706
400	0,429	0,1445	2,1682		0,4250	0,8460	1,1223	1,6595	3,0663
500	0,532	0,2223	3,3343		0,6536	1,3010	1,7260	2,5520	4,7154

Abb. 8.51 Kraftwirkung bei
Druckrohren, a) Rohrende, b)
Abzweig, c) Krümmer

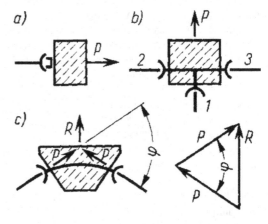

Abb. 8.52 Endsicherung

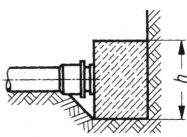

Zur Umrechnung auf andere Werte p_1 und σ_{E1} werden die Tabellenwerte multipliziert mit:

$$\frac{p_1 \cdot 0,1}{1,5 \cdot \sigma_{E1}}$$

Kraftwirkungen (Abb. 8.51)

a) Endsicherung (Abb. 8.52)

$$F = A \cdot p \qquad \text{in } MN = m^2 \cdot \frac{MN}{m^2}$$

A = Querschnittsfläche des Rohres (Außendurchmesser) in m^2
p = Prüfdruck in MN/m^2 (entspricht STP)

b) Abzweigsicherung (Abb. 8.53)

$$F = A \cdot p \qquad \text{in } MN = m^2 \cdot \frac{MN}{m^2}$$

A = Querschnittsfläche des abzweigenden Rohres (Außendurchmesser) in m^2

c) Krümmersicherung (Abb. 8.54)

$$R = 2F \cdot \sin\frac{\phi}{2} \quad \left(\text{siehe Bild 8.47c}\right)$$

Abb. 8.53 Abzweigsicherung

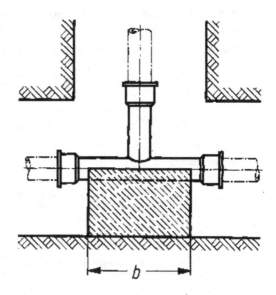

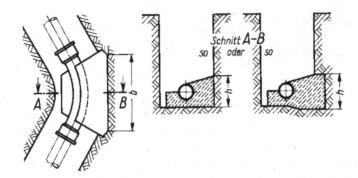

Abb. 8.54 Krümmersicherung

$$F = A \cdot p \qquad in\, MN = m^2 \cdot \frac{MN}{m^2}$$

A = Querschnittsfläche des Rohres (Außendurchmesser) in m²

Ist die zulässige Bodenpressung σ_{E1} in MN/m², so wird die erforderliche Auflagedruck-fläche zu:

$$A_A = b \cdot h = \frac{F}{\sigma_E} bzw. \frac{R}{\sigma_E} \tag{8.16}$$

Beispiel 8.12

Gesucht:
    Erforderliche Auflagerfläche für eine Sicherung am Rohrende
Gegeben:
    DN 400 mit Rohraußendurchmesser d_1 = 429 mm

$$Pr\ddot{u}fdruck\, STP = p = 15\,bar \approx 1,5\,MN/m^2$$

$$\sigma_E = 0,1\,MN/m^2$$

Berechnung:

$$A = \frac{\pi \cdot d_1^2}{4} = \frac{\pi \cdot 0,429^2}{4} = 0,145\; m^2$$

$$F = A \cdot p = 0,145\; m^2 \cdot 1,5\frac{MN}{m^2} = 0,217 MN$$

$$A_A = \frac{F}{\sigma_E} = \frac{0,217MN \; m^2}{0,1MN} = 2,168 \; m^2$$

somit bei einem Auflager von b · h = 1,5 m · 1,45 m = 2,175 m² ◄

Beispiel 8.13

Gesucht:

Erforderliche Auflagerfläche für einen Rohrkrümmer mit φ = 45°

Gegeben:

DN 300 mit Rohraußendurchmesser d_1 = 326 mm

$$Pr \ddot{u}fdruck \, STP = p = 1,5 \, MN/m^2$$

$$\sigma_E = 0,1 \, MN/m^2$$

Berechnung:

Resultierende $R = 2 \dfrac{\pi \cdot 0,326^2 \, m^2}{4} 1,5 \dfrac{MN}{m^2} \cdot \sin \dfrac{45°}{2} = 0,0958 \; MN$

Auflagerfläche $A_A = \dfrac{R}{\sigma_E} = \dfrac{0,0958}{0,1} = 0,9583 \; m^2 \approx 1,00 \cdot 0,96 \; m^2$ ◄

Beispiel 8.14

Gesucht:

Erforderliche Auflagerfläche für einen Rohrkrümmer mit φ = 22,5°

Gegeben:

DN 300 mit Rohraußendurchmesser d_1 = 326 mm

$$Pr \ddot{u}fdruck \, STP = p = 2,0 \, MN/m^2$$

$$\sigma_E = 0,08 \, MN/m^2$$

Berechnung

$$A_A = \frac{2p \cdot A \cdot \sin \dfrac{\phi}{2}}{\sigma_E} = \frac{2 \cdot 2,0 \cdot \pi \cdot 0,326^2 \cdot \sin \dfrac{22,5}{2}}{4 \cdot 0,08} = 0,8142 \; m^2 \approx 1,00 \cdot 0,82 \; m^2$$

◄

Ist es nicht möglich, die auftretenden Schubkräfte aus Platzgründen oder wegen mangelnder Bodenfestigkeit mit Betonwiderlagern aufzufangen, können die Kräfte durch *längskraftschlüssige Verbindungen* auf nachfolgende Rohre übertragen und in den Boden abgeleitet werden.

Längskraftschlüssige Verbindungen sind zum Beispiel Flansch- und Schweißverbindungen.

Muffenverbindungen, die im Allgemeinen bei erdverlegten Druckwasserrohren Verwendung finden, müssen durch besondere Maßnahmen längskraftschlüssig gemacht werden.

Die im DVGW Arbeitsblatt GW 368 gegebenen Hinweise gelten für Rohrleitungen aus duktilem Gusseisen nach DIN EN 545 bzw. DIN 28650 und Stahlrohre mit Steckmuffen nach DIN 2460 sowie für Armaturen aus Gusseisen mit Kugelgrafit. Sie sind sinngemäß auch auf Rohrleitungen anderer Baustoffe anwendbar.

Vor der Druckprüfung von Rohrleitungen mit derartigen Verbindungen muss die Rohrabdeckung auf 2/3 der gesicherten Rohrlängen (4,0 m) mindestens 1,0 m betragen. Der Boden ist sorgfältig zu verdichten (Abb. 8.55) und es darf kein Wasser im Rohrgraben stehen. Die Muffenverbindungen liegen frei.

Die an der Rohrleitung auftretende Schubkraft (N) wird durch die Reibungskräfte aus Erdwiderstand (R), Erdauflast (E), Wasserfüllung und Rohrgewicht auf den Boden übertragen (Abb. 8.56 und 8.57).

Abb. 8.55 Rohrüberdeckung

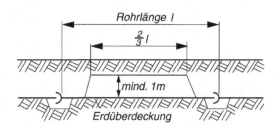

Abb. 8.56 Abzweig

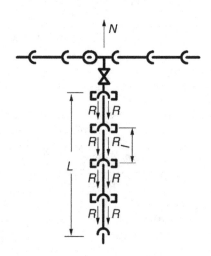

Abb. 8.57 Krümmer

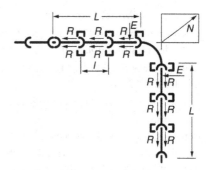

8.3.5   Druckprobe und Desinfektion

Nach der Neuverlegung von Leitungsabschnitten und nach Arbeiten am vorhandenen Rohrnetz müssen die Anlagenteile einer Druckprobe unterzogen werden. Dazu können drei grundlegende Prüfverfahren zur Anwendung kommen:

- Druckverlustmethode
- Wasserverlustmethode
- Sichtprüfung mit Betriebsdruck

In der *Druckverlustmethode* wird der Druck gemessen und die Dichtigkeit anhand des beobachteten Druckabfalls beurteilt. Ausgehend vom Systemprüfdruck (STP) darf der Druck über eine Prüfdauer von einer Stunde nur um 20 kPa oder 2 bar abfallen.

Im *Wasserverlustverfahren* wird ebenfalls der Druck gemessen. Maßgebend bei diesem Verfahren ist die nachzufüllende Wassermenge zum Halten des Prüfdrucks. Die gemessene Wasserverlustmenge darf über eine Prüfdauer von einer Stunde die theoretische Wassermenge nicht überschreiten. Die theoretische Wassermenge berechnet sich aus dem Volumen des Prüfabschnittes, dem festgelegten Druckabfall, dem Kompressionsmodul von Wasser, dem Innendurchmesser, der Wanddicke, dem E- Modul der Rohrwand, sowie einem Faktor für den Luftanteil bei der Prüfung.

In der *Sichtprüfung* wird das wassergefüllte Rohr unter Prüfdruck auf Undichtigkeiten per Augenschein geprüft. Dieses Verfahren ist für Rohrleitungen von ≤ 30 m Länge und einem Außendurchmesser ≤ 63 mm anwendbar. Die Dichtheit wird durch eine zweimalige Besichtigung im Abstand von mindestens einer Stunde geprüft.

Vor Inbetriebnahme sind Rohrleitungen zu Spülen und zu *Desinfizieren*. Zur Desinfektion werden mobile Anlagen eingesetzt. Als Desinfektionsmittel kommt meist aufgrund seiner guten Handhabbarkeit Wasserstoffperoxid zum Einsatz. Außerdem können auch Kaliumpermanganat, Chlorbleichlauge, Calciumhypochlorid und Chlordioxid verwendet werden. Es ist die Liste der erlaubten Desinfektionsverfahren des Bundesumweltamtes [98] nach § 11 der Trinkwasserverordnung [R17] zu beachten. Da es sich bei den eingesetzten Mitteln um Gefahrstoffe handelt, ist auf eine sorgsame Verwendung sowie eine ordnungsgemäße Entsorgung zu achten.

In der Desinfektion von Rohrleitungen werden das statische und das dynamische Verfahren unterschieden. Im statischen Verfahren verbleibt die Desinfektionsmittellösung für mindestens 12 Stunden im vollständig gefüllten Leitungsabschnitt. Nach Ende der Standzeit soll das Desinfektionsmittel noch nachweisbar sein. Im dynamischen Verfahren bewegt sich ein Pfropfen Desinfektionsmittellösung durch den vollständig gefüllten Leitungsabschnitt. Sichergestellt werden sollte, dass am Ende der zu desinfizierenden Strecke das eingesetzte Mittel noch nachweisbar ist. Weitere Hinweise können dem Arbeitsblatt DVGW W 291 entnommen werden.

8.3.6 Rohrnetzerhaltung

8.3.6.1 Rohrnetzinspektion

Das weitverzweigte Rohrnetz ist in seiner Funktionstüchtigkeit durch Straßenverkehr, Bodenverschiebung (Bergsenkungsgelände), Bodenkorrosion, Einfrieren in strengen Wintern u. a. stark gefährdet.

Da Undichtigkeiten und Rohrbrüche erhebliche Wasserverluste (Richtwerte siehe Tab. 8.13) und damit Kosten verursachen und hierdurch auch die Trinkwasserqualität gefährdet sein kann, ist eine frühzeitige Erkennung und Schadensabwendung für den geordneten Betrieb unabdingbar. Hierfür sind geschulte und erfahrene Fachkräfte erforderlich, die nach einem festgelegten Organisationssystem das Verteilungsnetz regelmäßig überwachen.

Hinweise zu Rohrnetzinspektionen und Wasserverlusterkennung sind im Arbeitsblatt DVGW W 392 aufgeführt. Weitere Vorgaben zur Inspektion und Wartung sowie Anforderungen an die Eignung von Fachunternehmen und Fachkräfte werden in DVGW W 400-3-B1 aufgeführt.

Inspektionen der Rohrnetze sind Maßnahmen zur turnusmäßigen Prüfung des Zustandes von Anlagenteilen und Betriebseinrichtungen, wie zum Beispiel Schächte, Rohre, Armaturen, Straßenkappen, Schutzstreifen. Beispiele für turnusabhängige Inspektionen sind Prüfung auf Wasserverlust gemäß Turnus auf Basis des *Infrastructure Leakage Index (ILI)* nach DVGW W 392, jährliche Überprüfung der Messeinrichtungen sowie ebenfalls die jährliche Inspektion der Be- und Entlüftungseinrichtungen auf Beschädigung. Daneben gibt es auch turnusunabhängige Anlässe zur Inspektion z. B. aufgrund von Änderun-

Tab. 8.13 Richtwerte für spezifische reale Wasserverluste in Rohrnetzen in $m^3/km \cdot h$

Wasserverlustbereich	Versorgungsstruktur		
	großstädtisch	städtisch	ländlich
geringe Wasserverluste	< 0,10	< 0,07	< 0,05
mittlere Wasserverluste	0,10 bis 0,20	0,07 bis 0,15	0,05 bis 0,10
hohe Wasserverluste	> 0,20	> 0,15	> 0,10

gen an der Wasserbeschaffenheit, Reklamation von Kunden, zunehmender Wasserverlust sowie häufige Schäden in Netzbereichen.

Art, Umfang und Zeitabstand von Überwachungsmaßnahmen auf Dichtheit des Rohrnetzes werden in erster Linie durch die Höhe der Wasserverluste bestimmt. Die Inspektionszeiträume auf realen Wasserverlust in Abhängigkeit der Schadensrate im Rohrnetz sind der Tab. 8.14 zu entnehmen. Die dafür erforderliche Ermittlung des *ILI* erfolgt nach der folgenden Gleichung gemäß DVGW W 392 aus dem jährlichen realen Verlust (CARL) und den unvermeidbaren jährlichen realen Verlusten (UARL).

$$ILI = \frac{CARL}{UARL} = \frac{Q_{VR}}{p \cdot \left(6{,}57 \cdot L_N \cdot 0{,}256 \cdot n_{AL} + 9{,}13 \cdot L_{AL}\right)} \qquad (8.17)$$

Q_{VR} realer Wasserverlust der Messzone in m³/h
L_N Rohrnetzlänge ohne Anschlussleitungen in km
n_{AL} Anzahl der Anschlussleitungen
L_{AL} Länge aller Anschlussleitungen in km
p Betriebsdruck berechnet aus dem Lastfall des mittleren Tagesverbrauchs oder aufgrund von repräsentativen Rohrnetzmessungen in mWS

Eine weitere Abschätzung ist mittels des spezifischen realen Wasserverlustes q_{VR} nach DVGW W 392 möglich. Bei der Bestimmung von q_{VR} werden allerdings weniger Einflussfaktoren berücksichtigt als beim *ILI*.

Bei den Wasserverlusten werden scheinbare Verluste (Abweichungen (Messfehler) der eingebauten Kundenwasserzähler, Schleichverluste, Wasserdiebstahl) und reale Verluste (Leckagen Rohrbrüche) unterschieden. Jeder Diskussion über Wasserverluste muss eine genaue Definition der Komponenten einer Wassermengenbilanz vorausgehen.

Mit der *kontinuierlichen Zuflussmessung* (Nachtmindestverbrauchsmessung) können auftretende Wasserverluste gut erkannt werden. Der Anteil des Verbrauchs an der Zuflussmenge muss als Referenzwert vorliegen. Mit der *momentanen Zuflussmessung* (Nullverbrauchsmessung) können vorhandene Wasserverluste sofort erkannt werden.

Tab. 8.14 Inspektionszeiträume auf Dichtheit der Rohrnetze auf Basis des Infrastructure Leakage Index (ILI) und in Abhängigkeit der Schadensrate (nach DVGW W 400-3-B1)

ILI Berechnung nach Gl. 8.17	Einstufung	Schadensrate, Bestimmung nach DVGW W 400-3-B1 Tabelle 3b		
		Niedrig	Mittel	Hoch
ILI ≤ 2	niedrig	Gezielte Maßnahmen	6 Jahre	3 Jahre
2 < ILI ≤ 4	mittel	3 Jahre	2 Jahre	jährlich
ILI > 4	hoch	jährlich	Weitergehende Maßnahmen	

Hinweis zur Tab. 8.14: Mögliche Abweichungen von den Inspektionszeiträumen werden in DVGW W 400-3-B1 aufgezeigt.

In bestimmten Fällen kann auch zur Überwachung der Dichtheit eines Rohrnetzes die Leckortung angewandt werden. Die Leckortungsmethoden sind in Tab. 8.15 aufgeführt.

Für eine Überwachung des Rohrnetzes sind Bestandspläne unerlässlich. Um die Unterlagen auf dem neuesten Stand zu halten, wird heutzutage oft auf geografische Informationssysteme (GIS) gesetzt. Mit solchen Systemen sind auch gezielte Auswertungen beispielsweise von Schäden möglich. Auch wird der Einsatz neuronaler Netze in der Wasserversorgung erprobt [43]. Damit könnten zukünftig Schadensauswertungen von Kamerabefahrungen durch künstliche Intelligenz oder die rechtzeitige Erkennung von Rohrbrüchen bereits vor dem Bruch möglich sein.

8.3.6.2 Rohrnetzreinigung

Rohrnetze sollten in regelmäßigen Abständen idealerweise unter Zuhilfenahme von Spülplänen gereinigt werden. Die Reinigung erfolgt vielfach durch Spülen der Rohrleitungsabschnitte. Durch die Reinigung soll der Zustand der Rohrleitungen, der sich beispielsweise durch Inkrustierungen oder Ablagerungen gebildet hat, wieder verbessert werden. Eingesetzt werden neben Spülverfahren auch mechanische, thermische oder chemische Reinigungsverfahren. Während oder nach einer Reinigung kann eine Desinfektion erforderlich sein.

Zur Anwendung kommen in der Regel Wasserspül- oder Luft-Wasserspülverfahren. Eingesetzt werden darf nur Trinkwasser. Nach [55] erfolgt eine Ausspülung beispielsweise von abgelagerten losen Eisenverbindungen bereits ab einer Spülgeschwindigkeit von 0,3 m/s. Demgegenüber werden mindestens 1,0 m/s benötigt, um Sand auszutragen. Impulsartige Zugaben von Luft können zu einer verstärkten Ablösung von schwer haftenden Belägen führen. Wichtig ist aber bei Luft-Wasserspülung der Austrag der Luft nach der Spülung, da Luft im Rohrnetzsystem zu erhöhten Widerständen und somit zu Druckverlusten führt.

Die Reinigung von Rohrnetzen ist anhand von Spülplänen zu optimieren. Ein Spülplan enthält systematische, dem jeweiligen Rohrnetz und den einzelnen Rohrnetzabschnitten angepasste Spülstrategien. Ziel ist neben dem Erhalt des optimalen Zustands des Wasser-

Tab. 8.15 Geräte und Methoden zur Leckortung in Anlehnung an DVGW W 392

Vorortungsmethoden	Lokalisationsmethoden
Horchdose (metallische Materialien)	–
Teststab	Bodenmikrofon
Korrelation	Korrelation
–	Gasprüfmethode
Geräuschpegelmessung	–
Zuflussmessung	–
Druckmessung	–
Temperaturdifferenzmessung	–
Färbetest	Molchmethode

verteilungsnetzes ein ressourcenschonender Einsatz der Mittel. Folgendes Vorgehen der Spülplanerstellung wird nach [83] empfohlen:

- Unterteilung des Wasserversorgungsnetzes in Spülgebiete und -abschnitte
- Lokalisierung aller im Spülbereich verfügbaren Hydranten mittels GIS-Plänen oder Rohrnetzmodellen
- Ermittlung der Spülstränge im Spülgebiet
- Festlegung der Spülrichtung und Spülwassermenge für jeden Spülstrang
- Bestimmung der Schieberstellungen im Spülabschnitt
- Definition des Spülerfolgs

8.3.6.3 Rohrnetzsanierung

Die Rohrnetzsanierung dient der Wiederherstellung der hydraulischen Leistungsfähigkeit und weiteren technischen Eigenschaften einer Rohrleitung oder eines Rohrleitungsabschnittes im Wasserverteilnetz. Nicht alle Schäden einer Rohrleitung sind sanierbar. Als sanierungsfähige Schäden sind Innenkorrosion, Undichtigkeiten im Rohr bzw. an Rohrverbindungen sowie Beseitigung von Querschnittsverengungen zu nennen. Bei der Sanierung wird der Rohrkörper erhalten.

Zur Sanierung von Rohrleitungen unter Erhaltung des Altrohrkörpers dienen Reliningverfahren, wozu Kunststoffrohre oder Gewebeschläuche eingesetzt werden. Diese Verfahren sind, sofern aus baustatischen Gesichtspunkten nichts dagegenspricht, Rehabilitationsverfahren wie beispielsweise Close-Fit oder Relining ohne und mit Ringraum. Über das Reling finden sich Informationen in DVGW GW 320-1 (mit Ringraum), DVGW GW 320-2 (ohne Ringraum) sowie in DVGW GW 327 (Gewebeschlauchrelinig). Ein Anwendungsbeispiel für das Close-Fit Verformungsverfahren zeigt [56].

Beim Reling ohne Ringraum wird ein vorverformtes PE-Rohr in den Altrohrstrang eingezogen und anschließend im Rohr mittels Druck oder Wärme aufgeweitet. Beim Relining mit Ringraum wird der Kunststoffrohrstrang in die zu sanierende Rohrleitung eingezogen und der verbleibende Ringraum in der Regel verdämmt.

Ein mit einem lösungsmittelfreien Zwei-Komponenten-Klebstoff getränkter Gewebeschlauch wird beim Gewebeschlauchverfahren über eine Reversionstrommel in das Altrohr eingezogen. Das Verkleben des Gewebeschlauchs mit der Altrohrwand erfolgt unter Innendruck (kaltaushärtend) bzw. mit zusätzlicher Wärme (warmaushärtend).

Alternativ dazu können Undichtigkeiten, Risse und mechanischer Verschleiß durch Auskleidung eines gereinigten Altrohrs durch Anschleudern von Zementmörtel mittels eines schnellrotierenden Schleuderkopfes an die Rohrwand beseitigt werden (DVGW W 343).

Im Rahmen der Sanierung von alten Trinkwasserleitungen aus Asbestzement können zusätzlich zu technischen Anforderungen auch Herausforderungen aufgrund des Arbeitsschutzes und der ordnungsgemäßen Entnahme sowie Entsorgung von asbesthaltigen Materialien auftreten. Dies ist dementsprechend kostenintensiv. In [12] wird eine mögliche Sanierungsmethode asbesthaltigen Rohre ohne Entfernung des Altrohres beschrieben.

Rechtsnormen und technische Regelwerke 9

Neben der Sicherstellung der Finanzierung für das geplante Wasserversorgungsprojekt und der optimalen technischen Planung nach den „anerkannten Regeln der Technik" ist die rechtliche Absicherung des Vorhabens von ausschlaggebender Bedeutung.

So ist z. B. für die Wasserentnahme eine Bewilligung und Erlaubnis erforderlich. Die Gewinnungsanlage wird durch eine Schutzgebietsverordnung geschützt.

Bei der Verteilung werden Grundstücke tangiert, die Abnahme muss rechtlich geregelt sein.

Daher ist die Kenntnis der für die Wasserversorgung wesentlichen rechtlichen Belange, des Verwaltungsaufbaus und der Mittel zur Durchführung der Verwaltungsaufgaben sowie der rechtlichen Rechtsformen der Wasserversorgungsunternehmen (WVU) wichtig für eine Gesamtplanung.

9.1 Rechtskompetenzen und Rechtsformen

Deutschland ist ein Bundesstaat. Die Staatsgewalt ist auf drei Organe verteilt:

- die Gesetzgebung durch die Parlamente
- die vollziehende Gewalt erfolgt durch die Regierungen und deren Verwaltungen
- die Rechtsprüfung erfolgt durch die Gerichte

Im Grundgesetz (GG) ist festgelegt, welche Gesetze der Bund allein, unter Ausschluss der Länder, erlassen kann (Art. 73 GG) und welche konkurrierend mit den Ländern (Art. 74 GG) zu erlassen sind.

F. Hoffmann, S. Grube, *Wasserversorgung*,
https://doi.org/10.1007/978-3-658-37049-7_9

Im Fall konkurrierender Gesetze haben die Länder so lange das Recht der Gesetzgebung, bis der Bund eine einheitliche Regelung trifft. Artikel 72 GG erlaubt den Ländern für bestimmte Bereiche der konkurrierenden Gesetzgebung auch nach dem Erlass eines Bundesgesetzes hiervon abweichende oder ergänzende Landesgesetze zu erlassen. Der Bereich des Wasserhaushalts gehört dazu.

Die Staaten der Europäischen Union (EU) haben zur Vereinheitlichung der Regelungen innerhalb des europäischen Raumes Kompetenzen an die EU abgegeben. Diese erlässt EU-Richtlinien, die in nationales Recht umgesetzt werden müssen.

Die Rechtsquellen für die Wasserversorgung sind:

- EU-Richtlinien [R21]
- Bundesgesetze, wie z. B. das Infektionsschutzgesetz (IfSG [R9])
- Landesgesetze, wie z. B. Niedersächsisches Wassergesetz [R14]

Das Gesetz zur Ordnung des Wasserhaushalts (Wasserhaushaltsgesetz – WHG [R7]) wurde nach der Föderalismusreform und dem damit verbundenen Wegfall des Artikels 75 GG im Juli 2009 neu gefasst (BGBl. I S. 2585). Es gilt zurzeit in der zuletzt durch Artikel 3 des Gesetzes vom 9. Juni 2021 (BGBl. I, Nr. 31, S. 1699) geänderten Fassung.

Die Länder haben daraufhin eigene ergänzende Landeswassergesetze erlassen, wie beispielsweise das Niedersächsische Wassergesetz vom 19.02.2010 [R14].

Weiterhin gibt es abgeleitete Rechtsquellen in Form von Verordnungen und Satzungen, wie z. B. die Trinkwasserverordnung (TrinkwV) [R17] oder die Wasserverbandssatzung nach dem Wasserverbandsrecht.

Rechtverordnungen enthalten allgemeinverbindliche Rechtsnormen und Vollzugshinweise. Im zugehörigen Gesetz erhalten die Verwaltungsbehörden die Ermächtigung zum Erlassen dieser Verordnungen.

Nach all diesen Rechtquellen handeln die Regierung und die ihr unterstellte Verwaltung.

9.2   Wasserhaushaltsgesetz, landesrechtliche Umsetzung und Verwaltungshandeln

Das Wasserhaushaltsgesetz (WHG, [R7]) ist die bundeseinheitliche Rechtsgrundlage, die durch die Landeswassergesetze weiter ausgeführt wird. Der § 1 des WHG nennt als Zweck dieses Gesetzes, dass durch eine nachhaltige Gewässerbewirtschaftung die Gewässer als Bestandteil des Naturhaushalts, als Lebensgrundlage des Menschen, als Lebensraum für Tiere und Pflanzen sowie als nutzbares Gut zu schützen sind. Das Wasserhaushaltsgesetz und die darauf bezogenen Landeswassergesetze sollen nachfolgend in ihren wesentlichen Teilen erläutert werden. Es werden aber lediglich die für die Wasserversorgung maßgeblichen Teile ausführlicher behandelt, die weiteren Gesetzesteile werden nur mit ihren Überschriften erwähnt.

Das Wasserhaushaltsgesetz gliedert sich mit seinen 107 Paragrafen in sechs Kapitel und zwei Anlagen. Die Landeswassergesetze sind im Aufbau auf das WHG bezogen und enthalten zusätzliche landesspezifische Festlegungen. Zur Darstellung wird hier das WHG herangezogen und nur beispielhaft besondere Ausführungsbestandteile im Niedersächsischen Wassergesetz (NWG, [R14]) erläutert. Das NWG enthält 133 Paragrafen, die sich auf sieben Kapitel verteilen.

Auf den folgenden Seiten wird das Wasserhaushaltsgesetz [R7] in seiner bei der Drucklegung dieses Buches veröffentlichten aktuellen Fassung näher vorgestellt. Aus Sicht der Autoren besonders wichtige Artikel werden entweder auszugsweise zitiert oder kurz und bündig zusammengefasst vorgestellt.

Kap. 1: Allgemeine Bestimmungen
Das erste Kapitel mit den §§ 1 und 5 enthält allgemeine Bestimmungen.

Das Gesetz gilt nach § 2 für folgende Gewässer:

a) oberirdische Gewässer (das ständig oder zeitweilig in Betten fließende oder stehende oder aus Quellen wild abfließende Wasser;)

b) Küstengewässer (das Meer zwischen der Küstenlinie bei mittlerem Hochwasser oder zwischen der seewärtigen Begrenzung der oberirdischen Gewässer und der seewärtigen Begrenzung des Küstenmeeres; die seewärtige Begrenzung von oberirdischen Gewässern, die nicht Binnenwasserstraßen des Bundes sind, richtet sich nach den landesrechtlichen Vorschriften)

c) Grundwasser (das unterirdische Wasser in der Sättigungszone, das in unmittelbarer Berührung mit dem Boden oder dem Untergrund steht.)

Der § 3 enthält die vorgenannten und 17 weitere Begriffsbestimmungen.

Die § 4 und 5 regeln Gewässereigentum, und dessen Schranken, sowie allgemeine Sorgfaltspflichten.

Kap. 2 – Bewirtschaftung von Gewässern
Abschn. 1: Gemeinsame Bestimmungen

In Abschn. 1 werden Erlaubnis und Bewilligung (§ 8) geregelt.

Jede Benutzung, wie die Entnahme und das Ableiten von Wasser aus oberirdischen Gewässern, das Einbringen und Einleiten von Stoffen in oberirdische Gewässer oder das Entnehmen, Zutagefördern, Zutageleiten und Ableiten von Grundwasser (§ 9) bedürfen der Erlaubnis oder Bewilligung. Nach § 10 gewährt die Erlaubnis die Befugnis und die Bewilligung das Recht ein Gewässer zu einem bestimmten Zweck in einer nach Art und Maß bestimmten Weise zu benutzen. In den nachfolgenden §§ 11 bis 24 sind die Ausführungsbestimmungen zum Verfahren geregelt.

Bei der Beantragung und Bewilligung sind weiterhin in bestimmten Fällen zusätzlich die Bestimmungen des Gesetzes über die Umweltverträglichkeitsprüfung [R6] und das Verwaltungsverfahrensgesetz [R25] zu beachten. Die hier gesetzten Fristen, Bekanntmachungsorte, Möglichkeit zur Akteneinsicht unter anderem sind streng zu beachten, da sie leicht zu Formfehlern führen können.

Abschn. 2: Bewirtschaftung oberirdischer Gewässer

Oberirdische Gewässer dürfen von allen Personen als Gemeingebrauch genutzt werden. Die jeweiligen Landesgesetze bestimmen hierbei Art und Umfang dieser zulässigen Nutzung. Hierbei dürfen die Rechte anderer dem nicht entgegenstehen und die Befugnisse oder der Eigentümer- oder Anliegergebrauch anderer nicht beeinträchtigt werden.

Abschn. 3: Bewirtschaftung von Küstengewässern

Abschn. 3.a: Bewirtschaftung von Meeresgewässern

Abschn. 4: Bewirtschaftung des Grundwassers

Ausschließlich für den Haushalt, für den landwirtschaftlichen Hofbetrieb, für das Tränken von Vieh außerhalb des Hofbetriebs oder in geringen Mengen zu einem vorübergehenden Zweck, sowie für Zwecke der gewöhnlichen Bodenentwässerung landwirtschaftlich, forstwirtschaftlich oder gärtnerisch genutzter Grundstücke darf Grundwasser erlaubnisfrei genutzt werden. Hierbei ist zu beachten, dass keine nachteiligen Auswirkungen auf den Wasserhaushalt zu besorgen sind.

Nach § 47 ist Grundwasser so zu bewirtschaften, dass

1. eine Verschlechterung seines mengenmäßigen und seines chemischen Zustands vermieden wird;
2. alle signifikanten und anhaltenden Trends ansteigender Schadstoffkonzentrationen auf Grund der Auswirkungen menschlicher Tätigkeiten umgekehrt werden;
3. ein guter mengenmäßiger und ein guter chemischer Zustand erhalten oder erreicht werden; zu einem guten mengenmäßigen Zustand gehört insbesondere ein Gleichgewicht zwischen Grundwasserentnahme und Grundwasserneubildung.

Wichtig ist außerdem folgender Satz aus § 48 Reinhaltung des Grundwassers: Eine Erlaubnis für das Einbringen und Einleiten von Stoffen in das Grundwasser darf nur erteilt werden, wenn eine nachteilige Veränderung der Wasserbeschaffenheit insbesondere im Hinblick auf den Eintrag von Schadstoffen nicht zu besorgen ist. Letzteres gilt auch für die Lagerung von Stoffen sowie das Befördern von Flüssigkeiten und Gasen durch Rohrleitungen.

Kap. 3: Besondere wasserwirtschaftliche Bestimmungen
Abschn. 1: Öffentliche Wasserversorgung, Wasserschutzgebiete, Heilquellenschutz

Die öffentliche Wasserversorgung ist eine Aufgabe der Daseinsvorsorge. Deren Wasserbedarf soll vorrangig aus ortsnahen Wasservorkommen gedeckt werden. Die Träger der Wasserversorgung sollen auf einen sorgsamen Umgang mit Wasser hinwirken. Hierzu sind die Wasserverluste gering zu halten und die Endverbraucher über Möglichkeiten rationeller Wasserverwendung unter Beachtung hygienischer Anforderungen zu informieren.

Soweit es das Wohl der Allgemeinheit erfordert, können Wasserschutzgebiete (§ 51) von den Ländern festgelegt werden. Dies geschieht zum Schutz für bestehende oder zukünftige öffentliche Wasserversorgungen, bei Grundwasseranreicherung oder um schädliche Einflüsse (z. B. Eintrag von Bodenteilchen, Dünge- und Pflanzenbehandlungsmittel u. a.) vom Gewässer fernzuhalten.

Die Schutzbestimmungen nach § 52 können

- bestimmte Handlungen verbieten oder für beschränkt zulässig erklären;
- Eigentümer und Nutzungsberechtigte von Grundstücken zur Duldung bestimmter Maßnahmen, zur Vornahme bestimmter Handlungen zu verpflichten und Aufzeichnungen über die Bewirtschaftung der Grundstücke zu führen.

Der jeweilige Landesfachminister kann durch Verordnung verbindliche Schutzbestimmungen erlassen (z. B. SchuVO Niedersachsen [R24]). Das Schutzgebiet wird häufig in Zonen eingeteilt. Hinweise geben die DVGW Arbeitsblätter W 101, W 102 und W 104 (s. Abschn. 3.5).

Schutzgebietsanordnungen, die einer Enteignung gleichkommen, sind entschädigungspflichtig.

Setzen Schutzbestimmungen erhöhte Anforderungen fest, die die ordnungsgemäße land- und forstwirtschaftliche Nutzung des Grundstückes beschränken oder mit zusätzlichen Kosten belasten, so sind für die verursachten wirtschaftlichen Nachteile angemessene Ausgleichszahlungen zu leisten, sofern nicht eine Entschädigungspflicht nach § 52 Abs. 4 besteht.

In § 53 wird der Heilquellenschutz behandelt.

Abschn. 2: Abwasserbeseitigung

Abwasser muss so beseitigt werden, dass das Wohl der Allgemeinheit nicht beeinträchtigt wird.

Die Abwasserbeseitigung umfasst das Sammeln, Fortleiten, Behandeln, Einleiten, Versickern, Verregnen und Verrieseln von Abwasser sowie das Entwässern von Klärschlamm im Zusammenhang mit der Abwasserbeseitigung.

Abschn. 3: Umgang mit wassergefährdenden Stoffen

Abschn. 4: Gewässerschutzbeauftragte

Abschn. 5: Gewässerausbau, Deich-, Damm- und Küstenschutzbauten

Abschn. 6: Hochwasserschutz

Abschn. 7: Wasserwirtschaftliche Planung und Dokumentation

Nach § 82 ist für jede Flussgebietseinheit eine wasserwirtschaftliche Planung durchzuführen und ein entsprechendes Maßnahmenprogramm sowie ein Bewirtschaftungsplan (§ 83) aufzustellen. Nach § 87 sind über die Gewässer Wasserbücher zu führen. Diese müssen erteilte Erlaubnisse, Bewilligungen, alte Befugnisse und Rechte, Planfeststellungsbeschlüsse und Plangenehmigungen, Wasserschutzgebiete, Risikogebiete und festgesetzte Überschwemmungsgebiete enthalten.

Abschn. 8: Haftung für Gewässerveränderungen

§ 89 regelt die Haftung für Änderungen an der Wasserbeschaffenheit: Wer in ein Gewässer Stoffe einbringt oder einleitet oder wer in anderer Weise auf ein Gewässer einwirkt und dadurch die Wasserbeschaffenheit nachteilig verändert, ist zum Ersatz des daraus einem anderen entstehenden Schadens verpflichtet. Wird die Wasserbeschaffenheit durch Anlagen, in denen schädigende Stoffe verwendet oder gelagert werden, nachteilig beeinflusst, so ist der Betreiber der Anlage zum Schadensersatz verpflichtet. Lediglich bei höherer Gewalt tritt die Ersatzpflicht nicht ein.

§ 90 regelt mit Verweis auf das Umweltschadensgesetz die Sanierung von aufgetretenen Gewässerschäden.

Abschn. 9: Duldungs- und Gestattungsverpflichtungen

Gewässerkundliche Maßnahmen wie beispielsweise die Errichtung und der Betrieb von Messanlagen, Probebohrungen oder Pumpversuche sind von Grundstückseigentümern nach § 91 zu dulden. Auch die Veränderung von Gewässern durch Vertiefung und Verbreiterung müssen Grundstückseigentümer dann dulden, wenn durch diese Maßnahmen der Wasserabfluss verbessert wird oder diese zur Entwässerung von Grundstücken, der Abwasserableitung oder zur besseren Ausnutzung von Triebwerksanlagen erforderlich sind (§ 92). Gleiches gilt nach § 93 für die Durchleitung von Wasser und Abwasser. Der § 94 regelt in diesem Zusammenhang die Mitbenutzung von Anlagen und der § 95 die gegebenenfalls erforderlichen Entschädigungen.

Kap. 4: Entschädigung, Ausgleich
In diesem Kapitel sind in den §§ 96 bis 99 Art, Umfang und Verfahren von Entschädigungen oder Ausgleich in Geld geregelt.

Kap. 5: Gewässeraufsicht
Im fünften Kapitel sind die Aufgaben und Befugnisse der Gewässeraufsicht geregelt. Die zuständige Behörde hat nach § 100 die Aufgabe, die Gewässer sowie die Erfüllung der öffentlich-rechtlichen Verpflichtungen zu überwachen und entsprechende Maßnahmen anzuordnen. Die Befugnisse der entsprechenden Bediensteten auch im Zusammenwirken mit anderen Rechtsvorschriften sind in § 101 erfasst. § 102 regelt die Gewässeraufsicht von Anlagen und Einrichtungen, die der Verteidigung dienen.

Kap. 6: Bußgeld- und Überleitungsbestimmungen

In diesem Teil sind die Handlungen aufgeführt, die bei vorsätzlicher oder fahrlässiger Nichtbeachtung zu einer Ordnungswidrigkeit führen.

In den Landeswassergesetzen sind in einem zusätzlichen Teil die Behörden, Zuständigkeiten und die Gefahrenabwehr geregelt. Im niedersächsischen Wassergesetz ist dies beispielsweise das sechste Kapitel mit den §§ 127 bis 132 NWG [R14].

Oberste Wasserbehörde ist das Fachministerium (meist das Umweltministerium, z. B. in Niedersachsen: Niedersächsisches Ministerium für Umwelt, Energie, Bauen und Klimaschutz).

Untere Wasserbehörden sind Landkreise, kreisfreie Städte und große selbstständige Städte. Eine Zuständigkeit der selbstständigen Gemeinden wird ausgeschlossen. Interkommunale Zusammenarbeit in diesem Bereich ist möglich. Sie bedarf aber der Zustimmung des Fachministeriums.

Das Handeln der Behörden tritt in Form von Verwaltungsmaßnahmen zutage. Erlasse des Fachministers richten sich an nachgeordnete Behörden. Verordnungen, die aufgrund einer gesetzlichen Ermächtigung erlassen werden, richten sich als Rechtsnorm an die Allgemeinheit.

Eine häufige Willensäußerung der Behörde ist der *Verwaltungsakt*. Bei einem Verwaltungsakt regelt eine Behörde einen Einzelfall mit Rechtswirkung nach außen, z. B. die Erteilung einer Bewilligung zur Entnahme von Grundwasser.

Verwaltungsakte können angefochten werden. Sie müssen daher eine Rechtsmittelbelehrung enthalten, die den Einspruchsweg und die einzuhaltenden Fristen aufzeigt. Formfehler machen ihn anfechtbar und können bis zur Nichtigkeit führen. Öffentlich-rechtliche Streitigkeiten werden durch die Verwaltungsgerichte geklärt.

9.3 Weitere Rechtsquellen für die Wasserversorgung

Neben dem WHG [R7] spielen in der Wasserversorgung weitere Rechtsquellen eine wichtige Rolle.

Da das Trinkwasser ein Lebensmittel ist, muss es dem Lebensmittel- und Hygienerecht entsprechen. Die EU-Richtlinie über die Qualität von Wasser für den menschlichen Gebrauch [R21], welche zuletzt 2020 neu gefasst wurde, hat neben gesundheitlich relevanten Stoffen auch solche festgelegt, die nur geringe Relevanz für die Gesundheit haben, aber optisch stören.

Es werden dem Wasser auch Zusatzstoffe zur Erreichung eines bestimmten Aufbereitungszieles zugegeben (z. B. Flockungsmittel). Aus diesem Grund ist neben dem Infektionsschutzgesetz auch das Lebensmittel-, Bedarfsgegenstände- und Futtermittelgesetzbuch (Lebensmittel- und Futtermittelgesetzbuch – LFGB) [R11] wichtig.

Aufgrund dieser beiden Rechtsgrundlagen wurde die Trinkwasserverordnung [R17] erlassen.

Für den Zweck der Verteidigung wurde das Wassersicherstellungsgesetz [R4] am 24.08.1965 erlassen. Auf dieser Gesetzesquelle beruht auch die 1. und 2. Wassersicherstellungsverordnung (WasSV) [R3, R26].

Die Abgabe von Trinkwasser ist durch die Verordnung über Allgemeine Bedingungen für die Versorgung mit Wasser von Tarifkunden (AVBWasserV) [R23] geregelt. Die AVB-WasserV regelt Rechte zwischen Versorgungsunternehmen und Wasserkunden. Sie dient dem Verbraucherschutz und ist seit 1982 zwingend vorgeschrieben. Inhalte sind beispielsweise Regelungen zur Haftung, zur Grundstücksbenutzung, zum Hausanschluss sowie zur Abrechnung.

9.4   Rechtsformen der Wasserversorgungsunternehmen (WVU)

Die Versorgung mit Trinkwasser gehört zu den Aufgaben der Daseinsvorsorge der Gemeinden (Art. 28 GG).

Gemeinden sind Gebietskörperschaften mit dem Recht auf Selbstverwaltung. Die Organe einer Gemeinde sind der Rat und die Verwaltung. Zur Regelung ihrer Angelegenheiten werden allgemein verbindliche Rechtsvorschriften in Form von Satzungen erlassen.

Wegen der überregionalen Bedeutung ist ein *Regiebetrieb* als Wasserversorgungsunternehmen zu vermeiden und ein *Eigenbetrieb* oder eine *Eigengesellschaft* anzustreben. Während ein Regiebetrieb unselbstständig ist, bildet der Eigenbetrieb eine selbstständige Abteilung in der Verwaltung.

Eigenbetriebe haben keine eigene Rechtspersönlichkeit, sondern sind ein integraler Bestandteil der Gemeindeverwaltung und somit dem Rat der Gemeinde verantwortlich. Häufig wird ein Werkausschuss vom Rat der Gemeinde bestimmt, der im Rahmen der Betriebssatzung eigenverantwortlich handeln kann.

Die Eigenbetriebe werden nach der jeweiligen Ländereigenbetriebsverordnung (z. B. EigBetrVO Niedersachsen [R1]) geführt. Sie müssen einen Vermögenshaushalt als Sondervermögen der Gemeinde nachweisen.

Wird eine überregionale Zusammenarbeit erforderlich, so werden häufig *Wasserverbände* gegründet. Dies geschieht nach dem Zweckverbandsrecht der Länder.

Diese Zweck- oder Wasser- und Bodenverbände nehmen häufig Teilaufgaben der Wasserversorgung wahr, wie zum Beispiel die Wassergewinnung und Wasseraufbereitung, während die Verteilung bei den Gemeinden verbleibt. Es ist aber auch eine Gesamtübertragung möglich.

In einem Verband senden die beteiligten Gemeinden Vertreter in die Verbandsversammlung. Dieses oberste Organ wählt den Vorstand, der nach seiner Wahl einen Vorsteher wählt. In kleinen Verbänden wird nur ein Vorsteher gewählt.

Für die Durchführung der Verbandsaufgaben ist eine hauptamtliche Geschäftsführung erforderlich. Der Geschäftsführer wird von der Verbandsversammlung oder vom Vorstand bestimmt. In großen Verbänden besteht die hauptamtliche Verwaltung aus Einzelabteilungen für den technischen und kaufmännischen Bereich.

Der Verband wird vom Vorsteher nach außen vertreten, während der Geschäftsführer die laufenden Geschäfte wahrnimmt.

Die Gesamtkosten des Verbandes werden anteilig auf die einzelnen Gemeinden verteilt. Eigengesellschaften sind Unternehmen mit eigener Rechtspersönlichkeit.

Häufige Rechtsformen sind die Aktiengesellschaft (AG) oder Gesellschaft mit beschränkter Haftung (GmbH). Die AG und die GmbH sind Handelsgesellschaften nach dem Handelsgesetzbuch (HGB) [R10]. Es handelt sich um Kapitalgesellschaften, die nach dem Aktienrecht bzw. nach dem Gesellschaftsrecht geführt werden. Aktionär bzw. Gesellschafter ist die Gemeinde.

Die Organe der AG sind der Vorstand als geschäftsführendes Organ, welches vom Aufsichtsrat kontrolliert wird. Als höchstes Beschlussorgan fungiert die Hauptversammlung.

Bei der GmbH erfolgt die Geschäftsführung durch einen oder mehrere Geschäftsführer, die durch die Gesellschafterversammlung überwacht werden.

Bei der AG oder bei der GmbH ist eine direkte Einflussnahme durch den Gemeinderat nicht mehr möglich, die Interessen des Rates werden durch vom Rat gewählte oder bestimmte Personen vertreten.

9.5 Technisches Regelwerk

Öffentliche Wasserversorgungsanlagen sind nach den allgemein anerkannten Regeln der Technik zu errichten und zu betreiben.

„Allgemein anerkannte Regeln der Technik" (aaRdT) stellen die herrschende Auffassung der technischen Praktiker dar. Ein Verstoß gegen diese Regeln bedeutet in strafrechtlicher Hinsicht grobe Fahrlässigkeit. Zu den „aaRdT" zählt unter anderem:

- das Technische Regelwerk von Fachverbänden (DVGW),
- die von den Trägern der Unfallversicherung verfassten Sicherheitsregeln sowie
- die DIN-, EN und ISO Normen.

Wird als Maßstab „Stand der Technik" (SdT) verlangt, so ist der Standard höher. Beim SdT handelt es sich um einen Entwicklungsstand, der noch in die Pilotentwicklungsphase hineinreicht, aber eine gewisse Praxiserprobung erreicht hat, ohne allgemein anerkannt zu sein. Beispielsweise findet sich die Forderung nach dem Stand der Technik im Wasserhaushaltsgesetz [R7] § 57 als Voraussetzung für die Erteilung einer Abwassereinleitung in ein Gewässer.

Das technische Regelwerk beschreibt anerkannte Verfahren, die sich wiederholt bewährt haben. Sie werden nach Anhörung und nach bestimmten Verfahren von erfahrenen Fachleuten erstellt. Sie sind nicht automatisch rechtsverbindlich. Sie können aber durch

Rechts- und Verwaltungsvorschriften (z. B. Musterverwaltungsvorschrift Technische Bau-bestimmungen [R13]) anwendungspflichtig werden.

Wichtige technische Regelwerke für die Wasserversorgung sind die DIN-Vorschriften, das DVGW-Regelwerk, die Unfallverhütungsvorschriften u. a. Den aktuellen Stand der Normung im Bereich der DIN-Normen findet man z. B. auf den Internetseiten des Beuth-Verlages unter *www.beuth.de*. Für das DVGW-Regelwerk wird auf das Regelwerks-verzeichnis verwiesen.

Im DVGW-Regelwerk unterscheidet man zwischen Arbeitsblättern, Merkblättern und Hinweisen. Sowohl beim DVGW-Regelwerk wie auch bei den DIN-Vorschriften gibt es Entwürfe (E), sogenannte „Gelbdrucke". So handelt es sich zum Beispiel bei der Bezeichnung „DIN E ISO" um einen Entwurf einer deutschen Norm, die eine internatio-nale Norm der ISO übernommen hat, bei „DIN EN" handelt es sich um eine europäische Norm, deren deutsche Fassung den Status einer deutschen Norm hat.

Im Europäischen Komitee für Normung (CEN) werden zahlreiche neue Normen er-stellt. Für die Wasserversorgung ist besonders das Technische Komitee (TC) wichtig. CEN/TC 164 ist mit Fragen der Wasserversorgung betraut. Wichtig ist außerdem die Kenntnis der harmonisierten europäischen Normen. Harmonisierte europäische Normen sind Produktnormen, deren Produkte dem Anwendungsbereich der Bauproduktenverord-nung [R22] unterliegen. Sie sind mit dem CE Zeichen zu kennzeichnen und benötigen eine Leistungserklärung. Einen Überblick über die zurzeit aktuell gültigen europäisch harmo-nisierten Normen findet sich auf der Webseite des Deutschen Instituts für Bautechnik (DIBt) unter www.dibt.de.

Liste der zitierten DIN-Normen

DIN	Ausgabe	Titel
EN 124-1	09/15	Aufsätze und Abdeckungen für Verkehrsflächen – Teil 1: Definitionen, Klassifizierung, allgemeine Baugrundsätze, Leistungsanforderungen und Prüfverfahren
EN 197-1	11/11	Zement – Teil 1: Zusammensetzung, Anforderungen und Konformitätskriterien von Normalzement
EN 512	11/94	Faserzement-Produkte; Druckrohre und Verbindungen
EN 512/A1	04/02	Faserzement-Produkte; Druckrohre und Verbindungen; Änderung A1
EN 545	09/11	Rohre, Formstücke, Zubehörteile aus duktilem Gusseisen und ihre Verbindungen für Wasserleitungen; Anforderungen und Prüfverfahren
EN 736-1	05/18	Armaturen – Terminologie – Teil 1: Definition der Grundbauarten
EN 805	03/00	Wasserversorgung; Anforderungen an Wasserversorgungssysteme und deren Bauteile außerhalb von Gebäuden
EN 806-1	12/01	Technische Regeln für Trinkwasser-Installationen; Teil 1: Allgemeines
EN 806-2	06/05	Technische Regeln für Trinkwasser-Installationen; Teil 2: Planung
EN 806-3	07/06	Technische Regeln für Trinkwasser-Installationen; Teil 3: Berechnung der Rohrinnendurchmesser – vereinfachtes Verfahren
EN 806-4	06/10	Technische Regeln für Trinkwasser-Installationen; Teil 4: Installation
EN 806-5	04/12	Technische Regeln für Trinkwasser-Installationen; Teil 5: Betrieb und Wartung
EN 878	09/16	Produkte zur Aufbereitung von Wasser für menschlichen Gebrauch – Aluminiumsulfat
EN 901	12/13	Produkte zur Aufbereitung von Wasser für menschlichen Gebrauch – Natriumhypochlorit
EN 1017	08/17	Produkte zur Aufbereitung von Wasser für den menschlichen Gebrauch – Halbgebrannter Dolomit
1045-2	08/08	Tragwerke aus Beton, Stahlbeton, Spannbeton – Teil 2: Festlegung, Eigenschaften, Herstellung und Konformität
1045-3	03/12	Tragwerke aus Beton, Stahlbeton, Spannbeton – Teil 3: Bauausführung

© Der/die Herausgeber bzw. der/die Autor(en), exklusiv lizenziert an Springer Fachmedien Wiesbaden GmbH, ein Teil von Springer Nature 2022
F. Hoffmann, S. Grube, *Wasserversorgung*,
https://doi.org/10.1007/978-3-658-37049-7

DIN	Ausgabe	Titel
1045-4	02/12	Tragwerke aus Beton, Stahlbeton, Spannbeton – Teil 4: Ergänzende Regeln für die Herstellung und die Konformität von Fertigteilen
1045-100	09/17	Bemessung und Konstruktion von Stahlbeton- und Spannbetontragwerken – Teil 100: Ziegeldecken
1072	12/85	Straßen- und Wegbrücken; Lastannahmen, ersatzlos zurückgezogen
EN 1092-1	12/18	Flansche und ihre Verbindungen – Runde Flansche für Rohre, Armaturen, Formstücke und Zubehör; Teil 1: Stahlflansche, nach PN bezeichnet
EN 1092-2	06/97	Flansche und ihre Verbindungen – Runde Flansche für Rohre, Armaturen, Formstücke und Zubehör; Teil 2: Gusseisenflansche, nach PN bezeichnet
EN ISO 1127	03/19	Nichtrostende Stahlrohre – Maße, Grenzabmaße und längenbezogene Masse
1164-10	03/13	Zement mit besonderen Eigenschaften – Teil 10: Zusammensetzung, Anforderungen und Übereinstimmungsnachweis von Zement mit niedrigem wirksamen Alkaligehalt
1229	09/15	Aufsätze und Abdeckungen für Verkehrsflächen – Sicherung des Deckels oder Rostes im Rahmen
1239	04/18	Schachtabdeckungen für Brunnenschächte, Quellfassungen und andere Bauwerke der Wasserversorgung – Baugrundsätze
EN 1444	03/01	Faserzement-Rohrleitungen; Hinweise für die Verlegung und bauseitige Bearbeitung
EN ISO 1452-1	04/10	Kunststoff-Rohrleitungssysteme für die Wasserversorgung; weichmacherfreies Polyvinylchlorid (PVC-U); Teil 1: Allgemeines
EN ISO 1452-2	04/10	Kunststoff-Rohrleitungssysteme für die Wasserversorgung; weichmacherfreies Polyvinylchlorid (PVC-U); Teil 2: Rohre
EN ISO 1452-3	04/10	Kunststoff-Rohrleitungssysteme für die Wasserversorgung; weichmacherfreies Polyvinylchlorid (PVC-U); Teil 3: Formstücke
EN 1484	04/19	Wasseranalytik – Anleitungen zur Bestimmung des gesamten organischen Kohlenstoffs (TOC) und des gelösten organischen Kohlenstoffs (DOC)
EN 1508	12/98	Wasserversorgung – Anforderungen an Systeme und Bestandteile der Wasserspeicherung
EN 1717	08/11	Schutz des Trinkwassers vor Verunreinigungen in Trinkwasser-Installationen und allgemeine Anforderungen an Sicherheitseinrichtungen zur Verhütung von Trinkwasser-verunreinigungen durch Rückfließen
EN 1905	02/99	Kunststoff-Rohrleitungssysteme; Rohre, Formstücke und Werkstoffe aus weichmacherfreiem Polyvinylchlorid (PVC-U); Verfahren zur Bestimmung des PVC-Gehaltes auf der Basis des Gesamtchlorgehaltes
1988-100	08/11	Technische Regeln für Trinkwasser-Installationen – Teil 100: Schutz des Trinkwassers, Erhaltung der Trinkwassergüte; Technische Regel des DVGW

DIN	Ausgabe	Titel
1988-200	05/12	Technische Regeln für Trinkwasser-Installationen – Teil 200: Installation Typ A (geschlossenes System) – Planung, Bauteile, Apparate, Werkstoffe; Technische Regel des DVGW
1988-300	05/12	Technische Regeln für Trinkwasser-Installationen – Teil 300: Ermittlung der Rohrdurchmesser; Technische Regel des DVGW
1988-500	02/11	Technische Regeln für Trinkwasser-Installationen – Teil 500: Druckerhöhungsanlagen mit drehzahlgeregelten Pumpen; Technische Regel des DVGW
1988-600	12/10	Technische Regeln für Trinkwasser-Installationen – Teil 600: Trinkwasser-Installationen in Verbindung mit Feuerlösch- und Brandschutzanlagen; Technische Regel des DVGW
1989-1	04/02	Regenwassernutzungsanlagen – Teil 1: Planung, Ausführung, Betrieb und Wartung
1989-2	08/04	Regenwassernutzungsanlagen – Teil 2: Filter
EN 1991-2	12/10	Eurocode 1: Einwirkungen auf Tragwerke – Teil 2: Verkehrslasten auf Brücken
EN 1992-1-1	01/11	Eurocode 2: Bemessung und Konstruktion von Stahlbeton- und Spannbetontragwerken – Teil 1-1: Allgemeine Bemessungsregeln und Regeln für den Hochbau
1998	07/18	Unterbringung von Leitungen und Anlagen in öffentlichen Flächen – Richtlinien für die Planung
2000	02/17	Zentrale Trinkwasserversorgung; Leitsätze für Anforderungen an Trinkwasser, Planung, Bau, Betrieb und Instandhaltung der Versorgungsanlagen
2001-1	01/19	Trinkwasserversorgung aus Kleinanlagen und nicht ortsfesten Anlagen – Teil 1: Kleinanlagen – Leitsätze für Anforderungen an Trinkwasser, Planung, Bau, Betrieb und Instandhaltung der Anlage
2001-1 B1	01/19	Trinkwasserversorgung aus Kleinanlagen und nicht ortsfesten Anlagen – Teil 1: Kleinanlagen – Leitsätze für Anforderungen an Trinkwasser, Planung, Bau, Betrieb und Instandhaltung der Anlagen; Beiblatt 1: Beispiel für eine Checkliste zur Kontrolle der Wassergewinnungsanlagen
2001-2	01/18	Trinkwasserversorgung aus Kleinanlagen und nicht ortsfesten Anlagen – Teil 2: Nicht ortsfeste Anlagen – Leitsätze für Anforderungen an Trinkwasser, Planung, Bau, Betrieb und Instandhaltung der Anlagen
2001-3	12/15	Trinkwasserversorgung aus Kleinanlagen und nicht ortsfesten Anlagen – Teil 3: Nicht ortsfeste Anlagen zur Ersatz- und Notwasserversorgung – Leitsätze für Anforderungen an das abgegebene Wasser, Planung, Bau, Betrieb und Instandhaltung der Anlagen
2425-1	08/75	Planwerke für die Versorgungswirtschaft, die Wasserwirtschaft und für Fernleitungen; Rohrnetzpläne der öffentlichen Gas- und Wasserversorgung
2425-3	05/80	Planwerke für die Versorgungswirtschaft, die Wasserwirtschaft und für Fernleitungen; Pläne für Rohrfernleitungen

DIN	Ausgabe	Titel
2460	06/06	Stahlrohre für Wasserleitungen
2460 Berichtigung 1	04/07	Stahlrohre und Formstücke für Wasserleitungen, Berichtigungen zu DIN 2460:2006-06
2880	01/99	Anwendung von Zementmörtel-Auskleidung für Gussrohre, Stahlrohre und Formstücke
4023	02/06	Geotechnische Erkundung und Untersuchung-Zeichnerische Darstellung der Ergebnisse von Bohrungen und sonstigen direkten Aufschlüssen
4030-1	06/08	Beurteilung betonangreifender Wässer, Böden und Gase; Grundlagen und Grenzwerte
4034-2	05/13	Schächte aus Beton- und Stahlbetonfertigteilen – Teil 2: Schächte für Brunnen- und Sickeranlagen – Maße, Technische Lieferbedingungen
4044	07/80	Hydromechanik im Wasserbau; Begriffe
4046	09/83	Wasserversorgung (zurückgezogen)
4049-1	12/92	Hydrologie; Grundbegriffe
4049-2	04/90	Hydrologie; Begriffe der Gewässerbeschaffenheit
4049-3	10/94	Hydrologie; Begriffe zur quantitativen Hydrologie
4046-1	09/83	Wasserversorgung; Begriffe; Technische Regel des DVGW (Norm zurückgezogen)
EN ISO 4046-1	10/17	Wasserzähler zum Messen von kaltem Trinkwasser und heißem Wasser – Teil 1: Metrologische und technische Anforderungen
4066	07/97	Hinweisschilder für die Feuerwehr
4067	11/75	Wasser; Hinweisschilder, Orts-Wasserverteilungs- und Wasserfernleitungen
4124	01/12	Baugruben und Gräben, Böschungen, Verbau, Arbeitsraumbreiten
4271-1	10/12	Schachtabdeckungen mit Lüftungsöffnungen, Klasse B 125 Teil 1 Zusammenstellung
4271-2	10/12	Schachtabdeckungen mit Lüftungsöffnungen, Klasse B 125 Teil 2 Einzelteile
4810	09/91	Druckbehälter aus Stahl für Wasserversorgungsanlagen
4900-1	10/17	Filter- und Vollwandrohre aus Stahl für Brunnen – Teil 1: Vollwandrohre und Schlitzbrückenfilter
4918	04/17	Nahtlose Bohrrohre mit Gewindeverbindungen für verrohrte Bohrungen
4924	07/14	Sande und Kiese für den Brunnenbau; Anforderungen und Prüfungen
4925-1	10/17	Filter- und Vollwandrohre aus weichmacherfreiem Polyvinylchlorid (PVC-U) für Brunnen; Teil 1: DN 35 bis DN 100 mit Whitworth-Rohrgewinde
4925-2	10/17	Filter- und Vollwandrohre aus weichmacherfreiem Polyvinylchlorid (PVC-U) für Brunnen; Teil 2: DN 100 bis DN 200 mit Trapezgewinde
4925-3	10/17	Filter- und Vollwandrohre aus weichmacherfreiem Polyvinylchlorid (PVC-U) für Brunnen; Teil 3: DN 250 bis DN 400 mit Trapezgewinde
ISO 5667-5	02/11	Wasserbeschaffenheit – Probenahme – Teil 5: Anleitung zur Probenahme von Trinkwasser aus Aufbereitungsanlagen und Rohrnetzsystemen

DIN	Ausgabe	Titel
EN ISO 6222	07/99	Wasserbeschaffenheit – Quantitative Bestimmung der kultivierbaren Mikroorganismen – Bestimmung der Koloniezahl durch Einimpfen in ein Nähragarmedium
EN ISO 7027-1	11/16	Wasserbeschaffenheit – Bestimmung der Trübung – Teil 1: Quantitative Verfahren
EN ISO 7887	04/12	Wasserbeschaffenheit – Untersuchung und Bestimmung der Färbung
EN ISO 8044	08/20	Korrosion von Metallen und Legierungen; Grundbegriffe
8061	05/16	Rohre aus weichmacherfreiem Polyvinylchlorid (PVC-U); Allgemeine Qualitätsanforderungen
8062	10/09	Rohre aus weichmacherfreiem Polyvinylchlorid (PVC-U, PVC-HI); Maße
8074	12/11	Rohre aus Polyethylen (PE); PE 80, PE 100 – Maße
8075	08/18	Rohre aus Polyethylen (PE) – PE 80, PE 100 – Allgemeine Güteanforderungen, Prüfungen
EN ISO 9308-1	09/17	Wasserbeschaffenheit – Zählung von Escherichia coli und coliformen Bakterien – Teil 1: Membranfiltrationsverfahren für Wässer mit niedriger Begleitflora
EN ISO 9308-2	06/14	Wasserbeschaffenheit – Zählung von Escherichia coli und coliformen Bakterien – Teil 2: Verfahren zur Bestimmung der wahrscheinlichsten Keimzahl
EN 10224	12/05	Rohre und Fittings aus unlegierten Stählen für den Transport wässriger Flüssigkeiten einschließlich Trinkwasser; Technische Lieferbedingungen
EN 10253-2	09/08	Formstücke zum Einschweißen – Teil 2: Unlegierte und legierte ferritische Stähle mit besonderen Prüfanforderungen
EN 10253-4	06/08	Formstücke zum Einschweißen – Teil 4: Austenitische und austenitisch-ferritische (Duplex-)Stähle mit besonderen Prüfanforderungen
EN 10253-4 Berichtigung 1	11/09	Formstücke zum Einschweißen – Teil 4: Austenitische und austenitisch-ferritische (Duplex-)Stähle mit besonderen Prüfanforderungen – Berichtigung zu DIN EN 10253-4
EN 10298	12/05	Stahlrohre und Formstücke für erd- und wasserverlegte Rohrleitungen – Zementmörtel-Auskleidung
EN ISO 10304-1	07/09	Wasserbeschaffenheit – Bestimmung von gelösten Anionen mittels Flüssigkeits-Ionenchromatographie – Teil 1: Bestimmung von Bromid, Chlorid, Fluorid, Nitrat, Nitrit, Phosphat und Sulfat
EN 10311	08/05	Verbindungen für Stahlrohre und Fittings für den Transport von Wasser und anderen wässrigen Flüssigkeiten
EN ISO 10523	02/12	Wasserbeschaffenheit – Bestimmung des pH-Werts, Nationaler Anhang
EN ISO 11885	09/09	Wasserbeschaffenheit – Bestimmung von ausgewählten Elementen durch induktiv gekoppelte Plasma-Atom-Emissionsspektrometrie
EN 12201-1	11/11	Kunststoff-Rohrleitungssysteme für die Wasserversorgung; Polyethylen (PE); Teil 1: Allgemeines
EN 12201-2	02/13	Kunststoff-Rohrleitungssysteme für die Wasserversorgung; Polyethylen (PE); Teil 2: Rohre

DIN	Ausgabe	Titel
EN 12201-3	01/13	Kunststoff-Rohrleitungssysteme für die Wasserversorgung; Polyethylen (PE); Teil 3: Formstücke
EN 12620	07/08	Gesteinskörnungen für Beton
EN 12842	11/12	Duktile Gussformstücke für PVC-U- oder PE-Rohrleitungssysteme; Anforderungen und Prüfverfahren
EN 12903	07/09	Produkte zur Aufbereitung von Wasser für den menschlichen Gebrauch – Pulver-Aktivkohle
EN 12904	06/05	Produkte zur Aufbereitung von Wasser für den menschlichen Gebrauch; Quarzsand und Quarzkies
EN 12909	01/13	Produkte zur Aufbereitung von Wasser für den menschlichen Gebrauch; Anthrazit
EN 12915-T.1	01/09	Produkte zur Aufbereitung von Wasser für den menschlichen Gebrauch; Frisch granulierte Aktivkohle
EN 12915-T.2	02/09	Produkte zur Aufbereitung von Wasser für den menschlichen Gebrauch; Reaktivierte granulierte Aktivkohle
EN 12954	02/20	Grundlagen des kathodischen Korrosionsschutzes von metallenen Anlagen in Böden und Wässern
14220	02/09	Löschwasserbrunnen
14230	09/12	Unterirdische Löschwasserbehälter
EN 14339	10/05	Unterflurhydranten (mit Berichtigung von 07/07)
EN 14384	10/05	Überflurhydranten (mit Berichtigung von 07/07)
EN 14628	09/20	Rohre, Formstücke und Zubehörteile aus duktilem Gusseisen – Polyethylenumhüllung von Rohren – Anforderungen und Prüfverfahren
EN 15542	06/08	Rohre, Formstücke und Zubehör aus duktilem Gusseisen – Zementmörtelumhüllung von Rohren – Anforderungen und Prüfverfahren
EN 15542 B1	08/08	Rohre, Formstücke und Zubehör aus duktilem Gusseisen – Zementmörtelumhüllung von Rohren – Anforderungen und Prüfverfahren; Deutsche Fassung EN 15542:2008, Berichtigung zu DIN EN 15542:2008-06
EN 15542 B2	09/14	Rohre, Formstücke und Zubehör aus duktilem Gusseisen – Zementmörtelumhüllung von Rohren – Anforderungen und Prüfverfahren; Deutsche Fassung EN 15542:2008, Berichtigung zu DIN EN 15542:2008-06
EN ISO 15607	02/20	Anforderung und Qualifizierung von Schweißverfahren für metallische Werkstoffe – Allgemeine Regel
DIN EN 16003	02/12	Produkte zur Aufbereitung von Wasser für den menschlichen Gebrauch – Calciummagnesiumcarbonat
16869-1	12/14	Rohre aus glasfaserverstärktem Polyesterharz (UP-GF); geschleudert, gefüllt – Teil 1: Maße
16869-2	12/14	Rohre aus glasfaserverstärktem Polyesterharz (UP-GF); geschleudert, gefüllt – Teil 2: Allgemeine Güteanforderungen, Prüfung
EN ISO 16890-1	08/17	Luftfilter für die allgemeine Raumlufttechnik – Teil 1: Technische Bestimmungen, Anforderungen und Effizienzklassifizierungssystem, basierend auf dem Feinstaubabscheidegrad (ePM)

DIN	Ausgabe	Titel
16892	10/19	Rohre aus vernetztem Polyethylen hoher Dichte (PE-X); Allgemeine Güteanforderungen, Prüfung
16893	10/19	Rohre aus vernetztem Polyethylen hoher Dichte (PE-X); Maße
EN ISO 17769-1	11/12	Flüssigkeitspumpen und -installationen – Allgemeine Begriffe, Definitionen, Größen, Formelzeichen und Einheiten – Teil 1: Flüssigkeitspumpen
18531-2	07/17	Abdichtung von Dächern sowie von Balkonen, Loggien und Laubengängen – Teil 2: Nicht genutzte und genutzte Dächer – Stoffe
19605	05/16	Festbettfilter zur Wasseraufbereitung; Aufbau und Bestandteile
19606	01/20	Chlorgasdosieranlagen zur Wasseraufbereitung – Technische Anforderungen an den Anlagenaufbau und Betrieb
EN 26777	04/93	Wasserbeschaffenheit; Bestimmung von Nitrit; Spektrometrisches Verfahren
EN 27888	11/1993	Wasserbeschaffenheit; Bestimmung der elektrischen Leitfähigkeit
28601	06/00	Rohre und Formstücke aus duktilem Gusseisen; Schraubmuffenverbindungen; Zusammenstellung, Muffen, Schraubringe, Dichtungen und Gleitringe
28602	05/00	Rohre und Formstücke aus duktilem Gusseisen; Stopfbuchsenmuffen-Verbindungen; Zusammenstellung, Muffen, Stopfbuchsenringe, Dichtungen, Hammerschrauben und Muttern,
28603	05/02	Rohre und Formstücke aus duktilem Gusseisen; Steckmuffen-Verbindungen; Zusammenstellung, Muffen und Dichtungen
28650	11/99	Formstücke aus duktilem Gusseisen; Bögen 30°, EN-Stücke, MI-Stücke, IT-Stücke; Anwendung, Maße
30670	04/12	Umhüllung von Stahlrohren und -formstücken aus Stahl mit Polyethylen
30674-3	03/01	Umhüllung von Rohren aus duktilem Gusseisen; Teil 3: Zink-Überzug mit Deckbeschichtung
30674-5	03/85	Umhüllung von Rohren aus duktilem Gusseisen; Polyethylen-Folienumhüllung
38404-3	07/05	Deutsche Einheitsverfahren zur Wasser-, Abwasser- und Schlammuntersuchung – Physikalische und physikalisch-chemische Kenngrößen (Gruppe C) – Teil 3: Bestimmung der Absorption im Bereich der UV-Strahlung, Spektraler Absorptionskoeffizient (C 3)
38404-4	12/76	Deutsche Einheitsverfahren zur Wasser-, Abwasser- und Schlammuntersuchung; Physikalische und physikalisch-chemische Kenngrößen (Gruppe C); Bestimmung der Temperatur (C 4)
38404-10	12/12	Deutsche Einheitsverfahren zur Wasser-, Abwasser- und Schlammuntersuchung – Physikalische und physikalisch-chemische Stoffkenngrößen (Gruppe C) – Teil 10: Be-rechnung der Calcitsättigung eines Wassers (C 10).
38406-5	10/83	Deutsche Einheitsverfahren zur Wasser-, Abwasser- und Schlammuntersuchung; Kationen (Gruppe E); Bestimmung des Ammonium-Stickstoffs (E 5)

DIN	Ausgabe	Titel
38409-6	01/86	Deutsche Einheitsverfahren zur Wasser-, Abwasser- und Schlammuntersuchung; Summarische Wirkungs- und Stoffkenngrößen (Gruppe H); Härte eines Wassers (H 6)
38409-7	12/05	Deutsche Einheitsverfahren zur Wasser-, Abwasser- und Schlammuntersuchung – Summarische Wirkungs- und Stoffkenngrößen (Gruppe H) – Teil 7: Bestimmung der Säure- und Basekapazität (H 7)
50929-1	03/17	Korrosion der Metalle; Korrosionswahrscheinlichkeit metallischer Werkstoffe bei äußerer Korrosionsbelastung; Teil 1: Allgemeines
50929-2	03/17	Korrosion der Metalle; Korrosionswahrscheinlichkeit metallischer Werkstoffe bei äußerer Korrosionsbelastung; Teil 2: Installationsteile innerhalb von Gebäuden
50929-3	03/18	Korrosion der Metalle; Korrosionswahrscheinlichkeit metallischer Werkstoffe bei äußerer Korrosionsbelastung; Teil 3: Rohrleitungen und Bauteile in Böden und Wässern
50930-6	10/13	Korrosion der Metalle – Korrosion metallener Werkstoffe im Innern von Rohrleitungen, Behältern und Apparaten bei Korrosionsbelastung durch Wässer – Teil 6: Bewertungsverfahren und Anforderungen hinsichtlich der hygienischen Eignung in Kontakt mit Trinkwasser

Technische Regeln des DVGW

In diesem Werk zitierte Arbeitsblätter bzw. Merkblätter.

Hrsg.: DVGW Deutsche Vereinigung des Gas- und Wasserfaches e.V. Bonn

DVGW-Regelwerk Wasser

Nr.	Ausgabe	Titel
W 101	03/21	Richtlinien für Trinkwasserschutzgebiete; I. Teil: Schutzgebiete für Grundwasser
W 102	03/21	Richtlinien für Trinkwasserschutzgebiete; II. Teil: Schutzgebiete für Talsperren
W 104	06/19	Grundsätze und Maßnahmen einer gewässerschützenden Landbewirtschaftung
W 105	10/16	Behandlung des Waldes in Wasserschutzgebieten für Trinkwassertalsperren
W 107	06/04	Aufbau und Anwendung numerischer Grundwassermodelle in Wassergewinnungsgebieten
W 108	12/03	Messnetze zur Überwachung der Grundwasserbeschaffenheit in Wassergewinnungsgebieten
W 110	05/19	Geophysikalische Untersuchungen in Bohrlöchern und Brunnen zur Erschließung von Grundwasser; Zusammenstellung von Methoden
W 111	03/15	Pumpversuche bei der Wassererschließung
W 113	03/01	Bestimmung des Schüttkorndurchmessers und hydrogeologischer Parameter aus der Korngrößenverteilung für den Bau von Brunnen
W 115	07/08	Bohrungen zur Erkundung, Gewinnung und Beobachtung von Grundwasser
W 118	07/05	Bemessung von Vertikalfilterbrunnen
W 119	12/02	Entwickeln von Brunnen durch Entsanden; Anforderungen, Verfahren, Restsandgehalte
W 121	07/03	Bau und Ausbau von Grundwassermessstellen
W 122	08/13	Abschlussbauwerke für Brunnen der Wassergewinnung

© Der/die Herausgeber bzw. der/die Autor(en), exklusiv lizenziert an Springer Fachmedien Wiesbaden GmbH, ein Teil von Springer Nature 2022
F. Hoffmann, S. Grube, *Wasserversorgung*,
https://doi.org/10.1007/978-3-658-37049-7

Nr.	Ausgabe	Titel
W 123	09/01	Bau und Ausbau von Vertikalfilterbrunnen
W 126	09/07	Planung, Bau und Betrieb von Anlagen zur künstlichen Grundwasseranreicherung für die Trinkwassergewinnung
W 127	03/06	Quellwassergewinnungsanlagen – Planung, Bau, Betrieb, Sanierung und Rückbau
W 128	07/08	Bau und Ausbau von Horizontalfilterbrunnen
W 130	10/07	Brunnenregenerierung
W 213-1	06/05	Filtrationsverfahren zu Partikelentfernung; Teil 1: Grundbegriffe und Grundsätze
W 213-2	09/15	Filtrationsverfahren zu Partikelentfernung; Teil 2: Beurteilung und Anwendung von gekörnten Filtermaterialien
W 213-3	06/05	Filtrationsverfahren zu Partikelentfernung; Teil 3: Schnellfiltration
W 213-4	06/05	Filtrationsverfahren zu Partikelentfernung; Teil 4: Langsamfiltration
W 213-5	06/05	Filtrationsverfahren zu Partikelentfernung; Teil 5: Membranfiltration (zurückgezogen)
W 213-5	04/19	Filtrationsverfahren zu Partikelentfernung; Teil 5: Membranfiltration
W 213-6	06/05	Filtrationsverfahren zu Partikelentfernung; Teil 6: Überwachung mittels Trübungs- und Partikelmessung
W 214-1	05/16	Entsäuerung von Wasser; Teil 1: pH-Wert und Calcit-Sättigung
W 214-2	07/19	Entsäuerung von Wasser; Teil 2: Planung und Betrieb von Filteranlagen
W 214-3	09/18	Entsäuerung von Wasser; Teil 3: Planung und Betrieb von Anlagen zur Ausgasung von Kohlenstoffdioxid
W 214-4	02/20	Entsäuerung von Wasser; Teil 4: Planung und Betrieb von Dosieranlagen
W 216	08/04	Versorgung mit unterschiedlichen Trinkwässern
W 217-1	09/87	Flockung in der Wasseraufbereitung; Teil 1: Grundlagen
W 217	05/21	Einsatz von Flockung in der Wasseraufbereitung
W 218	11/98	Flockung in der Wasseraufbereitung; Teil 2: Flockungstestverfahren
W 219	05/10	Einsatz von polymeren Flockungshilfsmitteln bei der Wasseraufbereitung
W 221-1	02/20	Rückstände und Nebenprodukte aus Wasseraufbereitungsanlagen; Teil 1: Grundsätze und Planungsgrundlagen
W 221-2	04/10	Rückstände und Nebenprodukte aus Wasseraufbereitungsanlagen; Teil 2: Behandlung
W 221-3	07/14	Rückstände und Nebenprodukte aus Wasseraufbereitungsanlagen; Teil 3: Vermeidung, Verwertung, Beseitigung
W 221-4	03/16	Rückstände und Nebenprodukte aus Wasseraufbereitungsanlagen; Teil 4: Nutzung von schlammhaltigen Wässern aus der Trinkwasseraufbereitung
W 223-1	02/05	Enteisenung und Entmanganung; Teil 1: Grundsätze und Verfahren
W 223-2	02/05	Enteisenung und Entmanganung; Teil 2: Planung und Betrieb von Filteranlagen
W 223-3	02/05	Enteisenung und Entmanganung; Teil 3: Planung und Betrieb von Anlagen zur unterirdischen Aufbereitung
W 224	02/10	Verfahren zur Desinfektion von Trinkwasser mit Chlordioxid
W 227	10/16	Permanganat in der Wasseraufbereitung
W 229	03/21	Verfahren zur Desinfektion von Trinkwasser mit Chlor und Hypochloriten

Nr.	Ausgabe	Titel
W 239	03/11	Entfernung organischer Stoffe bei der Trinkwasseraufbereitung durch Adsorption an Aktivkohle
W 254	05/21	Grundsätze für Rohwasseruntersuchungen
W 270	11/07	Vermehrung von Mikroorganismen auf Werkstoffen für den Trinkwasserbereich; Prüfung und Bewertung
W 290	05/18	Trinkwasserdesinfektion – Einsatz- und Anforderungskriterien
W 291	03/00	Reinigung und Desinfektion von Wasserverteilungsanlagen
W 294-1	06/06	UV-Geräte zur Desinfektion in der Wasserversorgung; Teil 1: Anforderungen an Beschaffenheit, Funktion und Betrieb
W 294-2	06/06	UV-Geräte zur Desinfektion in der Wasserversorgung; Teil 2: Prüfung von Beschaffenheit, Funktion und Desinfektionswirksamkeit
W 294-3	06/06	UV-Geräte zur Desinfektion in der Wasserversorgung; Teil 3: Messfenster und Sensoren zur radiometrischen Überwachung von UV-Desinfektionsgeräten; Anforderungen, Prüfung und Kalibrierung
W 300-1	10/14	Trinkwasserbehälter – Teil 1: Planung und Bau
W 300-2	10/14	Trinkwasserbehälter – Teil 2: Betrieb und Instandhaltung
W 300-3	10/14	Trinkwasserbehälter – Teil 3: Instandsetzungen und Verbesserungen
W 300-4	10/14	Trinkwasserbehälter – Teil 4: Werkstoffe, Auskleidungs- und Beschichtungssysteme – Grundsätze und Qualitätssicherung auf der Baustelle
W 300-5	08/20	Trinkwasserbehälter – Teil 5: Bewertung der Verwendbarkeit von Bauprodukten für Auskleidungs- und Beschichtungssysteme
W 303	07/05	Dynamische Druckänderungen in Wasserversorgungsanlagen
W 316	04/18	Qualifikationsanforderungen an Fachunternehmen für Planung, Bau, Instandsetzung und Verbesserung von Trinkwasserbehältern; Fachinhalte
W 320	09/81	Herstellung, Gütesicherung und Prüfung von Rohren aus PVC hart (Polyvinylchlorid hart), HDPE (Polyethylen hart) und LDPE (Polyethylen weich) für die Wasserversorgung und Anforderungen an Rohrverbindungen und Rohrleitungsteile
W 320 Ergänzung	01/85	Herstellung, Gütesicherung und Prüfung von Rohren aus PVC hart (Polyvinylchlorid hart), HDPE (Polyethylen hart) und LDPE (Polyethylen weich) für die Wasserversorgung und Anforderungen an Rohrverbindungen und Rohrleitungsteile; Ergänzung
W 331	11/06	Auswahl, Einbau und Betrieb von Hydranten
W 332	11/06	Auswahl, Einbau und Betrieb von metallischen Absperrarmaturen in Wasserverteilungsanlagen
W 333	09/20	Anbohrarmaturen und Anbohrvorgang in der Wasserversorgung
W 334	10/07	Be- und Entlüftung von Wassertransport- und -verteilungs anlagen
W 336	10/13	Wasseranbohrarmaturen; Anforderungen und Prüfungen
W 343	04/05	Sanierung von erdverlegten Guss- und Stahlrohrleitungen durch Zementmörtelauskleidung-Einsatzbereiche, Anforderungen, Gütesicherung und Prüfungen
W 346	08/00	Guss- und Stahlrohrleitungsteile mit ZM-Auskleidung; Handhabung

Nr.	Ausgabe	Titel
W 347	05/06	Hygienische Anforderungen an zementgebundene Werkstoffe im Trinkwasserbereich; Prüfung und Bewertung
W 392	09/17	Rohrnetzinspektion und Wasserverluste; Maßnahmen, Verfahren und Bewertung
W 396	02/11	Abbruch-, Sanierungs- und Instandhaltungsarbeiten an Wasserrohrleitungen mit asbesthaltigen Bauteilen oder Beschichtungen
W 397	08/04	Ermittlung der erforderlichen Verlegetiefen von Wasseranschlussleitungen
W 398	01/13	Praxishinweise zur hygienischen Eignung von Ortbeton und vor Ort hergestellten zementgebundenen Werkstoffen zur Trinkwasserspeicherung
W 401-1	10/04	Technische Regeln Wasserverteilungsanlagen (TRWV); Teil 1: Planung
W 400-1	02/15	Technische Regeln Wasserverteilungsanlagen (TRWV); Teil 1: Planung
W 400-2	09/04	Technische Regeln Wasserverteilungsanlagen (TRWV); Teil 2: Bau und Prüfung
W 400-3	09/06	Technische Regeln Wasserverteilungsanlagen (TRWV); Teil 3: Betrieb und Instandhaltung
W 400-3 B1	09/17	Technische Regeln Wasserverteilungsanlagen (TRWV); Teil 3: Betrieb und Instandhaltung – Beiblatt: Inspektion und Wartung von Ortsnetzen
W 405	02/08	Bereitstellung von Löschwasser durch die öffentliche Trinkwasserversorgung
W 406	05/21	Wasserzählermanagement
W 410	12/08	Wasserbedarfszahlen
W 551	04/04	Trinkwassererwärmungs- und Trinkwasserleitungsanlagen; Technische Maßnahmen zur Verminderung des Legionellenwachstums; Planung, Errichtung, Betrieb und Sanierung von Trinkwasser-Installationen
W 610	03/10	Pumpensysteme in der Trinkwasserversorgung
W 614	10/19	Instandhaltung von Pumpensystemen
W 617	11/06	Druckerhöhungsanlagen in der Trinkwasserversorgung
W 618	11/18	Lebenszykluskosten für Förderanlagen in der Trinkwasserversorgung
W 623	03/13	Dosieranlagen für Desinfektions- bzw. Oxidationsmittel; Dosieranlagen für Chlor und Hypochlorite
W 630	11/17	Elektrische Antriebe in Wasserwerken
W 645-1	12/07	Überwachungs-, Mess-, Steuer und Regeleinrichtungen in Wasserversorgungsanlagen – Teil 1: Messeinrichtungen
W 645-2	06/09	Überwachungs-, Mess-, Steuer- und Regeleinrichtungen in Wasserversorgungsanlagen – Teil 2: Steuern und Regeln
W 645-3	02/06	Überwachungs-, Mess-, Steuer- und Regeleinrichtungen in Wasserversorgungsanlagen – Teil 3: Prozessleittechnik
W 650	04/12	Gasaustauschapparate in der Trinkwasseraufbereitung

DVGW-Regelwerk Gas/Wasser

Nr.	Ausgabe	Titel
GW 9	05/11	Beurteilung der Korrosionsbelastungen von erdüberdeckten Rohrleitungen und Behältern aus unlegierten und niedrig legierten Eisenwerkstoffen in Böden
GW 12	12/10	Planung und Einrichtung kathodischer Korrosionsschutzanlagen für erdverlegte Lagerbehälter und Stahlrohrleitungen
GW 125	02/13	Bäume, unterirdische Leitungen und Kanäle
GW 125 B1	03/16	1. Beiblatt zu GW 125 Bäume, unterirdische Leitungen und Kanäle: Beurteilungskriterien für Baumwurzel-Gasrohrleitungs-Interaktionen
GW 303-1	10/06	Berechnung von Gas- und Wasserrohrnetzen; Teil 1: Hydraulische Grundlagen, Netzmodellierung und Berechnung
GW 320-1	02/09	Erneuerung von Gas- und Wasserrohrleitungen durch Rohreinzug oder Rohreinschub mit Ringraum
GW 320-2	06/00	Rehabilitation von Gas- und Wasserrohrleitungen durch PE-Reliningverfahren ohne Ringraum; Anforderungen, Gütesicherung und Prüfung
GW 321	10/03	Steuerbare horizontale Spülbohrverfahren für Gas- und Wasserrohrleitungen; Anforderungen, Gütesicherung und Prüfung
GW 322-1	10/03	Grabenlose Auswechslung von Gas- und Wasserrohrleitungen; Teil 1: Press-/Ziehverfahren; Anforderungen, Gütesicherung und Prüfung
GW 322-2	03/07	Grabenlose Auswechslung von Gas- und Wasserrohrleitungen; Teil 2: Hilfsrohrverfahren-Anforderungen, Gütesicherung und Prüfung
GW 323	07/04	Grabenlose Auswechslung von Gas- und Wasserrohrleitungen durch Berstrelining; Anforderungen, Gütesicherung und Prüfung
GW 324	08/07	Fräs- und Pflugverfahren für Gas- und Wasserrohrleitungen; Anforderungen, Gütesicherung und Prüfung; mit Korrekturen vom Januar 2009
GW 325	03/07	Grabenlose Bauweisen für Gas- und Wasser-Anschlussleitungen; Anforderungen, Gütesicherung und Prüfung.
GW 327	03/11	Auskleidung von Gas- und Wasserrohrleitungen mit einzuklebenden Gewebeschläuchen
GW 335-A1	06/03	Kunststoff-Rohrsysteme in der Gas- und Wasserverteilung; Anforderungen und Prüfungen; Teil A1: Rohre und daraus gefertigte Formstücke aus PVC-U für die Wasserverteilung
GW 335-A2	11/05	Kunststoff-Rohrsysteme in der Gas- und Wasserverteilung; Anforderungen und Prüfungen; Teil A2: Rohre aus PE 80 und PE 100
GW 335-A2-B1	12/10	Beiblatt 1 zu DVGW-Arbeitsblatt GW 335-A2:2005-11: Kunststoff-Rohrleitungssysteme in der Gas- und Wasserverteilung – Anforderungen und Prüfungen – Teil A2: Rohre aus PE 80 und PE 100
GW 335-A3	06/03	Kunststoff-Rohrsysteme in der Gas- und Wasserverteilung; Anforderungen und Prüfungen; Teil A3: Rohre aus PE-Xa
GW 335-B2	09/04	Kunststoff-Rohrsysteme in der Gas- und Wasserverteilung; Anforderungen und Prüfungen; Teil B2: Formstücke aus PE 80 und PE 100
GW 335-B2-B1	02/13	1. Beiblatt zu DVGW-Arbeitsblatt GW 335-B2:2004-09 – Kunststoff-Rohrleitungssysteme in der Gas- und Wasserverteilung – Anforderungen und Prüfungen – Teil B2: Formstücke aus PE 80 und PE 100

Nr.	Ausgabe	Titel
GW 335-B3	09/11	Kunststoff-Rohrleitungssysteme in der Gas- und Wasserverteilung – Teil B3: Mechanische Verbinder aus Kunststoffen (POM, PP) für die Wasserverteilung
GW 335-B3-B1	02/13	1. Beiblatt für Verbinder aus PE 100 zu DVGW GW 335-B3:2011-09 Kunststoff-Rohrleitungssysteme in der Gas- und Wasserverteilung – Teil B3: Mechanische Verbinder aus Kunststoffen (POM, PP) für die Wasserverteilung
GW 335-B3-B2	04/13	2. Beiblatt für Verbinder aus PA GF zu DVGW GW 335-B3:2011-09 Kunststoff-Rohrleitungssysteme in der Gas- und Wasserverteilung – Teil B3: Mechanische Verbinder aus Kunststoffen (POM, PP) für die Wasserverteilung
GW 335-B4	04/14	Kunststoff-Rohrleitungssysteme in der Gas- und Wasserverteilung – Teil B4: Metallene Formstücke mit mechanischen oder Steckmuffenverbindungen für die Wasserverteilung – Anforderungen und Prüfungen
GW 340	04/99	FZM-Ummantelung zum mechanischen Schutz von Stahlrohren und -formstücken mit Polyolefinumhüllung
GW 368	02/13	Längskraftschlüssige Muffenverbindungen für Rohre, Formstücke und Armaturen aus duktilem Gusseisen oder Stahl
GW 541	10/04	Rohre aus nichtrostenden Stählen für die Gas- und Trinkwasser-Installation; Anforderungen und Prüfungen

Literatur

1 ATV-DVWK-A 127 Statische Berechnungen von Abwasserkanälen und -leitungen. Deutsche Vereinigung für Wasserwirtschaft, Abwasser und Abfall e. V. (DWA), Hennef, 3. Auflage; korrigierter Nachdruck 4/2008; korrigierte Fassung, Stand: Oktober 2020

2 BDEW: Wasserstatistik. Bundesrepublik Deutschland. Berichtsjahr 2020. Hrsg. Bundesverband d. Energie- und Wasserwirtschaft (BDEW). 2021

3 Bedarfe der Wasserversorgung in Zeiten des Klimawandels – Maßnahmenvorschläge des BDEW, DVGW und VKU zur Sicherung der Wasserversorgung, 2021

4 Beforth, H.: Entsäuerung von Wasser – bewährte Verfahren mit neuen Perspektiven. bbr, 35, 1984, H. 6

5 Beforth, H.: Entsäuerung von Wasser – Überlegungen zur neuen Trinkwasserverordnung. bbr, 38, 1987, H. 2

6 Behrendt-Emden, H.: Planvolle Instandsetzung eines Trinkwasserbehälters. energiewasserpraxis, 2005, H. 5

7 Bernhardt, Heinz.: Trinkwasseraufbereitung. Vorlesungsskript, bearb. V. Hoyer, O. und Such, W., Hrsg. Wahnbachtalsperrenverband, Siegburg, 1996

8 BGW: Wasserstatistik. Bundesrepublik Deutschland. Berichtsjahr 1988. Hrsg. Bundesverband d. Dt. Gas- und Wasserwirtschaft (BGW). Bonn 1988

9 Bieske, E.: Bohrbrunnen. 8. Auflage Oldenbourg Industrieverlag München u. a. 1998

10 Breitenbach, M.: Edelstahlfasern für Trinkwasserbehälter mit schadhaften Untergründen. energiewasser-praxis, 2009, H. 5

11 Brix, J.; Heyd, H.; Gerlach, E.; Hünerberg, K.: Die Wasserversorgung. 6. Aufl., Verl. R. Oldenbourg, München, 1963

12 Brungs, W.: Grabenlose Sanierung von Trinkwasserleitungen aus Asbestzement. bbr Leitungsbau, Brunnenbau, Geothermie, Jg. 67, Nr. 12, S. 14–19, 2016

13 Bundesamt für Verbraucherschutz und Lebensmittelsicherheit: Liste der zugelassenen Pflanzenschutzmittel in Deutschland mit Informationen über beendete Zulassungen. Braunschweig, 2020

14 Czekalla, C.; Kotulla, H.: Die Umstellung des Wasserwerkes Westerbeck der Stadtwerke Wolfsburg AG auf aerobe biologische Kontakteisenung. gwf – Wasser, Abwasser, 131, 1990, Nr. 3

15 Dammann, E.: Neuere Entwicklungen bei der Prozesswasserkreislaufführung in Warmwalzwerken. Festschrift zum 70. Geburtstag von Professor Seyfried Hannover 1995. Veröff. d. Inst. F. Siedlungswasserwirtschaft u. Abfalltechnik d. Universität Hannover, H. 94

16 Deutsche Einheitsverfahren zur Wasser-, Abwasser- und Schlamm-Untersuchung (DEV) – Physikalische, chemische, biologische und bakteriologische Verfahren. Aktuelles Grundwerk, 1. Aufl., Wiley-VCH, Weinheim, Stand April 2021

17 DGUV Information 203-086 Chlorung von Wasser. Hrsg. DGUV Deutsche Gesetzliche Unfall-sicherung e. V., Ausgabe März 2017, Berlin

18 DVGW: Ausgewählte Kapitel zu Planung und Bau von Wasserbehältern. Seminar des DVGW-Fachausschusses „Wasserbehälter" am 27.10.1982 in München und am 21.04.1983 in Dortmund. Eschborn 1983, DVGW-Schriftenreihe Wasser Nr. 33

19 DVGW: Durchströmung (Wasseraustausch) in Wasserbehältern. Forschungsberichte Eschborn, 1981, DVGW-Schriftenreihe Wasser Nr. 27

20 DVGW: Hygienische Sicherheit von Ultrafiltrations- und Mikrofiltrationsanlagen zur Trinkwas-seraufbereitung. Information aus dem Technischen Komitee „Wasseraufbereitungsverfahren" des DVGW

21 DVGW: Maschinelle und elektrische Anlagen in Wasserwerken. Hrsg. DVGW, München, Wien 1995, Lehr- und Handbuch Wasserversorgung, Bd. 3

22 DVGW: Twin–Informationen des DVGW zur Trinkwasser-Installation Nr. 14, 07/19; Regenwas-sernutzungsanlagen

23 DVGW: Wasserchemie für Ingenieure. Hrsg. DVGW, München u. a., 2000, Lehr- und Handbuch Wasserversorgung, Bd. 5

24 DVGW: Wassergewinnung und Wasserwirtschaft. Hrsg. DVGW. München u. a. 1996 (Lehr- und Handbuch Wasserversorgung. Bd. 1)

25 DVGW-Fortbildungskurse Wasserversorgungstechnik für Ingenieure und Naturwissenschaftler. Kurs 2: Wasserverteilung, Eschborn 1985, DVGW-Schriftenreihe Wasser Nr. 202

26 DVGW-Fortbildungskurse Wasserversorgungstechnik für Ingenieure und Naturwissen-schaftler. Kurs 5: Wasserchemie für Ingenieure, Eschborn 1989, DVGW-Schriftenreihe Wasser. Nr. 205

27 DVGW-Fortbildungskurse Wasserversorgungstechnik für Ingenieure und Naturwissen-schaftler. Kurs 6: Wasseraufbereitungstechnik für Ingenieure, Eschborn 1987, DVGW-Schriftenreihe Was-ser. Nr. 206

28 DVGW-LAWA. Kolloquium Ökologie und Wassergewinnung 2.2./3.2.1993. 3. Auflage Eschborn 1993, DVGW-Schriftenreihe Wasser. Nr. 78

29 DVGW TZW: Vermehrung von Legionellen im Kaltwasser. Veröffentlichungen aus dem DVGW-Technologiezentrum Wasser, Bd. 89, Hrsg. TZW, Karlsruhe, 2019

30 Eberle, S. H.: Die wasserchemische Berechnung der Kohlensäuregleichgewichte unter Berück-sichtigung der Komplexierung von Calcium und Magnesium sowie der Anwesenheit von Phosphat, Ammonium und Borsäure. Hrsg. Kernforschungszentrum Karlsruhe, 1986, KfK-Bericht 3930 UF

31 Eckert, R.: Neuartige Verbindungstechnik für faserverstärkte Kunststoffrohre in Hochdruckan-wendungen. 3R international (44), 2005, H. 5

32 Emmerich, P.; Schmidt, R.: Erneuerung einer Ortsnetzleitung im Berstlining-Verfahren. Gussrohr-Technik 39, 2005

33 FIGAWA: Umkehrosmose in der Wasseraufbereitung. Technische Mitteilungen Nr. 4 der FI-GAWA, Bundesvereinigung der Firmen im Gas- und Wasserfach e.V., 3. Auflage Sonderdruck, bbr, 36, 1985, H. 4

34 Förstner, U.; Müller, G.: Schwermetalle in Flüssen und Seen als Ausdruck der Umweltver-schmutzung. Berlin u. a. 1974

35 Grohmann, A.: Sanierung von Enteisenungsanlagen. gwf Wasser|Abwasser, 137, 1996, H. 12

36 Hamburger Wasserwerke: Unser Trinkwasser. Wasserversorgung in Hamburg. Hrsg. Hamburger Wasserwerke

37 Hamm, A.: Studie über Wirkung und Qualitätsziele von Nährstoffen in Fließgewässern. Hrsg. A. Hamm, Sankt Augustin 1991

38 Handbuch der Wasserversorgungstechnik. Von P. Grombach u. a. 3. Auflage; Oldenbourg Indus-trieverlag, München, 2000

39 Handbuch Gussrohr-Technik. Duktile Gussrohre und Formstücke. Hrsg. Fachgemeinschaft Gusseiserne Rohre, 4. Auflage, Köln, 1996

40 Hässelbarth, U.: Das Kalk-Kohlensäure-Gleichgewicht in natürlichen Wässern unter Berücksichtigung des Eigen- und Fremdelektrolyt-Einflusses. gwf Wasser|Abwasser, 104, 1963, H. 4 und H. 6

41 Haupt, M.; et al.: Einbau duktiler Gussrohre DN 200 mittels Raketenpflugverfahren. Gussrohr-Technik 35, 2000

42 Heitmann, H.-G.; Marquardt, K.: Behandlung salzhaltiger Wässer. Vom Wasser, 68, 1987

43 Hobe, J.-G.: Künstliche neuronale Netze in der Wasserversorgung. Vortrag auf dem DVGW Stammtisch der Bezirksgruppe Braunschweig/Salzgitter, 27.04.2021, unveröffentlicht

44 Höll, K. et al: Wasser, Hrsg. Nießner, Reinhard, 10. Auflage, Berlin, 2020

45 Holluta, J.; Eberhardt, M.: Über geschlossene Enteisenung durch Schnellfiltration. Vom Wasser, 24, 1957

46 Hölzel, G.: Einführung in die Chemie für Ingenieure. München u. a. 1992

47 Hölzel, G.: Messung, Regelung und Einstellung des pH-Wertes im Trinkwasser. Schriftenreihe VFTV, Essen 1993

48 Hölzel, G.: Entwicklung eines Testverfahrens zur Optimierung der Flockung von Oberflächenwasser zur Trinkwassergewinnung im Hinblick auf die Chlorzehrung. Schriftenreihe VFTV, Essen 1997

49 Hubert, H.: Aufbereitung von weichen, sauren Wässern mit hochreinem Kalkwasser. Sonderdruck aus gwf Wasser|Abwasser, 1993, H. 4

50 Hüper, G.: Horizontale Wasserfassungen. Anwendungen, Stand der Technik. Technik für die Umwelt. Wasser und Boden. Bd. 1 Hrsg. Preussag Darmstadt o.J. [um 1993]

51 Kaschke, W.; Schulte, P.: Verfahren zur Desinfektion von Trinkwasser mit Chlordioxid. Wasser und Boden, 42, 1990, H. 4

52 Kittner, H.; Starke, W.; Wissel, D.: Wasserversorgung. 5. Auflage Berlin 1985

53 Klicha, N.: Das Wiener Behältersanierungsprogramm – Wirtschaftlichkeit trifft Denkmalschutz. Energie, Wasser, Praxis, Nr. 4, 18–21, 2019

54 Kober, E.; Prein, T.: Beurteilung von Wasserverlusten mit dem Infrastucture Leakage Index (ILI). Energie, Wasser, Praxis, Nr. 5, 10–13, 2019

55 Korth, A.; Donath, O.; Wricke, B.: Spülverfahren und Spülstrategien für Trinkwasserverteilungssysteme – Einsatzmöglichkeiten und Einsatzgrenzen. Energie, Wasser, Praxis, Nr. 6, S. 24–28, 2011

56 Kretschmann, L.: Grabenlose Sanierung einer Trinkwasserleitung DN 300 im Compact-Pipe-Verfahren. bbr Leitungsbau, Brunnenbau, Geothermie, Jg. 67, Nr. 6/7, S. 16–19, 2016

57 LAWA (Länderarbeitsgemeinschaft Wasser): Leitlinie zur Durchführung dynamischer Kostenvergleichrechnungen, 8. Aufl., Hrsg. DWA Deutsche Vereinigung für Wasserwirtschaft, Abwasser und Abfall e. V. Hennef, 2012

58 LAWA (Länderarbeitsgemeinschaft Wasser): Leitlinien eines zukunftsfähigen gewässerkundlichen Mess- und Beobachtungsdienstes. Hrsg. Länderarbeitsgemeinschaft Wasser, April 2000, Schwerin

59 LAWA (Länderarbeitsgemeinschaft Wasser): Strategiepapier „Auswirkungen des Klimawandels auf die Wasserwirtschaft" Bestandsaufnahme und Handlungsempfehlungen. beschlossen auf der 139. LAWA-VV am 25./26. März 2010 in Dresden; Hrsg.: Bund/Länderarbeitsgemeinschaft Wasser (LAWA), Dresden, 2010

60 Löffler, H.; et al.: Hochleistungsverfahren Mehrschichtfiltration. Forschungszentrum Wassertechnik, Dresden, [um 1980]

61 Martin, T.; Korth, A.; Schubert, K.: Aktualisierung der Verbrauchsganglinien für Haushalte, Kleingewerbe und öffentliche Gebäude sowie Entwicklung eines mathematischen Modells zur Simulation des Wasserbedarfs. Abschlussbericht DVGW Forschungsvorhaben W 201510, 2017

62 Masannek, R.: Technische und soziale Einflussfaktoren auf die Entwicklung des Trinkwasserbedarfs. Dissertation an der Universität Hannover, 1996

63 Meggeneder, M.: Sanierung eines Reinwasserbehälters mittels PE-HD-Auskleidung. bbr, 2005, H. 10

64 Merkl, G.: Trinkwasserbehälter – Planung, Bau, Betrieb, Schutz und Instandsetzung. 2. Aufl., Verlag: Grafik + Druck GmbH, München, 2011

65 Metcalf and Eddy, Wastewater Engineering – Treatment and Reuse. G. Tschobanoglous et al., 5. Aufl., McGraw-Hill, 2014

66 Möhle, K.-A.: Möglichkeiten und Grenzen der rationellen Verwendung. Wasserbedarf, Wasserbedarfsentwicklung, rationelle Verwendung von Trinkwasser. Seminar der Universität Hannover. Fachgebiet Wasserversorgung am 14.09.1983

67 Möhle, K.-A.: Wasserversorgung (Siedlungswasserwirtschaft II). Vorlesungsumdrucke der Universität Hannover, Institut für Siedlungswasserwirtschaft und Abfalltechnik. Hannover 1993, unveröffentlicht

68 Möhle, K.-A.; Masannek, R.: Wasserbedarf, Wasserverwendung und Wassereinsparmöglichkeiten in öffentlichen Einrichtungen und im Dienstleistungsbereich. Wasser und Boden, 1990, H. 4

69 Moll, H.-G.: Filterspülung mit Luft und Wasser. Neue DELIWA-Zeitschrift 1990, H. 1, 1994, H. 1, 1996, H. 2

70 Mutschmann, J.; Stimmelmeyer, F.: Taschenbuch der Wasserversorgung. Verl. Springer Vieweg, Wiesbaden, 17. Aufl. 2019

71 Nagel, G.: Belüftungsverfahren in der Trinkwasseraufbereitung. Wasseraufbereitung, 6. Wassertechnisches Seminar der TU München, 1982, Berichte aus Wassergütewirtschaft und Gesundheitsingenieurwesen, 36

72 Nissing, W.; Klein, N.: pH-Wert-Erhöhung bei der Inbetriebnahme von Guss- und Stahlrohrleitungen mit Zementmörtelauskleidungen. bbr, 47, 1996, H. 2

73 Nold-Brunnenfilterbuch. 6. Auflage Stockstadt/Rhein 1989

74 Probleme der Trinkwasserversorgung aus Talsperren. Vorträge auf der fachlich-wissenschaftlichen Tagung am 04./05.05.1994 in Siegburg, 1995, Schriften des Wahnbachtalsperrenverbandes, Bd. 4

75 Reinhaltung der Gewässer in Niedersachsen – Grundwassergütemessnetz. Hrsg. Nds. Umweltministerium Hannover 1987

76 Robert-Koch-Institut (RKI) Bundesgesundheitsblatt – Gesundheitsforschung – Gesundheitsschutz. Hrsg. Robert-Koch-Institut, Bundesinstitut für Arzneimittel und Medizinprodukte, Bundeszentrale für gesundheitliche Aufklärung, Paul-Ehrlich-Institut, Springer-Verl.

77 Robert Koch Institut (RKI) Gesundheitliche Beurteilung von Kunststoffen und anderen nichtmetallischen Werkstoffen im Rahmen des Lebensmittel- und Bedarfsgegenständegesetzes für den Trinkwasserbereich (KTW-Empfehlungen), Bundesgesundheitsblatt, 1979

78 Roennefahrt, K. W.: Fallverdüsung und Fallverdüsungsfilter – ein wirtschaftliches Verfahren zur Entsäuerung, Enteisenung und Entmanganung von Brunnenwässern. bbr, 26, 1975, H. 12

79 Rohrnetz und Rohrwerkstoffe. 9. Wassertechnisches Seminar der TU München, 1985, Berichte aus Wassergütewirtschaft und Gesundheitsingenieurwesen, Nr. 57

80 Rott, U.: Grundlagen von Verfahren zur subterrestrischen Aufbereitung von Grundwasser. Grundwasser-Symposium. 11.12. bis 12.12.1995 in Halle

81 Schuster, N.; Wimmer, M.: Digitalisierung in der Wasserwirtschaft in Deutschland. Wasser, Praxis, Nr. 1, 11–13, 2019

82 Seith, et al.: Vergleich konventioneller und neuer Verfahren zur Entfernung von Arsen in der Trinkwasseraufbereitung. gwf Wasser|Abwasser 10, 1999

83 Slavik, I.; Ripl, K.; Uhl, W.: Systematik und Vorgehensweise bei der Erstellung von Spülplänen zur Reinigung von Wasserverteilungsnetzen mittels „Spülen mit klarer Wasserfront". gwf Wasser|Abwasser, Ausg. 09/14, S. 976–983, 2014

84 Sontheimer, H.; et al.: Wasserchemie für Ingenieure. Karlsruhe, 1980

85 Städtisches Wasserwerk Gifhorn. Entwurf Ing.-Büro Zander, Braunschweig, um 1980, unveröffentlicht

86 Statistisches Bundesamt: Öffentliche Wasserversorgung und Abwasserentsorgung, Hrsg.: Statistisches Bundesamt, Fachserie 19, Reihe 2.1.1, 2016

87 Stefanski, F.: EG- Messgeräterichtlinie – Welche Auswirkungen sind für die Wasserversorgungsunternehmen zu erwarten?. gwf Wasser|Abwasser; 148, 2007, H. 13

88 Stein, Dietrich, Grabenloser Leitungsbau. Verl. Ernst & Sohn, Gotha, 2003

89 Tholen, M.: Arbeitshilfen für den Brunnenbauer. Brunnenausbau- und Brunnenbetriebstechniken. WVGW Wirtschafts- und Verlagsgesellschaft Gas und Wasser mbH, Bonn, 2006

90 Trinkwasser. Unser kostbares Lebensmittel. Hrsg. Bundesverband der deutschen Gas- und Wasserwirtschaft, Bonn, Ausgabe 1991

91 Trinkwasser für Wolfenbüttel. Hrsg. Stadtwerke Wolfenbüttel

92 Trinkwasserbereitstellung – Speicherung und Förderung. 11. Wassertechnisches Seminar an der TU München, 1986, Berichte aus Wassergütewirtschaft und Gesundheitsingenieurwesen, Nr. 73

93 Die Trinkwasserverordnung. Einf. und Erl. f. Wasserversorgungsunternehmen u. Überwachungsbehörden. Hrsg. Grohmann, A., et al. 4. Auflage, Berlin 2003

94 VEB Projektierung Wasserwirtschaft Halle: Wasseraufbereitung. Kalk-Kohlensäure-Gleichgewicht. Werkstandards d. VEB Projektierung Wasserwirtschaft Halle, 1986, WAPRO 1.44. Grundlagen, nicht mehr verfügbar

95 Veh, G.M.: Wasserversorgung 2000. Jahrbuch der Karl-Hillmer-Gesellschaft Suderburg1981/82, S. I–XXVIII

96 Walther, G.; Büschel, K.: Grabenlose Bauweisen – Die richtige Option für jede Situation. gwf-Wasser, Abwasser 148, 2007, H. 13

97 Wasser ist Leben. Hrsg. Deutsche Wasserwerke und UNICEF, 1997

98 Umweltbundesamt: Bekanntmachung der Liste der Aufbereitungsstoffe und Desinfektionsverfahren gemäß § 11 der Trinkwasserverordnung. 20. Änderung, 20. 11 2018

99 Umweltbundesamt: Bewertungsgrundlage für Kunststoffe und andere organische Materialien im Kontakt mit Trinkwasser (KTW-BWGL). 11. März 2019, Bad Elster

100 Umweltbundesamt: Bewertungsgrundlage für metallene Werkstoffe im Kontakt mit Trinkwasser (Metall-Bewertungsgrundlage). Umweltbundesamt, 21. November 2018, Bad Elster

101 Umweltbundesamt: Bericht des Bundesministeriums für Gesundheit und des Umweltbundesamtes an die Verbraucherinnen und Verbraucher über die Qualität von Wasser für den menschlichen Gebrauch (Trinkwasser) in Deutschland (2017–2019), Umweltbundesamt, 2021

102 Umweltbundesamt: Empfehlung des Umweltbundesamtes zur weiteren Anwendung der KTW-Empfehlungen in der Übergangszeit bis zum In-Kraft-Treten des EAS. Umweltbundesamt, Bundesgesundheitsbl – Gesundheitsforsch -Gesundheitsschutz, Nr. 47, S. 809, 2004

103 Umweltbundesamt: Lebensdauer von Bakterien und Viren in Grundwasserleitern. Hrsg. Berlin, 1985, UBA-Materialien 2/85

104 Umweltbundesamt: Leitlinie zur hygienischen Beurteilung von organischen Beschichtungen im Kontakt mit Trinkwasser (Beschichtungsleitlinie). 16.03.2016, Bad Elster

105 Umweltbundesamt: Leitlinie zur hygienischen Beurteilung von organischen Materialien im Kontakt mit Trinkwasser (KTW-Leitlinie). 07.03.2016, Bad Elster

106 VDI-Richtlinie 3807 Blatt 3 Verbrauchskennwerte für Gebäude – Teilkennwerte Wasser. Hrsg. VDI-Gesellschaft Bauen und Gebäudetechnik, 11/2015

107 VDI Richtlinien 6023 Hygiene in Trinkwasser-Installationen – Anforderungen an Planung, Ausführung, Betrieb und Instandhaltung. Hrsg. VDI-Gesellschaft Bauen und Gebäudetechnik, 04/2013

108 VDI-Richtlinie 6024 Wassereffizienz in Trinkwasser-Installationen – Anforderungen an Planung, Ausführung und Betrieb. Hrsg. VDI-Gesellschaft Bauen und Gebäudetechnik, 05/2021
109 Wasserwirtschaft und Gesundheitsingenieurwesen. Hrsg. G. Müller-Neuhaus. Vorlesungsumdrucke der TU München, Lehrstuhl und Institut für Wasserwirtschaft und Gesundheitsingenieurwesen. München 1967 ff, unveröffentlicht
110 Wendehorst, R.: Bautechnische Zahlentafeln, 35. Aufl., Springer Vieweg, Wiesbaden, 2015
111 WHO: Guidelines for Drinking-water Quality. World Health Organization, 4. Aufl., 2017
112 WHO, UNICEF: Progress on drinking water, sanitation and hygiene 2017 update and SDG baseline, World Health Organization (WHO) and the United Nations Children's Fund (UNICEF), 2017
113 Wiegleb, K.: Aktuelle Probleme der Aufbereitung von Grundwasser in Sachsen. gwf Wasser|Abwasser, 136, 1995, H. 3
114 Zweckverband Bodensee-Wasserversorgung. Jahresberichte; https://www.bodensee-wasserversorgung.de Stand 15.07.2021
115 Zweckverband Landeswasserversorgung: Flusswasseraufbereitung Langenau. Webseite, www.lw online.de, Stand 09.07.2021

Rechtsvorschriften

[R1] Eigenbetriebsverordnung (EigBetrVO), vom 12. Juli 2018, Nds. GVBl. 2018 S. 17
[R2] EG-Richtlinie 98/83/EG des Rates vom 3.November 1998 über die Qualität von Wasser für den menschlichen Gebrauch, Abl. EG Nr. L 330, S. 32, 1998
[R3] Erste Wassersicherstellungsverordnung (1. WasSV), vom 31. März 1970, BGBl. I S. 357
[R4] Gesetz über die Sicherstellung von Leistungen auf dem Gebiet der Wasserwirtschaft für Zwecke der Verteidigung (Wassersicherstellungsgesetz) vom 24. August 1965, BGBl. I S. 1225, 1817, zuletzt geändert durch Artikel 251 der Verordnung vom 19. Juni 2020, BGBl. I S. 1328
[R5] Gesetz über die Umweltverträglichkeit von Wasch- und Reinigungsmitteln (Wasch- und Reinigungsmittelgesetz – WRMG. Wasch- und Reinigungsmittelgesetz in der Fassung der Bekanntmachung vom 17. Juli 2013 (BGBl. I S. 2538), das zuletzt durch Artikel 3 des Gesetzes vom 18. Juli 2017 (BGBl. I S. 2774) geändert worden ist
[R6] Gesetz über die Umweltverträglichkeitsprüfung (UVPG), neugefasst in der Bekanntmachung vom 18. März 2021 (BGBl. IS. 540)
[R7] Gesetz zur Ordnung des Wasserhaushalts (Wasserhaushaltsgesetz – WHG) vom 31. Juli 2009, BGBl. I S. 2585, zuletzt geändert durch Artikel 3 des Gesetzes vom 9. Juni 2021, BGBl. I, Nr. 31, S. 1699
[R8] Gesetz zur Verhütung und Bekämpfung übertragbarer Krankheiten beim Menschen (Bundesseuchengesetz – BSeuchG), vom 18. Juli 1961, zuletzt neugefasst am 18. Juli 1979, BGBl. S. 2262, abgelöst am 01.01.2001 durch das Infektionsschutzgesetz
[R9] Gesetz zur Verhütung und Bekämpfung von Infektionskrankheiten beim Menschen (Infektionsschutzgesetz – IfSG), vom 20. Juli 2000, BGBl. I S. 1045, zuletzt geändert durch Artikel 1 des Gesetzes vom 28. Mai 2021, BGBl. I S. 1174
[R10] Handelsgesetzbuch, bereinigte Fassung aus dem Bundesgesetzblatt Teil III, Gliederungsnummer 4100-1, zuletzt geändert durch Artikel 11 des Gesetzes vom 3. Juni 2021, BGBl. I S. 1534
[R11] Lebensmittel- und Futtermittelgesetzbuch in der Fassung der Bekanntmachung vom 3. Juni 2013 (BGBl. I S. 1426), das zuletzt durch Artikel 10 des Gesetzes vom 12. Mai 2021 (BGBl. I S. 1087) geändert worden ist

[R12] Mess- und Eichverordnung vom 11. Dezember 2014 (BGBl. I S. 2010, 2011), die zuletzt durch Artikel 15 des Gesetzes vom 12. Mai 2021 (BGBl. I S. 1087) geändert worden ist

[R13] Muster-Verwaltungsvorschrift Technische Baubestimmungen (MVV TB). Hrsg. Deutsches Institut für Bautechnik, Berlin

[R14] Niedersächsisches Wassergesetz (NWG) vom 19. Februar 2010, Nds. GVBl. S. 64, zuletzt neu gefasst durch Artikel 10 des Gesetzes vom 10.12.2020, Nds. GVBl. S. 477

[R15] TrinkwV – Trinkwasserverordnung Verordnung über Trinkwasser und über Wasser für Lebensmittelbetriebe, Fassung vom 5. Dezember 1990, BGBl. I S. 2612, am 20.12.2002 BGBl. S. 4695 aufgehoben

[R16] Trinkwasserverordnung Fassung 2001. Verordnung zur Novellierung der Trinkwasserverordnung vom 21. Mai 2001, Bundesgesetzblatt, Jhrg. 2001, Teil I Nr. 24, S. 959–980, Bonn, 28.05.2001

[R17] Trinkwasserverordnung in der Fassung der Bekanntmachung vom 10. März 2016 (BGBl. I S. 459), die zuletzt durch Artikel 99 der Verordnung vom 19. Juni 2020 (BGBl. I S. 1328) geändert worden ist

[R18] RICHTLINIE 2004/22/EG DES EUROPÄISCHEN PARLAMENTS UND DES RATES vom 31. März 2004 über Messgeräte. Amtsblatt der Europäischen Union L 135/1, 30.04.2004

[R19] RICHTLINIE 2014/32/EU DES EUROPÄISCHEN PARLAMENTS UND DES RATES vom 26. Februar 2014 zur Harmonisierung der Rechtsvorschriften der Mitgliedstaaten über die Bereitstellung von Messgeräten auf dem Markt (Neufassung). Amtsblatt der Europäischen Union L 96/149, 29.3.2014

[R20] RICHTLINIE (EU) 2015/1787 DER KOMMISSION vom 6. Oktober 2015 zur Änderung der Anhänge II und III der Richtlinie 98/83/EG des Rates über die Qualität von Wasser für den menschlichen Gebrauch. Amtsblatt der Europäischen Union, L 260/6, 07.10.2015

[R21] RICHTLINIE (EU) 2020/2184 DES EUROPÄISCHEN PARLAMENTS UND DES RATES vom 16. Dezember 2020 über die Qualität von Wasser für den menschlichen Gebrauch (Neufassung). Amtsblatt der Europäischen Union, L 435/1, 23.12.2020

[R22] VERORDNUNG (EU) Nr. 305/2011 DES EUROPÄISCHEN PARLAMENTS UND DES RATES vom 9. März 2011 zur Festlegung harmonisierter Bedingungen für die Vermarktung von Bauprodukten und zur Aufhebung der Richtlinie 89/106/EWG des Rates (Bauproduktenverordnung)

[R23] Verordnung über Allgemeine Bedingungen für die Versorgung mit Wasser (AVBWasserV), m 20. Juni 1980, BGBl. I S. 750,1067, zuletzt geändert durch Artikel 8 der Verordnung vom 11. Dezember 2014, BGBl. I S. 2010

[R24] Verordnung über Schutzbestimmungen in Wasserschutzgebieten (SchuVO) vom 09.11.2009, Nds. GVBl., 2009, Nr. 25; S. 431, zuletzt geändert am 29.05.2013, Nds. GVBl. S. 132

[R25] Verwaltungsverfahrensgesetz, in der Fassung der Bekanntmachung vom 23. Januar 2003, BGBl. I S. 102, zuletzt geändert durch Artikel 24 Absatz 3 des Gesetzes vom 25. Juni 2021, BGBl. I S. 2154

[R26] Zweite Wassersicherstellungsverordnung (2. WasSV), vom 11. September 1973, BGBl. I S. 1313, zuletzt geändert durch Artikel 1 der Verordnung vom 25. April 1978, BGBl. I S. 583

Firmeninformationen

Internetquellen: Stand 15.07.2021

[F1]   Akdolit, Pelm; https://www.akdolit.com/de
[F2]   Allmess Schlumberger, Oldenburg; https://www.allmess.de/
[F3]   Berkefeld, Celle; https://www.veoliawatertechnologies.de/
[F4]   Deutsche Terrazzo-Verkaufsstelle, Ulm
[F5]   egeplast, Greven
[F6]   WILO EMU Unterwasserpumpen, Hof/Saale; https://www.wiloemu-anlagenbau.de/
[F7]   Fischer und Porter, Göttingen; https://new.abb.com/de
[F8]   Grundfos, Wahlstedt; https://www.grundfos.com/de
[F9]   KSB, Frankenthal: https://www.ksb.com und KSB Kreiselpumpenlexikon unter https://www.ksb.com/kreiselpumpenlexikon
[F10]   Lurgi, Frankfurt/Main
[F11]   Norddeutsche Seekabel, Nordenham
[F12]   GWE Pumpenboese, Peine; https://www.gwe-gruppe.de
[F13]   Andritz Ritz Pumpenfabrik, Schwäbisch Gmünd; https://www.andritz.com/pumps-en/about-us/locations/ritz-gmbh-germany/de
[F14]   Saint Gobain Gussrohr, Saarbrücken
[F15]   SBF Wasser und Umwelt, Peine
[F16]   VAG, Mannheim
[F17]   WABAG-Wassertechnische Anlagen, Kulmbach

Stichwortverzeichnis

© Der/die Herausgeber bzw. der/die Autor(en), exklusiv lizenziert an Springer
Fachmedien Wiesbaden GmbH, ein Teil von Springer Nature 2022
F. Hoffmann, S. Grube, *Wasserversorgung*,
https://doi.org/10.1007/978-3-658-37049-7

Printed in the United States
by Baker & Taylor Publisher Services